高等院校应用型特色规划教材

U0297059

无机及分析化学

主　编　朱　江　倪海涛

副主编　（排名不分先后）

刘红盼　王召东　陈国榕　胡　荣

罗　燕　程　江　黄孟军

西南交通大学出版社

·成　都·

图书在版编目（CIP）数据

无机及分析化学 / 朱江，倪海涛主编. —成都：
西南交通大学出版社，2019.8
高等院校应用型特色规划教材
ISBN 978-7-5643-7016-9

Ⅰ. ①无… Ⅱ. ①朱… ②倪… Ⅲ. ①无机化学－高等学校－教材②分析化学－高等学校－教材 Ⅳ. ①O61 ②O65

中国版本图书馆 CIP 数据核字（2019）第 172916 号

高等院校应用型特色规划教材
Wuji ji Fenxi Huaxue
无机及分析化学

主　编／朱　江　倪海涛

责任编辑／牛　君
封面设计／墨创文化

西南交通大学出版社出版发行
（四川省成都市金牛区二环路北一段 111 号西南交通大学创新大厦 21 楼　610031）
发行部电话：028-87600564　028-87600533
网址：http://www.xnjdcbs.com
印刷：成都中永印务有限责任公司

成品尺寸　185 mm × 260 mm
印张　16.75　　字数　417 千
版次　2019 年 8 月第 1 版　　印次　2019 年 8 月第 1 次

书号　ISBN 978-7-5643-7016-9
定价　45.00 元

课件咨询电话：028-87600533
图书如有印装质量问题　本社负责退换

前 言

本书是在面向 21 世纪高等教育教学改革的进程中诞生，并在我国高等院校基础课程的创新与实践研究中得到完善和发展。主要针对各个高校特别是地方本科院校基础课程的学习情况改编，更加适合地方应用型高校理工农各专业学生的学习与参考。

编写本教材的基本指导思想是：贯彻落实全国教育大会和新时代全国高等学校本科教育工作会议精神，从我国高等院校特别是地方本科院校对无机及分析化学课程的实际需求出发，充分体现地方院校教学改革的成果和特色，结合教育信息化的推进和深入，更新课程编写体系，精简课程内容篇幅；注重基础，突出本学科的研究前沿和热点的同时，加强与相关学科的渗透；以学生为中心，注重学生学习能力的培养。

本教材分为 9 章和附录。章节有详有略，附录为辅助文件，帮助同学们完成课后习题等。每章节配有数量较多、深浅适度的例题和习题。

此外，本教材结合超星在线学习平台，配套了该课程的在线教学资源（https://mooc1-2. chaoxing.com/course/200113194.html），可以实现“泛在学习”（U-Learning）模式，创造出让学生随时随地、利用任何终端进行学习的环境，实现更有效的学生中心教育。学生可以根据各自的需要在多样的空间、以多样的方式进行学习。知识的获得、储存、编辑、表现、传授、创造等最优化的智能化环境可提高学生的创造性和问题解决能力。这也为广大师生的教学活动提供了更多的选择和参考，为高等教育的信息化手段提供了更多的实验平台。

本教材的编者都是长期从事无机及分析化学课程教学和科研的老师。期盼这本书作为一种新的尝试，能在高等教育基础课程教学过程中起到抛砖引玉的作用。

由于编者水平所限，书中难免存在错漏之处，欢迎读者对这本书提出批评和建议。

编 者

2019 年 3 月

目　录

1　绪　论 1

1.1　无机化学与分析化学 1

1.2　实验数据与误差 2

习　题 8

2　化学反应的基本原理 10

2.1　热力学的基本概念 10

2.2　化学反应中的能量变化 13

2.3　反应速率和速率方程 26

2.4　具有简单级数的反应 29

2.5　温度对反应速率的影响 36

2.6　催化反应 40

习　题 43

3　酸碱平衡与酸碱滴定法 45

3.1　酸碱理论 45

3.2　水溶液中酸碱的解离平衡（一） 48

3.3　水溶液中酸碱的解离平衡（二） 54

3.4　滴定分析法简介 67

3.5　酸碱指示剂 72

3.6　酸碱滴定法及应用 79

习　题 92

4　沉淀溶解平衡与重量分析法 93

4.1　沉淀溶解平衡 93

4.2　沉淀溶解平衡的移动 95

4.3 沉淀的类型与纯度……100
4.4 重量分析法……103
习　题……107

5 原子结构和元素周期表……109

5.1 原子的玻尔模型……109
5.2 原子的量子力学模型……112
5.3 多电子原子结构……119
5.4 元素周期表……127
5.5 原子参数的周期性……128
习　题……132

6 化学键与晶体结构……134

6.1 共价键与原子晶体……135
6.2 分子之间的作用力和分子晶体……139
6.3 金属键与金属晶体……142
6.4 离子键与离子晶体……144
6.5 混合型晶体……148
习　题……149

7 配位平衡与配位滴定法……151

7.1 配位化合物的基本概念……151
7.2 配合物的化学键理论……154
7.3 配合物在溶液中的离解平衡……159
7.4 配位滴定法……165
习　题……173

8 氧化还原平衡与氧化还原滴定……176

8.1 氧化还原反应的基本概念……176
8.2 原电池与电极电势……179
8.3 电极电势的影响因素……182
8.4 元素电势图及其应用……187

8.5 条件电极电势 190
8.6 氧化还原滴定法 192
8.7 重要的氧化还原滴定法 198
8.8 氧化还原滴定法的计算 204
习 题 205

9 仪器分析原理 208

9.1 紫外-可见吸收光谱法 208
9.2 红外吸收光谱法 213
9.3 气相色谱分析法 215
9.4 高效液相色谱分析法 220
9.5 等离子体质谱分析法 224
9.6 激光粒度分析 229
9.7 原子吸收光谱分析法 233
9.8 差示扫描量热法 238
9.9 热重分析法 239
习 题 241

主要参考文献 242

附 录 243

1 绪 论

1.1 无机化学与分析化学

在化学的发展过程中，根据研究的对象、方法、目的和任务等衍生出许多分支学科，在 20 世纪 20 年代左右，形成了传统的“四大化学”，即无机化学、分析化学、有机化学和物理化学。

无机化学是基于元素周期表而建立起来的系统化学，其研究内容可分为化学基本原理和元素化学两部分。主要研究无机物的组成、性质、结构和反应，无机物包括含碳以外的所有元素的单质及化合物，以及一氧化碳、二氧化碳和碳酸盐等。其他含碳的化合物属于有机物，有机化学的研究内容是有机物的来源、制备、性质、应用及相关理论。分析化学研究的是物质的化学组成（定性分析）、各组分含量（定量分析）、物质的微观结构（结构分析）及有关分析理论。物理化学是用物理学的原理和方法研究物质及其反应，探寻物质的化学性质与物理性质之间的联系。

无机化学在 20 世纪中期以后得到了迅猛的发展。一方面，现代物理学和物理化学的实验手段和理论方法的应用使得无机化学的研究进入了微观化和理论化的发展阶段；另一方面，无机化学与其他学科交叉渗透，使得无机化学形成了许多分支，如无机合成化学、无机固体化学、配位化学、稀土元素化学等。还有一些边缘学科，如生物无机化学、无机高分子化学、金属有机化学、固体材料化学等。无机化学是化学科学中最基础的部分，是学习其他各科的基础。

分析化学是人们获得物质的化学组成和结构信息的科学。对于许多科学研究领域，如矿物学、地质学、生理学、生物学、医学、农林学等技术学科，只要涉及化学现象，都无一例外地需要分析测定，许多定律和理论都是用分析化学的方法确定的，分析化学被称为工业生产的“眼睛”。

根据分析测定原理和具体操作方式的不同，分析化学又可分为化学分析法和仪器分析法。以化学反应为基础的分析方法称为化学分析法、它包括滴定分析法和重量[①]分析法。仪器分析法是以物质的物理性质和物理化学性质为基础的分析方法，由于这类分析方法都要使用特殊的仪器设备，故一般称为仪器分析法。

无机及分析化学包含了无机化学和分析化学两个分支最基础的内容，是高等院校各相关专业的第一门基础课程，它不仅为学生学习后续课程，如有机化学、物理化学、环境化学、环境监测、生物化学等奠定了必要的理论基础，也会对学生日后的实际工作起一定的指导作用。因此，学习本课程时，要了解化学变化过程的一些变化规律，从原子、分子的角度解释元素及其化合物的性质，重视实验，切实掌握分析方法及相关原理，自觉培养严谨、认真和

① 注：实为质量，包括后文的称重、恒重等。但现阶段我国农林等行业及分析化学领域一直沿用，为使学生了解、熟悉行业实际，本书予以保留。——编者注

实事求是的科学作风，提高分析和处理实际问题的能力。

1.2 实验数据与误差

1.2.1 误差的产生及减免

在实际测定过程中，即使采用最可靠的分析方法，使用最精密的仪器和最纯的试剂，由技术很熟练的分析人员进行测定，也不可能每次都得到完全相同的实验结果，所以误差在客观上难以避免。

根据误差产生的原因及性质，可以将其分为系统误差和随机误差。

1.2.1.1 系统误差

系统误差是指由某种确定的原因造成的误差，根据产生的原因可分为以下几种。

（1）方法误差：指由分析方法本身不够完善而引入的误差。例如，滴定分析时指示剂的变色点与化学计量点不一致；重量分析法中沉淀的溶解等。

（2）仪器误差：指由仪器本身不够准确或未经校准引起的误差。例如，滴定管、容量瓶、砝码未经校正等。

（3）试剂误差：指由试剂不纯或蒸馏水中含有微量杂质所引起的误差。例如，蒸馏水中含有微量的待测组分或者含有干扰测定的杂质。

（4）主观误差：指由操作人员的主观原因引起的误差。例如：对颜色的敏感程度不同造成滴定终点颜色辨别不同，有人偏深，有人偏浅；平行滴定时，人的下意识总是想使这次的滴定结果与前面的结果相吻合等。

所以，系统误差具有以下特征：① 重现性，系统误差是由确定的原因造成的，所以在相同条件下，重复测定时误差会重复出现；② 可测性，系统误差也称为可测误差；③单向性或周期性，即系统误差一般有固定的大小和方向（指统一偏大或偏小，或按一定的规律变化）。

系统误差存在与否，可以做对照试验进行检测，即选择组成与试样相近的标准试样，用同样的测定方法，以同样的条件、同样的试剂进行分析，将测定结果与标准值比对，用统计方法检验是否存在系统误差。对照试验是检查分析过程中有无系统误差的最有效的方法。

如果系统误差确实存在，可以根据产生的原因采用相应的措施来减免。

（1）方法误差的减免：根据分析样品的含量和具体要求选择恰当的分析方法。另外，实验过程中每一步的测量误差都会影响最后的结果，所以要尽量减小各步的测量误差。

（2）仪器误差的减免：实验前应校准仪器，例如，对滴定管和砝码进行校准，计算时用校正值，在容量瓶和吸量管之间进行相对校准等。

（3）试剂误差的减免：可做空白试验进行校正，即不加待测试样，用与分析试样完全相同的方法及条件进行平行测定。进行空白试验的目的是检查和消除试剂、蒸馏水、实验器皿和环境等带入的杂质的影响，所得结果称为空白值。从分析结果中扣除空白值就可得到比较准确的分析结果。空白值不应过大，如果太大，直接扣除会引起较大误差，应该通过提纯试剂等方法来解决问题。

1.2.1.2 随机误差

随机误差是指由一些难以控制的偶然原因所引起的误差，所以也称为偶然误差。例如，分析过程中室温、气压、湿度等条件的微小变化都会引起实验结果的波动，或者操作人员一时辨别的差异而使读数不一致等。在实际分析中，虽然操作人员认真操作，分析方法相同，仪器相同，外界条件也尽量保持一致，但对同一试样多次重复测定，结果往往仍有差别，这类误差就属于随机误差。

所以，随机误差具有以下特征：① 不可测性，造成随机误差的原因不明，所以误差的大小和方向都不固定；② 双向性，误差有时大，有时小，有时正，有时负。

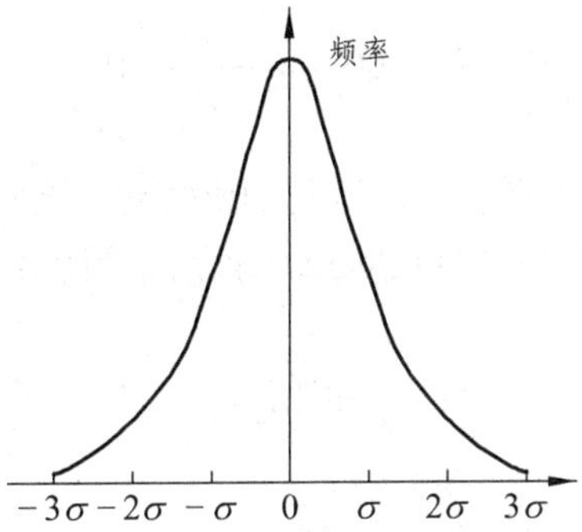

图 1-1 随机误差的正态分布曲线

随机误差是由不确定的偶然原因造成的，所以无法用实验的方法减免。但是，在同样的条件下进行多次测定，发现随机误差的大小和方向服从统计学正态分布规律，如图 1-1 所示，其中横坐标为误差的大小，纵坐标为误差出现的频率。由图 1-1 可见：① 大小相近的正、负误差出现机会相等；② 小误差出现频率高，大误差出现频率较低；③ 无限多次测定时，误差的算术平均值极限为零。可用统计学方法来减免随机误差，即增加平行测定次数，取其平均值作为测定值。

除了上述两类误差外，还有一种过失误差，是由操作人员在操作中疏忽大意或不遵守操作规程造成的。例如，器皿不洁净、溶液溅出、加错试剂、记录及计算错误等，这些都会给分析结果带来严重影响，如果发现，应剔除所得结果。

1.2.2 误差的表示方法

1.2.2.1 准确度与误差

准确度：测量值与真实值接近的程度。它说明测定结果的可靠性，两者差值越小，则分析结果准确度越高，数据越可靠。

准确度的高低可用误差的大小来衡量。误差分为绝对误差 E 和相对误差 E_r，其计算式如下。

绝对误差：测量值(x)与真实值(T) 之差，用(E)表示，即

$$E_i = x_i - T$$

通常对一个试样要平行测定多次，上式中 x_i 为个别测量值，E_i 为这次测量的绝对误差。测量结果一般用平均值 $\bar{x}$ 表示，绝对误差可表示为

$$E = \bar{x} - T$$

绝对误差并不能完全反映测量的准确度，因为它与被测物质的总量没有联系起来。例如，两个试样的质量分别为 1 g 和 0.1 g，称量时的绝对误差都是 0.01 g，用绝对误差无法显示它们的不同，所以分析结果的准确度常用相对误差来表示。

相对误差：绝对误差在真实值中所占的比例，用 E_r 表示，即

$$E_r = \frac{E}{T} \times 100\% = \frac{\bar{x} - T}{T} \times 100\%$$

上例中，两个试样的相对误差分别为 1%和 10%，对于同样的绝对误差，如果被测定的量较大，相对误差就比较小，测定的准确度也就比较高。因此，用相对误差来表示各种情况下测定结果的准确度比较合理。

绝对误差和相对误差都有正值和负值。正值表示分析结果偏高，负值表示分析结果偏低。

1.2.2.2 精密度与偏差

在实际分析时，真实值往往是不知道的，所以准确度无法获得，常用另一种表达方式来说明分析结果的好坏，这就是精密度。

精密度：在相同条件下对同一试样进行多次测定，测定结果之间相互符合的程度。精密度体现了测定结果的再现性。

精密度的大小用偏差表示，偏差就是个别测定结果与几次测定结果的平均值之间的差别。

（1）绝对偏差 d_i 和相对偏差 d_r

$$d_i = x_i - \bar{x},\ d_r = \frac{d_i}{\bar{x}} \times 100\%$$

绝对偏差和相对偏差表示个别测量值偏离平均值的程度，对于平行测定的一组数据，通常用平均偏差和相对平均偏差表示。

（2）平均偏差 $\bar{d}$ 和相对平均偏差 $\bar{d}_r$

平均偏差是各个偏差绝对值的平均值，相对平均偏差是平均偏差在平均值中所占的比例。

$$\bar{d} = \frac{\sum_{i=1}^{n}|x_i - \bar{x}|}{n},\ \bar{d}_r = \frac{\bar{d}}{\bar{x}} \times 100\%$$

式中，n 为测量次数。

平均偏差和相对平均偏差没有正负号，它们取绝对值的原因是各个偏差有正有负，偏差之和为零。

用平均偏差和相对平均偏差表示精密度，计算比较简单，但是不能反映测量数据中的大偏差。在数理统计中，衡量测量结果精密度用得最多的是标准偏差。

（3）标准偏差 s 和变异系数 CV

标准偏差：各测量值对平均值的偏离程度。在一般的分析工作中，测定次数有限，统计学中有限次数的样本标准偏差 s 的表达式为

$$s=\sqrt{\frac{\sum_{i=1}^{n}(x_i-\bar{x})^2}{n-1}}$$

变异系数（Coefficient of Variation）：又称相对标准偏差，指标准偏差在平均值中所占的比例。

$$CV=\frac{s}{\bar{x}}\times 100\%$$

1.2.2.3　准确度与精密度的关系

准确度是反映系统误差和随机误差两者的综合指标，用于衡量测量值与真实值接近的程度。精密度是测量值之间相互接近的程度，所以精密度是保证准确度的先决条件。精密度差，所测结果不可靠，就失去了衡量准确度的前提；精密度好，准确度不一定高。只有在消除了系统误差的前提下，精密度好，准确度才会高。而准确度高，精密度一定要高。

1.2.3　可疑数据的取舍

在实验数据中，常常会有个别数据与其他数据相差很大，称为可疑值。如果确实知道这个数据是由过失造成的，可以舍去，否则不能随意剔除，应该根据一定的统计学方法决定其取舍。统计学处理取舍的方法有多种，下面介绍一种常用的方法——Q 检验法，检验步骤如下。

（1）将测定值按从小到大的顺序排列：X_1，X_2，…，X_n。

（2）计算可疑值的摒弃商 Q 值。可疑值在一组测定值中不是最大（X_n）就是最小（X_1），其 Q 值的计算方法是用可疑值与最邻近数据之差除以极差（最大值与最小值之差，X_n-X_1），即

$$Q=\frac{X_n-X_{n-1}}{X_n-X_1} \quad \text{或} \quad Q=\frac{X_2-X_1}{X_n-X_1}$$

（3）根据测量次数 n 和置信度查 Q 值表（表 1-1），得 $Q_{表}$，如果 $Q>Q_{表}$，舍去可疑值；反之，则应予保留。

表 1-1　Q 值表

测量次数 n	3	4	5	6	7	8	9	10
$Q_{0.90}$	0.94	0.76	0.64	0.56	0.51	0.47	0.44	0.41
$Q_{0.95}$	0.98	0.85	0.73	0.64	0.59	0.54	0.51	0.48
$Q_{0.99}$	0.99	0.93	0.82	0.74	0.68	0.63	0.60	0.57

表中 $Q_{0.90}$、$Q_{0.95}$、$Q_{0.99}$ 分别表示置信度为 90%、95%和 99%时的 Q 值。

例 1.1　测得某矿石中的含铁量，平行测定的数据如下：22.42%，22.51%，22.55%，22.68%，22.54%，22.52%，22.53%，22.52%

试用 Q 检验法判断置信度为 90%时是否有可疑值要舍去。

解：（1）先按递增顺序排列，排列结果如下：22.42%，22.51%，22.52%，22.52%，22.53%，22.54%，22.55%，22.68%

（2）本题未指定可疑值，则先考虑最大值和最小值，计算最大值 22.68%的 Q 值。

$$Q = \frac{22.68\% - 22.55\%}{22.68\% - 22.42\%} = 0.5$$

查表：n=8 时，$Q_{0.90}$=0.47，显然 $Q > Q_{表}$，22.68%应该舍去。

再检验最小值，由于 22.68%已经舍去，此时的最大值为 22.55%。

$$Q = \frac{22.51\% - 22.42\%}{22.55\% - 22.42\%} = 0.69$$

查表：n=7 时，$Q_{0.90}$=0.51，$Q > Q_{表}$，22.42%应该舍去

再检验新的最大值 22.55%，算得其 Q=0.25，而 n=6 时，$Q_{0.90}$=0.56，$Q < Q_{表}$，所以 22.55%应予保留。检验最小值 22.51%，算得其 Q=0.25，$Q < Q_{表}$，所以 22.51%应予保留。

通过检验，这组数据要舍去 22.68%和 22.42%两个数据。

分析实验结果时应该先对数据进行检验，看是否有可疑值要舍弃，然后再进行相关的数据处理，如计算平均值、标准偏差等。

1.2.4　有效数字

1.2.4.1　有效数字的概念

实验时，不仅要尽量减免误差，准确地进行测量，还应该正确地记录和计算，这样才能得到准确的分析结果。记录的数字既表示了数量的大小，同时也反映了测量的精确程度。例如，用普通的分析天平称量，称出某物体的质量为 2.168 0 g，这个数值中，2.168 是准确的，最后一位数字 0 是估计的，可能有正负一个单位的误差，也就是说，实际质量是 (2.168 0 ± 0.000 1) g 范围内的某一个数值。若记录为 2.168，则说明 8 是估计的，该物体的实际质量为 (2.168 ± 0.001) g 范围内的某一数值。最后一位 0 从数学角度看写不写都行，但在实验中

这样记录显然降低了测量的精确程度。

所谓有效数字，就是实际能测到的数字，它只有最后一位是可疑的。有效数字的位数判断举例如下：

原始数据	1.000 0	0.100 0	0.033 0	54	0.05
有效数字的位数	5 位	4 位	3 位	2 位	1 位

有效数字中 0 具有双重意义，例如 0.0330，前面的两个 0 只起定位作用，不是有效数字，而后面的一个 0 表示该数据准确到小数点后第 3 位，第 4 位可能会有±1 的误差，所以这个 0 是有效数字。

某些数字如 3300，末位的两个 1 可能是有效数字，也可能仅是定位的非有效数字，为了防止混淆，最好用科学计数法来表示，写成 3.3×10^{3}、3.30×10^{3}、3.300×10^{3} 等。

对于 pH、pM、lg$K$ 等对数，其有效数字的位数取决于小数部分（尾数）数字的位数，整数部分（首数）说明相应真数 10 的方次。

例如：

$$\lg\underset{\text{真数}}{\underline{(6.3\times10^{7})}} = \underset{\text{首数}}{\underline{7}}\ .\ \underset{\text{尾数}}{\underline{80}}$$

所以，$\mathrm{pH}=7.80$，其有效数字的位数为 2 位，不是 3 位。

1.2.4.2 数的修约

在整理数据和运算中，几个实验数据的有效数字的位数不相同时，常常要舍去多余的数字，这就是数的修约。

舍去的方法按“四舍六入五留双”的原则进行，即被修约的数小于或等于 4，则舍去；大于或等于 6，则进位；当等于 5 时，前一位是奇数则进位，而 5 的前一位是偶数则舍去。例如，保留两位有效数字：$2.148\rightarrow2.1$，$8.396\rightarrow8.4$，$0.835\rightarrow0.84$，$66.5\rightarrow66$。

如果被修约的数等于 5，但 5 后面还有数字，则该数字总是比 5 大，此时应进位。

例如，保留两位有效数字，$62.5001\rightarrow63$。

只能一次修约到所需位数，不能分次修约，这样可能会产生误差。例如，保留两位有效数字，一次修约：$4.5473\rightarrow4.5$；两次修约：$4.5473\rightarrow4.55\rightarrow4.6$。

常用的“四舍五入”，其缺点是见五就进，会使修约后的总体值偏高，而“四舍六入五留双”，逢五有舍有入，则由五的舍入所引起的误差本身可以互相抵消。

1.2.4.3 运算规则

（1）几个数据相加减，和或差只保留一位可疑数字。

例如：$0.023\underline{1}+35.7\underline{4}+2.063\,7\underline{2}=37.8\underline{26}\ \underline{28}$（画线部分为可疑数字），计算结果保留这么多位可疑数字完全没有必要，结果应为 37.83。

所以说，加减法的有效数字保留几位应根据原始数据中小数点后位数最少的数（即绝对误差最大的那个数）确定。

（2）几个数据的乘除运算，积或商的有效数字位数根据原始数据中有效数字位数最少（即相对误差最大）的数确定。

例如： $0.023 \times 35.74 = 0.822\,02 \rightarrow 0.82$。

（3）在计算过程中，可以先计算后修约。如果先对原始数据进行修约，为避免修约造成误差的积累，可多保留一位有效数字进行运算，最后将计算结果按修约规则进行修约。

（4）进行乘除法运算时，如果遇到第一位数字是大于或等于 2 的大数，有效数字可多算一位。

例如： 计算 $0.0833 \times 54.28 \times 621.34 = ?$

式中 0.0833 的第 1 位数字为 8，8（1 位有效数字）与 10（两位有效数字）接近，故 0.0833 可视为 4 位有效数字进行运算，计算结果应为 4 位有效数字。

（5）乘方或开方时，结果的有效数字位数不变。

例如： $3.12^2 = 9.73$。

（6）如果在计算过程中遇到倍数、分数关系，因为这些倍数、分数并非测量所得，不必考虑其有效数字的位数或视为无限多位有效数字。

（7）对数的有效数字的位数应与真数的有效数字的位数相等。

（8）计算误差或偏差时，有效数字取 1 位即可，最多两位。

习　题

1. 判断下列误差属于何种误差。

（1）在分析过程中，读取滴定管读数时，最后一位数字 n 次读数不一致，由此对分析结果造成的误差。

（2）标定 HCl 溶液用的 NaOH 标准溶液中吸收了 CO_2，由此对分析结果造成的误差。

（3）移液管、容量瓶相对体积未校准，由此对分析结果造成的误差。

（4）在称量试样时，试样吸收了少量水分，由此对分析结果造成的误差。

2. 判断题。

（1）偏差小，表示测定结果的精密度高。

（2）绝对误差即测定值 x 与真实值 T 之差的绝对值。

（3）标准偏差也称均方根偏差；标准偏差越小，准确度越高。

（4）测定结果的重现性好，则精密度高，准确度才高。

（5）随机误差在分析中是不可避免的。

（6）系统误差在同一条件下重复测定时可重复出现。

（7）实际工作中的系统误差或随机误差，实质上均是偏差。

（8）因为非零数字都是有效数字，所以 $pH = 11.22$，有效数字为 4 位。

（9）在含有加、减、乘、除的四则运算中，所得结果的有效数字的位数取决于各数中有效数字位数最少（即相对误差最大）的那个数据。

（10）根据有效数字运算规则，lg339 等于 2.53。

3. 误差的绝对值与绝对误差相同吗？误差既然可用绝对误差表示，为什么还要引入相对误差的概念？

4. 为什么评价定量分析结果的优劣，应从精密度和准确度两个方面衡量？两者是什么关系？它们与系统误差、随机误差有何关系？

5. 分析过程中的系统误差可采取哪些措施来消除、减免？

6. 下列情况各引起什么误差？若为系统误差，应如何消除？

（1）天平砝码腐蚀；

（2）称量时样品吸收了微量水分；

（3）容量瓶和移液管不匹配；

（4）在滴定分析中，用指示剂确定终点颜色时稍有变化；

（5）试剂中含有微量被测组分；

（6）滴定管读数时，最后一位估计不准。

7. 确定下列数值有效数字的位数。

（1）0.004 023；　（2）5.8×10^5；　（3）4 600；　（4）23.487 0。

8. 测定某样品的含氮量，5 次平行测定结果为：20.48%，20.55%，20.58%，20.53%，20.50%。计算测定结果的平均值、平均偏差、标准偏差和相对标准偏差。

9. 按有效数字的运算规则，计算下列各式：

（1）$1.060+0.059\ 74-0.001\ 3$；

（2）$35.672\ 4\times0.001\ 7\times4.700\times10$；

（3）$2.187\times0.854+9.6\times10^{-5}-0.032\ 6\times0.008\ 14$；

（4）$\dfrac{89.827\times50.62}{0.005\ 164\times136.6}$；

（5）$\text{pH}=2.56$，$c(\text{H}^+)$。

2 化学反应的基本原理

化学热力学（Chemical Thermodynamics）是研究化学变化的方向和限度及其伴随变化过程中能量的相互转换所遵循规律的科学。化学热力学是一门宏观科学，研究方法是热力学状态函数的方法，不涉及物质的微观结构。本章阐述反应热效应的计算、应用吉布斯能变来判断化学反应的方向、讨论化学平衡及其移动。最后介绍热力学在生命系统中的应用。

2.1 热力学的基本概念

2.1.1 系 统

热力学把所研究的对象称为系统（System），在系统以外与系统有互相影响的其他部分称为环境（Surroundings）。与环境之间既有物质交换又有能量交换的系统称为敞开系统（Open System）；与环境之间只有能量交换而没有物质交换的系统称为封闭系统（Closed System）；与环境之间既没有物质交换也没有能量交换的系统称为孤立系统（Isolated System）。

生命系统可以认为是复杂的化学敞开系统，能与外界进行物质、能量、信息的交换，结构整齐有序。通常把化学反应中所有的反应物和生成物选作系统，所以化学反应系统通常是封闭系统。

2.1.2 热力学状态函数

系统的状态是系统的各种物理性质和化学性质的综合表现。系统的状态可以用压力、温度、体积、物质的量等宏观性质进行描述，当系统的这些性质都具有确定的数值时，系统就处于一定的状态，这些性质中有一个或几个发生变化，系统的状态也就可能发生变化。在热力学中，把这些用来确定系统状态的物理量称为状态函数（State Function），主要有内能、焓、熵、吉布斯能等。它们具有下列特性：

（1）状态函数是系统状态的单值函数，状态一经确定，状态函数就有唯一确定的数值，此数值与系统到达此状态前的历史无关。

（2）系统的状态发生变化，状态函数的数值随之发生变化，变化的多少仅取决于系统的终态与始态，与所经历的途径无关。无论系统发生多么复杂的变化，只要系统恢复原态，则状态函数必定恢复原值，即状态函数经循环过程，其变化必定为零。

2.1.3 热和功

系统状态所发生的任何变化称为过程（Process）。常见的过程有：等温过程——系统的始态温度与终态温度相同并等于环境温度的过程。在人体内发生的各种变化过程可以认为是等温过程，人体具有温度调节系统，从而保持一定的温度。等压过程——系统的始态压力与终态压力相同并等于环境压力的过程。等容过程——系统的体积不发生变化的过程。

封闭系统经历一个热力学过程，常常伴有系统与环境之间能量的传递。热（Heat）和功（Work）是能量传递的两种形式。由于系统与环境的温度不同而在系统和环境之间所传递的能量称为热。热用符号 Q 表示。系统吸热，Q 值为正（$Q>0$）；系统放热，Q 值为负（$Q\leqslant 0$）。除热以外，系统与环境之间的其他一切形式传递的能量称为功，用符号 W 来表示。系统对环境做功，W 值为负（$W\leqslant 0$）；环境对系统做功，W 值为正（$W>0$）。功有体积功、电功、机械功等。例如：机械功等于外力 F 乘以力方向上的位移 $\mathrm{d}l$；电功等于电动势 E 乘以通过的电量 $\mathrm{d}q$。体积功等于外压 $p_{外}$ 乘以体积的改变 $\mathrm{d}V$。体积功也称为膨胀功，常用符号 W_{e} 表示，它是因系统在反抗外界压力发生体积变化而引起的系统与环境之间所传递的能量，在本质上是机械功，当外压恒定时即：$W_{\mathrm{e}}=-p\Delta V$。除体积功以外的其他功称为非体积功，用符号 W_{f} 表示。热和功的 SI 单位是焦耳 (J)。

热和功不是状态函数，不能说“系统具有多少热和功”，只能说“系统与环境交换了多少热和功”。热和功总是与系统所经历的具体过程联系着的，没有过程，就没有热与功。即使系统的始态与终态相同，过程不同，热与功也往往不同。

2.1.4 热力学第一定律和热力学能

热力学第一定律（First Law of Thermodynamics）就是能量守恒定律：能量具有各种不同形式，它能从一种形式转化为另一种形式，从一个物体传递给另一个物体，但在转化和传递的过程中能量的总值不变。

热力学能（Thermodynamic Energy）也称内能（Internal Energy），用符号 U 表示。它是系统中物质所有能量的总和，包括分子的动能、分子之间作用的势能、分子内各种微粒（原子、原子核、电子等）相互作用的能量。内能的绝对值目前尚无法确定。热力学能是状态函数。对于一个封闭系统，如果用 U_1 代表系统在始态时的热力学能，当系统由环境吸收了热量 Q，同时，系统对环境做了功 W，此时系统的状态为终态，其热力学能为 U_2，有

$$U_1+Q+W=U_2$$

$$U_2-U_1=Q+W$$

即

$$\Delta U=Q+W \tag{2-1}$$

式（2-1）是热力学第一定律的数学表达式。

2.1.5 焓

对于某封闭系统，在非体积功 W_f 为零的条件下经历某一等容过程，因为 $\Delta V = 0$，所以体积功为零。此时，热力学第一定律的具体形式为

$$\Delta U = Q_V \tag{2-2}$$

式中，Q_V 为等容过程的热效应。式（2-2）的物理意义是：在非体积功为零的条件下，封闭系统经一等容过程，系统所吸收的热全部用于增加体系的内能。

对于封闭系统，在非体积功 W_f 为零且等温等压（$p_1 = p_2 = p_{外}$）条件下的化学反应，热力学第一定律的具体形式为

$$\Delta U = U_2 - U_1 = Q_p - p(V_2 - V_1)$$

式中，Q_p 为化学反应的等压热效应。整理上式得

$$U_2 - U_1 = Q_p - p_2V_2 + p_1V_1$$

$$Q_p = (U_2 + p_2V_2) - (U_1 + p_1V_1)$$

$$H \equiv U + pV \tag{2-3}$$

式中，H 称为焓（Enthalpy），是热力学中一个极其重要的状态函数。从式（2-3）得

$$\Delta H = H_2 - H_1 = (U_2 + p_2V_2) - (U_1 + p_1V_1) = Q_p$$

即

$$\Delta H = Q_p \tag{2-4}$$

式（2-4）表明：在非体积功为零的条件下，封闭系统经一等压过程，系统所吸收的热全部用于增加体系的焓，即化学反应的等压热效应等于系统的焓的变化。

由于无法确定内能 U 的绝对值，因而也不能确定焓的绝对值。由式（2-3）可知，焓 H 仅为 U、p、V 的函数，因为 U、p、V 均为状态函数，而状态函数的函数仍为状态函数，所以焓 H 也为状态函数。它具有能量的量纲。但是，焓没有确切的物理意义。由于化学变化大都是在等压条件下进行的，在处理热化学问题时，状态函数焓及焓的变化值更有实用价值。

对于理想气体的化学反应，等压热效应 Q_p 与等容热效应 Q_V 具有如下的关系：

即

$$Q_p = Q_V + \Delta n_g RT \tag{2-5}$$

式中，Δn_g 为气体生成物的物质的量的总和与气体反应物的物质的量的总和之差。

对反应物和产物都是凝聚相的反应，由于在反应过程中系统的体积变化很小，$\Delta(pV)$ 值与反应热相比可以忽略不计，因此，我们得到：

$$Q_p = Q_V \tag{2-6}$$

绝大多数生物化学过程发生在固体或液体中，因此，在生物系统中常常忽略 ΔH 与 ΔU（即 Q_p 和 Q_V）的差别，统称为生物化学反应的“能量变化”。

2.2 化学反应中的能量变化

发生化学反应时总是伴随着能量变化，在等温非体积功为零的条件下，封闭体系中发生某化学反应，系统与环境之间所交换的热量称为该化学反应的热效应，亦称为反应热（Heat of Reaction）。

2.2.1 反应热的测量

许多化学反应的热效应可以用弹式量热计测量，见图 2-1。在弹式量热计中，有一个用高强度钢制成的“氧弹”。氧弹放在装有一定量水的绝热的恒温浴中，在钢弹中装有反应物和加热用的炉丝，通电加热便可引发反应。如果测的是放热反应，则放出的热量完全被水和氧弹吸收，因而温度从 T_1 升高到 T_2。假定反应放出的热量为 Q，水吸收的热量为 $Q_{水}$，氧弹吸收的热量为 $Q_{弹}$，则有

$$Q = -(Q_{水} + Q_{弹})$$

$$Q_{水} = cm\Delta T$$

$$Q_{弹} = C\Delta T$$

$$\Delta T = T_2 - T_1$$

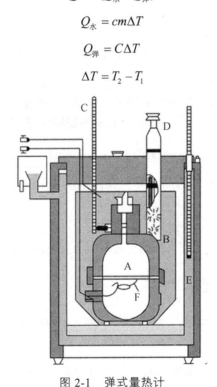

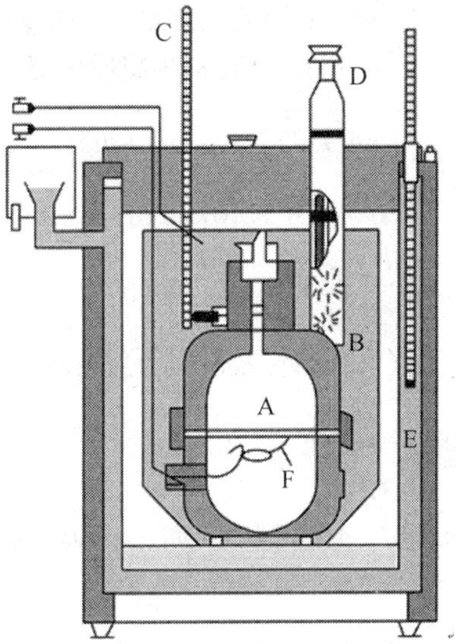

图 2-1　弹式量热计

A—反应室；B—水；C—温度计；D—搅拌器；E—套筒；F—金属丝

式中，c 为水的比热容（质量热容），$c = 4.184\ \mathrm{J \cdot g^{-1} \cdot K^{-1}}$；$m$ 为水的质量，g；C 为氧弹的热容（预先已测好），$\mathrm{J \cdot K^{-1}}$。只要准确测出水的质量 m 和反应前后的温度，就可以计算出该反应在等容条件下所放出（或吸收）的热量，这就是等容反应的热效应。利用式（2-5）可计算

出等压反应热 Q_p。

例如，把葡萄糖放入弹式热量计内，测出完全燃烧时的等容反应热 Q_V，利用式（2-5）可计算出等压反应热 $Q_p = \Delta_r H_{m,1}^{\ominus} = -2820\ kJ \cdot mol^{-1}$。由于此数值是状态函数的改变值，所以如果开始状态 ($C_6H_{12}O_6$+$6O_2$) 和最后状态 ($6CO_2$+$6H_2O$) 确定了的话，它就不取决于过程的途径。葡萄糖在生物体内的完全氧化反应，是通过众多中间反应进行的。但同样有 $\Delta_r H_{m,1}^{\ominus} = -2820\ kJ \cdot mol^{-1}$。这个程序在生物体内处理实际问题是极其困难的，由此可见弹式热量计的数据是相当重要的。

2.2.2 反应进度

任一化学反应的计量方程式为

$$aA + dD \xlongequal{\quad} gG + hH$$

$$0 = -aA - dD + gG + hH$$

$$\sum_B \nu_B B = 0$$

式中，B表示反应系统中任意物质；ν_B 表示B的化学计量数。ν_B 对反应物为负值，对产物为正值。

显然，在化学反应中，各种物质的量的变化是彼此关联的，受各物质的化学计量数的制约。设上述反应在反应起始时和反应进行到 t 时刻各物质的量为

$$aA + dD \xlongequal{\quad} gG + hH$$

$$t = 0 \quad n_A(0) \quad n_D(0) \quad n_G(0) \quad n_H(0)$$

$$t = t \quad n_A \quad n_D \quad n_G \quad n_H$$

则反应进行到 t 时刻的反应进度 ξ（Advancement of Reaction）定义为

$$\begin{aligned} \xi &= \frac{\Delta n_B}{\nu_B} = \frac{n_B - n_B(0)}{\nu_B} \\ &= \frac{n_A - n_A(0)}{-a} = \frac{n_D - n_D(0)}{-b} = \frac{n_G - n_G(0)}{-g} = \frac{n_H - n_H(0)}{-h} \end{aligned} \tag{2-7}$$

ξ 是一个衡量化学反应进行程度的物理量，量纲为mol。从式（2-7）可以看出：在反应的任何时刻，用任一反应物或产物表示的反应进度总是相等的。当 $\Delta n_B = \nu_B$ 时，反应进度 ξ 为1 mol，表示 a mol的A与 d mol的D完全反应，生成g mol的G和 h mol的H，即化学反应按化学计量方程式进行了1 mol的反应。

例 2.1 向洁净的氨合成塔中加入3 mol N_2 和8 mol H_2 的混合气体，一段时间后反应生成了2 mol NH_3，试分别计算下列两式的反应进度。

（1）$N_2 + 3H_2 \xlongequal{\quad} 2NH_3$

（2）$\frac{1}{2}N_2 + \frac{3}{2}H_2 \xlongequal{\quad} NH_3$

解：按照（1）式计算：

$$\xi = \frac{\Delta n(NH_3)}{\nu(NH_3)} = \frac{2\ mol - 0\ mol}{2} = 1\ mol$$

$$\xi = \frac{\Delta n(N_2)}{\nu(N_2)} = \frac{2\ mol - 3\ mol}{-1} = 1\ mol$$

$$\xi = \frac{\Delta n(H_2)}{\nu(H_2)} = \frac{5\ mol - 8\ mol}{-3} = 1\ mol$$

按照（2）式计算：

$$\xi = \frac{\Delta n(NH_3)}{\nu(NH_3)} = \frac{2\ mol - 0\ mol}{1} = 2\ mol$$

$$\xi = \frac{\Delta n(N_2)}{\nu(N_2)} = \frac{2\ mol - 3\ mol}{-\frac{1}{2}} = 2\ mol$$

$$\xi = \frac{\Delta n(H_2)}{\nu(H_2)} = \frac{5\ mol - 8\ mol}{-\frac{3}{2}} = 2\ mol$$

因此，对于（1）式，$\xi = 1\ mol$，表示发生了 1 个单位反应；对于（2）式，$\xi = 2\ mol$，表示发生了 2 个单位反应。

由以上计算可得出如下结论：

（1）对于同一反应方程式，无论反应进行到任何时刻，都可以用任一反应物或任一产物表示反应进度 ξ，与物质的选择没有关系。即尽管反应方程式中各物质的化学计量系数可能不同，但反应进度是相同的数值；在不同时刻 ξ 值不同，ξ 值越大，反应完成程度越大。

（2）当化学反应方程式的写法不同时，反应进度 ξ 的数值不同。因此，在涉及反应进度时，必须同时指明化学反应方程式。

一个化学反应的热力学能变 $\Delta_r U$ 和焓变 $\Delta_r H$ 与反应进度成正比，当反应进度不同时，显然有不同的 $\Delta_r U$ 和 $\Delta_r H$。当反应进度为 1 mol 时的热力学能变化和焓变化称为摩尔热力学能变和摩尔焓变，分别用 $\Delta_r U_m$ 和 $\Delta_r H_m$ 表示。

$$\Delta_r U_m = \frac{\Delta_r U}{\xi}$$

$$\Delta_r H_m = \frac{\Delta_r H}{\xi}$$

$\Delta_r U_m$ 和 $\Delta_r H_m$ 的 SI 单位均为 $J \cdot mol^{-1}$。常用的单位是 $kJ \cdot mol^{-1}$。下标“r”“m”分别表示“化学反应”和“进度 $\xi = 1\ mol$”。

2.2.3 热化学方程式

表示化学反应热效应关系的方程称为热化学方程式（Thermochemical Equation）。书写热化学方程式要注意：

（1）注明反应的压力及温度，如果反应是在 298.15 K 及标准状态*下进行，则习惯上可不注明。

（2）要注明反应物和生成物的存在状态。可分别用 s、l 和 g 代表固态、液态和气态；用 aq 代表水溶液，表示进一步稀释时不再有热效应。如果固体的晶型不同，也要加以注明，如 C（石墨）和 C（金刚石）。

（3）用 $\Delta_r U_m$ 代表等压反应热，注明具体数值。

（4）化学式前的系数是化学计量数，它可以是整数或分数。但是，同一化学反应的化学计量数不同时，反应热效应的数值也不同。例如：

$$2H_2(g) + O_2 = 2H_2O(g) \qquad \Delta_r H^{\ominus}_{m,298.15} = -483.6\ \text{kJ}\cdot\text{mol}^{-1}$$

$$H_2(g) + \frac{1}{2}O_2 = H_2O(g) \qquad \Delta_r H^{\ominus}_{m,298.15} = -241.8\ \text{kJ}\cdot\text{mol}^{-1}$$

（5）在相同温度和压力下，正逆反应的 $\Delta_r H_m$ 数值相等，符号相反。如：

$$H_2O(g) = H_2 + \frac{1}{2}O_2(g) \qquad \Delta_r H^{\ominus}_{m,298.15} = +241.8\ \text{kJ}\cdot\text{mol}^{-1}$$

应该强调指出：热化学方程式表示一个已经完成的反应，即反应进度 $x = 1$ mol 时的反应。例如反应：

$$H_2(g) + I_2(g) = 2HI(g) \qquad \Delta_r H^{\ominus}_{m,298.15} = -51.8\ \text{kJ}\cdot\text{mol}^{-1}$$

该热化学方程式表明：在 298.15 K 和标准条件下，当反应进度 $\xi = 1$ mol，即 1 mol $H_2(g)$ 与 1 mol $I_2(g)$ 完全反应生成 2 mol HI(g) 时，放出 51.8 $\text{kJ}\cdot\text{mol}^{-1}$ 的热。

2.2.4 赫斯定律和化学反应热的计算

1840 年，瑞士籍俄国科学家赫斯（G. H. Hess）根据大量实验事实总结出一条规律：一个化学反应不论是一步完成或是分几步完成，其热效应总是相同的。这就是赫斯定律（Hess's Law），它只对等容反应或等压反应才是完全正确的。

对于等压反应有：$Q_p = \Delta_r H$

对于等容反应有：$Q_V = \Delta_r U$

由于 $\Delta_r H$ 和 $\Delta_r U$ 都是状态函数的改变量，它们只决定于系统的始态和终态，与反应的途径无关。因此，只要化学反应的始态和终态确定了，热效应 Q_p 和 Q_V 便是定值，与反应进行的途径无关。

2.2.4.1　由已知的热化学方程式计算反应热

例 2.2　碳和氧气生成一氧化碳的反应的反应热 Q_p 不能由实验直接测得，因产物中不可避免地会有二氧化碳。已知：

（1） $C(s) + O_2(g) = CO_2(g)$　　$\Delta_r H_m^\ominus(1) = -393.509\ kJ \cdot mol^{-1}$

（2） $CO(g) + \frac{1}{2}O_2(g) = CO_2(g)$　　$\Delta_r H_m^\ominus(2) = -282.984\ kJ \cdot mol^{-1}$

求反应（3） $C(s) + \frac{1}{2}O_2(g) = CO(g)$ 的 $\Delta_r H_m^\ominus$。

解：由题意可得，利用赫斯定律有：反应（1）－反应（2）得（3）。

因此：

$$\Delta_r H_m^\ominus(3) = \Delta_r H_m^\ominus(1) - \Delta_r H_m^\ominus(2) = -393.509 - (-282.984) = -110.525\ (kJ \cdot mol^{-1})$$

利用赫斯定律，我们很容易从已知的热化学方程式求算出它的反应热。赫斯定律是“热化学方程式的代数加减法”。“同类项”（即物质和它的状态均相同）可以合并、消去，移项后要改变相应物质的化学计量系数符号。若运算中反应式要乘以系数，则反应热 $\Delta_r H_m^\ominus$ 也要乘以相应的系数。

2.2.4.2　由标准摩尔生成焓计算反应热

热力学中规定：在指定温度下，由稳定单质生成 1 mol 物质 B 时的焓变称为物质 B 的摩尔生成焓（Molar Enthalpy of Formation），用符号 $\Delta_f H_m$ 表示，单位为 $kJ \cdot mol^{-1}$。如果生成物质 B 的反应是在标准状态下进行，这时的生成焓称为物质 B 的标准摩尔生成焓（Standard Molar Enthalpy of Formation），简称为标准生成焓（Standard Enthalpy of Formation），记为 $\Delta_f H_m^\ominus$，其 SI 单位为 $J \cdot mol^{-1}$，常用单位为 $kJ \cdot mol^{-1}$。

一种物质的标准生成焓并不是这种物质的焓的绝对值，它是相对于合成它的最稳定的单质的相对焓值。标准生成焓的定义实际上已经规定了稳定单质在指定温度下的标准生成焓为零。应该注意的是碳的稳定单质指定是石墨而不是金刚石。附录列出了一些物质在 298.15 K 时的标准摩尔生成焓。

$H_2O(l)$ 的标准生成焓 $\Delta_f H_m^\ominus(H_2O, l, 298.15\ K)$ 是下列生成反应的标准摩尔焓变：

$$H_2(g,\ 298.15\ K, p^\ominus) + \frac{1}{2}O_2(g,\ 298.15\ K, p^\ominus) = H_2O(l,\ 298.15\ K, p^\ominus)$$

$$\Delta_r H_m^\ominus(H_2O,\ l,\ 298.15\ K, p^\ominus) = -285.8\ kJ \cdot mol^{-1}$$

而 $H_2O(g)$ 的标准摩尔生成焓 $\Delta_f H_m^\ominus(H_2O, g, 298.15\ K)$ 却是下列生成反应的标准摩尔焓变：

$$H_2(g,\ 298.15\ K, p^\ominus) + \frac{1}{2}O_2(g,\ 298.15\ K, p^\ominus) = H_2O(g,\ 298.15\ K, p^\ominus)$$

$$\Delta_r H_m^\ominus(H_2O,\ g,\ 298.15\ K, p^\ominus) = -241.8\ kJ \cdot mol^{-1}$$

因此，在书写标准态下由稳定单质形成物质B的反应式时，要使B的化学计量数 $\nu_B = 1$，如上式中的 H_2O 的 $\nu(H_2O)=1$。并且要注意生成物B是哪一种标准状态。

利用参加反应的各种物质的标准生成焓可以方便地计算出反应在标准状态下的等压热效应。设想化学反应从最稳定单质出发，经不同途径形成产物，如图 2-2 所示：

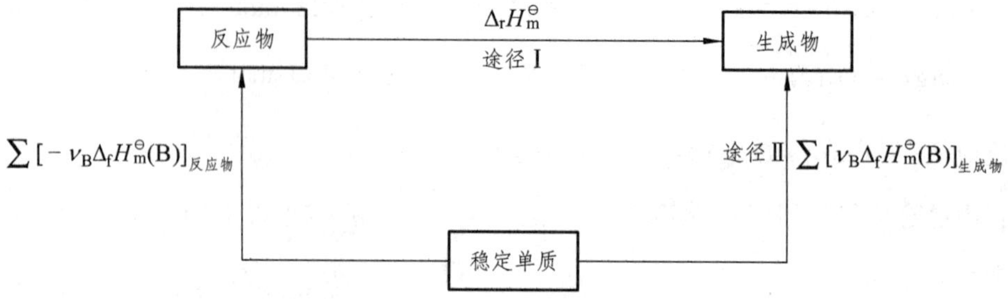

图 2-2　利用赫斯定律计算反应的热效应

根据赫斯定律

$$\Delta_r H_m^\ominus = \sum[\nu_B \Delta_f H_m^\ominus(B)]_{生成物} - \sum[-\nu_B \Delta_f H_m^\ominus(B)]_{反应物}$$

简写为：

$$\Delta_r H_m^\ominus = \sum_B \nu_B \Delta_f H_m^\ominus(B) \tag{2-8}$$

在指定温度和标准条件下，化学反应的热效应等于同温度下参加反应的各物质的标准摩尔生成热与其化学计量数乘积的总和。只要知道参加反应的各种物质标准摩尔生成热，就可以利用式（2-8）计算出反应的等压热效应。

例 2.3　反应：$C_6H_{12}O_6(s) = 2C_2H_5OH(l) + 2CO_2(g)$

各物质的标准摩尔生成焓数据如下：

	$C_6H_{12}O_6(s)$	$C_2H_5OH(l)$	$CO_2(g)$
$\Delta_f H_m^\ominus / kJ \cdot mol^{-1}$	−1274.45	−277.63	−393.51

该反应是生物系统中十分重要的生物化学反应，即 α-D-葡萄糖在醋酶作用下转变成醇。求该反应的标准反应热。

解：由题意可得，

$$\begin{aligned}\Delta_r H_m^\ominus &= \sum_B \nu_B \Delta_f H_m^\ominus(B) \\ &= 2\times(-393.51\ kJ\cdot mol^{-1}) + 2\times(-277.63\ kJ\cdot mol^{-1}) - (-1\ 274.45\ kJ\cdot mol^{-1}) \\ &= -67.83\ kJ\cdot mol^{-1}\end{aligned}$$

2.2.4.3　由标准摩尔燃烧热计算反应热

有机化合物的分子比较庞大和复杂，它们很容易燃烧或氧化，几乎所有的有机化合物都容易燃烧生成 CO_2、H_2O 等，其燃烧热很容易由实验测定。因此，利用燃烧热的数据计算有机化学反应的热效应就显得十分方便。

在标准状态和指定温度下，1 mol的某物质B完全燃烧（或完全氧化）生成指定的稳定产物时的等压热效应称为此温度下该物质的标准摩尔燃烧热(Standard Molar Heat of Combustion)，简称为标准燃烧热（Standard Heat of Combustion）。这里“完全燃烧（或完全氧化）”是指将化合物中的C、H、S、N及X（卤素）等元素分别氧化为$CO_2(g)$、$H_2O(l)$、$SO_2(g)$、$N_2(g)$及$HX(g)$。由于反应物已“完全燃烧”或“完全氧化”，上述这些指定的稳定产物意味着不能再燃烧，实际上规定这些产物的燃烧值为零。标准摩尔燃烧热用符号$\Delta_c H_m^\ominus$表示，其SI单位是$J \cdot mol^{-1}$，常用单位是$kJ \cdot mol^{-1}$。附录列出了298.15 K时一些有机物的标准燃烧热。

标准燃烧热也是一种相对焓，利用标准燃烧热也可以方便地计算出标准态下的等压热效应。等压热效应$\Delta_r H_m^\ominus$与燃烧热$\Delta_c H_m^\ominus$关系如图2-3所示：

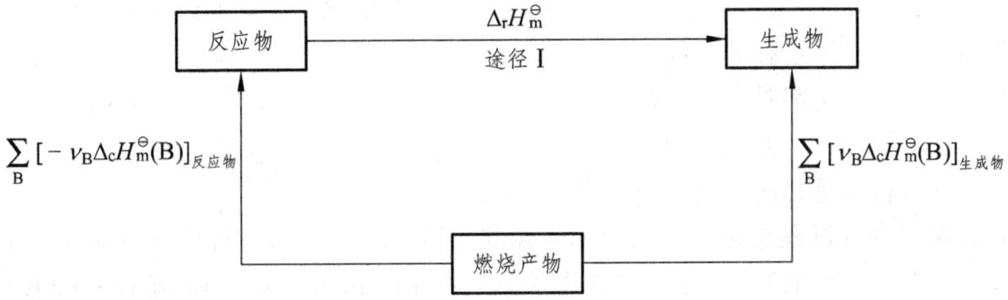

图2-3　等压热效应与燃烧热的关系

根据赫斯定律有：

$$\Delta_r H_m^\ominus = \sum[-\nu_B \Delta_f H_m^\ominus(B)]_{反应物} - \sum[\nu_B \Delta_f H_m^\ominus(B)]_{生成物}$$

简写为：

$$\Delta_r H_m^\ominus = -\sum_B \nu_B \Delta_c H_m^\ominus(B) \qquad (2\text{-}9)$$

注意式（2-9）中减数与被减数的关系正好与式（2-8）相反。在计算中还应注意$\Delta_c H_m^\ominus$乘以反应式中相应物质的化学计量系数。

例2.4　醋酸杆菌(Suboxydans)把乙醇先氧化成乙醛，然后再氧化成乙酸，试计算298.15 K和标准压力下分步氧化的反应热。已知298.15 K时下列各物质的燃烧热为：

	$C_2H_5OH(l)$	$CH_3CHO(g)$	$CH_3COOH(l)$
$\Delta_c H_m^\ominus / kJ \cdot mol^{-1}$	−1366.75	−1192.4	−871.5

解：$C_2H_5OH(l) + O_2(g) = CH_3CHO(g) + H_2O(l)$

$$\begin{aligned}\Delta_r H_{m,1}^\ominus &= -\sum_B \nu_B \Delta_c H_m^\ominus(B) \\ &= -1\,366.75\ kJ \cdot mol^{-1} - (-1\,192.4\ kJ \cdot mol^{-1}) \\ &= -174.35\ kJ \cdot mol^{-1}\end{aligned}$$

$CH_3CHO(g) + O_2(g) = CH_3COOH(l)$

$$\begin{aligned}\Delta_r H_{m,2}^\ominus &= -\sum_B \nu_B \Delta_c H_m^\ominus(B) \\ &= -1\,192.4\ kJ \cdot mol^{-1} - (-871.5\ kJ \cdot mol^{-1}) \\ &= -320.9\ kJ \cdot mol^{-1}\end{aligned}$$

在计算具体问题时要注意，稳定单质的燃烧热与其完全燃烧的稳定产物的生成热是相等的。如：$\Delta_c H_m^{\ominus}(H_2,g) = \Delta_f H_m^{\ominus}(H_2O,l)$，$\Delta_c H_m^{\ominus}(C, 石墨) = \Delta_f H_m^{\ominus}(CO_2,g)$。标准状态下，同一反应在温度变化范围较小时的反应热效应 $\Delta_r H_{m,T}^{\ominus}$ 受温度影响较小，在较粗略的近似计算中可以认为：$\Delta_r H_{m,T}^{\ominus} \approx \Delta_r H_{m,298.15\,K}^{\ominus}$

2.2.5 自发过程和化学反应的推动力

在一定条件下没有任何外力推动就能自动进行的过程称为自发过程（Spontaneous Process）。自然界中的一切宏观过程都是自发过程。自发变化的方向和限度问题是自然界的一个根本性的问题。自发过程的共同特征是：

（1）一切自发变化都具有方向性，其逆过程在无外界干涉下是不能自动进行的。

（2）自发过程都具有做功的能力。

（3）自发过程总是趋向平衡状态，即有限度。

综上所述，自发过程总是单方向地向平衡状态进行，在进行过程中可以做功，平衡状态就是该条件下自发过程的极限。这就是热力学第二定律（The Second Law of Thermodynamics）。

为了回答化学反应自发性问题，在 19 世纪 70 年代，法国化学家贝特罗（Berthelot）和丹麦化学家汤姆逊（Thomson）提出，只有放热反应才能自发进行。例如：

$$Ag^+(aq) + Br^-(aq) \xlongequal{\quad} AgBr(s) \qquad \Delta_r H_m^{\ominus} = -38.8\ kJ \cdot mol^{-1}$$

但是，煅烧石灰石制取石灰的吸热反应

$$CaCO_3(s) \xlongequal{\quad} CaO(s) + CO_2(g) \qquad \Delta_r H_m^{\ominus} = 177.8\ kJ \cdot mol^{-1}$$

在常温下不能自发进行，温度升高到 1123 K 却能自发进行。

由此可见，反应放热（焓值降低）虽然是推动化学反应自发进行的一个重要因素，但不是唯一的因素。反应系统的混乱度——熵（Entropy）增加是推动化学反应自发进行的另一个重要因素。

2.2.6 孤立系统的熵增原理

“熵”是克劳修斯提出的。1872 年波尔兹曼给出了熵的微观解释：在大量分子、原子或离子微粒系统中，熵是这些微粒之间无规则排列的程度，即系统的混乱度，用符号 S 表示，单位是 $J \cdot K^{-1}$，熵是系统的状态函数。

影响系统熵值的主要因素有：

（1）同一物质：S(高温)>S(低温)，S(低压)>S(高压)，$S(g)>S(l)>S(s)$。

例如，$S(H_2O, g)>S(H_2O, l)>S(H_2O,s)$。

（2）相同条件下的不同物质：分子结构越复杂，熵值越大。

（3）S(混合物)>S(纯净物)。

（4）在化学反应中，由固态物质变为液态物质或由液态物质变为气态物质（或气体的物质的量增加），熵值增加。

热力学第三定律（The Third Law of Thermodynamics）指出：在温度为0 K，任何纯物质的完整晶体（原子或分子的排列只有一种方式的晶体）的熵值为零。即 $\lim\limits_{T\to\infty} S=0$ 。

物质在其他温度时相对于0 K时的熵值，称为规定熵（Conventional Entropy）。1 mol某纯物质在标准状态下的规定熵称为该物质的标准摩尔熵（Standard Molar Entropy），用符号 $S_m^\ominus$ 表示，其SI单位是 $J\cdot K^{-1}\cdot mol^{-1}$ 。附录Ⅰ列出一些物质在298.15 K时的标准摩尔熵。利用各种物质298.15 K时的摩尔标准熵，可以方便地计算298.15 K时化学反应的 $\Delta_r S_m^\ominus$ ，计算公式为

$$\Delta_r S_m^\ominus=\sum \nu_B S_m^\ominus(B) \tag{2-10}$$

例 2.5 利用298.15 K时的标准摩尔熵，计算下列反应在298.15 K时的标准摩尔熵变。

$$C_6H_{12}O_6(s)+6O_2(s) \longrightarrow 6CO_2(g)+6H_2O(l)$$

解：由附录查得298.15 K时：

$$S_m^\ominus(C_6H_{12}O_6,s)=212.1\ J\cdot mol^{-1}\cdot K^{-1},\ S_m^\ominus(O_2,g)=205.2\ J\cdot mol^{-1}\cdot K^{-1},$$

$$S_m^\ominus(CO_2,g)=213.6\ J\cdot mol^{-1}\cdot K^{-1},\ S_m^\ominus(H_2O,l)=70.0\ J\cdot mol^{-1}\cdot K^{-1}$$

根据式（2-10），反应的标准摩尔熵变为

$$\begin{aligned}\Delta_r S_m^\ominus &=6S_m^\ominus(CO_2,g)+6S_m^\ominus(H_2O,l)-S_m^\ominus(C_6H_{12}O_6,s)-6S_m^\ominus(O_2,g)\\ &=6\times 213.6+6\times 70.0-212.1-6\times 205.2\\ &=258.3\ (J\cdot mol^{-1}\cdot K^{-1})\end{aligned}$$

【归纳】反应前后气体的物质的量不变，但有固体变为液体，所以熵值增加。

当温度变化时，生成物的熵的改变值与反应物的熵的改变值相近，当温度变化范围较小时，大致可以忽略温度的影响，一般认为：

$$\Delta_r S_{m,T}^\ominus \approx \Delta_r S_{m,298.15\,K}^\ominus$$

如果是孤立系统，系统和环境之间既无物质的交换，也无能量（热量）的交换，推动系统内化学反应自发进行的因素就只有一个，那就是熵增加。这就是著名的熵增加原理（Principle of Entropy Increase），用数学式表达为

$$\Delta S_{孤立} \geqslant 0 \tag{2-11}$$

式（2-11）中 $\Delta S_{孤立}$ 表示孤立系统的熵变。$\Delta S_{孤立}>0$ 表示自发过程，$\Delta S_{孤立}=0$ 表示系统达到平衡。孤立系统中不可能发生熵变小于零即熵减小的过程。

真正的孤立系统是不存在的，因为系统和环境之间总会存在或多或少的能量交换。如果把与系统有物质或能量交换的那一部分环境也包括进去，从而构成一个新的系统，这个新系统可以看成孤立系统，其熵变为 $\Delta S_{总}$ 。式（2-11）可改写为

$$\Delta S_{总} = \Delta S_{系统} + \Delta S_{环境} \geqslant 0 \tag{2-12}$$

这里 $\Delta S_{环境} = Q_{环境} / T$。$Q_{环境}$ 是环境所吸收的热，$Q_{环境} = -\Delta H_{系统}$，T 为系统和环境的温度。

用式（2-12）可以判断化学反应自发进行的方向，但是，既要求出系统的熵变又要求出环境的熵变，非常不方便。为此，我们引进一个新的状态函数——吉布斯能。

2.2.7 吉布斯能和反应方向

2.2.7.1 吉布斯能减少原理

为了判断等温等压化学反应的方向性，1876 年，美国科学家吉布斯（Gibbs）综合考虑了焓和熵两个因素，提出一个新的状态函数 G——吉布斯能（Gibbs Energy）：

$$G \overset{\text{def}}{=} H - TS \tag{2-13}$$

吉布斯证明了系统吉布斯能变可以用系统在等温等压的可逆过程中对外做的最大非体积功来量度，即

$$-\Delta G = W_{\text{f},最大} \tag{2-14}$$

等温等压自发的化学反应则可做非体积功，所以当 $W_{\text{f},最大}>0$，即 $\Delta G<0$ 时，反应自发进行；反之，是非自发的。由此可得等温等压条件下化学反应方向的判据为：

$\Delta G<0$，正向反应自发进行

$\Delta G=0$，化学反应达到平衡

$\Delta G>0$，逆向反应自发进行

这就是吉布斯能减少原理（Principle of Gibbs Energy Reduce），即自发变化总是朝吉布斯能减少的方向进行。

2.2.7.2 吉布斯方程及其应用

根据吉布斯能的定义式（2-13），在等温等压下可推导出著名的吉布斯方程：

$$\Delta G = \Delta H - T\Delta S \tag{2-15}$$

它把影响化学反应自发进行方向的两个因素（ΔH 和 ΔS）统一起来。吉布斯方程还表明，温度对反应方向有影响，现分别将几种情况列于表 2-1 中：

表 2-1 温度对等温等压反应自发性的影响

情况	ΔH	ΔS	$\Delta G = \Delta H - T\Delta S$	自发方向
1	<0	>0	永远<0	放热、熵增，任何温度下反应正向自发
2	>0	<0	永远>0	吸热、熵减，任何温度下反应正向不自发
3	>0	>0	低温>0，高温<0	低温正向不自发，高温正向自发
4	<0	<0	低温<0，>0 高温	低温正向自发，高温正向不自发

$C_6H_{12}O_6(s)+6O_2(g) \xlongequal{\quad} 6CO_2(g)+6H_2O(l)$ 的 $\Delta H<0$，$\Delta S>0$，在任意温度下，$\Delta G<0$，反应都能自发进行。

$6CO_2(g)+6H_2O(l) \xlongequal{\quad} C_6H_{12}O_6(s)+6O_2(g)$ 的 $\Delta H>0$，$\Delta S<0$，在任意温度下，$\Delta G>0$，反应不能自发进行。要使这类反应正向进行，环境必须给系统提供足够的能量（如光照辐射等）。

$CaCO_3(s) \xlongequal{\quad} CaO(s)+CO_2(g)$ 的 $\Delta H>0$，$\Delta S>0$，在低温时，$\Delta H>T\Delta S$，则 $\Delta G>0$，反应不能自发进行；在高温 $T>1\,120$ K 时，$\Delta H<T\Delta S$，则 $\Delta G<0$，反应可以自发进行。

$N_2(g)+3H_2(g) \xlongequal{\quad} 2NH_3(g)$ 的 $\Delta H<0$，$\Delta S<0$，在低温时 $|\Delta H|>|T\Delta S|$，$\Delta G<0$，反应可以自发进行；在高温 $T>500$ K 时，$|\Delta H|<|T\Delta S|$，$\Delta G>0$，反应不能自发进行。

从上面讨论可以看出，对于 ΔH 和 ΔS 符号相同的情况，当改变反应温度时，存在从自发到非自发（或从非自发到自发）的转变，我们把这个转变温度叫转向温度 $T_{转}$：

$$T_{转}=\frac{\Delta H}{\Delta S} \tag{2-16}$$

2.2.7.3 标准摩尔生成吉布斯能

在标准状态下由最稳定单质生成 1 mol 物质 B 的吉布斯能变称为这种温度下 *B* 物质的标准摩尔生成吉布斯能（Standard Molar Gibbs Energy of Formation），用符号 $\Delta_f G_m^\ominus(B)$ 表示，单位是 $kJ\cdot mol^{-1}$。

例如：298.15 K 时化学反应：

$$\frac{1}{2}N_2(g,p^\ominus)+\frac{3}{2}H_2(g,p^\ominus) \xlongequal{\quad} NH_3(g,p^\ominus)$$

的 $\Delta_r G_m^\ominus=-16.4\ kJ\cdot mol^{-1}$，而 $N_2(g)$ 与 $H_2(g)$ 为最稳定单质，所以 298.15 K 时 $NH_3(g)$ 的摩尔标准生成吉布斯能 $\Delta_f G_m^\ominus=-16.4\ kJ\cdot mol^{-1}$。

本书附录 I 列出了一些物质在 298.15 K 下的标准摩尔生成吉布斯能。

由 $\Delta_f G_m^\ominus$ 计算化学反应的 $\Delta_r G_m^\ominus$ 的计算公式为

$$\Delta_r G_m^\ominus=\sum \nu_B \Delta_r G_m^\ominus(B) \tag{2-17}$$

温度对 $\Delta_r G_m^\ominus$ 有影响，一定温度下化学反应的标准摩尔吉布斯能变化 $\Delta_r G_{m,T}^\ominus$ 可按下式计算：

$$\Delta_r G_{m,T}^\ominus=\Delta_r H_{m,T}^\ominus-T\Delta_r S_{m,T}^\ominus \tag{2-18}$$

例 2.6 用 $\Delta_r G_m^\ominus$ 判断反应自发进行的方向，光合作用是将 $CO_2(g)$ 和 $H_2O(l)$ 转化为葡萄糖的复杂过程，总反应为 $6CO_2(g)+6H_2O(l) \xlongequal{\quad} C_6H_{12}O_6(s)+6O_2(g)$。求此反应在 298.15 K、100 kPa 的 $\Delta_r G_m^\ominus$，并判断此条件下，反应是否自发进行。

分析：此题是判断标准状态下反应的自发性问题，因此，可以通过 $\Delta_r G_m^\ominus$ 的计算进行解答。计算 $\Delta_r G_m^\ominus$ 的方法有两种：

$$\Delta_r G_m^\ominus=\sum \nu_B \Delta_r G_m^\ominus(B)$$

$$\Delta_r G_{m,T}^{\ominus} = \Delta_r H_{m,298.15\,K}^{\ominus} - T\Delta_r S_{m,298.15\,K}^{\ominus}$$

解：由附录Ⅰ查得 298.15 K 和标准条件下有关热力学数据如下：

$$6CO_2(g) + 6H_2O(l) \Longrightarrow C_6H_{12}O_6(s) + 6O_2(g)$$

$\Delta_f G_m^{\ominus}$ / kJ·mol^{-1}	−394.4	−237.1	−910.6	0
$\Delta_f H_m^{\ominus}$ / kJ·mol^{-1}	−393.5	−285.8	−1273.3	0
$S_m^{\ominus}$ / J·mol^{-1}·K^{-1}	213.8	70.0	212.1	205.2

方法一：

$$\begin{aligned}\Delta_r G_m^{\ominus} &= \sum_B \nu_B \Delta_r G_m^{\ominus}(B)\\ &= -\ 910.6\ kJ\cdot mol^{-1} - 6\ \times(-237.1\ kJ\cdot mol^{-1}) - 6\ \times(-394.4\ kJ\cdot mol^{-1})\\ &= 2\ 878.43\ kJ\cdot mol^{-1}\end{aligned}$$

方法二：

$$\begin{aligned}\Delta_r H_m^{\ominus} &= \sum_B \nu_B \Delta_f H_m^{\ominus}(B)\\ &= -\ 1\ 273.3\ kJ\cdot mol^{-1} - 6\ \times(-285.8\ kJ\cdot mol^{-1}) - 6\ \times(-393.5\ kJ\cdot mol^{-1})\\ &= 2\ 802.5\ kJ\cdot mol^{-1}\end{aligned}$$

$$\begin{aligned}\Delta_r S_m^{\ominus} &= \sum_B \nu_B S_m^{\ominus}(B)\\ &= 6\times 205.2 + 212.1 - 6\times 70.0 - 6\times 213.8\\ &= -\ 259.5\ (J\cdot mol^{-1}\cdot K^{-1})\end{aligned}$$

$$\begin{aligned}\Delta_r G_m^{\ominus} &= \Delta_r H_{m,298.15\,K}^{\ominus} - T\Delta_r S_{m,298.15\,K}^{\ominus}\\ &= 2\ 802.5\ kJ\cdot mol^{-1} - 298.15\ K\times(-0.2595\ kJ\cdot mol^{-1}\cdot K^{-1})\\ &= 2\ 879.87\ kJ\cdot mol^{-1}\end{aligned}$$

【归纳】① 由于采用不同的方法计算，所得结果略有差异。② 计算结果 $\Delta_r G_m^{\ominus} > 0$，说明在 298.15 K 和标准状态下，反应不能自发进行。实际上，此反应是在叶绿素和阳光下进行的，靠叶绿素吸收光能，然后转化成系统的吉布斯能变，使光合反应得以实现。

2.2.7.4 非标准态下吉布斯能变的计算

非标准态下化学反应的吉布斯能变化可由范特霍夫（Van't Hoff）等温方程式求得

$$\begin{aligned}\Delta_r G_{m,T} &= \Delta_r G_{m,T}^{\ominus} + RT\ln Q\\ &= \Delta_r G_{m,T}^{\ominus} + 2.303RT\lg Q\end{aligned} \tag{2-19}$$

式中，Q 称为反应商。它是各生成物相对分压（对气体，$p/p^{\ominus}$）或相对浓度（对溶液，$c/c^{\ominus}$）

幂的乘积与各反应物的相对分压或相对浓度幂的乘积之比。若反应中有纯固体或纯液体，则其浓度以常数1表示。例如，对任意化学反应：

$$a\mathrm{A(aq)} + b\mathrm{B(l)} \Longrightarrow d\mathrm{D(g)} + e\mathrm{E(s)}$$

$$Q = \frac{(p_{\mathrm{D}}/p^{\ominus})^{d} \times 1}{(c_{\mathrm{A}}/c^{\ominus}) \times 1}$$

在稀溶液中进行的反应，如果溶剂参与反应，因溶剂的量很大，浓度基本不变，可以当作常数1。由表达式可知Q的单位为1。

例 2.7 非标准状态下反应方向的判断。

$CaCO_3$(s) 的分解反应如下：$CaCO_3(s) \longrightarrow CaO(s) + CO_2(g)$

（1）在 298.15 K 及标准条件下，此反应能否自发进行？若使其在标准状态下进行反应，反应温度应为多少？

（2）空气中 CO_2(g) 的分压约为 0.03 kPa，试计算此条件下 $CaCO_3$(s) 分解所需的最低温度。

解：反应式中有关物质在 298.15 K 和标准条件下的热力学数据如下：

	$CaCO_3$(s)	CaO(s)	CO_2(g)
$\Delta_f H_m^{\ominus}$ / kJ·mol^{-1}	−1206.9	−634.9	−393.5
$S_m^{\ominus}$ / J·mol^{-1}·K^{-1}	92.9	38.1	213.8

（1）

$$\begin{aligned}\Delta_r H_m^{\ominus} &= \sum_{\mathrm{B}} \nu_{\mathrm{B}} \Delta_f H_m^{\ominus}(\mathrm{B}) \\ &= -634.9 + (-393.5) - (-1206.9) \\ &= 178.5\ (\mathrm{kJ \cdot mol^{-1}})\end{aligned}$$

$$\begin{aligned}\Delta_r S_m^{\ominus} &= \sum_{\mathrm{B}} \nu_{\mathrm{B}} S_m^{\ominus}(\mathrm{B}) \\ &= 38.1 + 213.8 - 92.9 \\ &= 159(\ \mathrm{J \cdot mol^{-1} \cdot K^{-1}})\end{aligned}$$

$$\begin{aligned}\Delta_r G_m^{\ominus} &= \Delta_r H_m^{\ominus} - T\Delta_r S_m^{\ominus} \\ &= 178.5\ \mathrm{kJ \cdot mol^{-1}} - 298.15\ \mathrm{K} \times 159 \times 10^{-3}\ \mathrm{kJ \cdot mol^{-1} \cdot K^{-1}} \\ &= 131\ \mathrm{kJ \cdot mol^{-1}} > 0\end{aligned}$$

因此，在 298.15 K 下，上述反应不能自发进行。因为是吸热熵增反应，在标准条件下自发进行时，所需的最低温度为

$$T = \frac{\Delta_r H_{m,T}^{\ominus}}{\Delta_r S_{m,T}^{\ominus}} \approx \frac{\Delta_r H_{m,298.15\,K}^{\ominus}}{\Delta_r S_{m,298.15\,K}^{\ominus}}$$

$$= \frac{178.5\ \mathrm{kJ \cdot mol^{-1}}}{159 \times 10^{-3}\ \mathrm{J \cdot mol^{-1} \cdot K^{-1}}} = 1.12 \times 10^{3}\ \mathrm{K}\ (847\ ℃)$$

2.3 反应速率和速率方程

化学热力学主要研究反应的方向、限度和外界因素对平衡的影响，解决反应的可能性，即在给定条件下反应能不能发生，及反应进行的程度。而化学动力学主要研究反应的速率及反应机理，主要解决反应的现实性问题。例如反应：$H_2(g)+\frac{1}{2}O_2(g) \longrightarrow H_2O(l)$ 的 $\Delta_r G_m^{\ominus}(T, p^{\ominus})=-237.2\ kJ \cdot mol^{-1}$，说明该反应向右进行的趋势是很大的，但是在通常情况下，若把 H_2、O_2 放在一起几乎不发生反应。计算表明：283 K 时，要生成 0.15%的水需长达 10.60 亿年的时间。但如果将温度升至1073 K（800 ℃）时，该反应以爆炸的方式瞬时完成。又例如：合成氨反应，在 300 $p^{\ominus}$ 及 500 ℃时，按热力学计算，此反应的最大可能转化率为 26%左右，但是如果不加催化剂，这个反应速率非常慢，当有铁触媒作为催化剂时，反应才能较快地进行。

化学反应的机理可分为简单反应和复杂反应。

（1）简单反应：一步能够完成的反应叫简单反应。简单反应由一个基元反应组成。

特点：质量作用定律可直接用于每一基元反应，而简单反应本身是由一个基元反应组成，故质量作用定律可直接用于简单反应。

质量作用定律：化学反应速率和反应物浓度成正比，质量作用定律只是描述基元反应动力学行为的定律，例如乙酸乙酯的皂化反应为一简单反应 $CH_3COOCH_2CH_3 + OH^- \longrightarrow CH_3COO^- + CH_3CH_2OH$，其速率方程为：$r = kc_{酯}c_{OH^-}$。

（2）复杂反应：由两个或两个以上的基元反应组成的反应叫复杂反应。

特点：质量作用定律不能直接应用，但质量作用定律可直接应用于每一基元反应

例：$H_2 + Cl_2 \longrightarrow 2HCl$　　$r = kc_{H_2}c_{Cl_2^{1/2}}$

质量作用定律可应用于该反应中的每一基元反应：由前述 H_2 与 Cl_2 的反应机理可得：$d_{c_{Cl}}/dt = k_1 c_{Cl_2} c_M$；$d_{c_{HCl}}/dt = k_2 c_{Cl} c_{H_2}$；$d_{c_{HCl}}/dt = k_3 c_H c_{Cl_2}$；$d_{c_{Cl_2}}/dt = k_4 c_{Cl}^2 \cdot c_M$ 等关系式。

注意：基元反应的速率方程可直接应用质量作用定律写出，而速率方程符合质量作用定律的反应不一定是基元反应。如反应：$H_2 + I_2 \longrightarrow 2HI$，$r = kc_{H_2}c_{I_2}$。但这一反应并不是简单反应，其机理为：$I_2 + M \longrightarrow 2I + M$；$2I + H_2 \longrightarrow 2HI$；$2I + M \longrightarrow I_2 + M$。实验确证：大多数反应都是复杂反应，要跟踪一个反应，了解反应的真实历程目前是相当困难的。近年来激光及分子束的应用，使人们可以掌握更多的基元反应的资料，以弄清反应机理，达到控制反应速率的目的。所以对于简单反应可直接写出速率方程，对于复杂反应，从真实历程推出速率方程或者依靠实验数据推导速率方程。

2.3.1 反应速率的表示

在等容反应体系中，化学反应速率通常用反应物浓度随时间的变化率来表示，此为瞬时反应速率，但由于反应物浓度随时间的增加而减小，产物浓度随时间的增加而增加，反应速率一般规定为正值。故反应速率以反应物或产物表示时，分别为 $-dc_{反}/dt$，dc/dt。但对于一

般反应来说，采用不同物质的浓度随时间的变化率表示时，反应速率的数值是各不相同的。我们可以选用反应中任何一种物质浓度随时间的变化来表示反应速率，但是得到的速率数值可能互不相同，这样对同一反应就出现了用不同物质表示反应速率时，数值不等的现象（图 2-4）。为了避免此现象，现在统一将反应速率 r 定义为：反应进度随时间的变化率，即

$$r = \frac{1}{V}\frac{\mathrm{d}n\xi}{\mathrm{d}t} = \frac{1}{V}\frac{\mathrm{d}n_\mathrm{B}}{\nu_\mathrm{B}\mathrm{d}t} = \frac{\mathrm{d}c_\mathrm{B}}{\nu_\mathrm{B}\mathrm{d}t}$$

式中　ν_B 为计量系数，V 为反应体系的体积。

例如：

$$a\mathrm{A} + b\mathrm{B} \longrightarrow d\mathrm{D} + e\mathrm{E}$$

则

$$r = -\frac{1}{a}\frac{\mathrm{d}c_\mathrm{A}}{\mathrm{d}t} = -\frac{1}{b}\frac{\mathrm{d}c_\mathrm{B}}{\mathrm{d}t} = \frac{1}{d}\frac{\mathrm{d}c_\mathrm{D}}{\mathrm{d}t} = \frac{1}{e}\frac{\mathrm{d}c_\mathrm{E}}{\mathrm{d}t}$$

对于多相催化反应（气-固、液-固），则 $r = \frac{1}{Q}\frac{\mathrm{d}\xi}{\mathrm{d}t}$，$Q$ 表示催化剂的量。当 Q 为催化剂的质量 m 时，则 $r_m = \frac{1}{m}\frac{\mathrm{d}\xi}{\mathrm{d}t}$，$r_m$ 称为给定条件下催化剂的比活度；当 Q 为催化剂的体积 V 时，则 $r_V = \frac{1}{V}\frac{\mathrm{d}\xi}{\mathrm{d}t}$；当 Q 为催化剂的表面积 A 时，则 $r_A = \frac{1}{A}\frac{\mathrm{d}\xi}{\mathrm{d}t}$。

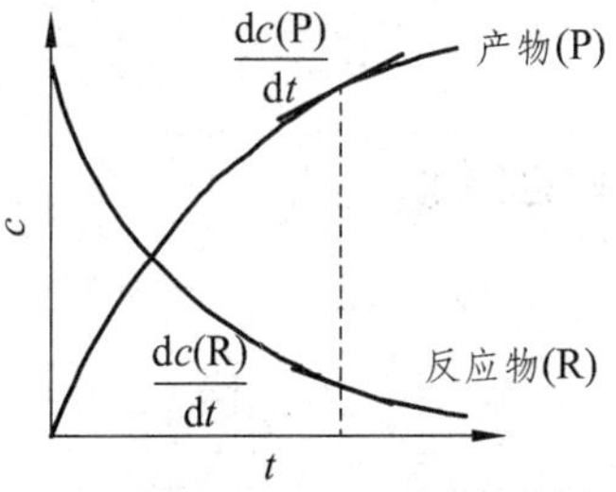

图 2-4　反应物和产物的浓度随时间的变化

2.3.2　反应速率的测定

要确立一个反应的速率，就必须测定不同时刻的反应物或产物的浓度，测定物质浓度的方法有化学法和物理法两种。

化学法：利用化学分析法测定反应中某时刻各物质的浓度，必须使取出的样品立即停止反应；否则，测定的浓度并非是指定时刻的浓度。使反应停止的办法有骤冷、稀释、加入阻化剂或除去催化剂等。究竟选用哪一种方法，视情况而定，化学法的优点是能直接得出不同时刻浓度的绝对值。

物理法：通过物理性质的测定来确定反应物或产物浓度，例如，测定体系的旋光度、折光率、电导、电动势、黏度、介电常数、吸收光谱、压力、体积等的改变。此法较化学法迅速、方便，并可制成自动的连续记录的装置，以记录某物理性质在反应中的变化。但此法不能直接测量浓度，所以要找出浓度与被测物理量之间的关系曲线（工作曲线）。

同一反应在不同条件下，反应速率会有明显的差异，浓度、温度、催化剂等都是影响反

应速率的主要因素，下面我们将分别加以讨论。

2.3.3 化学反应的速率方程

表示反应速率和反应物浓度关系的方程称为速率方程，又称为动力学方程。在恒定温度下，化学反应速率与系统中几个或所有各个组分的浓度密切相关，这种依赖关系必须由实验所确定，反应速率往往是参加反应的物质浓度 c 的某种函数：$r = f(c)$，这种函数关系式称为速率方程。

例如：$A \longrightarrow B$ 的反应，实验上确知：$r \propto c_A$，则 $r = kc_A$ 或 $-\dfrac{dc_A}{dt} = kc_A$。

又如：$A + B \longrightarrow C$，实验上确知：$r \propto c_A c_B$，则 $r = kc_A c_B$ 或 $-\dfrac{dc_A}{dt} = kc_A c_B$ 或 $-\dfrac{dc_B}{dt} = kc_A c_B$。

又如：$aA + bB \longrightarrow gG + hH$，实验上确知：$r \propto c_A{}^{\alpha} c_B{}^{\beta}$，则 $r = k\, c_A{}^{\alpha} c_B{}^{\beta}$ 或 $-\dfrac{dc_A}{a dt} = k\, c_A{}^{\alpha} c_B{}^{\beta}$ 或 $-\dfrac{dc_B}{b dt} = k\, c_A{}^{\alpha} c_B{}^{\beta}$。

又如，乙酸乙酯的皂化反应 $CH_3COOC_2H_5 + OH^- \longrightarrow CH_3COO^- + C_2H_5OH$，实验上确知：$r \propto c_{酯} c_{OH^-}$，则 $r = k\, c_{酯} c_{OH^-}$。

2.3.4 反应级数和反应的速率常数

2.3.4.1 反应级数

设有一反应（总包反应，或计量反应）：$aA + bB \longrightarrow gG + hH$，根据实验确知速率方程为：

$$r = k\, c_A{}^{\alpha} c_B{}^{\beta}$$

式中，浓度项 c_A、c_B 的方次 α、β 分别称为反应对 A、B 的级数，而 $n = \alpha + \beta$ 称为反应的总级数（级数）。例如，NH_3 在钨丝上的分解反应：$2NH_3 \xrightarrow[\Delta]{W} N_2 + 3H_2$，实验确知：$r = kc_{NH_3}{}^0 = k$，零级反应。又如，放射性元素的蜕变反应：${}^{226}_{88}Ra \longrightarrow {}^{222}_{86}Rn + {}^{4}_{2}He$，实验确知：$r = kc_{Ra}$，一级反应。又如，$NH_3$ 在 Fe 催化剂上的分解反应，由实验确知其速率方程为 $r = kc_{NH_3} \big/ c_{H_2}{}^{3/2}$，−0.5 级反应。而反应 $H_2 + Br_2 \longrightarrow 2HBr$，由实验知其速率方程为 $r = kc_{H_2} c_{Br_2}{}^{1/2} \big/ \left(1 + k' c_{HBr} / c_{Br_2}\right)$，该反应为无级数反应。因此反应级数可以为 1、2、3、0，分数、整数、负数等，这都是由实验测定的。所以，反应级数由速率方程决定，而速率方程又是由实验确定，决不能由计量方程直接写出速率方程。

2.3.4.2 反应的速率常数

速率方程中 k 称为速率常数或比速率，其物理意义为：参加反应的物质浓度均为单位浓度时（1 mol·dm^{-3}）的反应速率的数值（即 $r = kc_A{}^{\alpha}c_B{}^{\beta}$ 或 $k = r/c_A{}^{\alpha}c_B{}^{\beta}$）。$k$ 的大小与反应物的浓度无关，但与反应的本性、温度、溶剂、催化剂等有关。k 的大小可以代表反应的速率，表示反应的快慢、难易；k 的单位为：[浓度]$^{1-n}$时间$^{-1}$，即 $(\text{mol}\cdot\text{dm}^{-3})^{1-n}\cdot\text{s}^{-1}$。

例如：对于气相反应　$a\text{A} + b\text{B} \longrightarrow g\text{G} + h\text{H}$

$$-\frac{\mathrm{d}c_A}{a\mathrm{d}t} = k_c c_A{}^{\alpha} c_B{}^{\beta} \quad (1)$$

$$-\frac{\mathrm{d}p_A}{a\mathrm{d}t} = k_p p_A{}^{\alpha} c_B{}^{\beta} \quad (2)$$

若 $p_B = c_B RT$，推证 k_p 与 k_c 的关系。

若（1）式不变，将（2）式变为

$$-\frac{\mathrm{d}c_A}{a\mathrm{d}t}(RT) = k_p c_A{}^{\alpha} c_B{}^{\beta}(RT)^{\alpha+\beta}$$

所以
$$-\frac{\mathrm{d}c_A}{a\mathrm{d}t} = k_p (RT)^{\alpha+\beta-1} c_A{}^{\alpha} c_B{}^{\beta}$$

比较知：$k_c = k_p(RT)^{n-1}$ 或 $k_p = k_c(RT)^{1-n}$。

2.3.4.3 反应分子数与反应级数的区别

（1）意义不同：反应级数是 $r = kc_A{}^{\alpha}c_B{}^{\beta}$ 中浓度方次的加和，反应分子数是参加基元反应的反应物的粒子数目。

（2）适用的范围不同：反应级数用于简单反应、复杂反应在内的宏观化学反应，反应分子数适用于基元反应所对应的分散化学变化。

（3）取值不同：反应级数可以为 0、1、2、3、分数、负数，而且对指定反应，反应级数可依反应条件变化而改变。反应分子数只能为 1、2、3，对指定的基元反应为固定值。

（4）对于简单反应来说，反应分子数和反应级数不一定一样，如蔗糖水解是双分子反应，但为一级反应。

（5）简单级数反应不一定有简单的机理，如 $H_2 + I_2 \longrightarrow 2HI$　$r = kc_{H_2}c_{I_2}$；一种级数关系不一定只有一种可供解释的机理。

（6）速率方程不能写为 $r = kc_A{}^{\alpha}c_B{}^{\beta}\cdots$ 形式的复杂反应，无级数可言。

（7）基元反应有一定的分子数，对复杂反应无一定分子数可言。

通过上述讨论可以看出：反应级数不一定等于反应分子数；反应级数不一定是简单正整数；反应级数不一定等于最慢一步的分子数；反应级数不一定明确体现在速率方程中；反应级数不一定显示于浓度项中；反应级数不一定与计量系数一致。

2.4 具有简单级数的反应

反应级数为一级、二级、三级、零级的反应称为简单级数反应，但简单级数反应不一定是简单反应。

2.4.1 一级反应

凡反应速率只与反应物浓度的一次方成正比的反应称为一级反应。

2.4.1.1 一级反应速度方程

设某一级反应

$$\begin{array}{lcc} & A \xrightarrow{k_1} & P \\ t=0 & c_{A,0}=a & 0 \\ t=t & c_A=a-x & x \end{array}$$

所以 $r=-\dfrac{dc_A}{dt}=k_1c_A$ 或 $r=\dfrac{dx}{dt}=k_1(a-x)$

定积分上两式：$\int_{c_{A,0}}^{c_A}-\dfrac{dc_A}{c_A}=\int_0^t k_1 dt$，$\ln\dfrac{c_{A,0}}{c_A}=k_1t$，$k_1=\dfrac{1}{t}\ln\dfrac{c_{A,0}}{c_A}$ 或 $c_A=c_{A,0}\cdot e^{-k_1t}$。

或 $-\int_0^x\dfrac{d(a-x)}{a-x}=k_1t$，$\ln\dfrac{a}{a-x}=k_1t$，$k_1=\dfrac{1}{t}\ln\dfrac{a}{a-x}$ 或 $(a-x)=a\cdot e^{-k_1t}$。

不定积分上两式得：$\ln c_A=-k_1t+B$ 或 $\ln(a-x)=-k_1t+B$

若令 y 为时间 t 时反应物已反应的分数，即 $y=\dfrac{x}{a}$，则

$$\begin{array}{lcc} & A \xrightarrow{k_1} & P \\ t=0 & a & 0 \\ t=t & a(1-y) & ay \end{array}$$

则 $r=-\dfrac{d[a(1-y)]}{dt}=k_1a(1-y)$，积分 $-\int_0^y\dfrac{d(1-y)}{1-y}=\int_0^t k_1 dt$，得 $\ln\dfrac{1}{1-y}=k_1t$ 或 $k_1=\dfrac{1}{t}\ln\dfrac{1}{1-y}$。

2.4.1.2 一级反应的特点

（1）$\ln c_A=-k_1t+B$，$\ln c_A-t$ 成直线关系，斜率 $=-k_1$。

（2）$k_1=\dfrac{1}{t}\ln\dfrac{c_{A,0}}{c_A}$，. 所以 k_1 的单位为 s^{-1}。

（3）动力学中将反应物消耗了一半所需的时间称为反应的半衰期，用 $t_{1/2}$ 表示，$t_{1/2}=\dfrac{1}{k_1}\ln\dfrac{c_{A,0}}{c_A}=\dfrac{1}{k_1}\ln\dfrac{c_{A,0}}{\frac{1}{2}c_{A,0}}=\dfrac{\ln 2}{k_1}=\dfrac{0.693}{k_1}$，可以看出，一级反应的半衰期与反应物的初始浓度无关。因此，对于一个给定的一级反应，当选用不同的起始浓度时，其半衰期并不改变。

（4）将各组 c-t 对应的数据代入 $k_1=\dfrac{1}{t}\ln\dfrac{c_{A,0}}{c_A}$ 计算 k_1，对一级反应来说 k_1 应基本为一常数。

2.4.1.3　一级反应实例

（1）放射性元素的蜕变反应均为一级反应，如 ${}^{226}_{88}Ra \longrightarrow {}^{222}_{86}Rn + {}^{4}_{2}He$

（2）N_2O_5 的热分解反应：$N_2O_5 = N_2O_4 + \frac{1}{2}O_2$

（3）分子重排反应，如顺丁烯二酸转化为反丁烯二酸的反应

$$\begin{matrix} CHCOOH \\ \| \\ CHCOOH \end{matrix} \longrightarrow \begin{matrix} CHCOOH \\ \| \\ HOOCCH \end{matrix}$$

（4）蔗糖的水解反应

$$\underset{}{C_{12}H_{22}O_{11}} + H_2O \xrightarrow{H_3O^+} \underset{\text{葡萄糖}}{C_6H_{12}O_6} + \underset{\text{果糖}}{C_6H_{12}O_6}$$

这个反应实际上为二级反应，由于在溶液中水量很多，在反应过程中，其浓度可看作一常数，反应表现为一级反应，故称该反应为“准一级反应”。

例 2.8　N_2O_5 热分解在不同时刻的压力数据如下所示，求反应级数。反应为

$$2N_2O_5 = 2N_2O_4(g) + O_2(g)$$

实验测得不同时间 t 时 N_2O_5 的分压为

t/s	600	1200	2400	3000	3600	…	∞
$p_{N_2O_5}$ / kPa	32.93	24.66	18.662	13.996	10.39	…	0

解：等温等容下：$p_B = \frac{n_B}{V}RT = c_BRT$，所以 $p_B \propto c_B$，故可根据实验数据作 $\ln p_{N_2O_5} - t$ 图。

t/s	600	1200	2400	3000	3600	…	∞
$\ln p_{N_2O_5}$	3.49	3.20	2.93	2.64	2.34	…	0

$\ln p_{N_2O_5}$ 与 t 成直接关系，故反应为一级反应。

例如，蔗糖的水解

$$\underset{\text{蔗糖}}{C_{12}H_{22}O_{11}} + H_2O \xrightarrow{H_3O^+} \underset{\text{葡萄糖}}{C_6H_{12}O_6} + \underset{\text{果糖}}{C_6H_{12}O_6}$$

是一个二级反应，在纯水中此反应速率极慢，通常需在 H^+ 的催化作用下进行，由于反应时水是大量的，可以认为其浓度保持不变，H^+ 是催化剂，其浓度也保持不变，因此蔗糖转化可看作一级反应。作为反应物的蔗糖是右旋性质物质，其比旋光度 $[\alpha]_D^{20} = 66.6^\circ$；生成物中葡萄糖也是右旋性物质，$[\alpha]_D^{20} = 52.5^\circ$；果糖是左旋性物质，$[\alpha]_D^{20} = -91.9^\circ$，因为果糖的左旋性比葡萄糖右旋性大，所以生成物呈现左旋性，因而随反应的进行，体系的右旋角不断减小，直至蔗糖完全转化就变成左旋。当其他条件均固定时，旋光度 α 与旋光性物质的浓度成正比，即 $\alpha = Kc$。设最初体系的旋光度为 α_0，则 $t = 0$，$\alpha_0 = K_{反}c_A^0$（蔗糖尚未转化）；最终体系的旋光度

为 α_∞，则 $t=\infty$， $\alpha_\infty = K_{生,1}c_A^0 + K_{生,2}c_A^0=(K_{生,1}+K_{生,2})c_A^0=K_{生}c_A^0$。当时间为 t 时，蔗糖浓度为 c_A，此时旋光度 α_t 为

$$\begin{aligned}\alpha_t &= K_{反}c_A + K_{生,1}(c_A^0 - c_A) + K_{生,2}(c_A^0 - c_A)\\ &= K_{反}c_A + (K_{生,1}+K_{生,2})\ (c_A^0 - c_A)\\ &= K_{反}c_A + K_{生}(c_A^0 - c_A)\end{aligned}$$

$$\alpha_0 - \alpha_\infty = (K_{反} - K_{生})\ c_A^0$$

所以
$$c_A^0 = \frac{\alpha_0 - \alpha_\infty}{(K_{反} - K_{生})} = k'(\alpha_0 - \alpha_\infty)$$

而
$$\alpha_t - \alpha_\infty = (K_{反} - K_{生})\ c_A$$

所以
$$c_A = \frac{\alpha_t - \alpha_\infty}{(K_{反} - K_{生})} = k'(\alpha_t - \alpha_\infty)$$

那么
$$k = \frac{1}{t}c_A^0/c_A = \frac{1}{t}\ln\frac{\alpha_0 - \alpha_\infty}{\alpha_t - \alpha_\infty}$$

2.4.2 二级反应

凡反应速度与反应物浓度的二次方（或两种反应物浓度的乘积）成正比的反应，称为二级反应。

2.4.2.1 二级反应速度方程

二级反应的形式有：

$$A + B \longrightarrow P + \cdots,\quad r = k_2 c_A c_B \qquad (\text{I})$$

$$2A \longrightarrow P + \cdots,\quad r = k_2 c_A^2 \qquad (\text{II})$$

对反应 I 讨论之：

$$\begin{array}{lccc} & A & +\ B \longrightarrow & P + \cdots \\ t=0 & a & b & 0 \\ t=t & a-x & b-x & x \end{array}$$

速率方程为

$$\begin{aligned}-\frac{dc_A}{dt} &= -\frac{dc_B}{dt} = -\frac{d(a-x)}{dt} = -\frac{d(b-x)}{dt}\\ &= k_2(a-x)\cdot(b-x)\end{aligned}$$

即 $$\frac{dx}{dt}=k_2(a-x)\cdot(b-x)$$

（1）若A、B起始浓度相同（相当于反应Ⅱ），$a=b$，则

$$\frac{dx}{dt}=k_2(a-x)^2$$

移项积分： $$\int_0^x \frac{dx}{(a-x)^2}=\int_0^t k_2 dt\text{，}\quad -\int_0^x \frac{d(a-x)}{(a-x)^2}=k_2 t$$

得 $$\frac{1}{a-x}-\frac{1}{a}=k_2 t \text{ 或 } k_2=\frac{1}{t}\frac{x}{a(a-x)}$$

当以 y 代表时间 t 时反应物反应的分数，则

$$\mathrm{A+B \longrightarrow P+\cdots}$$

$$t=0 \quad a \quad b \quad 0$$

$$t=t \quad a(1-y)\ b(1-y)\ ay=by=x$$

速率方程的积分式为：$\frac{1}{a-x}-\frac{1}{a}=k_2 t$，即 $\frac{y}{a(1-y)}=k_2 t$

当 $y=\frac{1}{2}$（即 $c_A=c_B=\frac{1}{2}a$）时，$t_{1/2}=\frac{1}{k_2 a}$，二级反应的半衰期 $t_{1/2}$ 与反应物起始浓度成反的关系。

（2）若A、B起始浓度不同，即 $a\neq b$，则速率方程为

$$dx/dt == k_2(a-x)\cdot(b-x)$$

$\int_0^x \frac{dx}{(a-x)\cdot(b-x)}=\int_0^t k_2 dt$，将上式拆开、分项、积分 $\int_0^x \frac{1}{b-a}\left(\frac{1}{a-x}-\frac{1}{b-x}\right)dx=k_2 t$，得

$$\frac{1}{(a-b)}\ln\frac{b(a-x)}{a(b-x)}=k_2 t \quad \text{或} \quad k_2=\frac{1}{t}\frac{1}{(a-b)}\ln\frac{b(a-x)}{a(b-x)}$$

2.4.2.2 二级反应的特点

（1）由于 $\frac{1}{a-x}-\frac{1}{a}=k_2 t$，所以 $\frac{1}{a-x}$-t（或 $\frac{1}{c_A}$-t）成线性关系，斜率 $=k_2$。

（2）$t_{1/2}=\frac{1}{k_2 a}$，二级反应半衰期 $t_{1/2}$ 与反应物起始浓度成反比关系。

（3）k_2 的单位：$(\mathrm{mol\cdot dm^{-3}})^{-1}\cdot \mathrm{s^{-1}}$

（4）由 $k_2=\frac{1}{t}\frac{x}{a(a-x)}$，将不同时刻的 x-t 代入上式若得到一系列 k_2 基本为一常数，则该反应为二级反应。

（5）对二级反应，$r = k_2 c_A c_B$，若某一反应物大大过量，则二级反应可转化为一级反应，若$c_A \gg c_B$时，$r = k c_B$，反应转化为一级反应。

2.4.2.3 二级反应实例

（1）乙烯、丙烯、异丁烯的二聚作用；

（2）乙酸乙酯的皂化反应；

（3）碘化氢、甲醛的热分解反应等。

2.4.3 三级反应

凡是反应速率与反应物浓度的三次方成正比的反应，称为三级反应。三级反应有下列三种形式：

$$A + B + C \longrightarrow P,\ 2A + B \longrightarrow P,\ 3A \longrightarrow P$$

2.4.3.1 三级反应速率方程

（1）若反应物的起始浓度相同$a = b = c$，则速率方程为：$dx/dt = k_3(a-x)^3$

积分：$\int_0^x \frac{dx}{(a-x)^3} = \int_0^t k_3 dt$ 得 $\frac{1}{(a-x)^2} - \frac{1}{a^2} = 2k_3 t$，$\frac{1}{a^2(1-x)^2} - \frac{1}{a^2} = 2k_3 t$ 或 $\frac{1}{(a-x)^2} = 2k_3 t + B$

当$x = a/2$时，$t_{1/2} = \frac{3}{2k_3 a^2}$。

（2）若$a = b \neq c$，则速率方程为：$\frac{dx}{dt} = k_3(a-x)^2 \cdot (c-x)$

积分：$\int_0^x \frac{dx}{(a-x)^2 \cdot (c-x)} = \int_0^t k_3 dt$，经适当变化后积分：

$$\int_0^x -\frac{1}{(a-x)^2}\left[\frac{1}{a-x} - \frac{1}{c-x} - \frac{c-a}{(a-x)^2}\right]dx = k_3 t$$

得：

$$\frac{1}{(c-a)^2}\left[\ln\frac{(a-x)\cdot c}{(c-x)\cdot a} + \frac{x(c-a)}{a(a-x)}\right] = k_3 t$$

（3）若$a \neq b \neq c$，则速率方程为：$dx/dt = k_3(a-x)\cdot(b-x)\cdot(c-x)$

积分得：

$$\frac{1}{(a-b)\cdot(a-c)}\ln\frac{a}{a-x} + \ln\frac{b}{b-x} + \frac{1}{(c-a)\cdot(c-b)}\ln\frac{c}{c-x} = k_3 t$$

另外对于第二种形式：$2A + B \longrightarrow P$，速率方程为：$dx/dt = k_3(a-x)^2 \cdot (b-x)$

积分结果为：

$$(2b-a)^2\left[\ln\frac{b(a-2x)}{a(b-x)} + \frac{2x(2b-a)}{a(a-2x)}\right] = k_3 t$$

2.4.3.2 三级反应的特点

（1）若 $a=b=c$，则 $\frac{1}{(a-x)^2}$ - t 为线性关系，斜率 $=2k_3$。

（2）若 $a=b=c$，则 $x=\frac{a}{2}$ 时，$t_{1/2}=\frac{3}{2k_3a^2}$，即 $t_{1/2}$ 与 a^2 成反比关系。

（3）k_3 的单位为 $(\mathrm{mol\cdot dm^{-3}})^{-2}\cdot \mathrm{s^{-1}}$。

2.4.3.3 三级反应实例

三级反应数量不多，三级反应很少见的原因是三个分子同时碰撞的机会不多，目前：

（1）气相反应中仅知有 5 个反应属于三级反应，而且都和 NO 有关，这 5 个反应分别是两个分子的 NO 与一个分子的 Cl_2、Br_2、O_2、H_2、D_2 的反应，它们分别是：

$$2NO + Cl_2 \longrightarrow 2NOCl \qquad 2NO + H_2 \longrightarrow N_2O + H_2O$$

$$2NO + O_2 \longrightarrow 2NO_2 \qquad 2NO + Br_2 \longrightarrow 2NOBr$$

$$2NO + D_2 \longrightarrow N_2O + D_2O$$

除了认为上述反应为三分子反应外，还有人认为上述反应是由两个连续的双分子反应构成，即

$$2NO \xrightarrow{k_1} N_2O_2 \text{（快速平衡）}$$

$$N_2O_2 + O_2 \xrightarrow{k_2} 2NO_2 \text{（慢速步骤）}$$

那么 $\mathrm{d}x/\mathrm{d}t=k_2[N_2O_2][O_2]$；又由于 $[N_2O_2]/[NO]^2=\frac{k_1}{k_{-1}}=K$，$[N_2O_2]=\frac{k_1}{k_{-1}}[NO]^2$

则 $\mathrm{d}x/\mathrm{d}t=\frac{k_1k_2}{k_{-1}}[NO]^2[O_2]$，反应仍为三级反应。

（2）溶液中：$FeSO_4$ 的氧化（水中）；Fe^{3+} 与 I^- 的作用等。

2.4.4 零级反应

凡反应速率与反应物浓度的零次方成正比关系的反应，称为零级反应。这类反应大多为气-固复相反应。

2.4.4.1 零级反应速率方程

对于反应：$A \longrightarrow P$，速率方程为：$r=-\mathrm{d}c_A/\mathrm{d}t=\mathrm{d}x/\mathrm{d}t=k_0$

积分 $\int_0^x \mathrm{d}x=\int_0^t k_0\mathrm{d}t$ 得：$x=k_0t$ 或 $c_A=c_{A,0}-k_0t$

当 $x=\frac{1}{2}c_{A,0}$ 时，$t_{1/2}=\frac{c_0}{2k_0}$，即 $t_{1/2}=\frac{a}{2k_0}$

2.4.4.2　零级反应特征

（1）c_A-t（或 x-t）成线性关系，斜率 $=-k_0$。

（2）k_0 的单位为“$mol\cdot dm^{-3}\cdot s^{-1}$”。

（3）零级反应半衰期 $t_{1/2}=\frac{a}{2k_0}$，零级反应半衰期与反应物的起始浓度成正比关系。

2.4.4.3　零级反应实例

许多表面催化反应属零级反应，如氨气在钨丝上的分解反应：$2NH_3 \xrightarrow{W} N_2+3H_2$；氧化亚氮在铂丝上的分解反应：$2N_2O \xrightarrow{Pt} 2N_2+O_2$ 等。这类零级反应大都是在催化剂表面上发生的，在给定的气体浓度（分压）下，催化剂表面已被反应物气体分子所饱和，再增加气相浓度（分压），并不能改变催化剂表面上反应物的浓度，当表面反应是速率控制步骤时，总的反应速率并不再依赖于反应物在气相的浓度，这样，反应在宏观上必然遵循零级反应的规律。

2.5　温度对反应速率的影响

温度升高时，反应速度一般增加，但不同类型的反应，温度对反应速度的影响不同，大致可分为下列几种情形：

这里主要讨论第一类型的反应，即一般反应的情形（图 2-5）。

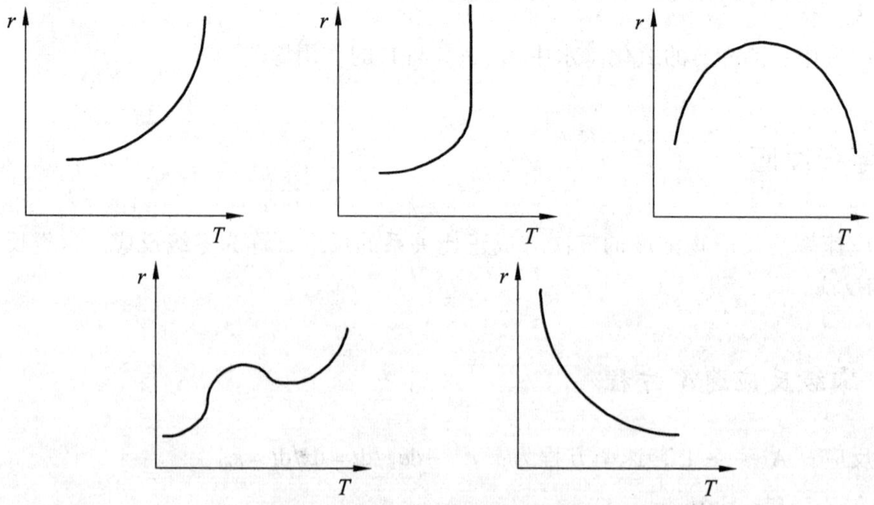

图 2-5　温度对反应速率的影响

2.5.1 范特霍夫（Van't Hoff）规则

1884 年，根据实验事实总结出一条规律，当温度升高 10 K，一般反应速率增加 2~4 倍，即 $K_{T+10}/K_T = 2\sim4$，据此规律可大概估计温度对反应速度的影响。

2.5.2 阿仑尼乌斯（Arrhenius）方程

1889 年，Arrhenius 研究了不同温度下酸度对蔗糖转化为葡萄糖和果糖转化速率的影响，发现 $\ln k$-$\frac{1}{T}$ 作图可得一直线，而且许多反应的 k 与 T 之间都有这样关系。据此提出了著名的阿仑尼乌斯方程，它有三种形式：指数式 $k = A\mathrm{e}^{-E_\mathrm{a}/RT}$；对数式 $\ln k = -\frac{E_\mathrm{a}}{RT} + B$；微分式 $\frac{\mathrm{d}\ln k}{\mathrm{d}t} = \frac{E_\mathrm{a}}{RT^2}$。式中 k 为速率常数，A 为指前因子或频率因子，E_a 为反应的实验活化能或阿仑尼乌期活化能。A、E_a 是反应本性决定的常数，与反应温度、浓度无关。很显然：T 升高时，k 增大；E_a 越大，k 越小。

2.5.3 活化能

1889 年，阿仑尼乌斯对自己的经验公式进行了理论解释提出了活化能的概念。在阿氏公式中，他把 E_a 看作常数，这在一定的温度范围内与实验结果是相符的，但温度过高时，$\ln k$ 与 $\frac{1}{T}$ 的线性关系就不是很好，说明 E_a 与温度有关，另对一些复杂反应情况就比较复杂了。

对于基元反应 $\mathrm{A+B} \xrightarrow{k,\,E_\mathrm{a}} \mathrm{C+D}$，$k$ 和 E_a 有明确的含义与意义：$E_\mathrm{a} = E^* - E_\mathrm{r}$ $\varepsilon_\mathrm{a} = (E^* - E_\mathrm{r})/L = \varepsilon^* - \varepsilon_\mathrm{r}$，$E^*$、$E_\mathrm{r}$ 分别为 1 mol 活化分子平均能量和 1 mol 普通分子平均能量。对于复杂反应，k 和 E_a 没有明确的含义，一般称其为表现速率常数和表现活化能（或实验活化能）。

2.5.4 活化能与温度的关系

对于等容对峙反应 $\frac{\mathrm{d}\ln k_c^\ominus}{\mathrm{d}t} = \frac{\Delta_\mathrm{r}U_\mathrm{m}}{RT^2} = \frac{E_\mathrm{P}-E_\mathrm{R}}{RT^2} = \frac{Q_\mathrm{r}}{RT^2}$

又

$$\frac{\mathrm{d}\ln k_c^\ominus}{\mathrm{d}t} = \frac{\mathrm{d}\ln\left(k_1/k_{-1}\right)}{\mathrm{d}T} = \frac{E_{\mathrm{a},1}-E_{\mathrm{a},-1}}{RT^2}$$

$$E_\mathrm{P}-E_\mathrm{R} = E_{\mathrm{a},1}-E_{\mathrm{a},-1} = \Delta_\mathrm{r}U_\mathrm{m} = Q_r$$

$$E_\mathrm{R}+E_{\mathrm{a},1} = E_\mathrm{P}+E_{\mathrm{a},-1}$$

阿仑尼乌斯活化能可定义为：$E_\mathrm{a} = RT^2\frac{\mathrm{d}\ln k}{\mathrm{d}T} = -R\frac{\mathrm{d}\ln k}{\mathrm{d}(1/T)}$

由于 E_a 实际上是温度的函数，所以 $k = A\exp(-E_a/RT^2)$ 可修正为 $k = AT^m\exp(-E/RT)$，A、E、m 由实验确定，$\ln k=\ln A+m\ln T-\dfrac{E}{RT}$，或 $\dfrac{\mathrm{d}\ln k}{\mathrm{d}T}=\dfrac{m}{T}+\dfrac{E}{RT^2}=\dfrac{E+mRT}{RT^2}$，$E_a = E+mRT$。

2.5.5 活化能的计算

（1）计算法：$\ln\dfrac{k_2}{k_1}=\dfrac{E_a}{R}\left(\dfrac{T_2-T_1}{T_2T_1}\right)$。

（2）作图法：$\ln k=-\dfrac{E_a}{R}\cdot\dfrac{1}{T}+B$，$\ln k$-$\dfrac{1}{T}$ 成直线关系，斜率 $=-E_a/R$。

（3）由键焓估算活化能。

① 分子分解为自由基的基元反应：$E_a=\varepsilon_{B-B}$

例：$Cl_2+M \longrightarrow 2Cl+M$，$E_a=\varepsilon_{Cl-Cl}=242.3\ kJ\cdot mol^{-1}$

又例：$H_2O \longrightarrow 2H+O$，$E_a=2\varepsilon_{O-H}=2\times 462.75=925.5\ kJ\cdot mol^{-1}$

② 自由基和分子之间的基元反应：

反应通式为：$A+B-C \longrightarrow A-B+C$，当反应为放热反应时 $E_a=0.05\varepsilon_{B-C}$；对于吸热反应 $E_a=0.05\varepsilon_{A-B}+|\Delta H|$

③ 自由基复合反应：$Cl+Cl+M \longrightarrow Cl_2+M$，$E_a=0$

④ 分子间的基元反应：$A+B+C-D \longrightarrow A-C+B-D$，$E_a=0.31(\varepsilon_{A-B}+\varepsilon_{C-D})$

2.5.6 活化能大小对反应速率的影响

2.5.6.1 活化能不同的反应对温度的敏感性

反应 1，$E_{a,1}$；反应 2，$E_{a,2}$，如果 $E_{a,1}<E_{a,2}$，那么：

（1）对于一个给定的反应，在高温区 k 随温度的变化没有低温区 k 随温度变化明显。如反应 1，在高温区温度从 $1000\ K\to 2000\ K$，$\ln k$ 从 $2.2\to 2.5$，而在低温区，温度从 $326\ K\to 463\ K$，但 $\ln k$ 却从 $1.0\to 1.5$。

（2）对于两个不同的反应，升高温度更有利于活化能高的反应加快速率。如反应 2，温度从 $1000\ K\to 2000\ K$，其 $\ln k$ 从 $1.0\to 1.5$，而反应 1 温度从 $1000\ K\to 2000\ K$，其 $\ln k$ 从 $2.2\to 2.5$。因此升高温度，活化能高的反应速率升高更快。

今有两个反应，其速率常数和活化能分别为 k_1，E_1；k_2，E_2。由于 $\dfrac{k_1}{k_2}=\dfrac{A_1}{A_2}e^{\frac{E_2-E_1}{RT}}$，则 $\ln\dfrac{k_1}{k_2}=\ln\dfrac{A_1}{A_2}+\dfrac{E_2-E_1}{RT}$，如果 $A_1\approx A_2$，那么 $\dfrac{\mathrm{d}\ln\left(\dfrac{k_1}{k_2}\right)}{\mathrm{d}T}=\dfrac{E_1-E_2}{RT^2}$，根据上述关系进行如下讨论：

① 当 $E_1>E_2$，T 升高时，$\dfrac{k_1}{k_2}\uparrow$，说明温度升高时 k_1 的增加值大于 k_2 的增加值；

② 当 $E_1 < E_2$，T 升高时，$\frac{k_1}{k_2}\downarrow$，说明温度升高时 k_1 的增加值小于 k_2 的增加值。

因此，在两个反应中，高温有利于活化能较大的反应，低温有利于活化能较小的反应。

例如，对于平行反应：

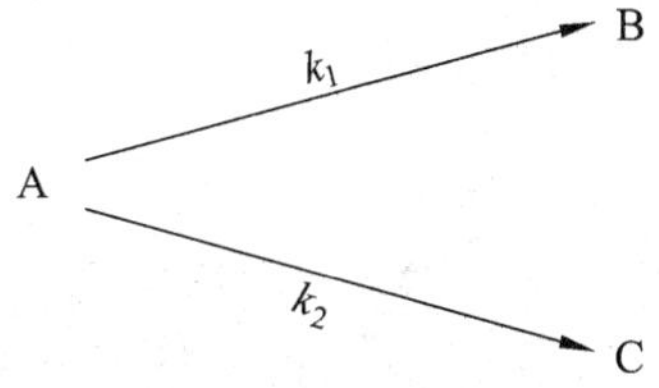

如果B为主产物，C为副产物，那么选择温度尽可能使 $\frac{k_1}{k_2}$ 值大些。如果 $E_1 > E_2$，则宜于用较高温度；如果 $E_1 < E_2$，则宜于用较低温度。

又例如，连串反应 $A \xrightarrow{k_1} B \xrightarrow{k_2} C$，如果B为主产物，$\frac{k_1}{k_2}$ 值越大，越有利于B的生成。因此，如果 $E_1 > E_2$，则宜于用较高温度；如果 $E_1 < E_2$，则宜于用较低温度。

注：上述讨论过程都认为 $A_1 \approx A_2$。如果 $A_1 \neq A_2$，则 A 的影响亦应考虑。

2.5.6.2　活化能及指前因子对平行反应和连续反应的影响

例如，平行反应：

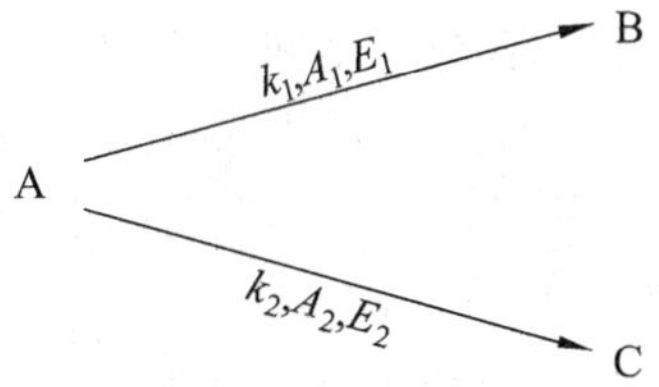

由于 $\ln k_1 = \ln A_1 - \frac{E_1}{R} \cdot \frac{1}{T}$，$\ln k_2 = \ln A_2 - \frac{E_2}{R} \cdot \frac{1}{T}$。以 $\ln k_1 - \frac{1}{T}$，$\ln k_2 - \frac{1}{T}$ 分别作图，可得直线 L_1 和 L_2。若 $E_1 > E_2$，$A_1 > A_2$，两直线相交，低温时，$k_2 \gg k_1$，整个反应以 $A \longrightarrow C$ 为主；当温度较高时，$k_1 \gg k_2$，整个反应以 $A \longrightarrow B$ 为主。因此，对平行反应 $E_1 > E_2$，$A_1 > A_2$ 时，整个反应的 $\ln k - \frac{1}{T}$ 关系在一定温度区间将出现斜率突变的情况。若 $E_1 > E_2$，$A_1 < A_2$，则 L_1 与 L_2 不可能相交，这时 k_2 恒大于 k_1（因为 A_2 大，E_2 小）。因此对平行反应，当 $E_1 > E_2$，$A_1 > A_2$ 时，高温有利于B的生成，低温有利于C的生成；而对 $E_1 > E_2$，$A_1 < A_2$，整个温度范围均有利C的生成。总之平行反应中，哪个反应快，哪个反应的产物量就多。当 $E_1 < E_2$ 时，$A_1 > A_2$ 和 $A_1 < A_2$ 的分析方法与上述情况类似，这里从略。

对于连串反应：$A \xrightarrow{k_1} B \xrightarrow{k_2} C$，当 $E_1 > E_2$ 时，$A_1 > A_2$，两直线相交，$A_1 < A_2$，两直线不相交。温度较低时，$A \longrightarrow B$ 速率很慢，成为速率控制步骤，总反应速率由它决定；当温度升高到一定数值后，$A \longrightarrow B$ 的反应速率比 $B \longrightarrow C$ 的反应速率增加得快，此时 $B \longrightarrow C$ 成为速率控制步骤。当 $E_1 > E_2$ 时，$A_1 < A_2$，在任何温度下 $k_2 > k_1$，连串反应的总速率为 $A \longrightarrow B$ 所控制。因此，对连串反应，当 $E_1 > E_2$，$A_1 > A_2$ 时，高温时 $B \longrightarrow C$ 为控制步骤，低温时

$A \longrightarrow B$为控制步骤；当$E_1>E_2$，$A_1<A_2$时，$A \longrightarrow B$始终为控制步骤。总之连串反应中，整个反应速率由慢步骤决定。当$E_1<E_2$时，$A_1>A_2$和$A_1<A_2$的分析方法与上述情况类似，这里从略。

2.5.7 反应的较适宜温度

对于一个给定的反应，由热力可知$\left(\dfrac{\partial \ln K^{\ominus}}{\partial T}\right)=\dfrac{\Delta_r H_m^{\ominus}}{RT^2}$，若$\Delta_r H_m^{\ominus}>0$（吸热反应），$T$升高时，$K^{\ominus}$增大，对反应有利；再从动力学看$k=A\mathrm{e}^{-E_a/RT}$，$T$升高时，则$k$增大，对正反应有利。但对$\Delta_r H_m^{\ominus}<0$（放热反应），$T$升高时，$K^{\ominus}$减小，对反应不利；而从动力学讲，$T$升高时，$k$增大，对正反应有利，这就存在一个最佳温度的选择问题。

2.6 催化反应

在一个化学反应中加入某种物质，若能显著加快反应速率而自身化学性质和数量在反应前后基本不变，这种物质叫催化剂（Catalyst），有催化剂参加的反应叫催化反应。新型催化剂的研制已成为化学工业、石化工业发展的重要课题之一，一个新型催化剂的开发往往会引起化学工业的巨大变革。如 Ziegler-Natta（齐格勒-纳塔）[过渡金属氢化物和烷基铝$TiCl_4/Al(C_2H_5)_3$]催化剂使合成橡胶、合成纤维和合成塑料工业突飞猛进。20世纪60年代研制的分子筛催化剂（如ZSM－5）大大促进了石油炼制工业的发展。还有化学模拟生物固氮就是通过形成过渡金属络合物，使N_2等活化，从而实现在比较温和条件下的合成氨。催化反应可分为均相催化和多相催化，另有自催化反应。

催化剂是通过改变反应途径、降低反应的活化能来加快反应速率的。设有反应$A+B \longrightarrow AB$，加入催化剂K后，若第一步很快达成平衡，第二步是控制步骤，则

$$r=k_3[\mathrm{AK}][\mathrm{B}]$$

而

$$k_1[\mathrm{A}][\mathrm{K}]=k_2[\mathrm{AK}]$$

$$[\mathrm{AK}]=\frac{k_1}{k_2}[\mathrm{A}][\mathrm{K}]$$

所以

$$r=k_3\cdot\frac{k_1}{k_2}[\mathrm{A}][\mathrm{B}][\mathrm{K}]$$

$$=k[\mathrm{A}][\mathrm{B}] \qquad \left(k=\frac{k_1}{k_2}k_3[\mathrm{K}]\right)$$

称k为表观速率常数，而$k=\dfrac{A_1A_3}{A_2}[\mathrm{K}]\exp\left(-(E_1+E_3-E_2)/RT\right)$，$E_a=E_1+E_3-E_2$为表观活化能。活化能的降低对催化反应的影响是很大的，另外活化熵对反应速率也有很大的影响。

2.6.1 催化作用的基本特征

（1）催化剂参与化学反应过程，生成中间产物，但它可以在生成最终产物的反应中再生出来，所以它不出现在最终的化学计量方程式中。经过反应后，催化剂的物理性质可发生变化，如外形、晶型、表面状态等，但化学性质保持不变。

（2）对热力学上可以进行的反应，理想的催化剂只能缩短反应达到平衡的时间，不能改变平衡的位置。一定温度下，一个反应的 $\Delta_r G_m^\ominus = -RT\ln K^\ominus$，催化剂的加入不能改变反应的初终态，因此催化剂的存在并不影响 $\Delta_r G_m^\ominus$ 值，因而也不会影响 $K^\ominus$，即不能改变平衡的位置。由于 $K = \dfrac{k_+}{k_-}$，那么催化剂必然以相同的倍数加快正、逆反应速率，由此可以得出两点推论：

① 催化剂只能加速热力学上可能发生的反应，而不能使热力学上不能发生的反应成为现实。因此在研制合适的催化剂时，必须考虑热力学条件，只有那些能够进行，而且在一定条件下平衡产率较高的反应，寻找合适的催化剂才有实际意义。

② 由于催化剂以同样的倍数加快正、逆反应的速率，所以一个催化剂对正反应有催化作用，必然对逆反应有催化作用，这个原则可以帮助人们从逆反应着手寻找有效的催化剂。例如对于甲醇的合成反应 $CO + 2H_2 \xlongequal{\quad} CH_3OH$，正向反应条件比较复杂，但甲醇的分解反应条件比较简单，对甲醇分解反应有效的催化剂也必然是对合成甲醇有效的催化剂。最后应指出的是催化剂以同样的倍数改变正逆反应速率，是指对一平衡体系或接近平衡的体系而言，催化剂才以同样的倍数提高正、逆方向反应的速率常数，若在远离平衡条件下，催化剂对正、逆方向反应速率影响当然是不同的。

（3）催化剂主要通过改变反应途径，降低决速步的活化能，使反应加速。

（4）催化剂具有特殊的选择性。

（5）催化剂的催化活性与催化剂表面积有关，将催化剂制成多孔性物质，或选择多孔性物质作为催化剂的载体，可大大提高催化剂的催化活性。一般而言，就催化活性来说，块状<丝状<粉状<胶体分散状。

2.6.2 均相催化

均相催化的特点是催化剂和反应混合物处于同一相中，催化作用可用生成中间化合物来解释。对于酸催化反应，酸催化常数 k_a 与酸的离解常数成比例

$$HA + H_2O \xlongequal{\quad} H_3O^+ + A^-（K_a）$$

$$k_a = G_a K_a^\alpha \qquad \lg k_a = \lg G_a + \alpha \lg K_a$$

G_a, α 均为常数，它决定于反应的种类和反应条件。对于碱催化反应，碱的催化常数 k_b 同样与碱的离解常数（K_b）有如下关系：

$$B + H_2O \xlongequal{\quad} BH^+ + OH^-(K_b)$$

$$k_b = G_b K_b^\beta \qquad \lg k_b = \lg G_b + \beta \lg K_b$$

碱催化的本质（机理）在于质子的转移，如：

$$S(\text{反应物}) + HA(\text{催化剂}) \longrightarrow SH^+ + A^-$$

$$SH^+ + A^- \longrightarrow P + HA$$

或

$$S(\text{反应物}) + B(\text{催化剂}) \longrightarrow S^- + HB^+$$

$$S^- + HB^+ \longrightarrow P + B$$

2.6.3 络合催化（配位催化）

络合催化是指催化剂与反应基因直接构成配位键，形成中间络合物，使反应基因活化（又称为配位催化）。以金属络合物为基础的催化剂研究有了很大的发展。一些过渡金属络合物已成为加氢脱氢、氧化、异构化、水合、羰基合成，高分子聚合等类型反应过程的催化活化中间物。通过对这些催化过程的研究，络合物催化剂的活性、选择性、稳定性等特点，已经逐渐在工业应用上显示出来。

过渡金属原子轨道的 1 个 *n*s、3 个 *n*p、5 个（*n*−1）d 能量相近的原子轨道易构成 d、s、p 杂化轨道，这些杂化轨道可以与配体以配位键的方式结合而形成络合物。

络合催化的机理：今以乙烯氧化制乙醛为例说明络合催化过程，1959、乙烯在 $PdCl_2$,$CuCl_2$ 溶液中氧化为乙醛的方法已用于生产，这一反应可表示为

（1）$C_2H_4 + PdCl_2 + H_2O \longrightarrow CH_3CHO + Pd + 2HCl$

（2）$2CuCl_2 + Pd \longrightarrow 2CuCl + PdCl_2$

（3）$2CuCl + 2HCl + \frac{1}{2}O_2 \longrightarrow 2CuCl_2 + H_2O$

总反应为 $C_2H_4 + \frac{1}{2}O_2 \longrightarrow CH_3CHO$

当溶液中 H^+,Cl^- 浓度为中等时，动力学研究知，反应的速度方程为

$$-\frac{d[C_2H_4]}{dt} = k\frac{[Pd(II)][C_2H_4]}{[H^+][Cl^-]^2}$$

可能的机理是：$PdCl_2$ 与浓度足够高的 Cl^- 形成 $[PdCl_4]^{2-}$ 。然后与 C_2H_4 作用生成 $[C_2H_4PdCl_3]^-$，再与水作用，发生配位基的置换，即

（1）$[PdCl_4]^{2-} + C_2H_4 \rightleftharpoons [C_2H_4PdCl_3]^- + Cl^-$

（2）$[C_2H_4PdCl_3]^- + H_2O \longrightarrow [PdCl_2(H_2O)C_2H_4] + Cl^-$

（3）$[PdCl_2(H_2O)C_2H_4] + H_2O \longrightarrow [PdCl_2(OH)C_2H_4]^- + H_3O^+$

（4）$\left[\begin{array}{c} \quad Cl \\ Cl—Pd: \begin{array}{c} CH_2 \\ CH_2 \end{array} \\ \quad OH \end{array}\right]^- \xrightleftharpoons{\text{插入反应}} [Cl—Pd—CH_3—CH_2OH]^-$

（5）$[Cl—Pd—CH_2—CH_2OH]^- \rightleftharpoons CH_3CHO$（产物）$+ [Cl—Pd—H]^-$

（6）$[Cl—Pd—H]^- \longrightarrow Pd + HCl$

（7）$2CuCl_2 + Pd \longrightarrow 2CuCl + PdCl_2$

（8）$2CuCl + 2HCl + \frac{1}{2}O_2 \longrightarrow 2CuCl_2 + H_2O$

2.6.4 酶催化反应

酶催化是一类非常重要的催化反应。没有酶的催化作用就不可能有生命现象。因为常温、常压下以及正常细胞的pH条件下，几乎所有在机体内发生的反应速率都小得可以忽略不计。人体的新陈代谢是显示生命活力的过程，它是借助于酶来实现的。据估计人体中约有三万种不同的酶，每种酶都是有机体中某种特定化学反应的有效催化剂，它将食物催化转化，合成蛋白质、脂肪……，构成人体的物质基础，同时释放出能量，以满足人体的需要。人的患病本质就是代谢过程失调和紊乱，从催化的观点看，就是作为催化剂的酶缺乏或过剩，如生物体的许多中毒现象在于酶活性的丧失，又如CN^-的剧毒性在于它与酶分子中的过渡金属不可逆地络合，使酶丧失了活性。酶在生产、生活中有广泛的应用：发酵制面包、淀粉生产酒精、微生物发酵生产抗生素等都需要酶的催化作用。

酶是一类蛋白质大分子，其大小范围为10～100 nm（即10^{-8}～10^{-7} m），属于胶体范围。因此酶催化作用介于均相与非均相之间，既可看成是反应物与酶形成了中间化合物，也可看成是在酶的表面上首先底物吸附了底物，然后再进行反应。

酶催化反应的特点：

（1）高度的专一性：一种酶只能催化一种特定的反应。

（2）高度的催化活性。

（3）特殊的温度效应。

（4）受pH、离子强度影响较大。

习　题

1. 判断题

（1）系统的状态不变，其状态函数也不变；但系统的状态函数改变，系统的状态不一定随之改变。

（2）功和热都是能量的传递方式，所以都是系统的状态函数。

（3）纯单质的$\Delta_r U_m^\ominus$、$S_m^\ominus$、$\Delta_f U_m^\ominus$皆为零。

（4）反应的$\Delta_r G_m^\ominus > 0$，该反应是不能自发进行的。

（5）如果$\Delta_r H$、$\Delta_r S$皆为正值，室温下$\Delta_r G$也必为正值。

（6）成键反应$\Delta_r H$为负值，断键反应$\Delta_r H$为正值。

（7）吸热反应的平衡常数随温度的升高而增大。

（8）$\Delta_r U_m^\ominus$的正值越大，则$K^\ominus$越小，表示标准状态下，正向反应进行的程度越小。

（9）知道了化学反应方程式，就可知道反应的级数。

（10）化学反应速率很快，则反应的活化能一定很小。

（11）在化学反应中使用催化剂提高反应速率，是因为 $k_{正}$ 增大 $k_{逆}$ 减小。

2. 分析下列反应自发进行的温度条件。

（1）$2N_2(g)+O_2(g) \xlongequal{\quad} 2N_2O(g)$　　$\Delta_r H_m^\ominus = 163\ kJ\cdot mol^{-1}$

（2）$Ag(s)+\frac{1}{2}Cl_2(g) \xlongequal{\quad} AgCl(s)$　　$\Delta_r H_m^\ominus = -127\ kJ\cdot mol^{-1}$

（3）$HgO(s) \xlongequal{\quad} Hg(l)+\frac{1}{2}O_2(g)$　　$\Delta_r H_m^\ominus = 91\ kJ\cdot mol^{-1}$

（4）$H_2O_2(l) \xlongequal{\quad} H_2O(l)+\frac{1}{2}O_2(g)$　　$\Delta_r H_m^\ominus = -98\ kJ\cdot mol^{-1}$

3. 根据热力学数据，下列反应的平衡常数在升温时会增大还是缩小？说明理由。

（1）C(s，石墨)$+CO_2(g) \xlongequal{\quad} 2CO(g)$

（2）$NO(g)+\frac{1}{2}O_2(g) \xlongequal{\quad} NO_2(g)$

4. 试求反应 $CaCO_3(s) \xlongequal{\quad} CaO(s)+CO_2(g)$ 在 298 K 及 800 K 时的 $K_p^\ominus$ 。

5. 已知大气中 CO_2 的体积分数约 0.031%，试用化学热力学分析说明，菱镁矿（$MgCO_3$）能否稳定存在于自然界。

6. Ag_2CO_3 遇热易分解，$Ag_2CO_3(s) \xlongequal{\quad} Ag_2O(s)+CO_2(g)$，其中 $\Delta_r G_m^\ominus = 14.8\ kJ\cdot mol^{-1}$ 。在110 ℃烘干时，空气中掺入一定量的 CO_2 就可避免 Ag_2CO_3 的分解。请问空气中掺入多少 CO_2 可避免 Ag_2CO_3 的分解？

7. 温度相同时，三个基元反应的活化能数据如表 2-2 所示：

表 2-2　基元反应的活化能

反　应	$E_a\ /\ kJ\cdot mol^{-1}$	$E'_a\ /\ kJ\cdot mol^{-1}$
1	30	55
2	70	20
3	16	35

（1）那个反应的正反应速率最大？

（2）反应 1 的 $\Delta_r H_m^\ominus$ 为多大？

（3）那个反应的正反应是吸热反应？

8. $A(g) \longrightarrow B(g)$ 为二级反应，当A 的浓度为 $0.050\ mol\cdot L^{-1}$ 时其反应速率为 $1.2\ mol\cdot L^{-1}\cdot min^{-1}$ 。

（1）写出该反应的速率方程；

（2）计算速率常数；

（3）温度不变时欲使反应速率加倍，A 的浓度应多大？

9. 在 523 K 、2.0 L 的密闭容器中装入 0.7 mol $PCl_5(g)$，平衡时则有 0.5 mol $PCl_5(g)$ 按反应式 $PCl_5(g) \rightleftharpoons PCl_3(g)+Cl_2(g)$ 分解。

（1）求该反应在 523 K 时的平衡常数 $K_p^\ominus$ 和 PCl_5 转化率。

（2）在上述平衡系统中，使 $c(PCl_5)$ 增加到 $0.2\ mol\cdot L^{-1}$ 时，求 523 K 时再次达到平衡时各物质的浓度和 PCl_5 的转化率。

（3）若在密闭容器中有 0.7 mol PCl_5 和 0.1 mol Cl_2，求 523 K 时 PCl_5 的转化率。

3 酸碱平衡与酸碱滴定法

3.1 酸碱理论

人们早期对酸碱的认识认为有酸味的物质叫作酸，有涩味的物质叫作碱。在化学史上，从 1684 年化学家波意耳（Boyle）提出朴素的酸碱理论至今，人们对酸碱的认识不断深化、不断完善，从不同角度、不同层次给出各种酸碱定义，本书将选择其中有代表性的酸碱理论进行解释。

波意耳提出了最初的酸碱理论：凡物质的水溶液能溶解某些金属，与碱接触会失去原有特性，而且能使石蕊试液变红的物质叫酸；凡物质的水溶液有苦涩味，能腐蚀皮肤，与酸接触会失去原有特性，而且能使石蕊试液变蓝的物质叫碱。化学家波意耳提出的定义比以往的要科学，但理论仍不完全，比如一些酸和碱反应后的产物仍带有酸或碱的性质。此后，法国化学家拉瓦锡提出："一般可燃物质（指非金属）燃烧后通常变为酸，因此氧是酸的本原，一切酸中都含有氧"。随后，法国化学家托雷发现氢氰酸中只含有 C、H、N 三种元素，并不含氧。英国化学家戴维用实验事实证明，盐酸、氢溴酸中都不含氧却有酸的一切性质。德国化学家里比希指出：酸是氢的化合物，但是酸中的氢必须可以被金属或碱所置换。随着科学家们对此观点进一步进行补充，我们逐渐触及酸碱的本质。

3.1.1 解离理论

1887 年，瑞典化学家阿伦尼乌斯（S. A. Arrhenius）根据电解质溶液的导电等现象提出酸碱的本质观点——解离（Dissociation）理论，其主要内容是：电解质在水溶液中能部分解离，形成带有正、负电荷的离子，电解质溶液能够导电，就是因为溶液中有离子存在。根据电解质在水溶液中导电能力的强弱，可将其分为**强电解质**和**弱电解质**。

根据解离理论，在水溶液中解离生成的正离子全部是氢离子（H^+）的化合物为酸，在水溶液中解离生成的负离子全部是氢氧根离子（OH^-）的化合物为碱。酸碱中和反应实际就是 H^+ 和 OH^- 结合生成水的反应。

阿伦尼乌斯的解离理论对研究电解质溶液的性质做出了巨大的贡献，至今仍在普遍采用，因为它能简便地解释水溶液中的酸碱反应，且酸碱强度的标度很明确。但它也存在一定的缺陷，例如它只适用于水溶液，而很多化学反应是在非水体系中进行的，虽然不含 H^+ 和 OH^- 的成分，却也表现出酸和碱的性质。另外，它对于强弱电解质的界定也与现代观点不同。现代观点认为在水溶液中能够完全解离，生成正、负离子的电解质是强电解质，弱电解质在水溶液中只有部分解离。

3.1.2 酸碱质子理论

1923年，丹麦物理化学家布朗斯特（J. N. Bronstde）和英国化学家劳莱（T. M. Lowry）提出了酸碱质子理论。酸碱质子理论克服了酸碱电离理论的局限性，大大扩展了酸碱的范围。该理论认为：凡是能够给出质子（H^+）的物质都是酸，凡是能够接受质子（H^+）的物质都是碱。他们也把酸叫作质子给予体，把碱叫作质子接受体。它们的关系可用下式表示。

$$酸(HA) \rightleftharpoons 碱(A^-)+质子(H^+)$$

上述反应被称为酸碱半反应。酸给出质子（H^+）后就变成了碱，碱接受质子（H^+）后就变成了酸，酸和碱的这种对应关系称为共轭关系。因此，每一种酸（或碱）都有它自己对应的共轭碱（或共轭酸）。例如以下方程式：

酸 碱

$$HAc \rightleftharpoons H^+ + Ac^-$$

$$HSO_4^- \rightleftharpoons H^+ + SO_4^{2-}$$

$$H_2PO_4^- \rightleftharpoons H^+ + HPO_4^{2-}$$

$$HPO_4^{2-} \rightleftharpoons H^+ + PO_4^{3-}$$

$$NH_4^+ \rightleftharpoons H^+ + NH_3(g)$$

其中，左边所列的都是酸，右边所列的除质子外都是碱。由上述各酸碱对的共轭关系可以得出以下结论：

（1）酸失去质子后即成为其共轭碱，碱得到质子后即形成其共轭酸。酸总比其共轭碱多1个质子，共轭酸碱对统一在质子的得失关系上。

（2）酸和碱可以是中性分子，也可以是阳离子或阴离子。同一式中的酸和碱组成一个共轭酸碱对，如HAc和Ac^-，HAc的共轭碱是Ac^-，而Ac^-的共轭酸是HAc。

（3）有些物质既可以作为酸给出质子，又可以作为碱接受质子，这类物质称为两性物质。例如HPO_4^{2-}，它的共轭碱是PO_4^{3-}，共轭酸是$H_2PO_4^-$，因此HPO_4^{2-}既是酸又是碱。

（4）在质子理论中没有盐的概念。例如，NH_4Cl在酸碱电离理论中为盐，而在酸碱质子理论中为离子酸NH_4^+和离子碱Cl^-的加合物。

（5）实际上，在溶液中共轭酸碱对之间并不存在上述简单平衡关系。因为H^+离子半径小、电荷密度高，在溶液中不能单独存在，常与溶剂分子结合成溶剂合质子，在水溶液中则结合成水合氢离子H_3O^+，溶剂实际上是发挥碱的作用。

根据质子理论，有酸才有碱，有碱必有酸，酸可变碱，碱可变酸，所以酸碱是互相依存又可以互相转化的，彼此之间通过质子相互联系。质子理论可以解释非水溶剂中的酸碱反应，所得出的结论和富兰克林提出的溶剂理论完全一致。

酸碱的强弱取决于物质给出质子或接受质子能力的强弱。根据酸碱的共轭关系可知，酸越易放出质子，则其共轭碱就越难结合质子，即酸越强，其对应的共轭碱就越弱；反之，酸越弱，其对应的共轭碱就越强。例如，HCl 是强酸，所以 Cl^- 接受质子的能力很差，是很弱的碱；HAc 的酸性比 HCl 弱，所以 Ac^- 的碱性比 Cl^- 强。对于两性物质，如 HPO_4^-、H_2O 等，当遇到比它更强的酸时，它就接受质子，表现出碱的特性；而遇到比它更强的碱时，它就放出质子，表现出酸的特性。表 3-1 举出了几个常见的共轭酸碱对。

表 3-1　常见的共轭酸碱对

	酸	共　轭	
	$HClO_4$	ClO^-	
酸	HCl	Cl^-	碱
性	H_3O^+	H_2O	性
增	H_2SO_3	HSO^-	增
强	H_3PO_4	H_2PO	强
	HAc	Ac^-	
	NH_4^+	NH	

酸碱质子理论认为任何酸碱反应都是两个共轭酸碱对之间的质子传递反应，即

$$酸1+碱2 \rightleftharpoons 碱1+酸2$$

失去 H^+，变成碱；得到 H^+，变成酸。

因此质子的传递不一定要在水溶液中进行，只要质子能从一种物质传递到另一种物质上就可以了。反应可以在非水溶剂或无溶剂等条件下进行，而且通常所谓的酸、碱、盐的离子平衡反应都可归结为酸和碱的质子传递反应，例如如下几种反应。

（1）中和反应

$$HCl+NH_3 \rightleftharpoons Cl^-+NH_4^+$$

（2）HAc 在水中解离

$$HAc+H_2O \rightleftharpoons Ac^-+H_3O^+$$

（3）水的解离实际上是质子自递反应

$$H_2O+H_2O \rightleftharpoons OH^-+H_3O^+$$

（4）水解反应是指弱酸根离子（如 Ac^-）接受水传递给它的质子，或弱碱的正离子（如 NH_4^+）传递质子给水分子的反应。

$$H_2O+Ac^- \rightleftharpoons HAc+OH^-$$

$$NH_4^++H_2O \rightleftharpoons NH_3(g)+H_3O^+$$

因此，酸碱反应实际上是争夺质子的过程。强碱夺取强酸的质子，转为其共轭酸——弱酸，

而强酸释放出质子后转变为它的共轭碱——弱碱。因此，酸碱反应总是由强酸与强碱作用，生成弱酸和弱碱。布朗斯特的酸碱质子论大大扩充了酸碱的范围，消除了盐的概念，把许多离子反应都归结为质子传递反应。同时，它还适用于不电离溶剂，甚至无溶剂体系，优点较多。它把酸碱反应中的反应物和生成物有机地结合起来，通过内因和外因的联系阐明了物质的特征。对于无质子参加的反应，质子理论无法应用，但是这类反应较少。

3.1.3 酸碱电子理论

1923 年，美国化学家路易斯（G. N. Lewis）从原子的电子结构出发，提出了路易斯酸碱电子理论。酸碱电子理论认为凡是能够接受电子对的物质称为酸（或路易斯酸），凡是能够给出电子对的物质称为碱（或路易斯碱）。碱是电子对的给予体，酸是电子对的接受体。酸碱反应的实质是形成配位键，并生成酸碱配合物的过程，例如，

$$\text{酸}+\text{:碱}\longrightarrow\text{酸碱配合物}$$

$$H^{+}+:OH^{-}\longrightarrow HO\rightarrow H$$

$$Ag^{+}+2:NH_3\longrightarrow[H_3N\rightarrow Ag\leftarrow NH_3]^{+}$$

$$BF_3+:F^{-}\longrightarrow[F\rightarrow BF_3]^{-}$$

$$SO_3+CaO:\longrightarrow CaO\rightarrow SO_3$$

因此，路易斯酸或路易斯碱可以是分子、离子或原子团。由于含有配位键的化合物是普遍存在的，故酸碱电子理论扩大了酸的范围，比解离理论、质子理论更为广泛全面；但由于路易斯酸碱多种多样，分类比较粗糙，反应也较复杂，过于笼统，酸碱的特征不明显，没有统一的酸碱强度的标度，这是酸碱电子理论的不足之处。

3.2 水溶液中酸碱的解离平衡（一）

3.2.1 酸碱平衡常数

酸碱反应进行的程度可以用相应平衡常数的大小来衡量。例如弱酸 HA 、弱碱 A^- 在水溶液中的解离反应，即它们与溶剂之间的酸碱反应为

$$HA+H_2O\rightleftharpoons H_3O^{+}+A^{-}$$

$$A^{-}+H_2O\rightleftharpoons OH^{-}+HA$$

反应平衡常数称为酸、碱的解离常数，分别用 K_a 或 K_b 来表示：

$$K_a = \frac{\alpha_{H^+}\alpha_{A^-}}{\alpha_{HA}}$$

$$K_b = \frac{\alpha_{OH^-}\alpha_{HA}}{\alpha_{A^-}}$$

在稀溶液中，通常将溶剂的活度视为 1。

在水的质子自递反应中，将平衡常数称为水的质子自递常数，或者水的活度积，用 K_w 表示：

$$H_2O + H_2O \rightleftharpoons H_3O^+ + OH^-$$

$$K_w = \alpha_{H^+}\alpha_{OH^-} = 1.0\times10^{-14}(25\ ℃)$$

K_a、K_b 和 K_w 均为活度常数。酸碱反应的平衡常数及其活度常数的关系如下式所述：

$$K_a^c = \frac{[H^+][A^-]}{[HA]} = \frac{\alpha_{H^+}\alpha_{A^-}}{\alpha_{HA}}\cdot\frac{\gamma_{HA}}{\gamma_{H^+}\gamma_{A^-}} = \frac{K_a}{\gamma_{H^+}\gamma_{A^-}}$$

式中，γ_{HA}、γ_{A^-} 和 γ_{H^+} 分别为各有关组分的活度系数。因为 HA 为中性分子，故将其活度系数 γ_{HA} 视为 1。由于离子活度系数与溶液离子强度有关，因此活度常数不仅受温度的影响，还随离子强度的大小而变化。

而在酸碱混合平衡常数的表达式中，氢离子的活度是用 pH 计测得的，但其他组分仍用浓度表示：

$$K_a^M = \frac{\alpha_{H^+}[A^-]}{[HA]} = \frac{K_a}{\gamma_{A^-}}$$

混合常数与温度和溶液离子强度有关，该常数在实用中比较方便。

在处理一般的酸碱平衡时，考虑有关酸碱解离常数值也有百分之几的误差，故通常忽略离子强度的影响，以活度常数代替浓度近似处理平衡关系。

3.2.2 一元弱酸弱碱的解离平衡

根据阿伦尼乌斯电离理论，弱电解质在水溶液中是部分解离的，在溶液中存在着已解离的弱电解质的组分离子和未解离的弱电解质分子之间的平衡，这种平衡称为解离平衡。当分子只能解离一个 H^+ 或者一个 OH^- 并达到平衡的解离称为一元弱酸碱的解离平衡。例如，在一元弱酸（HA）的水溶液中存在着如下平衡：

$$HA(aq) \rightleftharpoons H^+(aq) + A^-(aq)$$

根据化学平衡原理，HA 解离平衡常数表达式严格来说应为

$$K_i^\ominus(\text{HA})=\frac{\left\{\dfrac{c(\text{H}^+)}{c^\ominus}\right\}\left\{\dfrac{c(\text{A}^-)}{c^\ominus}\right\}}{\dfrac{c(\text{HA})}{c^\ominus}}$$

式中，$c(H^+)$、$c(A^-)$和$c(HA)$分别表示达平衡时H^+、A^-和HA的平衡浓度，其单位为$mol\cdot L^{-1}$；$c^\ominus$为标准浓度，其值为$1\ mol\cdot L^{-1}$；$K_i^\ominus$为HA的标准解离常数，其值可根据$\lg K_i^\ominus=-\Delta_r G_m^\ominus/(2.303RT)$求得。若通过实验测得的称为实验解离常数。考虑到$c^\ominus=1\ mol\cdot L^{-1}$，为演算简便起见，本书后面涉及具体演算式时，一般可以不再出现$c^\ominus$项。而且，无论是实验的还是标准的解离平衡常数，一律以$K_i^\ominus$表示。

如HA的解离平衡常数表达式可简写为

$$K_i^\ominus(\text{HA})=\frac{c(\text{H}^+)c(\text{A}^-)}{c(\text{HA})}$$

一般以$K_a^\ominus$表示弱酸的解离常数，$K_b^\ominus$表示弱碱的解离常数。解离常数$K_i^\ominus$是表征弱电解质解离限度大小的特性常数，$K_i^\ominus$越大，表示弱电解质的解离能力越强；$K_i^\ominus$越小，表示弱电解质解离越困难，即电解质越弱。一般把$K_i^\ominus\leqslant 10^{-14}$的电解质称为弱电解质；$K_i^\ominus=10^{-2}\sim10^{-4}$的称为中强电解质。

例如醋酸（HAc）在水溶液中只有很少一部分解离成离子，大部分仍然以未解离的分子状态存在。

$$\text{HAc} \rightleftharpoons \text{H}^+ + \text{Ac}^-$$

根据酸碱质子论，醋酸在水溶液中的解离反应实际上是质子传递的反应。

$$\text{HAc}+\text{H}_2\text{O} \rightleftharpoons \text{H}_3\text{O}^+ + \text{Ac}^-$$

H_3O^+通常简写为H^+，故上式可简写为

$$\text{HAc} \rightleftharpoons \text{H}^+ + \text{Ac}^-$$

$K_i^\ominus$具有一般平衡常数的特性，它与浓度无关，与温度有关。而且温度对解离常数的影响并不显著，表3-2列出了不同温度下HAc在水溶液中的解离常数。但是，室温下研究解离平衡时，一般可以不考虑温度对$K_i^\ominus$的影响。

表3-2　不同温度下HAc在水溶液中的解离常数

T/℃	5	15	25	35	45
T/K	278	288	298	308	318
$K_a^\ominus\times10^{-5}$	1.700	1.745	1.755	1.728	1.670

由于实验方法和实验条件差别，通过实验测得的解离常数之间可能略有不同，而且与利用热力学数据计算求得的$K_i^\ominus$未必完全吻合。

例 3.1　试求 298.15 K、标准状态下醋酸（HAc）的 $K_a^\ominus$ 值。

解：标准状态下，HAc 为非纯态醋酸，已部分解离，计算 $K_a^\ominus$ 值时要用下面提供的 $\Delta_r G_m^\ominus$ 数据：

$$HAc(aq) \rightleftharpoons H^+(aq) + Ac^-(aq)$$

$$\Delta_r G_m^\ominus \qquad -396.46 \qquad 0 \qquad -369.31$$

$$\Delta_r G_m^\ominus = -369.31 + 0 - (-396.46) = 27.15\ (kJ \cdot mol^{-1})$$

$$\lg K^\ominus = \frac{-\Delta_r G_m^\ominus}{2.303RT} = \frac{-27.15 \times 10^3}{2.303 \times 8.314 \times 298.15} = -4.76$$

$$K_a^\ominus(HAc) = 1.8 \times 10^{-5}$$

3.2.3　多元弱酸弱碱的解离平衡

多元弱酸在水溶液中的解离是分步（或分级）进行的，平衡时每一级解离平衡都有一个相应的解离平衡常数。例如，二元弱酸氢硫酸（H_2S）在水溶液中，存在着两个解离平衡，其解离平衡常数分别为 $K_{a1}^\ominus$ 和 $K_{a2}^\ominus$：

$$H_2S \rightleftharpoons H^+ + HS^- \qquad K_{a1}^\ominus = \frac{c(H^+) \cdot c(HS^-)}{c(H_2S)}$$

$$HS^- \rightleftharpoons H^+ + S^{2-} \qquad K_{a2}^\ominus = \frac{c(H^+) \cdot c(S^{2-})}{c(HS^-)}$$

显然，解离常数逐级减小。多元弱酸的强弱主要取决于 $K_{a1}^\ominus$ 的大小；多元弱酸溶液中 H^+ 浓度主要由第一级解离决定，并且由于第二级解离程度更小，HS^- 消耗很少，故溶液中 $c(H^+) \approx c(HS^-)$。

例 3.2　常温、常压下 H_2S 在水中的解离度为 $0.10\ mol \cdot L^{-1}$，试求 H_2S 饱和溶液中 $c(H^+)$、$c(S^{2-})$ 及 H_2S 的解离度。

解：由于 $K_w^\ominus \ll K_{a1}^\ominus$，$K_{a2}^\ominus \ll K_{a1}^\ominus$，故可根据第一级解离平衡计算 $c(H^+)$。

设溶液中 $c(H^+)$ 为 $x\ mol \cdot L^{-1}$

$$H_2S \rightleftharpoons H^+ + HS^-$$

平衡浓度/$mol \cdot L^{-1}$　　$0.10 - x$　　x　　x

因为

$$(c / c^\ominus) / K_{a1}^\ominus = 0.10 / (1.1 \times 10^{-7}) > 500$$

所以 $0.10 - x \approx 0.10$

故

$$(x^2/0.10) \approx 1.1\times10^{-7}, \quad x = 1.1\times10^{-4}$$

$$c(H^+) = 1.1\times10^{-4}\,mol\cdot L^{-1}$$

$c(S^{2-})$ 可由二级解离平衡计算：

$$K_{a2}^{\ominus} = \frac{c(H^+)c(S^{2-})}{c(HS^-)}$$

$$c(S^{2-}) = K_{a2}^{\ominus}\frac{c(H^+)}{c(HS^-)}$$

因为

$$K_{a2}^{\ominus} \ll K_{a1}^{\ominus},$$

所以 $c(HS^-) \approx c(H^+)$

故

$$c(S^{2-}) \approx K_{a2}^{\ominus}c^{\ominus} = 1.3\times10^{-13}\ (mol\cdot L^{-1})$$

$$\alpha = \sqrt{\frac{K_{a1}^{\ominus}}{c/c^{\ominus}}} = \sqrt{\frac{1.1\times10^{-7}}{0.1}} = 0.10\%$$

计算表明：二元弱酸中酸根离子浓度近似的等于 $K_{a2}^{\ominus}$，与弱酸的浓度关系不大。

3.2.4 同离子效应及缓冲溶液原理

3.2.4.1 同离子效应

在 HAc 溶液中，若加入与 HAc 含有相同阴离子的易溶强电解质 NaAc，由于溶液中 $c(Ac^-)$ 的增大，HAc 解离平衡逆向移动。达到新平衡时，溶液中 $c(HAc)$ 比原平衡 $c(HAc)$ 大，即 HAc 的解离度降低了。同理，若在 $NH_3\cdot H_2O$ 溶液中加入铵盐，也会使 $NH_3\cdot H_2O$ 解离度降低。这种在弱电解质溶液中加入含有相同离子的易溶强电解质，使弱电解质解离度降低的作用称为同离子效应。

例 3.3 在 0.100 $mol\cdot L^{-1}$ HAc 液中，加入固体 NaAc 使其浓度为 0.100 $mol\cdot L^{-1}$，求此混合溶液中 $c(H^+)$ 和 HAc 的解离度。

解：NaAc 为强电解质，在水溶液中完全解离，因此由 NaAc 解离提供的 $c(Ac^-) =$ 0.100 $mol\cdot L^{-1}$。

在忽略 H_2O 的解离情况下，设由 HAc 解离的 $c(H^+) = x\ mol\cdot L^{-1}$，则

$$HAc(aq) \rightleftharpoons H^+(aq) + Ac^-(aq)$$

平衡浓度/$mol\cdot L^{-1}$　　　$0.100 - x$　　　x　　　$0.100+x$

$$K_a^{\ominus}(HAc) = \frac{c(H^+)c(Ac^-)}{c(HAc)}$$

$$1.8\times10^{-5}=\frac{x(0.100+x)}{0.100-x}$$

因为

$$(c/c^{\ominus})/K_a^{\ominus}(\text{HAc})=0.100/(1.8\times10^{-5})>500$$

再加上同离子效应，HAc 解离量 x 更小，所以

$$0.100-x\approx0.100\text{，}\quad 0.100+x\approx0.100$$

故，上式可改写成

$$1.8\times10^{-5}=\frac{0.100x}{0.100}$$

$$x=1.8\times10^{-5}$$

$$c(\text{H}^+)=1.8\times10^{-5}\ \text{mol}\cdot\text{L}^{-1}$$

$$\alpha_1=\frac{1.8\times10^{-5}}{0.100}\times100\%=1.8\times10^{-2}\%$$

而未加固体 NaAc 时，在 0.100 $\text{mol}\cdot\text{L}^{-1}$ HAc 液中

$$c(\text{H}^+)=1.34\times10^{-3}\ \text{mol}\cdot\text{L}^{-1}$$

$$\alpha_2=1.34\%$$

$$\frac{\alpha_1}{\alpha_2}=\frac{1.8\times10^{-2}\%}{1.34\%}\text{，}\quad \alpha_1=1.34\times10^{-2}\alpha_2$$

计算表明，由于同离子效应，$c(\text{H}^+)$ 和 HAc 的解离度大大降低。在生产和实验中可以利用同离子效应调节酸碱性，控制弱酸溶液中酸根离子的浓度，使得某些金属离子沉淀出来，另外一些离子不沉淀出来，从而达到分离、提纯的目的。

3.2.4.2 缓冲溶液原理

一般的水溶液，若受到酸、碱或水的作用，其 pH 易发生明显变化，但许多化学反应和生产过程常要求在一定的 pH 范围内才能进行或进行得比较完全。那么，怎样的溶液才具有维持自身 pH 范围不变的作用呢？实践发现，弱酸与弱酸盐、弱碱与弱碱盐等混合液具有这种作用。具有保持 pH 相对稳定作用的溶液称为缓冲溶液。

现以 HAc-NaAc 组成的缓冲溶液为例，说明缓冲作用的原理。这种缓冲溶液的特点是：体系中同时含有相当大量的 HAc 和 Ac^-，并存在 HAc 的解离平衡：

$$\underset{（大量）}{\text{HAc(aq)}}\ \underset{\text{外加适量酸（H}^+\text{），平衡向左移动}}{\overset{\text{外加适量碱（OH}^-\text{），平衡向右移动}}{\rightleftharpoons}}\ \underset{（极小量）}{\text{H}^+\text{(aq)}}+\underset{（大量）}{\text{Ac}^-\text{(aq)}}$$

根据平衡移动原理，当外加适量酸时，溶液中的 Ac^- 瞬间即与外加 H^+ 结合成 HAc；当外加适量碱时，溶液中未解的 HAc 就继续解离，以补充 H^+ 的消耗，从而使 pH 基本不变。

几种常见的标准缓冲溶液列于表 3-3。

表 3-3 几种常见的标准缓冲溶液

标准缓冲溶液	pH（实验值，25 ℃）
饱和酒石酸氢钾（$0.034\ mol\cdot kg^{-1}$）	3.56
$0.050\ mol\cdot kg^{-1}$ 邻苯二甲酸氢钾	4.01
$0.025\ mol\cdot kg^{-1}\ KH_2PO_4$ - $0.025\ mol\cdot kg^{-1}\ Na_2HPO_4$	6.86
$0.10\ mol\cdot kg^{-1}$ 硼砂	9.18

3.3 水溶液中酸碱的解离平衡（二）

3.3.1 酸碱平衡计算中的平衡关系

3.3.1.1 分析浓度与平衡浓度

分析浓度即溶液中溶质的总浓度，用符号 c 表示，单位为 $mol\cdot L^{-1}$。平衡浓度指在平衡状态时，溶质或溶质各型体的浓度，以符号[ ]表示，单位同上。例如，$0.10\ mol\cdot L^{-1}$ NaCl 和 HAc 溶液，c_{NaCl} 和 c_{HAc} 均为 $0.10\ mol\cdot L^{-1}$，平衡态时，满足 $[Cl^-]=[Na^+]=0.10\ mol\cdot L^{-1}$；而 HAc 是弱酸，因部分解离，在溶液中有两种型体存在，平衡浓度分别为 HAc 和 $[Ac^-]$。

溶液中 H^+ 的平衡浓度称为酸度，碱度则为 OH^- 的浓度（严格地讲是 H^+ 或 OH^- 的活度）。稀溶液的酸度、碱度常用 pH、pOH 来表示。溶液的酸度、碱度与酸碱的强度及浓度有关，具体内容将在下面讨论。

3.3.1.2 物料平衡

在平衡状态时，与某溶质有关的各种型体平衡浓度之和必等于它的分析浓度，这种等衡关系称之为物料平衡，又称质量平衡。其数学表达式即物料平衡方程，简写为 MBE（Mass Balance Quation）。例如，$0.10\ mol\cdot L^{-1}\ Na_2CO_3$ 溶液的 MBE 为

$$[Na^+]=2c_{Na_2CO_3}=0.2\ mol\cdot L^{-1}$$

$$[H_2CO_3]+[HCO_3^-]+[CO_3^{2-}]=0.10\ mol\cdot L^{-1}$$

3.3.1.3 电荷平衡

电荷平衡即电中性规则。在电解质溶液中，处于平衡状态时，各种阳离子所带正电荷的

总浓度必等于所有阴离子所带负电荷的总浓度，即溶液是电中性的。根据这一原则，考虑溶液中各离子的平衡浓度和电荷数，列出的数学表达式称为电荷平衡方程，简写为 CBE（Charge Balance Equation）。例如，在 0.10 $mol \cdot L^{-1}$ Na_2CO_3 溶液中有如下解离平衡（包括水的解离作用）：

$$Na_2CO_3 = 2Na^+ + CO_3^{2-}$$

$$CO_3^{2-} + H_2O \rightleftharpoons HCO_3^- + OH^-$$

$$HCO_3^- + H_2O \rightleftharpoons H_2CO_3 + OH^-$$

$$H_2O \rightleftharpoons OH^- + H^+$$

其 CBE 为

$$[Na^+]+[H^+]=[OH^-]+[HCO_3^-]+2[CO_3^{2-}]$$

应该注意的是，某离子平衡浓度前面的系数就等于所带电荷数的绝对值。

3.3.1.4 质子平衡

当酸碱反应达到平衡时，酸给出质子的量（mol）应等于碱所接受的质子的量，即酸失去质子后的产物与碱得到质子后的产物在浓度上必然有一定的关系，这种关系式称为质子平衡方程，又称质子条件式，简写为 PBE（Proton Balance Equation）。

由于在平衡状态下，同一体系中物料平衡和电荷平衡的关系必然同时成立，因此可先列出该体系的 MBE 和 CBE，然后消去其中与质子转移无关的反应产物项，从而得出 PBE。例如，浓度为 $c(mol \cdot L^{-1})$ 的 NaH_2PO_4 溶液：

MBE

$$[Na^+]=c$$

$$[H_3PO_4]+[H_2PO_4^-]+[HPO_4^{2-}]+[PO_4^{3-}]=c \quad (1)$$

CBE

$$[H^+]+[Na^+]=[H_2PO_4^-]+2[HPO_4^{2-}]+3[PO_4^{3-}]+[OH^-] \quad (2)$$

为了消去式（2）中的非质子转移反应产物项 $[Na^+]$ 和 $[H_2PO_4^-]$，将式（1）代入式（2），整理后即得出 PBE：

$$[H^+]+[H_3PO_4]=[HPO_4^{2-}]+2[PO_4^{3-}]+[OH^-]$$

上述方法是最基本的方法，但不够快捷和简便。

由酸碱反应得失质子的等衡关系可以直接写出 PBE。这种方法的要点是：

（1）从酸碱平衡体系中选取质子参考水准（又称零水准），它们是溶液中大量存在并参与质子转移反应的物质，通常就是起始酸碱组分，包括溶剂分子。

（2）当溶液中的酸碱反应（包括溶剂的质子自递反应）达到平衡后，根据质子参考水准判断得失质子的产物及其得失质子的物质的量，据此绘出得失质子示意图。

（3）根据得失质子的量相等的原则写出 PBE。注意，在正确的 PBE 中应不包括质子参考水准本身的有关项，也不含有与质子转移无关的组分。对于多元酸碱组分，一定要注意其平衡浓度前面的系数，它等于与零水准相比较时该型体得失质子的量。

例 3.4 写出 $NaNH_4HPO_4$ 溶液的 PBE。

解：由于与质子转移反应有关的起始酸碱组分为 NH_4^+、HPO_4^{2-} 和 H_2O，因此它们就是质子参考水准。溶液中得失质子的反应可用图 3-1 表示：

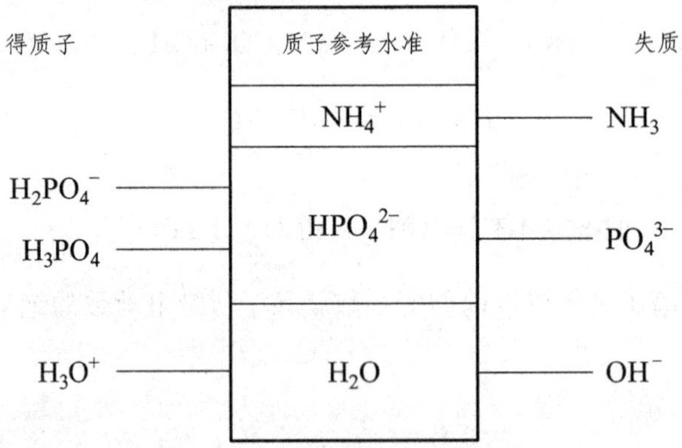

图 3-1 溶液中得失质子的反应

与质子参考水准 HPO_4^{2-} 比较，$H_2PO_4^-$ 和 H_3PO_4 分别是它得到 1 mol 和 2 mol 质子后的产物（故 $[H_3PO_4]$ 项前面的系数为 2），而 PO_4^{3-} 是 HPO_4^{2-} 失去 1 mol 质子后的产物；H_3O^+ 和 OH^- 则分别是 H_2O 得到或失去 1 mol 质子后的产物。然后将得质子产物写在等式左边，失质子产物写在等式右边，根据得失质子的量等衡的原则，PBE 为

$$[H^+]+2[H_3PO_4]+[H_2PO_4^-]=[NH_3]+[PO_4^{3-}]+[OH^-]$$

在计算各类酸碱溶液中氢离子的浓度时，上述三种平衡方程都是处理溶液中酸碱平衡的依据。特别是 PBE，反映了酸碱平衡体系中得失质子的量的关系，因而最为常用。

3.3.2 分布分数与分布曲线

在弱酸（碱）的平衡体系中，溶质往往以多种型体存在。当溶液的酸度增大或减小时，各型体浓度的分布将随溶液的酸度而变化。在分析化学中常常利用这一性质，通过控制溶液的酸度来控制反应物或生成物某种型体的浓度，以便使某反应进行完全，或对某些干扰组分进行掩蔽。酸度对弱酸（碱）各型体分布的影响可用分布分数（摩尔分数）来描述，溶质某种型体的平衡浓度在其分析浓度中所占的分数称为分布分数，以 δ_i 表示，下标 i 说明它所属的型体。

3.3.2.1 一元弱酸（碱）各型体的分布分数

设一元弱酸 HA 的浓度为 $c(\text{mol}\cdot\text{L}^{-1})$，在水溶液中达到解离平衡后，两种存在型体的浓度

分别为[HA]和$[A^-]$，根据分布分数的定义和K_a的表达式有

$$\delta_{HA}=\frac{[HA]}{c_{HA}}=\frac{[HA]}{[HA]+[A^-]}=\frac{[H^+]}{[H^+]+K_a}$$

同理

$$\delta_{A^-}=\frac{[A^-]}{c_{HA}}=\frac{K_a}{[H^+]+K_a}$$

$$\delta_{HA}+\delta_{A^-}=1$$

缩上所述，分析浓度c与有关分布系数，就可以计算出某一酸度的溶液中，一元弱酸两种型体同时存在的平衡浓度。

例 3.5　计算$pH=5.00$时，$0.10\ mol\cdot L^{-1}$ HAc溶液中各型体的分布分数和平衡浓度。

解：已知$K_a=1.8\times10^{-5}$，$[H^+]=1.0\times10^{-5}\ mol\cdot L^{-1}$，则

$$\delta_{HAc}=[H^+]/([H^+]+K_a)=1.0\times10^{-5}/(1.0\times10^{-5}+1.8\times10^{-5})=0.36$$

$$\delta_{Ac^-}=1-\delta_{HAc}=0.64$$

$$[HAc]=\delta_{HAc}c_{HAc}=0.36\times0.10\ mol\cdot L^{-1}=0.036\ mol\cdot L^{-1}$$

$$[Ac^-]=\delta_{Ac^-}c_{HAc}=0.64\times0.10\ mol\cdot L^{-1}=0.064\ mol\cdot L^{-1}$$

按照类似的方法计算出不同pH时的δ_{HAc}和δ_{Ac^-}值，并绘出如图 3-2 所示的δ_i-pH曲线（型体分布图）。

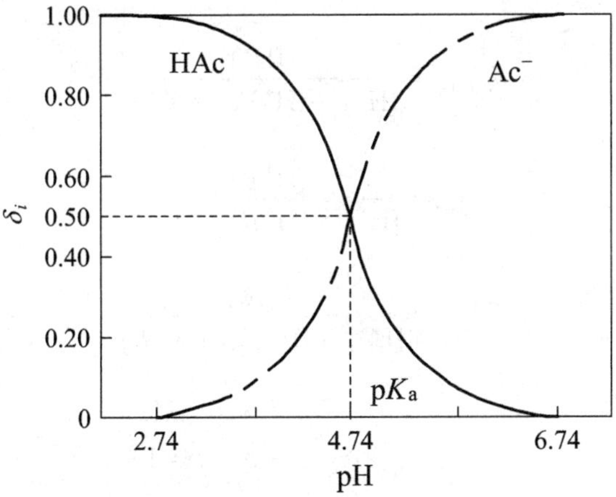

图 3-2　HAc 各型体的δ_i-pH 曲线

由图 3-2 可知，随着溶液的pH增大，δ_{HAc}逐渐减小，而δ_{Ac^-}则逐渐增大。在两条曲线的交点处，即$\delta_{HAc}=\delta_{Ac^-}=0.50$时，溶液的$pH=pK_a(4.74)$，显然此时有$[HAc]=[Ac^-]$。当$pH<pK_a$时，溶液中HAc占优势；反之，当$pH>pK_a$时，$Ac^-$为主要存在型体。在$pH\approx pK_a-2$时，$\delta_{HAc}$趋近于1，$\delta_{Ac^-}$接近于零；而当$pH\approx pK_a+2$时，则$\delta_{Ac^-}$趋近于1。因此，可以通过控制溶液的

酸度得到所需要的型体。

以上讨论结果原则上亦适用于其他一元弱酸（碱）。在平衡状态下，一元弱酸（碱）各型体分布分数的大小首先与酸（碱）本身的强弱（即 K_a 或 K_b 的大小）有关；对于某酸（碱）而言，分布分数是溶液中 $[H^+]$ 的函数。

3.3.2.2　多元弱酸（碱）各型体的分布分数

以二元草酸为例进行讨论。设其分析浓度为 $c_{H_2C_2O_4}(mol \cdot L^{-1})$，草酸在水溶液中以 $H_2C_2O_4$、$HC_2O_4^-$ 和 $C_2O_4{}^{2-}$ 三种型体存在。因此有

$$[H_2C_2O_4]+[HC_2O_4{}^-]+[C_2O_4{}^{2-}]=c_{H_2C_2O_4}$$

$$\delta_{H_2C_2O_4}=\frac{[H_2C_2O_4]}{c_{H_2C_2O_4}}=\frac{1}{1+\dfrac{[HC_2O_4{}^-]}{[H_2C_2O_4]}+\dfrac{[C_2O_4{}^{2-}]}{[H_2C_2O_4]}}$$

根据相应解离常数的表达式有

$$\frac{[HC_2O_4{}^-]}{[H_2C_2O_4]}=\frac{K_{a1}}{[H^+]}$$

$$\frac{[C_2O_4{}^{2-}]}{[H_2C_2O_4]}=\frac{K_{a1}K_{a2}}{[H^+]^2}$$

代入上式，经整理后得

$$\delta_{H_2C_2O_4}=\frac{[H^+]^2}{[H^+]^2+[H^+]K_{a1}+K_{a1}K_{a2}}$$

$$\delta_{HC_2O_4^-}=\frac{[H^+]^2K_{a1}}{[H^+]^2+[H^+]K_{a1}+K_{a1}K_{a2}}$$

$$\delta_{C_2O_4{}^{2-}}=\frac{K_{a1}K_{a2}}{[H^+]^2+[H^+]K_{a1}+K_{a1}K_{a2}}$$

且有

$$\delta_{H_2C_2O_4}+\delta_{HC_2O_4^-}+\delta_{C_2O_4{}^{2-}}=1$$

草酸的 δ_i-pH 曲线如图 3-3 所示。其中每一共轭酸碱对分布曲线的交点（图中第一和第二个交点）对应的 pH 仍分别等于草酸的 pK_{a1} 和 pK_{a2}（这是一般规律）。由图可知，草酸在 $pH=2.5\sim3.3$ 这一酸度范围内有三种型体共存，其中 $HC_2O_4{}^-$ 占绝对优势，$H_2C_2O_4$ 和 $C_2O_4{}^{2-}$ 虽然依度很低，但不可忽略。这是因为草酸的 K_{a1} 和 K_{a2} 相差不太大，且本身也不太小。在其他有机酸的 δ_i-pH 图中也可以看到类似情况。对于二元弱酸，当 $pH<pK_{a1}$ 时，溶液中 H_2A 是主要型体；$pH>pK_{a2}$ 时，A^{2-} 型体占优势；而当 $pK_{a1}<pH<pK_{a2}$ 时，HA^- 的浓度明显高于其他两者。K_{a1} 与

pK_{a2} 的值越接近，以 HA^- 型体为主的 pH 范围就越窄，其 δ 的最大值亦将明显小于 1。

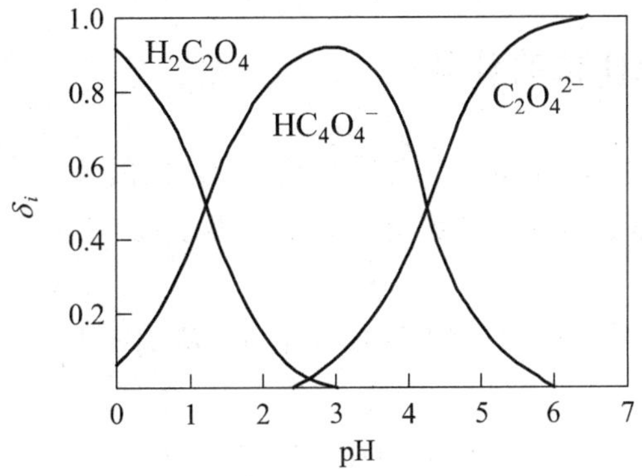

图 3-3　$H_2C_2O_4$ 各型体的 δ_i-pH 曲线

二元弱碱各型体的分布分数，亦可采用上述相应的公式进行计算。

磷酸为三元酸，在溶液中可形成 4 种型体：H_3PO_4、$H_2PO_4^-$、HPO_4^{2-} 和 PO_4^{3-}，其 δ_i-pH 曲线见图 3-4。由于磷酸的三级解离常数 $pK_{a1}(2.12)$、$pK_{a2}(7.20)$ 和 $pK_{a3}(12.36)$ 之间相差很大，故图中未出现两种以上型体共存的情况，这是无机酸的特点。在曲线的三个交点处，δ_i 值均为 0.5，H_3PO_4、$H_2PO_4^-$、HPO_4^{2-} 和 PO_4^{3-} 四种型体的最大 δ_i 值均近似为 1。

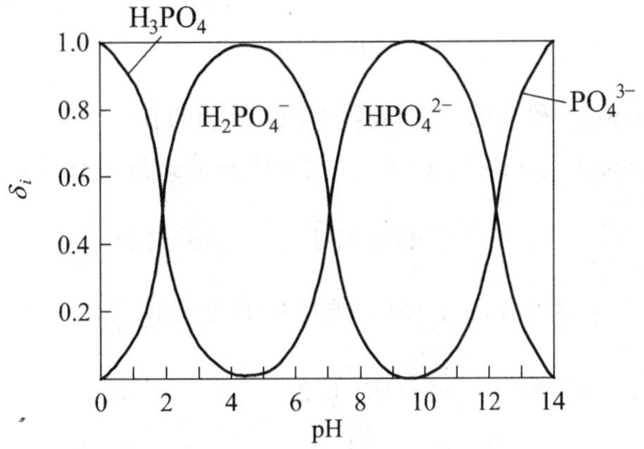

图 3-4　H_3PO_4 各型体的 δ_i-pH 曲线

综上所述，在多元弱酸（碱）$H_nA(A^{n-})$ 的水溶液中存在 $n+1$ 种可能的型体：$H_nA, H_{n-1}A^-, \cdots, HA^{(n-1)-}$ 和 A^{n-}。在计算各型体分布分数的公式中都具有相同的分母，即 $[H^+]^n+[H^+]^{n-1}K_{a1}+\ldots+[H^+]K_{a1}K_{a2}\cdots K_{an-1}+K_{a1}K_{a2}+\cdots+K_{an}$，它们共有 $n+1$ 项，而分子则依次为分母中的相应项，具体有如下关系：

型体	H_nA	$H_{n-1}A^-$	…	$HA^{(n-1)-}$	A^{n-}
分布	δ_{H_nA}	$\delta_{H_{n-1}A^-}$	…	$\delta_{HA^{(n-1)-}}$	$\delta_{A^{n-}}$
分数分子	$[H^+]^n$	$[H^+]^{n-1}K_{a1}$	…	$[H^+]K_{a1}K_{a2}\cdots K_{an-1}$	$K_{a1}K_{a2}\cdots K_{an}$

在计算中将分母各项相加时，如果某两项的大小相差两个数量级左右或更多，较小的项可忽略不计。

3.3.3 一元酸（碱）pH 值的计算

3.3.3.1 一元强酸碱 pH 值的计算

以浓度为 $c(\mathrm{mol\cdot L^{-1}})$ 的 HCl 溶液为例进行讨论。当酸的解离反应和水的质子自递反应处于平衡时，溶液中的 H^+ 来源于酸和水的解离，其浓度等于 Cl^-（酸根阴离子）和 OH^- 的浓度之和。因此有

$$[\mathrm{H^+}]=[\mathrm{Cl^-}]+[\mathrm{OH^-}]=c+K_\mathrm{w}/[\mathrm{H^+}]$$

即

$$[\mathrm{H^+}]^2-c([\mathrm{H^+}])-K_\mathrm{w}=0$$

解之得

$$[\mathrm{H^+}]=\frac{c+\sqrt{c^2+4K_\mathrm{w}}}{2}$$

此式称为精确式。一般来说，只要强酸的浓度不是很低，$c \geqslant 10^{-6}\,\mathrm{mol\cdot L^{-1}}$，就可以忽略水的解离，质子条件简化为

$$[\mathrm{H^+}]\approx[\mathrm{Cl^-}]$$

从而得到最简式：

$$\mathrm{pH}=-\lg c$$

例 3.6 求 $0.050\ \mathrm{mol\cdot L^{-1}}$ 和 $1.0\times10^{-7}\ \mathrm{mol\cdot L^{-1}}$ HCl 溶液的 pH。

解：因为 $c(0.050\ \mathrm{mol\cdot L^{-1}})>10^{-6}\ \mathrm{mol\cdot L^{-1}}$，故采用最简式进行计算：

$$[\mathrm{H^+}]=0.050\ \mathrm{mol\cdot L^{-1}}，故\ \mathrm{pH}=1.30$$

当 $c(1.0\times10^{-7}\ \mathrm{mol\cdot L^{-1}})<10^{-6}\ \mathrm{mol\cdot L^{-1}}$ 时，须用精确式求解，得

$$\begin{aligned}[\mathrm{H^+}]&=(c+\sqrt{c^2+4K_\mathrm{w}})/2\\&=\frac{1.0\times10^{-7}+\sqrt{(1.0\times10^{-7})^2+4\times1.0\times10^{-14}}}{2}\\&=1.6\times10^{-7}\ (\mathrm{mol\cdot L^{-1}})\end{aligned}$$

$$\mathrm{pH}=6.8$$

3.3.3.2 一元弱酸碱 pH 值的计算

1. 一元弱酸溶液

浓度为 $c(\mathrm{mol\cdot L^{-1}})$ 的一元弱酸 HA 溶液的 PBE 为

$$[\mathrm{H^+}]=[\mathrm{A^-}]+[\mathrm{OH^-}]=\frac{[\mathrm{HA}]K_\mathrm{a}}{[\mathrm{H^+}]}+\frac{K_\mathrm{w}}{[\mathrm{H^+}]}$$

即

$$[H^+]=\sqrt{[HA]K_a+K_w}$$

此式是计算一元弱酸溶液 pH 的精确式，其$[HA]=c[H^+]/([H^+]+K_a)$，展开后是关于$[H^+]$的一元三次方程。为了使计算简化，首先将 PBE 简化。

（1）若$[A^-]>20[OH^-]$，说明溶液中的H^+绝大部分来自 HA 的解离，由水解离提供的H^+不足 5%，相比之下可以忽略。当一元弱酸的K_a及其浓度都不是很小时，这种近似是合理的。此时，PBE 可简化为$[H^+]\approx[A^-]$，精确式简化成近似式：

$$[H^+]=\sqrt{[HA]K_a}=\sqrt{(c-[H^+])K_a}$$

在忽略水解离的同时，又若弱酸已解离的部分相对其分析浓度较小（解离度$[A^-]/c<0.05$，即$c>20[A^-]$，或$c>20[H^+]$，就可以忽略解离对弱酸浓度的影响，于是$[HA]\approx c$，就进一步简化为

$$[H^+]=\sqrt{cK_a}$$

上式称最简式。为了使近似处理的条件更为明确和实用，由$[A^-]\geqslant 20\,[OH^-]$和$c\geqslant 20[A^-]$可以得出：

$$cK_a\geqslant 20K_w \qquad c/K_a>400$$

这就是使用最简式计算时应具备的条件。

（2）若$cK_a>20K_w$但$c/K_a<400$，即水的解离可以忽略，但由于 HA 的解离度>5%，故应考虑因解离其浓度的减小

$$[H^+]^2+K_a[H^+]-cK_a=0$$

解之得

$$[H^+]=\frac{\sqrt{K_a^2-4cK_a}-K_a}{2}$$

（3）若酸极弱，且浓度极小，即有$cK_a<20K_w$，但$c/K_a>400$。因此时水的解离是溶液中H^+的重要来源而不能忽略；但由于酸极弱，故不考虑解离对其浓度的影响，即

$$[HA]=c \qquad [H^+]=\sqrt{cK_a+K_w}$$

该式亦称为近似式。应该说明的是，上述近似处理的条件，是根据对计算结果要求的准确度而确定的，因此相应的条件判别式亦可按照不同的要求而有所变化。

例 3.7 计算 0.10 $mol\cdot L^{-1}$ HF 溶液的 pH，已知$K_a=7.2\times10^{-4}$。

解：因为$cK_a=0.10\times7.2\times10^{-4}>20K_w$，$c/K_a=0.10(7.2\times10^{-4})<400$，故根据上式计算得

$$[H^+]=\frac{-K_a+\sqrt{K_a^2+4cK_a}}{2}$$

$$=8.2\times10^{-3}\ (mol\cdot L^{-1})$$

故 pH = 2.09

2. 一元弱碱溶液

对于一元弱碱B的溶液，其PBE为

$$[H^+]+[BH^+]=[OH^-]$$

用处理一元弱酸类似的方法，可以得到计算一元弱碱溶液pH的一系列公式及相应的条件判别式：

公式	使用条件
精确式 $[OH^-]=\sqrt{[B]K_b+K_w}$	$cK_b<20K_w$，$c/K_b<400$
近似式 $[OH^-]=\dfrac{\sqrt{K_b{}^2+4cK_b}-K_b}{2}$	$cK_b>20K_w$，$c/K_b<400$
近似式 $[OH^-]=\dfrac{\sqrt{cK_b+K_w}}{2}$	$cK_b<20K_w$，$c/K_b>400$
最简式 $[OH^-]=\sqrt{cK_b}$	$cK_b>20K_w$，$c/K_b>400$

例 3.8 在20 mL 0.10 $mol\cdot L^{-1}$ HAc溶液中加入等体积相同浓度的NaOH溶液，搅拌均匀后，计算其pH。较未加入NaOH溶液之前，溶液的pH增大了多少?已知$K_a=1.8\times10^{-5}$。

解：由于HAc与NaOH按照化学计量关系完全反应，故达到平衡后为NaAc溶液。此时Ac^-的$K_b=K_w/K_a=\dfrac{1.0\times10^{-14}}{1.8\times10^{-5}}=5.6\times10^{-10}$，$c_{Ac^-}=0.10/2=0.050\ mol\cdot L^{-1}$。由于$cK_b=0.050\times5.6\times10^{-10}>20K_w$，$c/K_b=0.050/(5.6\times10^{-10})>400$，故可以按最简式进行计算

$$[OH^-]=\sqrt{cK_b}=5.3\times10^{-6}\ (mol\cdot L^{-1})$$

$$pOH=5.28,\quad pH=14.00-5.28=8.72$$

对于0.10 $mol\cdot L^{-1}$ HAc溶液，因为

$$cK_a=0.10\times1.8\times10^{-5}>20K_w \qquad c/K_a=0.10/(1.8\times10^{-5})>400$$

所以也可以按最简式进行计算

$$[H^+]=\sqrt{cK_a}=1.3\times10^{-3}\ (mol\cdot L^{-1})$$

$$pH=2.89$$

可见加入等体积相同浓度的NaOH后，溶液的pH增大了$8.72-2.89=5.83$个单位。

3.3.4 两性物质及缓冲溶液的酸度的计算

除了水以外，多元弱酸的酸式盐（如$NaHCO_3$），弱酸、弱碱盐（如NH_4Ac），氨基酸（如

H_2NCH_2COOH ）等也是两性物质。它们在水溶液中既可以失去质子，又可以得到质子，酸碱平衡的关系比较复杂。因而在有关的计算中，常将 HA^- 的两性与水的两性进行比较，并根据具体情况，进行简化处理。

3.3.4.1 多元弱酸的酸式盐

以下先以二元弱酸的酸式盐 Na_2HA 为例进行讨论，令其浓度为 $c(\mathrm{mol\cdot L^{-1}})$，该溶液的 PBE 为

$$[H^+]+[H_2A]=[OH^-]+[A^{2-}]$$

借助于各级解离常数，有

$$[H^+]+\frac{[H^+][A^-]}{K_{a1}}=[OH^-]+\frac{[HA^-]K_{a2}}{[H^+]}$$

经整理得

$$[H^+]=\sqrt{\frac{K_{a1}([HA^-]K_{a2}+K_w)}{[HA^-]+K_{a1}}}$$

对于 HA^-，其进一步发生酸式、碱式解离的趋势都比较小（即 K_{a2} 和 K_b 都很小），因此 $[HA^-]\approx c$，

$$[H^+]=\sqrt{\frac{K_{a1}(cK_{a2}+K_w)}{c+K_{a1}}}$$

若同时又有 $cK_{a2}>20K_w$，$c/K_{a1}>20$（因 $K_{a1}=K_w/K_{b2}$，即 $c/K_{a1}>20$ 可变形为 $cK_{a2}>20K_w$），表明与 HA^- 的酸、碱性相比，此时水的酸式、碱式解离均可被忽略，故而得到最简式：

$$[H^+]=\sqrt{K_{a1}K_{a2}}$$

若 $cK_{a2}>20K_w$，$c/K_{a1}<20$，可以忽略水的酸式解离，但不能忽略其碱性，于是得到下述近似式：

$$[H^+]=\sqrt{\frac{cK_{a2}K_{a1}}{c+K_{a1}}}$$

在式中，若 $cK_{a2}<20K_w$，$c/K_{a1}>20$，说明 HA^- 的酸式解离极微，此时水的酸性不能忽略，但可不考虑其碱性，因此又有以下近似式：

$$[H^+]=\sqrt{\frac{K_{a1}(cK_{a2}+K_w)}{c}}$$

在上述公式中，K_{a2} 相当于两性物质中酸组分的 K_a，而 K_{a1} 则相当于两性物质中碱组分的共轭酸的 K_a。在使用有关公式时，应根据具体情况做相应的变换。

例 3.9 计算$1.0\times10^{-2}\ mol\cdot L^{-1}\ Na_2HPO_4$溶液的pH。已知：$K_{a2}=6.3\times10^{-8}, K_{a3}=4.4\times10^{-13}$。

解：由于$cK_{a3}=1.0\times10^{-2}\times4.4\times10^{-13}<20K_w$，但$cK_{a2}>20K_w$，于是

$$[H^+]=\sqrt{\frac{K_{a1}(cK_{a2}+K_w)}{c}}=3.0\times10^{-10}\ (mol\cdot L^{-1})$$

$$pH=9.52$$

3.3.4.2 弱酸弱碱盐

例如，浓度为$c(mol\cdot L^{-1})$的NH_4Ac水溶液，其中NH_4^+为酸组分，Ac^-为碱组分，是分子中酸碱组分比为1∶1的弱酸弱碱盐的代表，其PBE为

$$[H^+]+[HAc]=[NH_3]+[OH^-]$$

$$[H^+]+\frac{[H^+][Ac^-]}{K_a(HAc)}=[OH^-]+\frac{[NH_4^+]K_a(NH_4^+)}{[H^+]}$$

只要c不是太小，忽略NH_4^+、Ac^-的酸式、碱式解离对它们浓度的影响，则有$[NH_4^+]\approx c, [Ac^-]\approx c$。不难得出

$$[H^+]=\sqrt{\frac{K_a(HAc)[cK_a(NH_4^+)+K_w]}{c+K_a(HAc)}}$$

此类计算均需运用到两性物质酸组分的K_a，以及碱组分的共轭酸的解离常数，其他各种近似计算公式均可根据相应的条件而得出。由于$K_a(NH_4^+)=K_b(Ac^-)$，说明NH_4^+进行酸式解离和Ac^-进行碱式解离的程度相近，故NH_4Ac溶液呈中性。

对于多元弱酸与弱碱形成的盐，如$(NH_4)_2A$（其中A代表S^{2-}、CO_3^{2-}等），其酸碱平衡时的情况比NH_4Ac要复杂得多，需根据具体情况分清主次对PBE进行简化。

3.3.4.3 氨基酸

氨基酸在水溶液中以偶极离子的形式存在，有以下的互变形势，如氨基乙酸：

$$^+H_3N-CH_2-COOH \longrightarrow {}^+H_3N-CH_2-COO^- \longrightarrow H_2N-CH_2-COO^-$$

质子化氨基乙酸阳离子　　　氨基乙酸偶极离子　　　氨基乙酸阴离子

通常所说的氨基乙酸是偶极离子型体。

例 3.10 计算$0.10\ mol\cdot L^{-1}$氨基乙酸溶液的pH。已知$K_{a1}=4.5\times10^{-3}, K_{a2}=2.5\times10^{-10}$。

解：因为$cK_{a2}=0.10\times2.5\times10^{-10}>20K_w, cK_{a1}>20$，故可以最简式进行计算：

$$[H^+]=\sqrt{K_{a1}K_{a2}}=\sqrt{4.5\times10^{-3}\times2.5\times10^{-10}}\approx1.06\times10^{-6}(mol\cdot L^{-1})$$

$$pH=6.00$$

3.3.4.4 缓冲溶液pH的计算

1. 一般缓冲溶液

作为控制溶液酸度的一般缓冲溶液，其中共轭酸碱组分的浓度不会很低，加之对计算结果的准确度不需作很高的要求，故经常采用近似公式计算其pH。以一元弱酸HA（浓度为c_{HA}）及其共轭碱NaA（浓度为c_{A^-}）组成的缓冲溶液为例，其MBE和CBE分别为

$$\text{MBE}[Na^+] = c_{A^-} \quad (1)$$

$$[HA]+[A^-] = c_{HA} + c_{A^-} \quad (2)$$

$$\text{CBE}: [Na^+]+[H^+] = [A^-]+[OH^-] \quad (3)$$

将式（1）代入式（3）得$[A^-] = c_{A^-} + [H^+] - [OH^-]$ （4）

将式（4）代入式（2）得$[HA] = c_{HA} - [H^+] + [OH^-]$ （5）

再将$[A^-]$与$[HA]$代入HA解离常数的表达式中，得精确式为

$$[H^+] = \frac{[HA]}{[A^-]}K_a = \frac{c_{HA} - [H^+] + [OH^-]}{c_{A^-} + [H^+] - [OH^-]}K_a$$

式中，K_a代表酸碱组分中共轭酸的解离常数。展开后是含$[H^+]$的三次方程。由于缓冲溶液控制的酸度具有一定的范围，且本身又具有一定的浓度，因此在实际应用中常根据具体情况进行如下近似处理。

（1）如缓冲体系在酸性范围($pH < 6$)起缓冲作用，由于溶液中$[H^+] \gg [OH^-]$，式子可简化为

$$[H^+] = \frac{[HA]}{[A^-]}K_a = \frac{c_{HA} - [H^+]}{c_{A^-} + [H^+]}K_a$$

（2）若缓冲体系在碱性范围($pH > 8$)起缓冲作用，则$[OH^-] \gg [H^+]$，式子又可简化为

$$[H^+] = \frac{[HA]}{[A^-]}K_a = \frac{c_{HA} + [OH^-]}{c_{A^-} - [OH^-]}K_a$$

$$[OH^-] = \frac{[HA]}{[A^-]}K_b = \frac{c_{HA} - [H^+]}{c_{A^-} + [H^+]}K_b$$

以上式子式均为忽略水的解离后的近似计算式。

（3）如果c_{A^-}、c_{HA}远大于溶液中的$[H^+]$和$[OH^-]$（均大于20倍或更多时），则不但可以忽略水的解离，还可以忽略因共轭酸碱的解离对其浓度的影响，从而得到通常使用的最简计算式，即

$$[H^+] = \frac{c_{HA}}{c_{A^-}}K_a$$

$$pH = pK_a + \lg\frac{c_{A^-}}{c_{HA}}$$

当c_{HA}或c_{A^-}某一方的浓度很小，或者两者的浓度都很小时，有时（还与K_a的大小有关）就不宜采用最简式进行计算。

例 3.11 0.20 $mol \cdot L^{-1}$ NH_3 – 0.30 $mol \cdot L^{-1}$ NH_4Cl溶液，往 200 mL 该缓冲溶液中（1）加入 50 mL 0.10 $mol \cdot L^{-1}$ NaOH 溶液，（2）加入 50 mL 0.10 $mol \cdot L^{-1}$ HCl 溶液，溶液的 pH 各改变了多少?已知NH_4^+的 pK_a=9.26 。

解:（1）先按最简式计算 0.20 $mol \cdot L^{-1}$ NH_3 – 0.30 $mol \cdot L^{-1}$ NH_4Cl溶液的 pH :

$$\begin{aligned}pH &= pK_a + \lg\left(c_{NH_3}/c_{NH_4^+}\right)\\ &= 9.26 + \lg(0.20/0.30) = 9.08\end{aligned}$$

此时$[H^+]=10^{-9.08}\ mol \cdot L^{-1}$，由于$c_{NH_3}$、$c_{NH_4^+} \gg [OH^-] \gg [H^+]$，因此用最简式进行计算是合理的。

加入 50 mL 0.10 $mol \cdot L^{-1}$ NaOH 溶液后：

$$c_{NH_3} = \frac{200\ mL \times 0.20\ mol \cdot L^{-1} + 50\ mL \times 0.10\ mol \cdot L^{-1}}{200\ mL + 50\ mL} = 0.18\ mol \cdot L^{-1}$$

$$c_{NH_4^+} = \frac{200\ mL \times 0.20\ mol \cdot L^{-1} - 50\ mL \times 0.10\ mol \cdot L^{-1}}{200\ mL + 50\ mL} = 0.14\ mol \cdot L^{-1}$$

由于c_{NH_3}和$c_{NH_4^+}$仍都较大，同理，仍可按最简式计算：

$pH=9.26+\lg 0.18/0.14 = 9.37$

溶液的 pH 增大了 $9.37-9.08=0.29$ 个 pH 单位。

（2）加入 50 mL 0.10 $mol \cdot L^{-1}$ HCl 溶液后：

$$c_{NH_3} = \frac{200\ mL \times 0.30\ mol \cdot L^{-1} - 50\ mL \times 0.10\ mol \cdot L^{-1}}{200\ mL + 50\ mL} = 0.22\ mol \cdot L^{-1}$$

$$c_{NH_4^+} = \frac{200\ mL \times 0.30\ mol \cdot L^{-1} + 50\ mL \times 0.10\ mol \cdot L^{-1}}{200\ mL + 50\ mL} = 0.26\ mol \cdot L^{-1}$$

同理 $pH = 9.26 + \lg(0.22/0.26) = 9.19$

溶液的 pH 减小了 $9.08-9.19=-0.29$ 个 pH 单位。

2. 标准缓冲溶液

在前面处理酸碱平衡的有关讨论中，都未考虑活度常数和浓度常数的区别，在一般的情况下，这种近似是可以满足要求的。

但是，标准缓冲溶液的 pH 是在较严格的条件下（浓度、温度一定），经准确的实验测得的$[H^+]$的活度。如欲通过有关公式进行理论计算，必须考虑溶液中离子强度对各离子的影响，通过计算有关离子的活度系数对其活度进行校正，否则理论计算值将与实验值不相符合。例如，由 0.025 $mol \cdot L^{-1}$ KH_2PO_4 和 0.025 $mol \cdot L^{-1}$ Na_2HPO_4 组成的缓冲溶液，经精确测定，其 pH 为 6.86。若按最简式计算则得

$$pH = pK_{a2} + \lg \frac{c_{HPO_4^{2-}}}{c_{H_2PO_4^-}} = 7.20 + \lg \frac{0.025}{0.025} = 7.20$$

此值与实验值相差颇大。因此正确的计算公式应为

$$pH = pK_{a2} + \lg \frac{a_{HPO_4^{2-}}}{a_{H_2PO_4^-}}$$

式中，K_{a2} 为 H_3PO_4 的第二级活度解离常数，由此计算出的才是 a_{H^+}。

3.4 滴定分析法简介

滴定分析法和重量分析法是化学分析中主要的定量分析方法。关于重量分析法将在第 9 章中讨论。根据滴定反应的类型不同，可将滴定分析法分为酸碱滴定法、络合滴定法、氧化还原滴定法和沉淀滴定法，其有关内容将在第 5、6、7、8 章中分别介绍。本章主要就滴定分析法（Titrimetric Analysis）的共性问题进行阐述。

3.4.1 滴定分析法的过程和方法特点

进行滴定分析时，先将试样制备成溶液置于容器（通常为锥形瓶）之中，在适宜的反应条件下，再将另一种已知准确浓度的试剂溶液，即标准溶液（又称滴定剂）由滴定管滴加到被测物质的溶液中去，直到两者按照一定的化学方程式所表示的计量关系完全反应为止，这时称反应到达化学计量点（Stoichiometric Point），简称计量点（以 sp 表示），这一操作过程称为滴定。然后根据滴定反应的化学计量关系、标准溶液的浓度和体积用量，计算出被测组分的含量，这种定量分析的方法称为滴定分析法。一般来说，由于在计量点时试液的外观并无明显变化，因此还需加入适当的指示剂，使滴定进行至指示剂的颜色发生突变时而终止（或用仪器进行检测），此时称为滴定终点（Titration End Point），简称终点（以 ep 表示）。滴定终点（实测值）与化学计量点（理论值）往往并不相同，由此引起测定结果的误差称为终点误差（End Point Error），又称滴定误差。终点误差的大小，不仅取决于滴定反应的完全程度，还与使用的指示剂是否恰当有关，它是滴定分析中误差的主要来源之一。这些内容将在以后各章中讨论。

滴定分析法因其主要操作是滴定故而得名，又因为它是以测量溶液体积为基础的分析方法，因此以往称为容量分析法。

滴定分析法主要用于组分含量在 1%以上（称常量组分）物质的测定；有时采用微量滴定管也能进行微量分析。该法的特点是准确度高，能满足常量分析的要求；操作简便、快速；使用的仪器简单、价廉；并且可应用多种化学反应类型进行测定，方法成熟。因此滴定分析法在生产实践和科学研究中广泛应用。

3.4.2 滴定分析法对滴定反应的要求

（1）被测物质与标准溶液之间的反应要按照一定的化学计量关系（由确定的化学反应式表示）定量进行。通常要求在计量点时，反应的完全程度应达到99.9%以上，这是定量计算的基础，也是衡量该反应能否用于定量分析的首要条件。

（2）反应速率要快，最好在滴定剂加入后即可完成；或是能够采取某些措施，如加热或加入催化剂等来加快反应速率。

（3）要有简便可行的方法来确定滴定终点。

3.4.3 几种滴定方式

3.4.3.1 直接滴定法

凡是符合上述条件的反应，就可以直接采用标准溶液对试样溶液进行滴定，称之为直接滴定法。这是最常用和最基本的滴定方式，简便、快速，引入的误差较小。若某些反应不能完全满足以上三个要求，在可能的条件下，还可以采用下述其他滴定方式进行测定。

3.4.3.2 返滴定法

先加入一定量且过量的标准溶液，待其与被测物质反应完全后，再用另一种滴定剂滴定剩余的标准溶液，从而计算被测物质的量，因此返滴定法又称剩余量滴定法。若滴定反应速率缓慢、滴定固体物质反应不能立即完成或者没有合适的指示剂时，可采用返滴定法进行测定。例如，EDTA滴定法测定 Al^{3+}，酸碱滴定法测定固体 $CaCO_3$ 的含量等。

3.4.3.3 置换滴定法

若被测物质与滴定剂不能定量反应，则可以用置换反应来完成测定。向被测物质中加入一种试剂溶液，被测物质可以定量地置换出该试剂中的有关物质，再用标准溶液滴定这一物质，从而求出被测物质的含量，这种方法称为置换滴定法。Ag^+ 与EDTA的配合物不稳定，不能用EDTA直接滴定，但把 Ag^+ 加入 $[Ni(CN)_4]^{2-}$ 溶液中，则发生反应 $2Ag^+ + [Ni(CN)_4]^{2-} \longrightarrow 2[Ag(CN)_4]^- + Ni^{2+}$，在pH=10的氨性溶液中，以紫脲酸铵为指示剂，用EDTA滴定置换出来的 Ni^{2+}，即可求得 Ag^+ 的含量。

3.4.3.4 间接滴定法

某些待测组分不能直接与滴定剂反应，但可通过其他的化学反应间接测定其含量。例如，溶液中 Ca^{2+} 几乎不发生氧化还原的反应，但利用它与 $C_2O_4^{2-}$ 作用形成 CaC_2O_4 沉淀，过滤洗净后，加入 H_2SO_4 使其溶解，用 $KMnO_4$ 标准滴定溶液滴定 $C_2O_4^{2-}$，就可间接测定 Ca^{2+} 含量

3.4.4 标准溶液浓度的表示方法

3.4.4.1 物质的量浓度

物质的量浓度是指单位体积溶液中所含溶质B的物质的量，以符号 c_B 表示。即

$$c_B = n_B/V_B \tag{3-1}$$

因

$$n_B = m_B/M_B \tag{3-2}$$

故有

$$m_B = c_B V_B M_B \tag{3-3}$$

在式（3-1）中，B代表溶质的化学式；n_B 为溶质B的物质的量，它的SI单位是mol；V_B 表示溶液的体积，其SI单位是 m^3；所以物质的量浓度（简称浓度）c_B 的SI单位是 $mol \cdot m^{-3}$。由于此单位太小，使用不便，故常用的是其倍数单位 $mol \cdot dm^{-3}$ 或 $mol \cdot L^{-1}$（此时 V_B 的单位为L），我国也将此列为表示溶液浓度的法定计量单位。

在式（3-2）中，m_B 是物质B的质量，常用单位为g；M_B 是物质B的摩尔质量，其SI单位是 $kg \cdot mol^{-1}$，在分析化学中常用它的分数单位 $g \cdot mol^{-1}$。以此为单位时，任何原子、分子或离子的摩尔质量在数值上就等于其相对原子质量、相对分子质量或相对离子质量。

3.4.4.2 滴定度

在生产部门的例行分析中，由于测定对象比较固定，常使用同一标准溶液测定同种物质，因此还采用滴定度表示标准溶液的浓度，使计算简便快速。所谓滴定度是指每毫升标准溶液相当于被测物质的质量（g或mg），以符号 $T_{B/A}$ 表示，其中B、A分别表示标准溶液中的溶质、被测物质的化学式，单位为 $g \cdot mL^{-1}$（或 $mg \cdot mL^{-1}$）。例如1.00 mL H_2SO_4 标准溶液恰能与0.040 00 g NaOH完全反应，则此 H_2SO_4 溶液对NaOH的滴定度 $T_{H_2SO_4/NaOH} = 0.040\ 00\ g \cdot mL^{-1}$。如采用该溶液滴定某烧碱溶液，用去 H_2SO_4 溶液22.00 mL，则试样中NaOH的质量为：$m_{NaOH} = 0.040\ 00\ g \cdot mL^{-1} \times 22.0\ mL = 0.8800\ g$。

如果同时固定试样的质量，滴定度还可以用每毫升标准溶液相当于被测组分的质量分数（%）来表示。例如 $T_{H_2SO_4/NaOH}\% = 2.69\%$，则表明固定试样为某一质量时，滴定中每消耗1.00 mL H_2SO_4 标准溶液，就可以中和试样中 2.69%的NaOH。测定时如用去 H_2SO_4 溶液10.50 mL，则试样中NaOH的质量分数为：$w_{NaOH} = 2.69\%\ g \cdot mL^{-1} \times 10.50\ mL = 28.24\%$。

此外，还可以用单位体积中含某物质的质量来表示浓度，称为质量浓度(ρ)，单位为 $g \cdot L^{-1}$、$mg \cdot L^{-1}$ 或 $mg \cdot mL^{-1}$ 等。

3.4.5 标准溶液的配制和浓度的标定

标准溶液是指已知其准确浓度的溶液（常用4位有效数字表示），它是滴定分析中进行定

量计算的依据之一，无论采用何种滴定方式都是不可缺少的。因此，正确配制标准溶液，确定其准确浓度并妥善进行保存，都关系到滴定分析结果的准确性。配制标准溶液的方法一般有以下两种。

3.4.5.1 直接配制法

在分析天平上准确称取一定质量的某物质，溶解于适量水后定量转入容量瓶中，然后稀释、定容并摇匀。根据溶质的质量和容量瓶的体积，即可计算出该溶液的准确浓度。

能用于直接配制标准溶液的化学试剂称为基准物质（基准试剂），它也是用来确定某一溶液准确浓度的标准物质，必须符合以下要求：

（1）该物质的实际组成应与其化学式完全符合。若含结晶水时，如硼砂 $Na_2B_4O_7 \cdot 10H_2O$，其结晶水的含量也应与化学式相符。

（2）试剂的纯度要足够高，即主成分的含量应在 99.9%以上，所含的杂质应不影响滴定反应的准确度。

（3）试剂应该相当稳定。例如，不易吸收空气中的水分和 CO_2，不易被空气氧化，加热干燥时不易分解等。

（4）试剂的摩尔质量较大，这样可以减小称量误差。

应该注意的是，有些高纯试剂和光谱纯试剂虽然纯度很高，但只能说明其中金属杂质的含量很低。由于可能含有组成不定的水分和气体杂质，其组成与化学式不一定准确相符，且主要成分的含量也可能达不到 99.9%，此时就不能用作基准物质。

在分析化学中，常用的基准物质有纯金属和纯化合物等。表 3-4 中列出了一些滴定分析中最常用的基准物质及其应用范围等，在使用中，应按规定进行保存和干燥处理。

表 3-4　滴定分析常用基准物质

标定对象	基准物质		干燥后组成	干燥条件/℃
	名称	化学式		
酸	碳酸氢钠	$NaHCO_3$	Na_2CO_3	270~300
	十水合碳酸钠	$Na_2CO_3 \cdot 10H_2O$	Na_2CO_3	270~300
	无水碳酸钠	Na_2CO_3	Na_2CO_3	270~300
	碳酸氢钾	$KHCO_3$	K_2CO_3	270~300
	硼砂	$Na_2B_4O_7 \cdot 10H_2O$	$Na_2B_4O_3 \cdot 10H_2O$	放在装有 NaCl 和蔗糖饱和溶液的干燥器中
碱或 $KMnO_4$	二水合草酸	$H_2C_2O_4 \cdot 2H_2O$	$H_2C_2O_4 \cdot 2H_2O$	室温空气干燥
	邻苯二甲酸氢钾	$KHC_8H_4O_4$	$KHC_8H_4O_4$	105~110
还原剂	重铬酸钾	$K_2Cr_4O_7$	$K_2Cr_4O_7$	120
	溴酸钾	$KBrO_3$	$KBrO_3$	180
	碘酸钾	KIO_3	KIO_3	180
	铜	Cu	Cu	室温干燥器中保存
氧化剂	三氧化二砷	As_2O_3	As_2O_3	硫酸干燥器中保存
	草酸钠	$Na_2C_2O_4$	$Na_2C_2O_4$	105

续表

标定对象	基准物质		干燥后组成	干燥条件/℃
	名称	化学式		
EDTA	碳酸钙	$CaCO_3$	$CaCO_3$	110
	锌	Zn	Zn	室温干燥器中保存
	氧化锌	ZnO	ZnO	800
$AgNO_3$	氯化钠	NaCl	NaCl	500~550
	氯化钾	KCl	KCl	500~550
氯化物	硝酸银	$AgNO_3$	$AgNO_3$	硫酸干燥器中保存

3.4.5.2 间接配制法（标定法）

许多化学试剂不能完全符合上述基准物质必备的条件。例如，NaOH易于吸收空气中的水分和CO_2，纯度不高；市售的盐酸中HCl的准确含量难以确定，且易挥发；$kMnO_4$和$Na_2S_2O_3$等均不易提纯，且见光易分解。因此，不能采用直接法将这类试剂配制成具有准确浓度的溶液，而只能采用间接法配制。即先将这类物质配制成近似于所需浓度的溶液，然后利用该物质与某基准物质或另一种标准溶液之间的反应来确定其准确浓度，这一操作过程称为标定。例如，欲标定某NaOH溶液的浓度，可以先准确称取一定质量的邻苯二甲酸氢钾（KHP）基准试剂，溶解后，用待标定的NaOH溶液进行滴定，直至两者定量反应完全，再根据滴定中消耗NaOH溶液的体积计算出其准确浓度。大多数标准溶液的准确浓度是通过标定的方法确定的。

另外，还可以用NaOH溶液滴定一定体积的某HCl标准溶液（或者相反），然后根据两者定量反应时的体积和HCl溶液的准确浓度，计算出NaOH溶液的浓度，这一过程称为“浓度的比较”。显然，直接采用基准物质进行标定，有助于提高测定结果的准确度。

在常量组分的测定中，标准溶液的浓度一般为0.01~1 $mol \cdot L^{-1}$（指大致浓度范围）；而浓度为0.001 $mol \cdot L^{-1}$的溶液则用于微量组分的测定，通常根据待测组分含量的高低来选择标准溶液浓度的大小。为了提高标定的准确度，一般应注意以下几点：

（1）标定时应平行测定3~4次，至少2~3次，并要求测定结果的相对偏差不大于0.2%。

（2）为了减小测量误差，称取基准物质的量不应太少；滴定时消耗标准溶液的体积（单位：mL）也不应太少（原因详见第3章第6节）。例如，草酸为二元酸，其摩尔质量也不大，使用中为减小称量误差，可以事先称取一定量的草酸，于容量瓶中配成已知准确浓度的溶液，再分取部分溶液用于标定。

（3）配制和标定溶液时使用的量器，如滴定管、容量瓶和移液管等，在必要时应校正其体积，并考虑温度的影响。

（4）标定后的标准溶液应妥善保存。有些标准溶液若保存得当，其浓度可以长期保持不变或改变极小。保存在瓶中的溶液由于蒸发，瓶内壁上常有水珠凝聚，致使溶液的浓度发生变化，因而在每次使用前都应将其摇匀。有些溶液不够稳定，如见光易分解的$AgNO_3$和$KMnO_4$等标准溶液应贮存于棕色瓶中，并置于暗处保存。强碱溶液能吸收空气中的CO_2并腐蚀玻璃容器，最好装在塑料瓶中，并在瓶口装上碱石灰管以吸收空气中的CO_2和水。对于性质不太稳定的溶液，久置后，在使用前还需重新标定其浓度。

3.5 酸碱指示剂

3.5.1 指示剂的作用原理

在酸碱滴定的过程中，被滴定的溶液在外观上通常不发生任何变化，需借助酸碱指示剂颜色的改变来指示滴定终点。酸碱指示剂一般是某些有机弱酸或弱碱，或是有机酸碱两性物质，它们在酸碱滴定过程中也能参与质子转移反应，因分子结构的改变而引起自身颜色的变化，并且这种颜色伴随结构的转变是可逆的。当酸碱滴定至计量点附近时，随着溶液 pH 的变化，指示剂不同型体的浓度之比迅速改变，溶液的颜色亦开始变化。当某种型体达到一定的浓度时，溶液因明显地显示它的颜色而指示滴定终点。

例如，酚酞（Phenolphthalein，PP）是有机弱酸，称酸型指示剂，它在水溶液中有如下颜色变化（表 3-5）。

表 3-5　酚酞在不同溶液中呈现的颜色

浓厚 H_2SO_4	酸性液	碱性液	NaOH（浓度 > 2 $mol \cdot L^{-1}$）
橙色	无色	紫红色	无色

其变色的反应方程式如下：

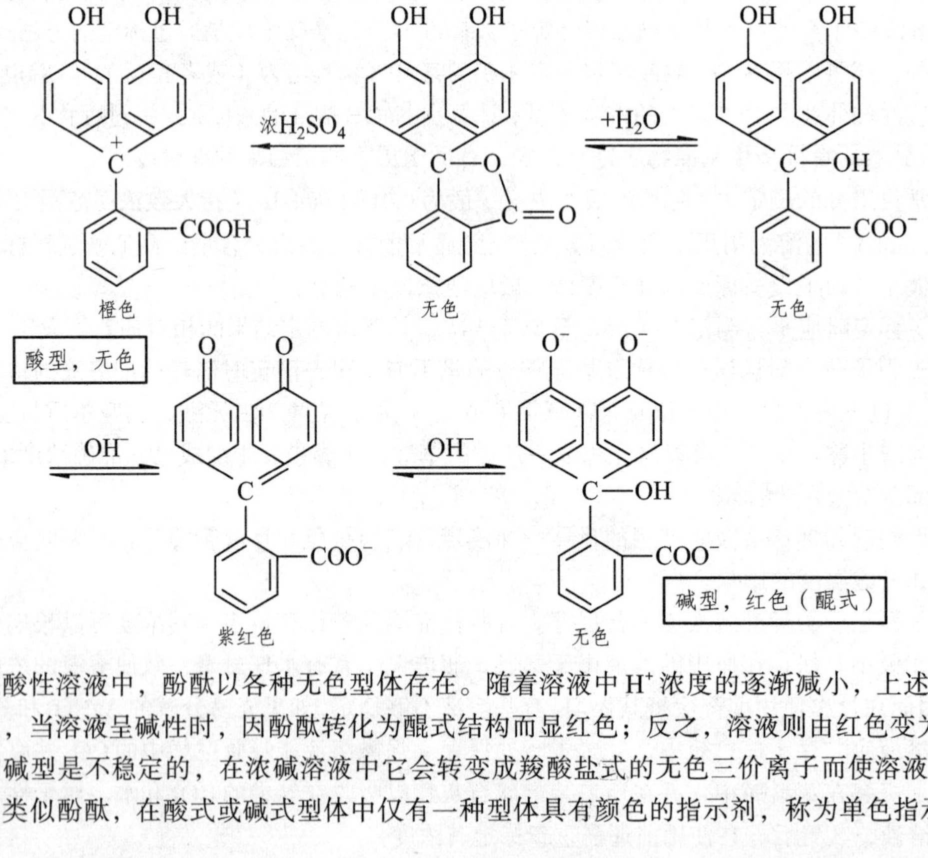

在酸性溶液中，酚酞以各种无色型体存在。随着溶液中 H^+ 浓度的逐渐减小，上述平衡向右移动，当溶液呈碱性时，因酚酞转化为醌式结构而显红色；反之，溶液则由红色变为无色。酚酞的碱型是不稳定的，在浓碱溶液中它会转变成羧酸盐式的无色三价离子而使溶液的红色褪去。类似酚酞，在酸式或碱式型体中仅有一种型体具有颜色的指示剂，称为单色指示剂。

甲基橙（Methyl Orange，MO）是一种有机碱，因其酸式和碱式型体均有颜色而称为双色指示剂。它在水溶液中的解离作用和颜色变化如下：

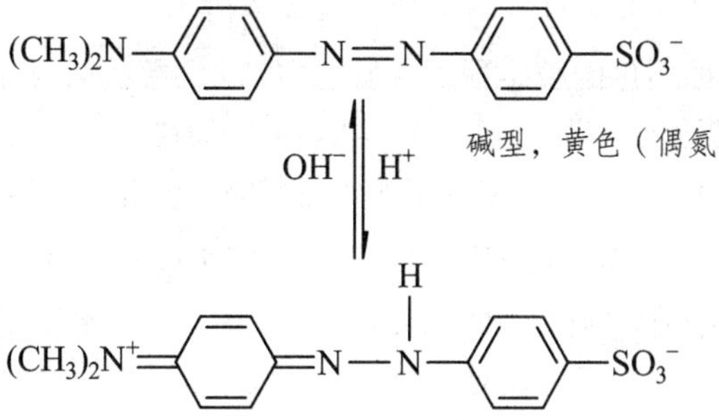

碱型，黄色（偶氮式）

酸型，红色（醌式）

甲基橙是弱碱，称碱型指示剂。以上平衡关系表明，增大溶液的酸度，平衡向右移动，溶液由黄色转变成红色；反之，则由红色转变为黄色。甲基红的变色情况与甲基橙相似。

应该注意的是，指示剂以酸式或碱式型体存在，并不表明此时溶液一定呈酸性或呈碱性。

3.5.2　指示剂变色的 pH 范围

现以弱酸型指示剂为例进行讨论，HIn 在溶液中有如下解离平衡：

$$\underset{\text{酸式型体}}{HIn} \rightleftharpoons H^+ + \underset{\text{碱式型体}}{In^-} \qquad [In^-]/[HIn] = K_a[H^+]$$

式中，K_a 为指示剂的解离常数。溶液的颜色是由 $[In^-]/[HIn]$ 的比值来决定的。对于某指示剂，在一定的条件下 K_a 是一个常数，因此 $[In^-]/[HIn]$ 仅随溶液中 $[H^+]$ 的变化而改变。当指示剂的酸式型体与碱式型体的浓度相等，$[HIn]/[In^-]=1$ 时，溶液的 $pH = pK_a$，称为指示剂的理论变色点，此时溶液呈混合色。若溶液的 pH 逐渐减小，指示剂的颜色将向以酸型色为主的方向变化；反之则向以碱型色为主的方向变化。因此当溶液的酸度在指示剂的变色点附近改变时，溶液的颜色亦随之而改变。

需要指出的是，在指示剂的变色点附近，并非溶液的酸度稍有改变时，就能观察到溶液颜色的变化。因为人眼分辨颜色变化的能力是有限度的，当某种颜色占有一定的浓度优势后，就观察不到溶液颜色的变化了。指示剂呈现的颜色与溶液中 $[In^-]/[HIn]$ 的比值及 pH 三者之间的关系为

$[In^-]/[HIn] \leqslant 1/10$	$pH \leqslant pK_a - 1$	酸型色
$10 > [In^-]/[HIn] > 1/10$	pH 在 $pK_a \pm 1$ 之间	颜色逐渐变化的混合色
$[In^-]/[HIn] \geqslant 10$	$pH \geqslant pK_a + 1$	碱型色

由上可知，当 pH 小于 $pK_a - 1$ 或大于 $pK_a + 1$ 时，都观察不出溶液的颜色随酸度而变化的情况。只有当溶液的 pH 由 $pK_a - 1$ 变化到 $pK_a + 1$（或由 $pK_a + 1$ 变化到 $pK_a - 1$）时，才可以观察到

指示剂由酸型（碱型）色经混合色变化到碱型（酸型）色这一过程。因此，这一颜色变化的pH范围，即$pH = pK_a \pm 1$，称为指示剂的变色范围。

指示剂的实际变色范围是由人目测确定的，与理论值$pK_a \pm 1$并不完全一致，具体数据见表3-6。这是因为人眼对各种颜色的敏感程度有所差别，以及指示剂两种颜色的强度不同所致。例如甲基橙的pK_a=3.4，理论变色范围应为$pH = 2.4\sim4.4$，但实际测量值却是$pH = 3.1\sim4.4$。分别计算出在pH等于3.1和4.4时，甲基橙的酸型HIn^+和碱型 In 的分布分数，结果表明，在$pH = 4.4$时$[In] \approx 10[HIn^+]$，说明碱型的浓度应大于酸型的10倍，才能感觉到溶液完全显黄色；而当$pH = 3.1$时，$[HIn^+] \approx 2[In]$，即酸型的浓度只需大于碱型的2倍，就能使溶液呈现出红色。产生上述差异的原因是人眼对于红色较对黄色更为敏感，故从红色中辨别黄色比较困难，而在黄色中辨别出红色就比较容易，因此甲基橙的实际变色范围在pH较小的一端就短一些。指示剂的变色范围越窄越好，这样当溶液的pH稍有变化时，就能引起指示剂的颜色突变，这对提高测定的准确度是有利的。

在滴定过程中，并不要求指示剂由酸型色完全转变为碱型色或者相反，而只需在指示剂的变色范围内找出能产生明显色变的点，即可据此指示滴定终点。例如甲基橙在其变色过程中，当$pH = 4$时呈明显的橙色，比较容易分辨出来，通常将它称为甲基橙的实际变色点，并用来指示终点。

由于不同的人对同一颜色的敏感程度有所不同，就是同一个人观察同一个颜色变化过程也会有所差异。一般而言，人们观察指示剂颜色的变化有0.2~0.5pH单位的误差，称之为观测终点的不确定性，用ΔpH来表示$\Delta pH = pH_{ep} - pH_{sp}$，即终点与计量点时溶液pH之差。本章按$\Delta pH = \pm 0.2$来考虑，作为使用指示剂目测终点的分辨极限值。若采用电位法或其他仪器分析方法来确定终点，则可以减小检测终点的不确定性，从而提高测定的准确度。常用酸碱指示剂列于表3-6中。

表3-6　常用的酸碱指示剂

名　称	变色pH范围	颜色变化	配制方法
百里酚蓝0.1%	1.2~2.8	红—黄	0.1 g 指示剂与 4.3 mL 0.05 $mol \cdot L^{-1}$ NaOH 溶液一起研匀，加水稀释成100 mL
	8.0~9.6	黄—蓝	
甲基橙0.1%	3.1~4.4	红—黄	将0.1 g甲基橙溶于100 mL热水
溴酚蓝0.1%	3.0~4.6	黄—紫蓝	0.1 g溴酚蓝与3 mL 0.05 $mol \cdot L^{-1}$ NaOH溶液一起研磨均匀，加水稀释成100 mL
溴甲酚0.1%	3.8~5.4	黄—蓝	0.01 g指示剂与21 mL 0.05 $mol \cdot L^{-1}$ NaOH溶液一起研匀，加水稀释成100 mL
甲基红0.1%	4.8~6.0	红—黄	将0.1 g甲基红溶于60 mL乙醇中，加水至100 mL
中性红0.1%	6.8~8.0	红—黄橙	将中性红溶于乙醇中，加水至100 mL
酚酞1%	8.2~10.0	无色—淡红	将1 g酚酞溶于90 mL乙醇中，加水至100 mL

续表

名　称	变色 pH 范围	颜色变化	配制方法
百里酚酞 0.1%	9.4~10.6	无色—蓝色	将 0.1 g 指示剂溶于 90 mL 乙醇中加水至 100 mL
茜素黄 0.1% 混合指示剂	10.1~12.1	黄—紫	将 0.1 g 茜素黄溶于 100 mL 水中
甲基红-溴甲酚绿	5.1	红—绿	3 份 0.1%溴甲酚绿乙醇溶液与 1 份 0.1%甲基红乙醇溶液混合
百里酚酞-茜素黄 R	10.2	黄—紫	将 0.1 g 茜素黄和 0.2 g 百里酚酞溶于 100 mL 乙醇中
甲酚红-百里酚蓝	8.3	黄—紫	1 份 0.1%甲酚红钠盐水溶液与 3 份 0.1%百里酚蓝钠盐水溶液
甲基黄 0.1	2.9~4.0	红—黄	0.1 g 指示剂溶于 100 mL 90%乙醇中
苯酚红 0.1	6.8~8.4	黄—红	0.1 g 苯酚红溶于 100 mL 60%乙醇中

3.5.3 指示剂使用注意事项

3.5.3.1 指示剂的用量

在滴定过程中，适宜的指示剂浓度将使其在终点变色比较敏锐，有助于提高滴定分析的准确度，对于双色指示剂更是如此。如指示剂的浓度过高或过低，会使得溶液的颜色太深或太浅，因变色不够明显而影响对终点的准确判断。同时指示剂的变色也要消耗一定的滴定剂，从而引入误差，故使用时其用量要合适。

对于双色指示剂，当溶液中$[H^+]$一定时，其酸型与碱型的浓度之比$[HIn]/[In^-]$是一个定值，因此指示剂的变色范围不受其用量的影响。但是单色指示剂则不然，比如酚酞，当其碱型In^-的红色在溶液中达到人眼可觉察的某一最低浓度$[In^-]_{min}$（或是这一最低浓度的红色消失）时，人们就能据此判断滴定终点，而这一最低浓度是一定的。设酚酞的浓度为c，则变色时：

$$[In^-]_{min} = \delta_{In} - c = cK_a/([H^+]+K_a)$$

若酚酞的浓度增大为c'，由于$[In^-]_{min}$不变，则溶液中$[H^+]$增大，即指示剂将在比前者低的 pH 变色。以上分析表明，单色指示剂的用量增加，其变色范围向 pH 减小的方向发生移动。例如，在 50~100 mL 溶液中加入 2~3 滴 0.1%酚酞，溶液出现微红时其 pH ≈ 9；而在其他条件相同时，加入 10~15 滴酚酞，则在 pH ≈ 8 时溶液即呈微红。

为了达到更好的观测效果，在选择指示剂时还要注意它在终点时的变色情况。例如酚酞由酸型无色变为碱型红色，颜色变化十分明显，易于辨别，因此比较适宜在以强碱作滴定剂时使用。同理，用强酸滴定强碱时，采用甲基橙就比酚酞适宜。

3.5.3.2 温 度

温度的变化会引起指示剂解离常数和水的质子自递常数发生变化，因而指示剂的变色范围亦随之改变，对碱型指示剂的影响比酸型指示剂更为明显。例如，在18 ℃时，甲基橙的变色范围为 3.1~4.4；而在100 ℃时，则为 2.5~3.7。一般酸碱滴定都在室温下进行，若有必要加热煮沸，也须在溶液冷却后再滴定。

3.5.3.3 中性电解质

由于中性电解质的存在增大了溶液的离子强度，指示剂的解离常数发生改变，从而影响其变色范围。此外，电解质的存在还影响指示剂对光的吸收，使其颜色的强度发生变化，因此滴定中不宜有大量中性盐存在。

3.5.3.4 溶 剂

不同的溶剂具有不同的介电常数和酸碱性，因而影响指示剂的解离常数和变色范围。例如，甲基橙在水溶液中 $pK_a = 3.4$，而在甲醇中则为 3.8。

3.5.3.5 混合指示剂

表 3-6 中列出的都是单一指示剂，其变色范围一般都比较宽，有的在变色过程中还出现难以辨别的过渡色。在某些酸碱滴定中，为了达到一定的准确度，需要将滴定终点限制在较窄小的 pH 范围内（如对弱酸或弱碱的滴定），这样，一般的指示剂就难以满足需要。混合指示剂利用了颜色之间的互补作用，具有很窄的变色范围，且在滴定终点有敏锐的颜色变化，在上述情况下可以正确地指示滴定终点。

混合指示剂有两种配制方法：一是采用一种颜色不随溶液中 H^+ 浓度变化而改变的染料（称为惰性染料）和一种指示剂配制而成；二是选择两种（或多种）pK_a 值比较接近的指示剂，按一定的比例混合使用。

例如，甲基橙（0.1%）和靛蓝二磺酸钠（0.25%）组成的混合指示剂（1∶1），靛蓝二磺酸钠在滴定过程中不变色（蓝色），只作为甲基橙变色的背景。该混合指示剂随溶液的改变而发生如表 3-7 所示的颜色变化：

表 3-7 0.1%甲基橙-0.25%靛蓝二磺酸钠混合指示剂的变色范围

溶液的酸度	甲基橙	甲基橙+靛蓝二磺酸钠
pH ≥ 4.4	黄色	黄绿色
pH=4.1	橙色	浅灰色
pH ≤ 3.1	红色	紫色

可见，混合指示剂由黄绿色（或紫色）变化为紫色（黄绿色），中间呈近乎无色的浅灰色，变色敏锐，易于辨别。

又如，溴甲酚绿（0.1%乙醇溶液）和甲基红（0.2%乙醇溶液）以及由它们组成的混合指示剂（3∶1），其颜色随溶液 pH 变化的情况如表 3-8 所示：

表 3-8 0.1%溴甲酚绿-0.25 甲基红混合指示剂的变色范围

溶液的酸度	溴甲酚绿	甲基红	溴甲酚绿+甲基红
pH < 4.0	黄色	红色	橙色（酒红）
pH=5.1	绿色	橙色	灰色
pH > 6.2	蓝色	黄色	绿色

pH=5.1 时，由于绿色和橙色相互迭合，溶液呈灰色，颜色变化十分明显，使变色范围缩小为变色点。

其他常用混合酸碱指示剂及其配制方法可查阅分析化学手册。

3.5.3.6 滴定终点的判断

滴定分析中，当滴定至等当点时，往往没有任何外观效果可供判断，常借助于指示剂的颜色变化来确定终止滴定，此时指示剂的变色点，即为滴定终点。

1. 前色、过渡色、后色

（1）前色：为滴加指示剂到样品溶液中呈现的颜色，即终点前颜色。
（2）后色：滴定达到终点后的溶液颜色。
（3）过渡色：当前色和后色共同存在时出现的复合色。此时还有少量样品未被滴定。

2. 滴定速度

（1）出现过渡色之前可以快滴，出现过渡色后应慢滴。
（2）除非微量成分滴定，常规样品的慢滴也应逐滴滴加，不必半滴或 1/4 滴地滴加。

3. 终点判断

（1）接近终点：滴定到出现过渡色。
（2）终点：前色全部消失。如果不能确定为终点，应先记录可疑终点时消耗标准溶液的体积。继续滴定，做以下验证：继续滴加 1~2 滴标准溶液到样品液中，溶液的颜色没有明显变化，可疑终点就是真正的终点，原记录有效。或继续滴加 1~2 滴标准溶液到样品液中，溶液的颜色有明显的变化，可疑终点不是真正的终点，原记录无效。应按本方法继续滴定，直到终点。

3.5.3.7 指示剂的选择

1. 一般选择原则

强酸滴定碱液：用甲基橙（甲基红更好，但一般不要求）；
强碱滴定酸液：用酚酞（图 3-5）。

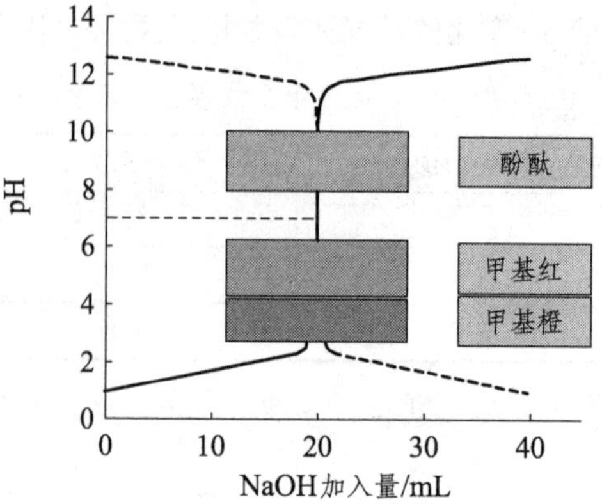

图 3-5　0.1000 mol · L^{-1} NaOH 滴定 20.0 mL 0.1000 mol · L^{-1} HCl 的滴定曲线

上述原则是基于视角角度，心理学研究证明：当溶液颜色由浅变深时易被观察到；反之则不易察觉，从而造成滴过量，产生误差。因此一般：①强酸滴定强碱时，应选甲基橙（或甲基红），因为滴定终点时溶液颜色由黄色变为橙色；②强碱滴定强酸时，应选酚酞，因为滴定终点时溶液颜色由无色变为红色；③强酸滴定弱碱时必须选用甲基橙（或甲基红）；④强碱滴定弱酸时，必须选用酚酞。后两点选择原因下面另议。另外石蕊一般不能作为中和滴定的指示剂，因为其变色不灵敏，且耗酸碱较多，造成较大误差。

2. 从滴定准确度上看

由于滴定终点即为指示剂的变色点，它与酸碱恰好中和时的 pH 并不完全一致。

但从测定准确度看：上述一般原则能满足，下面对四种情况从计算角度加以说明。

（1）用 0.1 mol·L^{-1} HCl滴定 20 mL 0.1 mol·L^{-1} 左右的 NaOH 溶液

当二者恰好中和 pH = 7 时用甲基橙为指示剂，当溶液 pH < 4.4 时，溶液颜色由黄色变为橙色，为终点。这时盐酸已过量，假设过量一滴，约为 0.05 mL，此时溶液中 $[H^+] = (0.05 \times 10^{-3} \times 0.1) / [(20+20) \times 10^{-3}] = 1.25 \times 10^{-4}$ (mol·L^{-1})，pH = 3.9，此时的误差 0.05 / 40 = 0.25%，只有 0.2%的误差。所以强酸滴定强碱时，一般应选甲基橙（或甲基红）。

（2）同理：若用 0.1 mol·L^{-1} NaOH 滴定 20 mL 0.1 mol·L^{-1} 左右的 HCl 溶液，用酚酞做指示剂，当 pH > 8 时，溶液由无色变为红色时为终点。这时 NaOH 已过量，假设过量一滴，约为 0.05 mL，此时溶液中 $[OH^-] = (0.05 \times 10^{-3} \times 0.1) / [(20+20) \times 10^{-3}] = 1.25 \times 10^{-4}$ (mol·L^{-1})，pOH = 3.9，pH = 10.1，此时的误差 0.05 / 40 = 0.25%，亦只有 0.2%。所以强碱滴定强酸时，一般应选酚酞。

（3）用 0.1 mol·L^{-1} HCl滴定 20 mL 0.1 mol·L^{-1} 左右的 $NH_3 \cdot H_2O$ 溶液，当二者恰好中和时，因为产物为水解呈酸性的 NH_4Cl，其 $[H^+] = \sqrt{cK_a^\ominus} = \sqrt{0.05 \times 5.64 \times 10^{-10}} = 5.3 \times 10^{-6}$ (mol·L^{-1})，pH = 5.3，用甲基橙为指示剂，当溶液 pH < 4.4 时，溶液颜色由黄色变为橙色时为终点。这时盐酸已过量，同理此时只有 0.2%的误差；若选用酚酞，pH < 8 时达终点，较之选用甲基橙误差更大，且不符合视觉要求。所以强酸滴定弱碱时必须选用甲基橙（或甲基红）。

（4）同理：若用 0.1 mol·L^{-1} NaOH 滴定 20 mL 0.1 mol·L^{-1} 左右的 HAc 溶液，当二者恰好中

和时，因为产物为水解呈碱性的 NaAc，其 $[OH^-]=\sqrt{\left(\dfrac{cK_w}{K_a^{\ominus}}\right)}=\sqrt{\dfrac{0.05\times10^{-14}}{1.76\times10^{-5}}}=5.3\times10^{-6}\ (mol\cdot L^{-1})$，$pOH=5.3$，$pH=8.7$，用酚酞做指示剂，当 $pH>8$ 时，溶液由无色变为红色时为终点。这时 NaOH 还少一点，此时的误差更小。若选甲基橙，则终点与指示剂的变色点相差太远，误差会很大，且不符合视觉要求。所以强碱滴定弱酸时，必须选用酚酞。

3. 其他滴定实验中指示剂的选择

（1）双指示剂法。

若有 Na_2CO_3、$NaHCO_3$（或 NaOH、Na_2CO_3）的混合物，可用标准盐酸，选用不同指示剂进行分步滴定测出二者的含量：

方法：配制一定体积的待测液，用标准盐酸滴定，先加酚酞为指示剂，达终点时，溶液由红色变为无色，测得耗盐酸的体积为 V_1，发生反应 $Na_2CO_3 + HCl = NaHCO_3 + NaCl$；再向其中加甲基橙，再达终点时，溶液由黄色变为橙色，测得耗盐酸的体积为 V_2，发生反应 $NaHCO_3 + HCl = H_2O + CO_2\uparrow + NaCl$。据 V_1、V_2 的关系可求两盐的含量。

（2）碘水与还原性溶液的氧化还原反应滴定。

用碘水与无色的 $Na_2S_2O_3$ 溶液相互滴定，反应为 $2S_2O_3^{2-}+I_2 = S_4O_6^{2-}+2I^-$，可用淀粉为指示剂。当用碘滴定 $Na_2S_2O_3$ 溶液时，溶液由无色变为蓝色即达终点；反之溶液由蓝色变为无色即达终点。

（3）$KMnO_4$ 溶液与还原性的亚铁盐、草酸等的氧化还原滴定。

由于 $KMnO_4$ 溶液本身为紫红色的，而亚铁盐、草酸等色浅或无色，不必外加指示剂，$KMnO_4$ 溶液本身兼具指示剂的作用。当用 $KMnO_4$ 溶液滴定亚铁盐、草酸溶液时，终点为无色变为紫红色；反之终点为紫红色变为无色。

总之，对于氧化还原滴定，若反应中只有一种物质的溶液有特殊明显的颜色，则可用此有色物本身为指示剂，不必外加指示剂。

3.6 酸碱滴定法及应用

3.6.1 酸碱滴定法的基本原理

在酸碱滴定中，最重要的是要估计被测物质能否准确被滴定，滴定过程中溶液 pH 值的变化情况如何，怎样选择最合适的指示剂来确定终点等。根据酸碱平衡原理，通过具体计算滴定过程中 pH 值随滴定剂体积增加而变化的情况，可以清楚地回答这些问题。

3.6.1.1 强碱滴定强酸

$$H^+ + OH^- \rightleftharpoons H_2O$$

$$K_t = 1/([H^+][OH^-]) = 1/K_w = 1.0\times10^{14}\ (25\ ^\circ C)$$

此类滴定反应的平衡常数（滴定常数）K_t 相当大，说明反应进行得十分完全。事实上，强酸强碱之间的滴定是水溶液中反应完全程度最高，且具有最大 K_t 的酸碱反应。下面以 $0.1000\ \text{mol}\cdot\text{L}^{-1}$ NaOH 溶液滴定 20.00 mL(V_0) 等浓度的 HCl 溶液为例进行讨论，设滴定中加入 NaOH 的体积为 V(mL)，整个滴定过程可按以下四个阶段来考虑。

滴定之前，溶液的 pH 由 c_{HCl} 决定，即

$$[\text{H}^+] = c_{\text{HCl}} = 0.1000\ \text{mol}\cdot\text{L}^{-1} \qquad \text{pH} = 1.00$$

滴定开始至化学计量点之前，随着滴定剂的加入，溶液中 $[\text{H}^+]$ 取决于剩余 HCl 的浓度，即

$$[\text{H}^+] = V_0 - V / (V_0 + V) \cdot c_{\text{HCl}}$$

例如，当滴入 19.98 mL NaOH 溶液时（－0.1%相对误差）：

$$[\text{H}^+] = (20.00 - 19.98) / (20.00 + 19.98) \times 0.1000$$
$$= 5.0 \times 10^{-5}\ (\text{mol}\cdot\text{L}^{-1})$$
$$\text{pH} = 4.30$$

化学计量点时，滴入 20.00 mL NaOH 溶液时，HCl 与 NaOH 恰好完全反应，溶液呈中性，H^+ 来自水的解离。

$$[\text{H}^+] = [\text{OH}^-] = K_w = 1.0 \times 10^{-7}\ (\text{mol}\cdot\text{L}^{-1})$$
$$\text{pH} = 7.00$$

计量点后，溶液的 pH 由过量 NaOH 的浓度决定，即

$$[\text{OH}^-] = (V - V_0) / (V_0 + V) \cdot c_{\text{NaOH}}$$

例如，当滴入 20.02 mL NaOH 溶液时（+0.1% 相对误差）：

$$[\text{OH}^-] = (20.02 - 20.00) / (20.00 + 20.02) \times 0.1000$$
$$= 5.0 \times 10^{-5}\ (\text{mol}\cdot\text{L}^{-1})$$
$$\text{pOH} = 4.30, \quad \text{pH} = 9.70$$

按照上述方式逐一计算出滴定过程中各阶段溶液 pH 变化的情况，并将主要计算结果列入表 3-9 中。然后以横坐标表示滴定分数（或加入滴定剂的体积），以纵坐标表示 pH 作图，即得 NaOH 滴定 HCl 的滴定曲线，如图 3-6 所示。

表 3-9　NaOH 滴定 HCl 时溶液的 pH 变化 ($c_{\text{NaOH}} = c_{\text{HCl}} = 0.1000\ \text{mol}\cdot\text{L}^{-1}$, $V_{\text{HCl}} = 20.00$ mL)

加入 NaOH 溶液体积/ mL	HCl 被滴定的分数/%	剩余 HCl 溶液体积 /mL	过量 NaOH 溶液体积 /mL	$[\text{H}^+]$ / $\text{mol}\cdot\text{L}^{-1}$	pH
0.00		20.00		1.0×10^{-1}	1.00
18.00	90.00	2.00		5.3×10^{-3}	2.28
19.80	99.00	0.20		5.0×10^{-4}	3.30
19.96	99.80	0.04		1.0×10^{-4}	4.00

续表

加入 NaOH 溶液体积/ mL	HCl 被滴定的分数/%	剩余 HCl 溶液体积 /mL	过量 NaOH 溶液体积 /mL	$[H^+]$ / $mol \cdot L^{-1}$	pH
19.98	99.90	0.02		5.0×10^{-5}	4.30
20.00	100.0	0.00		1.0×10^{-7}	7.00
20.02	100.1		0.02	2.0×10^{-10}	9.70
20.04	100.2		0.04	1.0×10^{-10}	10.00
20.20	101.0		0.20	2.0×10^{-11}	10.70
22.00	110.0		2.00	2.0×10^{-12}	11.70
40.00	200.0		20.00	2.0×10^{-13}	12.50

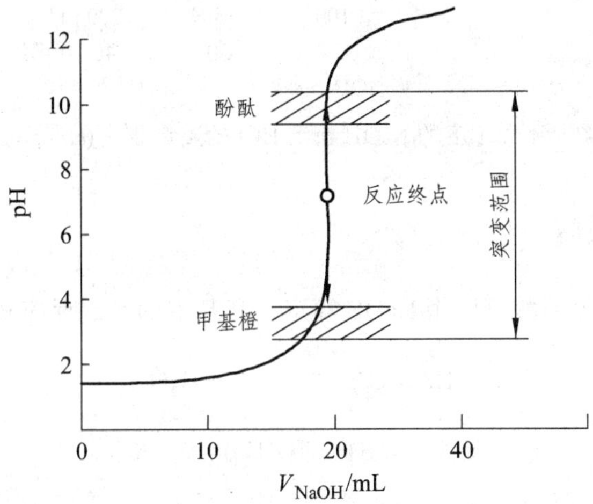

图 3-6　NaOH 滴定 HCl 的滴定曲线 ($c_{NaOH} = c_{HCl} = 0.1000\ mol\cdot L^{-1}$)

由图 3-6 和表 3-9 可见，在化学计量点前后，从剩余 0.02 mL HCl 到过量 0.02 mL NaOH，即滴定由不足 0.1%到过量 0.1%，溶液的 pH 值从 4.31 增加到 9.70，变化近 5.4 个单位，形成滴定曲线中的突跃部分，称为滴定突跃，相当于图中接近垂直的部分。突跃所在的 pH 范围称为滴定突跃范围。指示剂的选择主要以此为依据。当然，最理想的指示剂应该恰好在化学计量点时变色。但实际上，凡在 pH 4.31~9.70 以内变色的指示剂，都可保证测定有足够的准确度。因此，甲基红（pH 为 4.4~6.2）、酚酞（pH 为 8.0~9.6）等均可用作这一类型滴定的指示剂。若以甲基橙为指示剂，化学计量点前溶液为酸性，甲基橙显红色，当滴定到甲基橙刚变为橙色时，溶液的 pH 值约为 4，从表 3-9 中可见，这时未中和的 HCl 为 0.04 mL，即占总量的 0.2%（0.04/20.00），因此滴定误差为−0.2%。然而在实际工作中，如果滴定到甲基橙完全显碱式色（黄色），则此时溶液的 pH=4.4，从表 3-9 中可见，这时未中和的 HCl 不到半滴，即不到所需 HCl 总量的 0.1%，因此滴定误差也不超过−0.1%，从实际要求看来已很满意了。

必须指出，滴定突跃的大小与溶液的浓度有关。通过计算，可以得到不同浓度 NaOH 与 HCl 的滴定曲线（图 3-7）。由图 3-7 可见，酸碱溶液的浓度变小，滴定突跃的范围减小。当酸碱溶液的浓度降低 10 倍时，突跃范围将减小 2 个 pH 值单位 (pH = 5.3 ~ 8.7)，若仍用甲基橙做指示剂，从橙色到黄色（pH 为 4.4）时，尚有近 1% HCl 未被中和，误差将高达−1%，要使误差不大于 0.1%，最适宜的指示剂是甲基红。

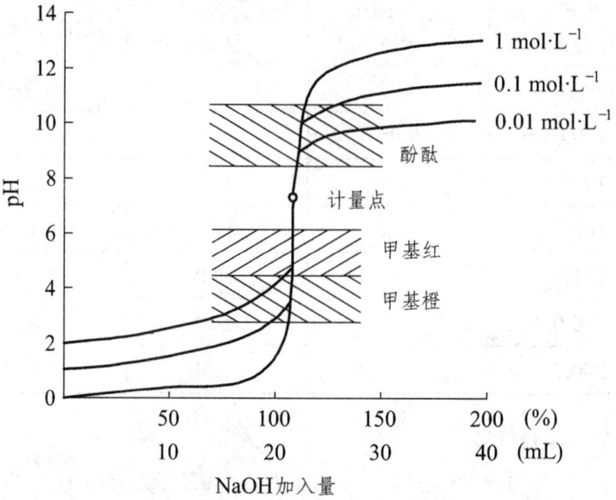

图 3-7　不同浓度的 NaOH 滴定 HCl 的滴定曲线 ($c_{NaOH} = c_{HCl}$)

3.6.1.2　强碱滴定弱酸

甲酸、醋酸和乳酸等弱酸可以用 NaOH 滴定，其基本的滴定反应和滴定反应常数为

$$HA + OH^- = A^- + H_2O$$

$$K_t = [A^-]/([HA][OH^-]) = K_a / K_w$$

可见滴定反应的完全程度不及强酸和强碱的滴定。现以 0.1000 mol·L^{-1} NaOH 滴定 20.00 mL 0.1000 mol·L^{-1} HAc 为例，讨论强碱滴定弱酸溶液 pH 的变化和指示剂的选择。滴定前溶液为 0.1000 mol·L^{-1} HAc，其

$$[H^+] = \sqrt{K_a c_a} = (\sqrt{1.75\times10^{-5}\times0.1000}) = 1.3\times10^{-3}\ (mol\cdot L^{-1})$$

$$pH = 2.88$$

滴定开始至计量点前溶液中未被中和的 HAc 和已中和的产物 Ac^- 构成缓冲体系，溶液中 $[H^+]$ 一般可按最简式计算。例如加入 19.98 mL NaOH 后：

$$[HAc] = \frac{c_a V_a - c_B V_B}{V_a + V_B} = \frac{0.1000\times(20.00-19.98)}{20.00+19.98} = 5.0\times10^{-5}\ (mol\cdot L^{-1})$$

$$[Ac^-] = c_b = \frac{c_B V_B}{V_a + V_B} = \frac{0.1000\times19.98}{20.00+19.98} = 5.0\times10^{-2}\ (mol\cdot L^{-1})$$

因此：

$$[H^+] = K_a\frac{[HAc]}{[Ac^-]} = 1.75\times10^{-5}\,\frac{5.0\times10^{-5}}{5.0\times10^{-2}}\ mol\cdot L^{-1} = 1.75\times10^{-8}\ mol\cdot L^{-1}$$

$$pH = 7.76$$

计量点时 HAc 全部被中和成 NaAc。由于此时溶液稀释了一倍，$[Ac^-]$变为 0.050 00 $mol\cdot L^{-1}$，即

$$[Ac^-]=c_b=\frac{c_B V_B}{V_a+V_B}=\frac{0.1000\times 19.98}{20.00+19.98}\ mol\cdot L^{-1}=5.0\times 10^{-2}\ (mol\cdot L^{-1})$$

$$[OH^-]=\sqrt{K_b c_b}=\sqrt{\frac{K_w}{K_a}c_b}=\sqrt{\frac{1.0\times 10^{-14}}{1.75\times 10^{-5}}\times 0.050\ 00}=5.3\times 10^{-6}\ (mol\cdot L^{-1})$$

$$pOH = 5.27$$

$$pH = 14.00 - 5.27 = 8.73$$

计量点后，溶液由 NaAc 和 NaOH 组成。由于 Ac^- 是很弱的碱，溶液的$[OH^-]$由过量的 NaOH 决定，$[H^+]$的计算方法与强碱滴定强酸类似：

$$[OH^-]=\frac{c_B V_B - c_a V_a}{V_a+V_B}$$

氢氧化钠滴定醋酸的滴定曲线（图 3-8）与氢氧化钠滴定盐酸的滴定曲线有明显的不同：起点 pH 值较高；计量点前 pH 值变化呈较快—平稳—较快的趋势；滴定至 50%时，$pH = pK_a$；计量点偏向于碱性一边，这是因为醋酸是弱酸，滴定前溶液的 pH 自然大于同浓度的盐酸，滴定开始后，系统由 HAc 变为 HAc-NaAc 缓冲系统，Ac^- 的出现抑制了 HAc 的解离，使滴定初期 pH 增长较快。随着滴定的进行，$[HAc]/[Ac^-]$的比值逐渐降低，渐趋于 1，缓冲容量随之增大，并在 50%时达最大值，此时$[HAc]/[Ac^-]=1$，$pH = pK_a$，曲线最平缓。往后直至计量点前，$[HAc]/[Ac^-]$的比值愈来愈小，缓冲容量逐渐减小，pH 变化又逐渐加快。计量点时，溶液变为弱碱 Ac^-，所以溶液总是呈碱性而不是中性。计量点后，滴定系统变成 Ac^--NaOH 混合溶液，由于 Ac^- 碱性较弱，溶液的 pH 几乎完全被过量的 NaOH 抑制，曲线与 NaOH 滴定 HCl 基本重合。

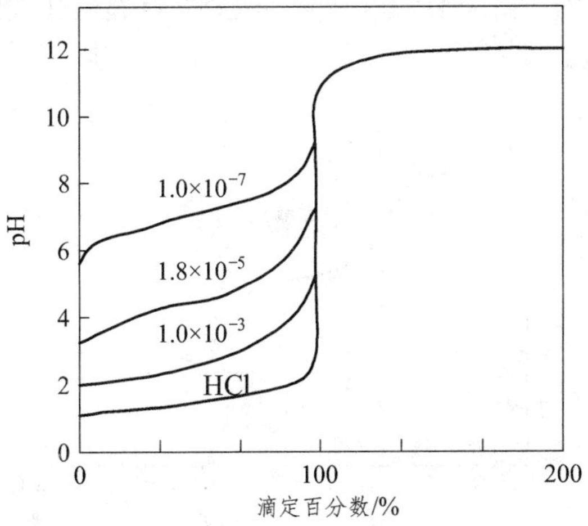

图 3-8　NaOH 滴定不同浓度 HAc 的滴定曲线

强碱滴定弱酸的另一个特点是突跃范围要比同浓度强酸的滴定小得多，而且总是在弱碱性区域。0.1 $mol\cdot L^{-1}$ NaOH 滴定 0.1 $mol\cdot L^{-1}$ HAc 溶液的突跃范围是 $pH = 7.76 \sim 9.70$，仅 1.94 pH

单位，远小于强酸强碱滴定的5.4 pH单位。由于突跃在弱碱范围，因此只能选用在碱性范围内变色的指示剂。酚酞的$pK(HIn) = 9.1$，变色范围恰好在突跃范围内，可获得满意的结果。

由图 3-8 滴定曲线还可看出，酸越弱，滴定突跃越小。例如滴定0.1 $mol\cdot L^{-1}$ $K_a = 10^{-7}$的弱酸HA时，计量点前后0.1%时pH变化是9.56~10.00，仅0.3个单位。即便能找到一$pK(HIn)$与计量点9.85完全一致的指示剂，因人眼对终点的观测仍有0.3的不确定性，终点最好也只能在$pH = 9.70 \sim 10.14$，因此滴定所能达到的准确度其相对误差不可能优于±0.2%。若酸更弱，准确度则更差。另一方面，酸的浓度也影响突跃的大小。综上所述。考虑到观察指示剂变色存在0.3的不确定性，即使在指示剂理论变色点与计量点完全一致的理想情况下，终点与计量点亦可能相差±0.3 pH单位（即要求突跃为0.6 pH单位），因此必须要求$K_a c > 10^{-8}$，才能保证误差不大于0.2%。这就是判断一种弱酸能否准确滴定的依据。

3.6.1.3 多元酸的滴定

用强碱滴定多元酸时，首先根据$cK_a > 10^{-8}$的原则，判断它是否能准确进行滴定，然后看相邻两级K_a的比值是否大于 10^5，再判断它能否准确地进行分步滴定，一般来说，当$K_{a1} / K_{a2} \geqslant 10^5$才能考虑使用分步滴定。

3.6.1.4 多元碱的滴定

多元碱的滴定与多元酸相似。当cK_{b1}足够大，而且$(K_{b1} / K_{b2}) = (K_{a1} / K_{a2}) \geqslant 10^5$时，可滴定到第一计量点。例如，二元碱$Na_2CO_3$常用作标定HCl溶液浓度的基准物质，测定工业碱的纯度也是基于它与HCl的反应。用HCl滴定Na_2CO_3时，反应可分两步进行：

$$CO_3^{2-}(aq) + H^+(aq) \Longrightarrow HCO_3^-(aq)$$

$$HCO_3^-(aq) + H^+(aq) \Longrightarrow H_2CO_3[CO_2(g) + H_2O(l)]$$

其滴定曲线如图 3-9 所示。

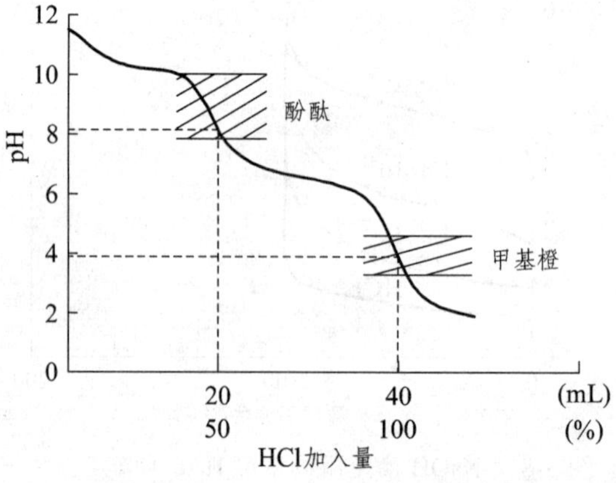

图 3-9 HCl滴定Na_2CO_3的滴定曲线

不过，由于$K_{b1} / K_{b2} = K_{a1} / K_{a2} = 4.4\times10^{-7} / 4.7\times10^{-11} \approx 10^4 < 10^5$，因此滴定到$HCO_3^-$的准确

度不是很高，计量点的 pH = 8.34，若用甲酚红-百里酚蓝混合指示剂，并用相同浓度的 $NaHCO_3$ 作为参比进行对照，可获得较好的结果，误差约为 0.5%。

又由于 $NaHCO_3$ 的 K_{b2} 不够大，所以第二个计量点也不够理想，此时产物是 $H_2CO_3(CO_2+H_2O)$，其饱和溶液的浓度约 0.04 mol·L^{-1}，溶液的 pH 值为 3.9，一般可采用甲基橙或改良甲基橙做指示剂。但是，这时在室温下易形成 CO_2 的过饱和溶液，而使溶液的酸度稍稍增大，终点稍稍提前，因此，滴定到近终点时应加速搅动溶液，促使 CO_2 逸出。

也可采用甲基红做指示剂，临近终点（红色）时，煮沸驱除 CO_2，溶液由红色又返回至黄色，冷却后继续滴定至红色，这样可使突跃变大（图中虚线），一般需重复加热 2~3 次，直至加热后溶液不再返黄为止。

3.6.2 酸碱反应的定量关系

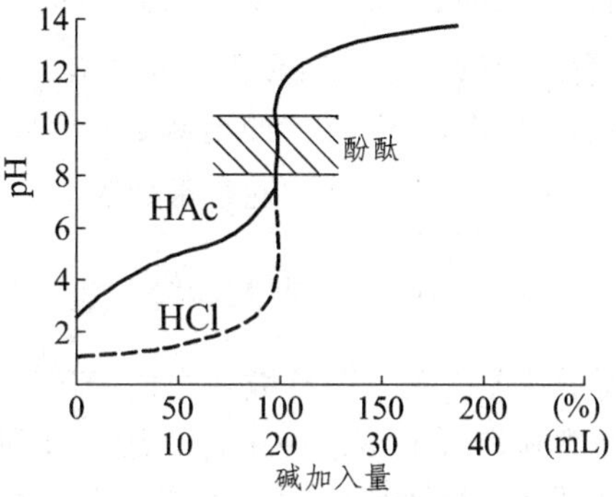

图 3-10 NaOH 滴定 HAc/HCl 的滴定曲线

3.6.2.1 酸碱反应的平衡常数

酸碱反应进行的程度可以用相应平衡常数的大小来衡量。例如弱酸 HA、弱碱 A^- 在水溶液中的解离反应，即它们与溶剂之间的酸碱反应为

$$HA + H_2O \rightleftharpoons H_3O^+ + A^-$$

$$A^- + H_2O \rightleftharpoons HA + OH^-$$

反应的平衡常数称为酸、碱的解离常数，分别用 K_a 或 K_b 来表示：

$$K_a = (a_H + a_{A^-}) / a_{HA}$$

$$K_b = (a_{HA} a_{OH^-}) / a_{A^-} \qquad (3\text{-}4)$$

在稀溶液中，通常将溶剂（此处为水）的活度视为 1。

在水的质子自递反应中，其平衡常数称为水的质子自递常数，或称水的活度积，用 K_w 表示：

$$H_2O + H_2O \rightleftharpoons H_3O^+ + OH^-$$

$$K_w = a_{H^+} a_{OH^-} = 1.0 \times 10^{-14} \ (25\ ℃)$$

K_a、K_b 和 K_w 表示在一定温度下，酸碱反应达到平衡时各组分活度之间的关系，称为活度常数，即热力学常数（离子强度 $I = 0$），它们仅随溶液的温度而变化。

活度是溶液离子强度等于零时的浓度，在稀溶液中，溶质的活度与浓度的关系是

$$a = \gamma c \tag{3-5}$$

如果在式（3-4）中，分别用各组分的平衡浓度代替其活度，由此得到的平衡常数就称为浓度常数 K_{ca}。活度常数与浓度常数之间的关系如下：

$$K_{ca} = [H^+][A^-]/[HA] = [(a_{H^+} a_{A^-})/a_{HA}] \cdot [\gamma_{HA}/(\gamma_{H^+}\gamma_{A^-})]$$

$$= K_a/(\gamma_{H^+}\gamma_{A^-}) \tag{3-6}$$

式中，γ_{HA}、γ_{A^-} 和 γ_{H^+} 分别为各有关组分的活度系数。因 HA 为中性分子，故将其活度系数 γ_{HA} 视为 1。由于离子的活度系数与溶液的离子强度有关，因此浓度常数不仅受温度影响，还随离子强度的大小而变化。溶液中 a_{H^+} 可以用 pH 计方便地测出，因此，若将 H^+ 用活度表示，而其他组分仍用浓度表示，此时反应的平衡常数就称混合常数 K。

$$K_{ma} = [A^-]a_{H^+}/[HA] = K_a/\gamma_{A^-} \tag{3-7}$$

混合常数也与温度和溶液的离子强度有关，该常数在实用中比较方便。

由于分析化学中的反应经常在较稀的溶液中进行，故在处理一般的酸碱平衡时，通常忽略离子强度的影响，以活度常数代替浓度常数进行近似计算，本章的有关计算一般均如此进行。对于式（3-4）此时则有：

$$K_a = ([H^+][A^-])/[HA]$$

$$K_b = ([HA][OH^-])/[A^-] \tag{3-8}$$

式中，$K_a(K_b)$ 值可由书后附录Ⅱ中查得。但在做准确度较高的计算时，例如计算标准缓冲溶液的 pH，就必须考虑溶液离子强度的影响。常用的 $I = 0.1\ mol \cdot kg^{-1}$ 时的浓度常数或混合常数值，可在分析化学手册等资料中查到。

3.6.2.2 酸碱的强度、共轭酸碱对 K_a 与 K_b 的关系

酸碱的强度是相对的，与本身和溶剂的性质有关，即取决于酸（碱）给出（接受）质子的能力与溶剂分子接受（给出）质子能力的相对大小。在水溶液中，酸碱的强度则由酸将质子给予水分子，或碱由水分子中夺取质子的能力大小来决定，即用它们在水溶液中的解离常数 K_a 与 K_b 的大小来衡量。$K_a(K_b)$ 的值越大，表明酸（碱）与水之间的质子转移反应进行得越完全，即该酸（碱）的酸（碱）性越强。由式（3-4）可知，对于共轭酸碱对 HA 与 A^-，其 K_a 与 K_b 之间的关系为

$$K_aK_b = (a_{H^+}a_{A^-})/a_{HA} \cdot (a_{HA} \cdot a_{OH^-})/a_{A^-}$$

$$= a_{H^+}a_{OH^-} = K_w \tag{3-9}$$

即在共轭酸碱对中，酸、碱解离常数的乘积等于溶剂的质子自递常数。所以

$$pK_a + pK_b = pK_w = 14.00 \tag{3-10}$$

由式（3-10）可知，在共轭酸碱对中，若酸（碱）的酸（碱）性越强，其共轭碱（酸）的碱（酸）性就越弱。

在水溶液中，$HClO_4$、H_2SO_4、HCl 和 HNO_3 都是很强的酸，如果浓度不是太大，它们与水分子之间的质子转移反应都进行得十分完全，因而不能显示出它们之间酸强度的差别，所以 H_3O^+ 是水溶液中实际存在的最强酸的形式。可以想象，上述酸的共轭碱 ClO_4^-、HSO_4^-、Cl^- 和 NO_3^- 都是极弱的碱，几乎没有从 H_3O^+ 处接受质子的能力。同理，OH^- 也是水溶液中最强碱的存在形式。多元酸（碱）各级解离常数的大小通常有下述关系：

$$K_{a1} > K_{a2} > K_{a3} \cdots \text{或} K_{b1} > K_{b2} > K_{b3} \cdots$$

在水溶液中多元酸（碱）的解离是逐级进行的，例如 H_3PO_4 能形成三个共轭酸碱对：酸式解离

$$H_3PO_4 \underset{+H^+、K_{b3}}{\overset{-H^+、K_{a1}}{\rightleftharpoons}} H_2PO_4^- \underset{+H^+、K_{b2}}{\overset{-H^+、K_{a2}}{\rightleftharpoons}} HPO_4^{2-} \underset{+H^+、K_{b1}}{\overset{-H^+、K_{a3}}{\rightleftharpoons}} PO_4^{3-}$$

对于每一共轭酸碱对的 K_a 与 K_b 均存在式（3-9）中所述关系，所以

$$K_{a1}K_{b3} = K_{a2}K_{b2} = K_{a3}K_{b1} = K_w \tag{3-11}$$

3.6.3 滴定分析中的计算

3.6.3.1 滴定分析计算的依据和常用公式

在下述直接滴定法中，设标准溶液（滴定剂）中的溶质 B 与被滴定物质（被测组分）A 之间的化学反应为

$$aA + bB = cC + dD$$

式中，C 和 D 为滴定产物。当上述反应定量完成到达计量点时，b mol 的 B 物质恰与 a mol 的 A 物质完全作用，生成了 c mol 的 C 物质和 d mol 的 D 物质。即滴定剂 B 的物质的量 n_B 与物质 A 的物质的量 n_A 之间的反应计量数比为

$$n_B : n_A = b : a \tag{3-12}$$

于是 A 的物质的量 n_A 为

$$n_A = (a/b)n_B \qquad (3\text{-}13)$$

由式（3-12）和式（3-13）可以得出以下两个公式：

$$c_A V_A = (a/b)\, c_B V_B \qquad (3\text{-}14)$$

$$m_A / M_A = (a/b)\, c_B V_B \qquad (3\text{-}15)$$

式中，c_B 和 V_B 分别为滴定剂 B 的浓度与体积；c_A 和 V_A 分别表示被滴定物 A 的浓度与体积；m_A 与 M_A 则分别代表 A 物质的质量与摩尔质量。在式（3-15）中，c_B 的单位为 $mol \cdot L^{-1}$，V_B 的单位采用 L，M_A 的单位采用 $g \cdot mol^{-1}$，m_A 的单位为 g。由于在滴定中，滴定剂的体积 V_B 常以 mL 为单位，因此将数值代入式（3-15）计算时，应注意将体积的单位由 mL 化为 L。式（3-14）和式（3-15）是滴定分析中最常用的基本运算公式，其具体应用如下。

3.6.3.2　滴定分析法的有关计算

1. 标准溶液的配制（直接法）、稀释与增浓

基本公式　　$m_B = c_B V_B M_B$　　$c_A V_A = c'_A V'_A$

式中，c_A、V_A 与 c'_A、V'_A 分别代表稀释或增浓前后溶液的浓度和体积。

例 3.12　已知浓盐酸的密度为 $1.19\ g \cdot mL^{-1}$，其中 HCl 含量约为 37%。计算（1）每升浓盐酸中所含 HCl 的物质的量和浓盐酸的浓度；（2）欲配制浓度为 $0.10\ mol \cdot L^{-1}$ 的稀盐酸 $5.0 \times 10^2\ mL$，需量取上述浓盐酸多少毫升?

解：（1）已知 $M(HCl) = 36.46\ g \cdot mol^{-1}$，

$$n_{HCl} = \frac{m_{HCl}}{M_{HCl}} = \frac{1.19\ g \cdot mL^{-1} \times 10^3\ mL \times 0.37}{36.46\ g \cdot mol^{-1}} = 12 mol$$

$$c_{HCl} = n_{HCl} / V_{HCl} = \frac{12\ mol}{1.0\ L} = 12 mol \cdot L^{-1}$$

（2）稀释前 $c_{HCl} = 12\ mol \cdot L^{-1}$；稀释后 $c'_{HCl} = 0.10\ mol \cdot L^{-1}$，$V'_{HCl} = 5.0 \times 10^2\ mL$。依据公式 $c_A V_A = c'_A V'_A$，得

$$V_{HCl} = \frac{c'_{HCl} V'_{HCl}}{c_{HCl}} = 0.10\ mol \cdot L^{-1} \times 5.0 \times 10^2\ mL / 12 mol \cdot L^{-1} = 4.2\ mL$$

例 3.13　现有 $0.0982\ mol \cdot L^{-1}\ H_2SO_4$ 溶液 $1.000 \times 10^3\ mL$，欲使其浓度增至 $0.1000\ mol \cdot L^{-1}$，问需加入多少毫升 $0.2000\ mol \cdot L^{-1}\ H_2SO_4$ 溶液?

解：设需加入 $0.2000\ mol \cdot L^{-1}\ H_2SO_4$ 溶液为 $V(mL)$，根据溶液增浓前后物质的量相等的原理，则

$$\begin{aligned} &0.0982\ mol \cdot L^{-1} \times 1.000 \times 10^3\ mL \times 0.2000\ mol \cdot L^{-1} \times V \\ &= (1.000 \times 10^3\ mL + V) \times 0.1000\ mol \cdot L^{-1} \end{aligned}$$

解之 $$V = 18.00\ \text{mL}$$

例 3.14 在稀 H_2SO_4 溶液中，用 $0.020\,12\ \text{mol}\cdot\text{L}^{-1}$ $KMnO_4$ 溶液滴定某 $Na_2C_2O_4$ 溶液，如欲两者消耗的体积相等，则 $Na_2C_2O_4$ 溶液的浓度为多少?若需配制该溶液 100.0 mL，应称取 $Na_2C_2O_4$ 多少克?

解：已知 $M_{Na_2C_2O_4} = 134.00\ \text{g}\cdot\text{mol}^{-1}$，标定反应为

$$5C_2O_4^{2-} + 2MnO_4^- + 16H^+ = 10CO_2\uparrow + 2Mn^{2+} + 8H_2O$$

因此 $n_{Na_2C_2O_4} = (5/2)n_{KMnO_4}$

$$(cV)_{Na_2C_2O_4} = (5/2)\cdot(cV)_{KMnO_4}$$

依题意，欲使 $V_{Na_2C_2O_4} = V_{KMnO_4}$，则

$$c_{Na_2C_2O_4} = (5/2)c_{KMnO_4} = 2.5\times0.020\,12\ \text{mol}\cdot\text{L}^{-1} = 0.050\,30\ \text{mol}\cdot\text{L}^{-1}$$

若配制 $0.050\,30\ \text{mol}\cdot\text{L}^{-1}$ $Na_2C_2O_4$ 溶液 100.0 mL，故应称取 $Na_2C_2O_4$ 的质量为

$$\begin{aligned} m_{Na_2C_2O_4} &= (cVM)_{KMnO_4} \\ &= 0.050\,30\ \text{mol}\cdot\text{L}^{-1}\times100.0\times10^{-3}\ \text{L}\times134.00\ \text{g}\cdot\text{mol}^{-1} = 0.6740\ \text{g} \end{aligned}$$

2. 标定溶液浓度的有关计算

基本公式 $$m_A/M_A = (a/b)c_BV_B$$

式中，A 代表基准物质。上式可计算待标定溶液中溶质 B 的浓度，估算基准物质的称量范围和估算滴定剂的体积。

例 3.15 用 $Na_2B_4O_7\cdot10H_2O$ 标定 HCl 溶液的浓度，称取 0.4806 g 硼砂，滴定至终点时消耗 HCl 溶液 25.20 mL，计算 HCl 溶液的浓度。

解：已知 $M_{Na_2B_4O_7\cdot10H_2O} = 381.42\ \text{g}\cdot\text{mol}^{-1}$，滴定反应为

$$Na_2B_4O_7 + 2HCl + 5H_2O = 4H_3BO_3 + 2NaCl$$

即 $$n_{Na_2B_4O_7\cdot10H_2O} = (1/2)n_{HCl}$$

$$(m/M)_{Na_2B_4O_7\cdot10H_2O} = 1/2\,(c/V)_{HCl}$$

$$c_{HCl} = 0.4806\ \text{g}\times2/(25.20\times10^{-3}\times381.42) = 0.1000\ (\text{mol}\cdot\text{L}^{-1})$$

例 3.16 要求在标定时用去 $0.20\ \text{mol}\cdot\text{L}^{-1}$ NaOH 溶液 20~25 mL，问应称取基准试剂邻苯二甲酸氢钾 ($KHC_8H_4O_4$) 多少克?如果改用草酸（$H_2C_2O_4\cdot2H_2O$）做基准物质，又应称取多少克?

解：已知 $M_{KHC_8H_4O_4} = 204.22\ \text{g}\cdot\text{mol}^{-1}$，以邻苯二甲酸氢钾为基准物质，其滴定反应为

$$KHC_8H_4O_4 + NaOH = KNaC_8H_3O_4 + H_2O$$

即 $$n_{KHC_8H_4O_4} = n_{NaOH}$$

依题意
$$m_{\mathrm{KHC_8H_4O_4}} = (cV)_{\mathrm{NaOH}} M_{\mathrm{KHC_8H_4O_4}}$$

$$V = 20\ \mathrm{mL}时\ \ m_{\mathrm{KHC_8H_4O_4}} = 0.20\ \mathrm{mol \cdot L^{-1}} \times 20 \times 10^{-3}\,\mathrm{L} \times 204.22\ \mathrm{g \cdot mol^{-1}} = 0.80\ \mathrm{g}$$

$$V = 25\ \mathrm{mL}时\ \ m_{\mathrm{KHC_8H_4O_4}} = 0.20\ \mathrm{mol \cdot L^{-1}} \times 25 \times 10^{-3}\ \mathrm{L} \times 204.22\ \mathrm{g \cdot mol^{-1}} = 1.0\ \mathrm{g}$$

因此，邻苯二甲酸氢钾的称量范围为 0.80 ~ 1.0 g 。

若改用草酸为基准物质，已知 $M_{\mathrm{H_2C_2O_4 \cdot 2H_2O}} = 126.07\ \mathrm{g \cdot mol^{-1}}$，此时滴定反应为

$$\mathrm{H_2C_2O_4 + 2NaOH =\!=\!= Na_2C_2O_4 + 2H_2O}$$

即
$$n_{\mathrm{H_2C_2O_4 \cdot 2H_2O}} = (1/2) n_{\mathrm{NaOH}}$$

因此
$$m_{\mathrm{H_2C_2O_4 \cdot 2H_2O}} = (1/2) n_{\mathrm{NaOH}} M_{\mathrm{H_2C_2O_4 \cdot 2H_2O}}$$

$$V = 20\ \mathrm{mL}时\ \ m_{\mathrm{H_2C_2O_4 \cdot 2H_2O}} = 12 \times 0.20\ \mathrm{mol \cdot L^{-1}} \times 20 \times 10^{-3}\ \mathrm{L} \times 126.07\ \mathrm{g \cdot mol^{-1}} = 0.26\ \mathrm{g}$$

$$V = 25\ \mathrm{mL}时\ \ m_{\mathrm{H_2C_2O_4 \cdot 2H_2O}} = 12 \times 0.20\ \mathrm{mol \cdot L^{-1}} \times 25 \times 10^{-3}\ \mathrm{L} \times 126.07\ \mathrm{g \cdot mol^{-1}} = 0.32\ \mathrm{g}$$

故草酸的称量范围为 0.26 ~ 0.32 g 。

由以上计算可知，由于邻苯二甲酸氢钾的摩尔质量较大，草酸的摩尔质量较小，且又是二元酸，所以在标定同一浓度的 NaOH 溶液时，后者的称量范围要小得多。显然在分析天平的（绝对）称量误差一定时，采用摩尔质量较大的邻苯二甲酸氢钾作为基准试剂，可以减小称量的相对误差。

3. 物质的量浓度与滴定度之间的换算

滴定度是指每毫升标准溶液相当于被测物质 A 的质量，即

$$T_{\mathrm{B/A}} = m_{\mathrm{A}} / V_{\mathrm{B}}$$

式中，B 为标准溶液（滴定剂）中溶质的化学式，A 为被测物质的化学式，m_{A} 的单位为 g，V_{B} 的单位为 mL 。根据滴定度的定义可得

$$c_{\mathrm{B}} \times 1.00 \times 10^{-3} = T_{\mathrm{B/A}} / M_{\mathrm{A}} = n_{\mathrm{B}} / n_{\mathrm{A}} = b/a$$

因此
$$c_{\mathrm{B}} = (10^3 \times T_{\mathrm{B/A}}) / M_{\mathrm{A}} = b/a$$

此式即为物质的量浓度与滴定度之间的换算公式。

例 3.17 要加多少毫升纯水到 1.000×10^3 mL 0.2500 $\mathrm{mol \cdot L^{-1}}$ HCl 溶液中，才能使稀释后的 HCl 标准溶液对 $\mathrm{CaCO_3}$ 的滴定度 $T_{\mathrm{HCl/CaCO_3}} = 0.010\ 01\ \mathrm{g \cdot mL^{-1}}$？

解：已知 $M_{\mathrm{CaCO_3}} = 100.09\ \mathrm{g \cdot mol^{-1}}$，HCl 与 $\mathrm{CaCO_3}$ 的反应为

$$\mathrm{CaCO_3 + 2H^+ =\!=\!= Ca^{2+} + H_2O + CO_2 \uparrow}$$

即
$$b / a = 2$$

稀释后 HCl 标准溶液的浓度为

$$
\begin{aligned}
c_{HCl} &= (10^3 \times T_{HCl/CaCO_3}) \times 2 / M_{CaCO_3} \\
&= \frac{1.000 \times 10^3\ mL \cdot L^{-1} \times 0.01001\ g \cdot mL^{-1} \times 2}{100.09\ g \cdot mol^{-1}} \\
&= 0.2000\ mol \cdot L^{-1}
\end{aligned}
$$

设稀释时加入纯水为 $V(mL)$，依题意

$$0.2500\ mol \cdot L^{-1} \times 1.000 \times 10^3\ mL = 0.2000\ mol \cdot L^{-1} \times (1.000 \times 10^3\ mL + V)$$

解得

$$V = 250.0\ mL$$

4. 被测物质的质量和质量分数的计算

若以被测物质的质量来表示测定结果，可直接运用公式进行计算，即

$$m_A = (a/b) c_B V_B M_A$$

式中，A 表示待测物质，B 表示标准溶液中的溶质。若此时试样的质量为 $m_s(g)$，则待测组分 A 在试样中的质量分数为

$$w_A = m_A / m_s = (a/b) c_B V_B M_A / m_s$$

式中，w_A 也可用百分数表示，即乘以 100%。也可以用两个不相等的质量单位之比来表示，如 $mg \cdot g^{-1}$ 等。关于待测组分含量的计算可参见滴定分析法各章的应用示例。

例 3.18 $K_2Cr_2O_7$ 标准溶液的 $T_{K_2Cr_2O_7/Fe} = 0.01117\ g \cdot mL^{-1}$。测定 0.5000 g 含铁试样时，用去该标准溶液 24.64 mL。计算 $T_{K_2Cr_2O_7/Fe_2O_3}$ 和试样中 Fe_2O_3 的质量分数。

解：已知 $M_{Fe} = 55.85\ g \cdot mol^{-1}, M_{Fe_2O_3} = 159.69\ g \cdot mol^{-1}$，滴定反应为

$$6Fe^{2+} + Cr_2O_7 + 14H^+ \xlongequal{\quad} 6Fe^{3+} + 2Cr^{3+} + 7H_2O$$

因为 $Fe_2O_3 \approx 2Fe$，故

$$
\begin{aligned}
T_{K_2Cr_2O_7/Fe_2O_3} &= T_{(K_2Cr_2O_7/Fe)} \cdot M_{Fe_2O_3} / M_{Fe} \\
&= \frac{0.01117\ g \cdot mL^{-1} \times 159.69\ g \cdot moL^{-1}}{2 \times 55.85\ g \cdot moL^{-1}} \\
&= 0.015\,97\ g \cdot mL^{-1}
\end{aligned}
$$

所以

$$
\begin{aligned}
w_{Fe_2O_3} &= \frac{m_{Fe_2O_3}}{m_s} \\
&= T_{K_2Cr_2O_7/Fe_2O_3} \cdot V_{K_2Cr_2O_7} / m_s \\
&= \frac{0.015\,97\ g \cdot mL^{-1} \times 24.64\ mL}{0.5000\ g} \\
&= 0.7870
\end{aligned}
$$

习　题

1. 根据酸碱质子理论，什么是酸？什么是碱？什么是两性物质？各举例说明之。

2. 什么叫质子条件式？写质子条件式时如何选择参考水准？写出下列物质的质子条件式。（1）NH_4CN；（2）Na_2CO_3；（3）$(NH_4)_2HPO_4$；（4）$(NH_4)_3PO_4$；（5）$NH_4H_2PO_4$

3. 什么叫缓冲溶液？其组成和作用如何？

4. 如何判断多元酸（碱）能否分步滴定，能准确滴定到哪一级？

5. 计算下列各溶液的pH：

（1）$0.20\ mol \cdot L^{-1}\ H_3PO_4$，$K_{a_1}=10^{-2.12}$　$K_{a_2}=10^{-7.20}$　$K_{a_3}=10^{-12.36}$；

（2）$0.10\ mol \cdot L^{-1}\ H_3BO_3$，$K_{a_1}=5.8\times10^{-10}$；

（3）$0.10\ mol \cdot L^{-1}\ H_2SO_4$，$K_{a_2}=10^{-2}$。

6. 计算pH为8.0和12.0时，$0.10\ mol \cdot L^{-1}$ KCN溶液中CN^-的浓度。HCN的$K_a=6.2\times10^{-10}$。

7. 含有$c_{HCl}=0.10\ mol \cdot L^{-1}$，$c_{NaHSO4}=2.0\times10^{-4}\ mol \cdot L^{-1}$，$c_{HAC}=2.0\times10^{-6}\ mol \cdot L^{-1}$的混合溶液。计算：（1）pH；（2）加入等体积$0.10\ mol \cdot L^{-1}$ NaOH后的pH。

8. 要求在滴定时消耗$0.2\ mol \cdot L^{-1}$ NaOH溶液25～30 mL。问应称取基准试剂邻苯二甲酸氢钾多少克？如果改用$H_2C_2O_4 \cdot 2H_2O$做基准物，应称取多少克？

9. 欲将$100\ mol \cdot L^{-1}$ HCl溶液的pH从1.00增加4.44，需加入固体NaAc多少克（忽略溶液体积的变化）？

10. 欲配制pH = 3.0和4.0的HCOOH − HOONa缓冲溶液，应分别往200 mL　$0.20\ mol \cdot L^{-1}$ HCOOH溶液加入多少毫升$1.0\ mol \cdot L^{-1}$ NaOH溶液。(HCOOH的$K_a=10^{-3.74}$)

11. 配制氨基总浓度$0.10\ mol \cdot L^{-1}$缓冲溶液(pH = 2.0) 100 mL，需氨基乙酸多少克？还需加多少毫升$1\ mol \cdot L^{-1}$酸或碱，为什么？

12. 测定氮肥中NH_3的含量。称取试样1.6160 g，溶解后在250 mL容量瓶中定容，移取25.00 mL，加入过量的NaOH溶液，将产生的NH_3导入40.00 mL $c_{1/2H_2SO_4}=0.1020\ mol \cdot L^{-1}$的硫酸标准溶液吸收，剩余的硫酸用$c_{NaOH}=0.096\ 00\ mol \cdot L^{-1}$的NaOH滴定，消耗17.00 mL到终点，计算氮肥试样中NH_3的含量（或以N的含量表示）。

13. 某缓冲溶液100 mL，HB的浓度为$0.25\ mol \cdot L^{-1}$，于此溶液中加入0.200 g NaOH（忽略体积变化）后，pH = 5.6。问该缓冲溶液原pH为多少？($pK_a=5.30$)

14. 某一元弱酸HA试样1.250 g，加水50.0 mL使其溶解，然后用$0.090\ 00\ mol \cdot L^{-1}$ NaOH溶液标准溶液滴定至化学计量点，用去41.20 mL。在滴定过程中发现，当加入8.24 mL NaOH溶液时，溶液的pH为4.30，求：（1）HA的相对分子质量；（2）HA的K_a；（3）化学计量点的pH；（4）应选用什么指示剂？

15. 某试样含有Na_2CO_3、$NaHCO_3$及其他惰性物质。称取试样0.3010 g，用酚酞做指示剂滴定，用去$0.1060\ mol \cdot L^{-1}$的HCl溶液20.10 mL，继续用甲基橙做指示剂滴定，共用去HCl 47.70 mL，计算试样中Na_2CO_3与$NaHCO_3$的含量。

4 沉淀溶解平衡与重量分析法

沉淀的生成与溶解现象在生活中经常发生，例如，天然溶洞中石笋和钟乳石的形成与碳酸钙沉淀的生成和溶解反应相关，工业上利用沉淀的生成和溶解反应来制取和分离无机化合物。该类反应过程中都伴随着沉淀的生成或者溶解。本章就重点探讨难溶电解质沉淀的生成和溶解以及基于沉淀反应的滴定分析方法。

4.1 沉淀溶解平衡

4.1.1 溶解度

溶解性是物质的重要性质之一，通常以溶解度来表示物质在水溶液中的溶解情况。溶解度 S 是指在一定温度下，达到溶解平衡时，一定量的溶剂中含有溶质的质量。难溶电解质在水中的溶解度以一定温度下饱和溶液中每100 g水中所含溶质的质量来表示，单位为 $g/100\ g\ H_2O$。但在讨论沉淀溶解平衡时，通常采用饱和溶液的浓度（$mol \cdot L^{-1}$）而不是 $g/100\ g\ H_2O$ 来表示溶解度。

4.1.2 溶度积

$BaSO_4$ 是难溶强电解质，在一定温度下，将 $BaSO_4$ 固体放入水中，表面上的 Ba^{2+} 和 SO_4^{2-} 受到水分子的作用，有些 Ba^{2+} 和 SO_4^{2-} 离开固体表面进入溶液，这一过程就是溶解；同时，随着溶液中 Ba^{2+} 和 SO_4^{2-} 浓度的增加，它们也会重新返回晶体表面，这就是沉淀。在一定温度下，当沉淀和溶解速率相等时就达到沉淀生成和溶解平衡，所得溶液即为该温度下硫酸钡的饱和溶液。体系的动态平衡可以表示为：

$$BaSO_4(s) \rightleftharpoons Ba^{2+}(aq) + SO_4^{2-}(aq)$$

该平衡的标准平衡常数 $K_{平}^{\ominus} = [c(Ba^{2+})][c(SO_4^{2-})] = K_{sp}^{\ominus}$

一定温度下，难溶电解质在其饱和溶液中各离子浓度幂的乘积是一个常数，称为溶度积常数，用符号 $K_{sp}^{\ominus}$ 表示，反应了物质的溶解能力。

对于一般难溶度电解质 A_mB_n 在水溶液中的沉淀溶解平衡，可以表示为：

$$A_mB_n(s) \rightleftharpoons mA^{n+}(aq) + nB^{m-}(aq)$$

$$K_{sp}^{\ominus} = c(A^{n+})^m \cdot c(B^{m-})^n$$

$K_{sp}^{\ominus}$ 和其他平衡常数一样，只是温度的函数而与溶液中离子浓度无关，$K_{sp}^{\ominus}$ 反映了难溶电解质的溶解能力，其数值可以通过实验测定，本书附录中列出了常见难溶电解质的溶度积常数。

难溶电解质的溶解度是指在一定温度下该电解质在纯水中饱和溶液的浓度。溶解度的大小都能表示难溶电解质的溶解能力。同类型难溶电解质的 $K_{sp}^{\ominus}$ 越大，其溶解度也越大；$K_{sp}^{\ominus}$ 越小，其溶解度也越小。不同类型的难溶电解质，由于溶度积表达式中离子浓度的幂指数不同，不能从溶度积的大小来直接比较溶解度的大小。

4.1.3 溶度积和溶解度的关系

溶度积 $K_{sp}^{\ominus}$ 和溶解度 S 的数值都可用来表示不同物质的溶解能力。但二者概念不同。溶度积 $K_{sp}^{\ominus}$ 是平衡常数的一种形式；而溶解度 S 则是浓度的一种形式，表示一定温度下 1 L 难溶电解质饱和溶液（Saturated Solution）中所含溶质的量。二者可相互换算。$K_{sp}^{\ominus}$ 与 S 的换算时，S 的单位必须用物质的量浓度（$mol \cdot L^{-1}$ 或 $mol \cdot dm^{-3}$）。

对于一般的沉淀-溶解平衡

$$A_mB_n(s) \rightleftharpoons mA^{n+}(aq) + nB^{m-}(aq)$$

平衡浓度/$mol \cdot L^{-1}$　　　　　mS　　　　nS

S 与 $K_{sp}^{\ominus}$ 之间的关系为 $K_{sp}^{\ominus} = (mS)^m (nS)^n$

对于 AB 型难溶电解质：$S = [K_{sp}^{\ominus}(AB)]^{1/2}$

例 4.1　已知 25 ℃ 时，$Ag_2C_2O_4$ 的溶度积为 5.3×10^{-12}，计算其在水中的溶解度（$mol \cdot L^{-1}$）。

解：假设 $Ag_2C_2O_4$ 饱和溶液中，溶解的 $Ag_2C_2O_4$ 完全解离：

$$Ag_2C_2O_4(s) \rightleftharpoons 2Ag^+(aq) + C_2O_4^{2-}(aq)$$

平衡浓度/$mol \cdot L^{-1}$　　　　　$2S$　　　　S

$$cK_{sp}^{\ominus}(Ag_2C_2O_4) = [c(Ag^+)^2][c(C_2O_4{}^{2-})] = 4S^3 = 5.3 \times 10^{-12}\ (mol \cdot L^{-1})$$

对于相同类型的难溶电解质，溶度积越大，表示溶解度也越大，可以直接根据溶度积大小比较其溶解度大小。但对于不同类型的难溶电解质，就不能简单通过溶度积大小比较溶解度的大小，必须通过计算进行确定比较其大小。

4.2 沉淀溶解平衡的移动

4.2.1 溶度积规则

对任一难溶电解质，在水溶液中都存在下列离解过程：

$$A_mB_n(s) \rightleftharpoons mA^{n+}(aq) + nB^{m-}(aq)$$

在此过程中的任一状态，离子浓度的乘积用 Q_i 表示为

$$Q_i = [c^m(A^{n+})][c^n(B^{m-})]$$

Q_i 称为该难溶电解质的离子积。离子积与前面讲过的浓度商相似，可用于判断溶液的平衡状态和沉淀反应进行的方向。

（1）当 $Q_i = K_{sp}^{\ominus}$ 时，溶液处于沉淀溶解平衡状态，此时的溶液为饱和溶液，溶液中既无沉淀生成，又无固体溶解。

（2）当 $Q_i > K_{sp}^{\ominus}$ 时，溶液处于过饱和状态，会有沉淀生成，随着沉淀的生成，溶液中离子浓度下降，直至 $Q_i = K_{sp}^{\ominus}$ 时达到平衡。

（3）当 $Q_i < K_{sp}^{\ominus}$ 时，溶液未达到饱和，若溶液中有沉淀存在，沉淀会发生溶解，随着沉淀的溶解，溶液中离子浓度增大，直至 $Q_i = K_{sp}^{\ominus}$ 时达到平衡。若溶液中无沉淀存在，两种离子间无定量关系。

上述判断沉淀生成和溶解的关系称为溶度积规则。利用溶度积规则，我们可以通过控制溶液中离子的浓度，使沉淀生成或溶解。

例 4.2 在浓度为 $0.10\ mol \cdot L^{-1}$ $CaCl_2$ 溶液中，加入少量 Na_2CO_3，使 Na_2CO_3 浓度为 $0.0010\ mol \cdot L^{-1}$，是否会有沉淀生成？若向混合后的溶液中滴入盐酸，会有什么现象？

解：在 $CaCl_2$ 溶液中加入少量 Na_2CO_3，可能会生成 $CaCO_3$ 沉淀，需要通过溶度积规则来判断。

$$Ca^{2+} + CO_3^{2-} \rightleftharpoons CaCO_3(s)$$

$$Q_i = c(Ca^{2+}) \cdot c(CO_3^{2-}) = 0.10 \times 0.0010 = 1.0 \times 10^{-4}$$

查表可得：$K_{sp}^{\ominus}(CaCO_3) = 8.7 \times 10^{-9}$

$Q_i > K_{sp}^{\ominus}$，按溶度积规则，有 $CaCO_3$ 生成。

反应完成后，$Q_i = K_{sp}^{\ominus}$，溶液中的离子与生成的沉淀建立起平衡。如果此时再向溶液中滴入几滴稀盐酸，溶液中的 $CO_3{}^{2-}$ 因为与 H^+ 发生反应而浓度减小，使得 $Q_i < K_{sp}^{\ominus}$，按溶度积规则，原先生成的沉淀溶解，直至 $Q_i = K_{sp}^{\ominus}$ 时为止。若加入的盐酸量足够多，生成的 $CaCO_3$ 沉淀有可能全部溶解。

例 4.3 向 0.50 L $0.10\ mol \cdot L^{-1}$ 的氨水中加入等体积 $0.50\ mol \cdot L^{-1}$ 的 $MgCl_2$，问：（1）是否

有 $Mg(OH)_2$ 沉淀生成？（2）欲控制 $Mg(OH)_2$ 沉淀不产生，问须加入多少克固体 NH_4Cl（设加入固体 NH_4Cl 后溶液体积不变）？

解：（1）0.50 L 0.10 $mol \cdot L^{-1}$ 的氨水与等体积 0.50 $mol \cdot L^{-1}$ 的 $MgCl_2$ 混合后，Mg^{2+} 和 $NH_3 \cdot H_2O$ 的浓度都减至原来的一半。即

$$c(Mg^{2+}) = 0.25\ mol \cdot L^{-1},\quad c(NH_3) = 0.05\ mol \cdot L^{-1}$$

溶液中 OH^- 由 $NH_3 \cdot H_2O$ 离解产生：

$$c'(OH^-)=\sqrt{K_b^\ominus(NH_3)\times c'(NH_3)} = \sqrt{1.8\times10^{-5}\times0.05} = 9.5\times10^{-4}$$

$Mg(OH)_2$ 的沉淀溶解平衡为

$$Mg(OH)_2(s) \rightleftharpoons Mg^{2+} + 2OH^-$$

$$Q=c'(Mg^{2+})\cdot\{c'(OH^-)\}^2=0.25\times(9.5\times10^{-4})^2=2.3\times10^{-7}$$

查表得 $K_{sp}^\ominus = 1.8\times10^{-11}$

则，$Q_i > K_{sp}^\ominus$，故有 $Mg(OH)_2$ 沉淀析出。

（2）若在上述系统中加入 NH_4Cl，由于同离子效应，氨水离解度降低，从而降低 OH^- 的浓度，有可能不产生沉淀。系统中有两个平衡同时存在；

$$Mg(OH)_2(s) \rightleftharpoons Mg^{2+} + 2OH^-$$

$$NH\cdot H_2O \rightleftharpoons NH_4^+ + OH^-$$

欲使 $Mg(OH)_2$ 不沉淀，所允许的最大 OH^- 浓度为

$$c'(OH^-)=\frac{\sqrt{K_{sp}^\ominus[Mg(OH)_2]}}{c'(Mg^{2+})}=\sqrt{\frac{1.8\times10^{-11}}{0.25}}=8.5\times10^{-6}$$

须加入 NH_4^+ 的最低浓度为

$$c'(NH_4^+) = \frac{K_b^\ominus\cdot c'(NH_3)}{c'(OH^-)} = \frac{1.8\times10^{-5}\times0.050}{8.5\times10^{-6}} = 0.11$$

所以，须加入的 NH_4Cl 质量为：$m(NH_4Cl) = 1.0\ L\times0.11\ mol\cdot L^{-1}\times53.5\ g\cdot mol^{-1} = 5.9\ g$

4.2.2 沉淀的生成和溶解

沉淀溶解平衡是化学平衡的一种，它的平衡移动规律也遵从吕·查德里原理，当外界影响使溶液中某种离子浓度减小时，平衡就向这种离子浓度增加（沉淀溶解）的方向移动；反之，则平衡向沉淀生成的方向移动。

4.2.2.1 同离子效应

向难溶电解质的溶液中加入与其具有相同离子的可溶性强电解质时，按照平衡移动原理，平衡将向生成沉淀的方向移动。这种因加入含有相同离子的强电解质而使难溶电解质的溶解度减小的现象称作同离子效应。

例 4.4 试计算 298 K 时 $BaSO_4$ 在纯水中和在 $0.1\ mol\cdot L^{-1}$ Na_2SO_4 溶液中的溶解度，并进行比较。

解：设在纯水中 $BaSO_4$ 的溶解度为 $c_1\ mol\cdot L^{-1}$，则

$$c(Ba^{2+}) = c_1\ mol\cdot L^{-1}$$

$$c(SO_4^{2-}) = c_1\ mol\cdot L^{-1}$$

$$K_{sp}^{\ominus}(BaSO_4) = [c(Ba^{2+})][c(SO_4^{2-})] = c_1^2 = 1.1\times10^{-10}$$

$$c_1 = 2.42\times10^{-6}\ mol\cdot L^{-1}$$

设在 $0.1\ mol\cdot L^{-1}$ Na_2SO_4 溶液中 $BaSO_4$ 的溶解度为 $c_2\ mol\cdot L^{-1}$，则

$$c(Ba^{2+}) = c_2\ mol\cdot L^{-1}$$

$$c(SO_4^{2-}) = (0.1+c_2)\ mol\cdot L^{-1}$$

由于 $BaSO_4$ 的溶解度非常小，$c_2 \ll 0.1$，所以

$$c(SO_4^{2-}) = (0.1+c_2) \approx 0.1\ mol\cdot L^{-1}$$

$$K_{sp}^{\ominus}(BaSO_4) = [c(Ba^{2+})][c(SO_4^{2-})] = c_2\cdot 0.1 = 1.1\times10^{-10}$$

$$c_2 = 1.1\times10^{-9}\ mol\cdot L^{-1}$$

比较 $BaSO_4$ 在纯水中和在 $0.1\ mol\cdot L^{-1}$ Na_2SO_4 溶液中的溶解度可以看出，同离子效应使难溶电解质的溶解度大为降低。

同离子效应可以应用在沉淀的洗涤过程中。从溶液中分离出的沉淀物，常常吸附有各种杂质，必须对沉淀进行洗涤。沉淀在水中总有一定程度的溶解，为了减少沉淀的溶解损失，常常用含有与沉淀具有相同离子的电解质稀溶液作洗涤剂对沉淀进行洗涤。例如，在洗涤硫酸钡沉淀时，可以用很稀的 H_2SO_4 溶液或很稀的 $(NH_4)_2SO_4$ 溶液洗涤。

当用沉淀反应来分离溶液中离子时，加入适当过量的沉淀剂可以使难溶电解质沉淀得更加完全。但如果沉淀剂过量太多，沉淀反而会出现溶解现象。

4.2.2.2 酸度对沉淀溶解平衡的影响

许多沉淀的生成和溶解与酸度有着十分密切的关系。例如，在达到饱和的 CaC_2O_4 中加入酸，溶液中的 $C_2O_4^{2-}$ 与 H^+ 结合成 $HC_2O_4^-$ 和 $H_2C_2O_4$，溶液中 $C_2O_4^{2-}$ 浓度减少，

CaC_2O_4 的沉淀溶解平衡向沉淀溶解的方向移动，使草酸钙的溶解度增加。当酸度很大时，溶液中将主要是 $HC_2O_4^-$ 和 $H_2C_2O_4$，$C_2O_4^{2-}$ 浓度极小，甚至不能生成沉淀。

对于弱酸盐，酸度通过影响弱酸根离子的浓度而使平衡移动；对于难溶氢氧化物或弱酸，酸度对沉淀的生成的影响更为直接。以难溶的金属氢氧化物较为例，大多数的金属氢氧化物都难溶于水，其溶解度与溶液 pH 值的关系如图 4-1，根据图中数据，可以通过控制溶液的 pH 值，分离金属离子。

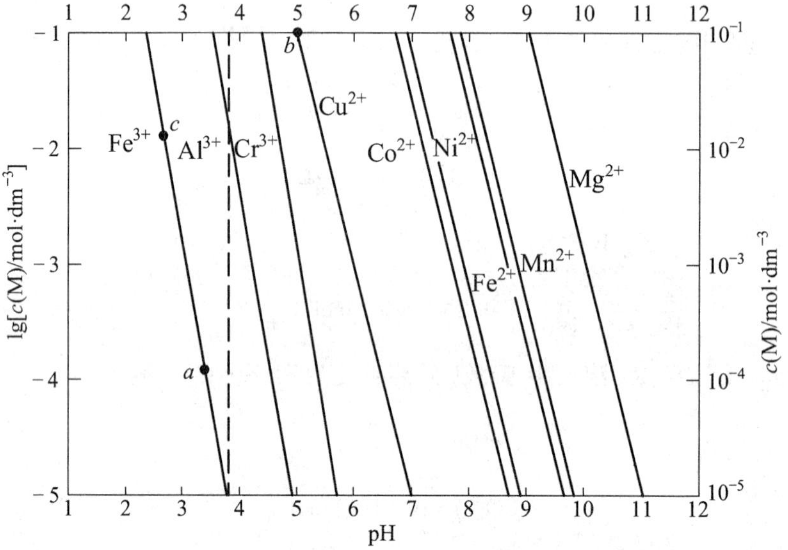

图 4-1 金属氢氧化物和溶液 pH 的关系

由图 4-1 可见：① 所有难溶氢氧化物的溶解性随着溶液的酸度的增大而增大，这是因为提高溶液酸度会使金属氢氧化物的沉淀溶解平衡 $M(OH)_n \rightleftharpoons M^{n+} + nOH^-$ 向右移动。② 对于确定的一条直线，右上方区域是沉淀区，左下方区域是溶解区，直线上任何一点所表示的状态均为氢氧化物的饱和状态。如果金属离子的浓度已知，则可由横坐标读出氢氧化物开始沉淀时的 pH。例如 a 点表示：当 $c(Fe^{3+}) = 1\times10^{-4}\ mol\cdot L^{-1}$ 时，溶液的 pH 上升至 3.3 即开始析出 $Fe(OH)_3$ 沉淀。③ 比较各条直线间的距离可以判断离子相互分离的难易程度。例如，将含有 $0.1\ mol\cdot L^{-1}\ Cu^{2+}$ 和 $0.01\ mol\cdot L^{-1}\ Fe^{3+}$ 的混合溶液（相应于图上 b 点和 c 点），调节 pH 至 3.7（见图上虚线），此时 $c(Fe^{3+}) = 1\times10^{-5}\ mol\cdot L^{-1}$，已经沉淀完全，$Cu^{2+}$ 则尚未开始沉淀。又如 Co^{2+} 和 Ni^{2+} 的两条直线非常接近，不能通过控制 pH 的方法进行分离。

氢氧化物的溶解性与溶液 pH 的关系图所提供的信息常被用来指导生产和科学研究。

例 4.5 工业上生产硫酸镍，溶液中常含有 Fe^{3+} 杂质，应如何除去？若溶液中的杂质离子为 Fe^{2+}，又应如何处理？

解：查图 4-1 可知，杂质离子 Fe^{3+} 完全沉淀时 pH = 3.2，而 Ni^{2+} 开始沉淀时的 pH 与 Ni^{2+} 浓度有关，设若 Ni^{2+} 浓度为 $0.1\ mol\cdot L^{-1}$，则其开始沉淀时的 pH 为 6.9，即控制 pH > 3.2 可保证 Fe^{3+} 沉淀完全，pH < 6.9 可保证不使产品沉淀析出，生产中一般控制 pH 为 4~5。

若溶液中的杂质离子是 Fe^{2+}，由于 $Ni(OH)_2$ 溶度积比 $Fe(OH)_2$ 小，且二者溶度积相差不大，图中两条曲线距离很近，即在加入 OH^- 时，$Ni(OH)_2$ 先沉淀，尚未沉淀完全，就会有 $Fe(OH)_2$ 沉淀析出。为了除去 Fe^{2+} 杂质，可先用适当的氧化剂将 Fe^{2+} 氧化为 Fe^{3+}，然后调节溶液 pH 除去。

4.2.2.3 氧化还原反应对沉淀溶解平衡的影响

当难溶电解质的组成离子具有氧化性或还原性时，沉淀溶解平衡会受到氧化还原反应的影响。例如，CuS 沉淀不溶于浓盐酸而能溶解于浓硝酸中，是因为浓硝酸具有强氧化性，可以将氧化为 SO_4^{2-}：

$$3CuS + 8NO_3^- + 8H^+ \xlongequal{\quad} 3Cu^{2+} + 8NO + 3SO_4^{2-} + 4H_2O$$

氧化还原反应的发生，使溶液中 S^{2-} 浓度降低，沉淀溶解平衡向沉淀溶解的方向移动。

氧化还原反应会影响到沉淀溶解平衡的移动，沉淀的形成也会改变一些物质的氧化还原性质，从而影响氧化还原反应进行的方向，这一部分内容在下一章将详细讨论。

4.2.2.4 配位化合物形成对沉淀溶解平衡的影响

若难溶电解质的离子可以与配位剂生成可溶性配离子，则也会使离子浓度降低而导致沉淀溶解。例如，在含有 Ag^+ 的溶液中加入盐酸，生成的 AgCl 沉淀不溶于稀盐酸，但可溶于浓盐酸，这是因为 Ag^+ 与浓盐酸形成了配位离子 $[AgCl_2]^-$ 而溶解。同样，HgS 沉淀不溶于浓硝酸，但可溶于王水中，也是因为王水中存在大量的 Cl^-，可以与 Hg^{2+} 形成配位离子 $[HgCl_4]^{2-}$，对 HgS 的溶解起着促进作用。

前面提到，为了使离子沉淀完全，我们会根据同离子效应原理，加入过量的沉淀剂，但由于有时过量的沉淀剂可以与金属离子形成配位化合物，使已经产生的沉淀发生溶解，所以对于能与过量的沉淀剂形成配位化合物的离子，沉淀剂应适当过量，而且尽可能在稀溶液中进行沉淀。

配位化合物的形成使沉淀溶解涉及两个平衡，一个是沉淀溶解平衡，一个是配位平衡。一般情况下，配离子越稳定，沉淀就越容易溶解。例如，AgCl 可溶于氨水中，对于溶解度更小的 AgBr 则难溶于氨水中，若 AgBr 中加入 $Na_2S_2O_3$ 溶液，由于 $[Ag(S_2O_3)_2]^{3-}$ 比 $[Ag(NH_3)_2]^+$ 更为稳定，AgBr 可以生成 $[Ag(S_2O_3)_2]^{3-}$ 而溶解。

4.2.3 分步沉淀和沉淀的转化

4.2.3.1 分步沉淀

在一定条件下，使一种离子先沉淀，而其他离子在另一条件下沉淀的现象叫作分步沉淀或称选择性沉淀。

对于同类的沉淀物（如MA型）来说，$K_{sp}^{\ominus}$小的先沉淀；但对不同类型的沉淀物就不能根据$K_{sp}^{\ominus}$值来判断沉淀先后次序。

当一种试剂能沉淀溶液中几种离子时，生成沉淀所需试剂离子浓度越小的越先沉淀；如果生成各种沉淀所需试剂离子的浓度相差较大，就能分步沉淀，从而达到分离离子目的。难溶物的$K_{sp}^{\ominus}$相差越大，分离就越完全。

4.2.3.2 沉淀的转化

在$AgNO_3$溶液中加入淡黄色K_2CrO_4溶液后，产生砖红色Ag_2CrO_4沉淀，再加入NaCl溶液后，溶液中同时存在两种沉淀溶解平衡：

$$Ag_2CrO_4 \rightleftharpoons 2Ag^+ + CrO_4^{2-}$$

$$AgCl \rightleftharpoons Ag^+ + Cl^-$$

当阴离子浓度相同时，生成AgCl沉淀所需的Ag^+浓度较小，在Ag_2CrO_4的饱和溶液中，Ag^+浓度对于AgCl沉淀来说是过饱和的，所以会生成AgCl沉淀，同时Ag^+降低；此时的Ag^+浓度对于Ag_2CrO_4来说是不饱和，Ag_2CrO_4沉淀溶解而使Ag^+浓度增加，随后继续生成AgCl沉淀。最终，绝大部分砖红色Ag_2CrO_4沉淀转化为白色AgCl沉淀。这种由一种难溶化合物借助某试剂转化为另一种难溶化合物的过程叫作沉淀的转化。

在生活中有时需要将一种沉淀转化为另一种沉淀。例如，有的地区的水质永久硬度较高，锅炉中会形成主要含$CaSO_4$的锅垢，这种锅垢不溶于酸中，不易除去。如果用Na_2CO_3溶液处理，就可以转化成$CaCO_3$沉淀，清除起来就方便多了。

一般来说，从溶解度较大的沉淀转化为溶解度较小的沉淀容易进行，两种沉淀的溶解度差别越大，转化反应进行的趋势越大；反之，从溶解度较小的沉淀转化为溶解度较大的沉淀则难以进行，两种沉淀的溶解度差别越大，转化反应进行的趋势越小。当两种沉淀的溶解度差别不大时，两种沉淀可以相互转化，转化反应是否能够进行完全，则与所用转化溶液的浓度有关。

4.3 沉淀的类型与纯度

4.3.1 沉淀的类型

沉淀按其物理性质不同，可粗略地分为两类：一类是晶形沉淀；另一类是无定形沉淀。无定形沉淀又称为非晶形沉淀或胶状沉淀。$BaSO_4$是典型的晶形沉淀，$Fe_2O_3 \cdot nH_2O$是典型的无定形沉淀。AgCl是一种凝乳状沉淀，按其性质来说，介于两者之间。它们的最大差别是沉淀颗粒的大小不同。颗粒最大的是晶形沉淀，其直径为0.1～1 μm；无定形沉淀的颗粒很小，直径一般小于0.02 μm；凝乳状沉淀的颗粒大小介于两者之间。

应该指出，从沉淀的颗粒大小来看，晶形沉淀最大，无定形沉淀最小，然而从整个沉淀外形来看，由于晶形沉淀是由较大的沉淀颗粒组成，内部排列较规则，结构紧密，所以整个沉淀所占的体积是比较小的，极易沉降于容器的底部。无定形沉淀是由许多疏松聚集在一起的微小沉淀颗粒组成的，沉淀颗粒的排列杂乱无章，其中又包含大量数目不定的水分子，所以是疏松的絮状沉淀，整个沉淀体积庞大，不像晶形沉淀那样能很好地沉降在容器的底部。

4.3.2 沉淀的形成过程

化学家们对沉淀过程从热力学和动力学两方面都做了大量的研究工作，但由于沉淀的形成是一个非常复杂的过程，目前仍没有成熟的理论。

关于晶形沉淀的形成，目前研究得比较多。一般认为在沉淀过程中，首先是构晶离子在过饱和溶液中形成晶核，然后进一步成长为按一定晶格排列的晶形沉淀。

晶核的形成有两种情况：一种是均相成核作用；一种是异相成核作用。均相成核作用是指构晶粒子在过饱和溶液中，通过离子的缔合作用，自发地形成晶核。异相成核作用是指溶液中混有固体微粒，在沉淀过程中，这些微粒起着晶种的作用，诱导沉淀的形成。

但是，在一般情况下，溶液中不可避免地混有不同数量的固体微粒，它们的存在，对沉淀的形成起诱导作用，因此，它们起着晶种的作用。例如，沉淀 $BaSO_4$ 时，如果是在用通常方法洗涤过的烧杯中进行，每立方毫米溶液约有 2000 个沉淀微粒；如果烧杯用蒸气处理，同样的溶液每立方毫米中约有 100 个沉淀微粒。现已证实，烧杯壁上常有能被蒸气处理而部分除去的针状微粒，它们在沉淀反应进行时起晶种作用。此外，试剂、溶剂、灰尘都会引入杂质，即便是分析纯试剂，也含有约 $0.1\ \mu g \cdot mL^{-1}$ 的微溶性杂质。这些微粒的存在，也起着晶种作用。

由此可见，在进行沉淀反应时，异相成核作用总是存在的。在某些情况下，溶液中可能只有异相成核作用。这时，溶液中的“晶核”数目，取决于溶液中混入固体微粒的数目，而不再形成新的晶核。也就是说，最后得到的晶粒数目，就是原有“晶核”数目。很明显，在这种情况下，由于“晶核”数目基本恒定，所以随着构晶离子浓度的增加，晶体将成长得大一点，而不增加新的晶体。但是，当溶液的相对过饱和度较大时，构晶离子本身也可以形成晶核，这时，既有异相成核作用，又有均相成核作用。如果继续加入沉淀剂，将有新的晶核形成，使获得的沉淀晶粒数目多而颗粒小。

4.3.3 共沉淀和后沉淀

4.3.3.1 共沉淀

当一种难溶物质从溶液中析出时，溶液中的某些可溶性杂质被沉淀带下来而混杂于沉淀中，这种现象称为共沉淀。产生共沉淀的原因主要有三类：

1. 吸附引起的共沉淀（晶体表面电荷不平衡所致）

在沉淀的内部，每个构晶离子都被带相反电荷的离子所包围，并按一定规律排列，整个沉淀内部处于静电平衡状态。但在沉淀表面上，至少有一个面没被包围，特别是棱、角，表面离子电荷为不完全平衡，由于静电引力作用，它们具有吸附带相反电荷离子的能力，形成吸附层。然后，吸附层的离子，通过静电引力再吸引溶液中其他带相反电荷的离子，组成扩散层。

2. 生成混晶共沉淀

在沉淀过程中，杂质离子占据沉淀中某些晶格位置而进入沉淀内部的现象叫混晶共沉淀。当杂质离子与构晶离子半径相近，形成的晶体结构相同时，杂质离子将混入沉淀的晶格中，生成混晶。

3. 吸留、包夹引起的共沉淀

机械吸留指被吸附的杂质机械地嵌入沉淀之中。在沉淀过程中，若沉淀生成速度太快，则表面吸附的杂质离子来不及离开沉淀表面就被沉积上来的离子所覆盖，这样杂质就被包裹在沉淀内部，这种现象称为吸留。

吸留从本质上讲也是一种吸附，它与吸附的选择性规律相同，即吸留引起的共沉淀程度也符合吸附规律。

包夹常指母液直接被机械地包裹在沉淀中，吸留有选择性而包夹无选择性。这类共沉淀不能用洗涤来除去，因为它发生在沉淀内部，可借改变沉淀条件、陈化、重结晶的办法来减免。

4.3.3.2 后沉淀

沉淀和母液一同放置的过程中，溶液中的某些可溶或微溶的杂质在原沉淀颗粒上慢慢沉淀的现象，称为后沉淀。这种现象大多发生在该组分的过饱和溶液中。

后沉淀的特点（与共沉淀的区别）:

（1）引入杂质的量与陈化时间有关，陈化时间愈长，引入杂质量愈多。而共沉淀量受放置时间影响较小。

（2）不论杂质是在沉淀之前存在还是在沉淀之后加入，引入杂质的量，基本一致。

（3）温度升高，后沉淀现象有时更严重。

（4）后沉淀引入杂质的程度，有时比共沉淀严重得多。减免后沉淀的办法：不陈化，或不宜陈化过久。

4.3.4 提高沉淀纯度的方法

（1）选择合适的沉淀剂，改善沉淀条件。例如，选择有机沉淀剂，常可减少共沉淀现象。

沉淀条件：浓度、温度、试剂加入的次序与速度、陈化等情况对沉淀纯度都有影响。

（2）在沉淀分离后，用适当洗涤剂洗涤。

（3）必要时需要再沉淀。再沉淀时，杂质浓度大为降低，共沉淀现象可减免。

有时采用上述措施后，沉淀的纯度仍提高不大，则应对沉淀中杂质进行测定，然后对分析结果加以校正。

4.4 重量分析法

4.4.1 重量分析法的分类和特点

重量分析法也叫称量分析法，是通过称量物质的质量进行含量测定的方法。使用重量分析法进行测定，必须把被测组分从试样中分离出来并转化为一定的称量形式。按照分离方法的不同，重量法可分为以下几种。

4.4.1.1 挥发法

一般是通过加热或其他方法使试样中的被测组分挥发逸出，然后根据试样重量的减轻计算该组分的含量；或者当该组分逸出时，选择一种吸收剂将其吸收，然后根据吸收剂重量的增加计算该组分的含量。

例如，测定试样中的吸湿水或结晶水时，可将试样烘干至恒重，试样减少的重量，即所含水分的重量。也可将加热后产生的水气吸收在干燥剂里，干燥剂增加的重量，即所含水分的重量。根据称量结果，可求得试样中吸湿水或结晶水的含量。

4.4.1.2 沉淀重量法

利用沉淀反应使被测组分生成溶解度很小的沉淀，将沉淀过滤、洗涤后，烘干或灼烧成为组成一定的物质，然后称其质量，再计算被测组分的含量。

4.4.1.3 萃取法

利用被测组分与其他组分在互不混溶的两种溶剂中分配比不同，加入某种提取剂使被测组分从原来的溶剂中定量转移至提取剂中而与其他组分分离，除去提取剂，通过称量干燥提取器的质量来计算被测组分的含量。

如测粮食中脂肪含量，用乙醚作提取剂，在提取器中通过低温回流将试样中的脂肪全部浸提到乙醚中。再将提取液中乙醚蒸发除去，根据前后提取容器的质量之差就可知脂肪的含量。

重量分析法测定中全部数据通过直接称量得到，不需要基准物质，不需要从容量器皿中引入数据，因而没有这方面的误差，如果方法可靠，操作小心，则测定误差不大于0.1%。对高含量的P、W、稀土、Si、Mo、Ni等元素的分析至今仍使用重量分析法。重量分析法不适用于低含量组分分析，而且使用该法进行测定需要经过沉淀、过滤、洗涤等一系列操作，烦琐费时，所以也不适用于快速分析。

重量分析法中以沉淀法应用最广，故习惯上也常把沉淀重量法简称为重量分析法。它与滴定分析法同属于经典的定量化学分析方法。

4.4.2 重量分析法对沉淀的要求

沉淀重量法是利用沉淀反应，将被测组分转化为难溶物，以沉淀形式从溶液中分离出来，经过过滤、洗涤、烘干或灼烧后称量，计算其含量的方法。沉淀的化学组成称为沉淀形式，沉淀经处理后，供最后称量的化学组成称为称量形式。沉淀形式和称量形式可以相同也可以不相同。例如，用重量法测定SO_4^{2-}，加$BaCl_2$为沉淀剂，沉淀形式和称量形式都是$BaSO_4$；在Ca^{2+}的测定中，沉淀形式是CaC_2O_4，灼烧后所得的称量形式是CaO。

为了保证足够的准确度并便于操作，重量法对沉淀形式和称量形式有一定要求。对沉淀形式的要求：① 沉淀的溶解度要小。要求沉淀的溶解损失不应超过天平的称量误差。一般要求溶解损失应小于0.1 mg。② 沉淀必须纯净，不应混进沉淀剂和其他杂质。③ 沉淀应易于过滤和洗涤。在进行沉淀时，我们希望得到粗大的晶形沉淀。如果只能得到无定形沉淀，则必须控制一定的沉淀条件，改变沉淀的性质，以便得到易于过滤和洗涤的沉淀。④ 沉淀应易于转化为具有固定组成的称量形式。

对称量形式的要求：① 应有固定的已知的组成。② 要有足够的化学稳定性，不应吸收空气中的水分和CO_2而改变质量，也不应受O_2的氧化作用而发生结构的改变。③ 应具有尽可能大的摩尔质量，这样可增大称量形式的质量，减少称量误差，提高分析结果的准确度。

4.4.3 沉淀条件的选择

在重量分析中，为了获得准确的分析结果，要求沉淀完全、纯净，而且易于过滤洗涤。为此，必须根据不同形态的沉淀，选择不同的沉淀条件，以获得合乎重量分析要求的沉淀。

4.4.3.1 晶形沉淀的沉淀条件

（1）在适当稀的溶液中进行沉淀。这样溶液的相对过饱和度不大，减弱均相成核趋势，有利于减少成核数量。溶液的相对过饱和度不大使构晶离子聚集速率相对较小，若聚集速率小于定向排列速率，就可以得到大颗粒晶型沉淀，易于过滤洗涤。同时，沉淀的晶粒越大，比表面越小，表面吸附作用引起的共沉淀现象也越小，有利于得到纯净沉淀。但对溶解度较大的沉淀，必须考虑溶解损失，即溶液不能太稀。

（2）慢慢加入沉淀剂并在充分搅拌下进行沉淀。当沉淀剂加入试液中时，由于来不及扩散，所以在两种溶液混合的地方，沉淀剂的浓度比溶液中其他地方高。这种现象称为“局部过浓”现象。局部过浓会使该部分溶液的相对过饱和度变大，导致产生严重的均相成核作用，形成颗粒小、纯度差的沉淀。在不断搅拌下，缓慢地加入沉淀剂，可以减小局部过浓现象。

（3）在热溶液中沉淀。在热溶液中进行沉淀，一方面可以增大沉淀的溶解度，降低溶液的相对过饱和度，以获得大的晶粒；另一方面，又能减少杂质的吸附量，有利于得到纯净的沉淀。此外，升高溶液的温度，可以增加构晶离子的扩散速度，从而加快晶体的成长，有利于获得大的晶粒。但应指出，对于溶解度较大的沉淀，在热溶液中析出沉淀，宜冷却至室温后再过滤，以减小沉淀溶解的损失。

（4）陈化。沉淀完全后，让初生的沉淀与母液一起放置一段时间，这个过程称为“陈化”。因为在同样条件下，小晶粒的溶解度比大晶粒大。在同一溶液中，对大晶粒为饱和溶液时，对小晶粒则为未饱和，因此小晶粒就要溶解，同时溶液中的构晶离子沉积在大晶粒上，陈化一段时间后，小晶粒逐渐消失，大晶粒逐渐长大，如图 4-2、图 4-3 所示。

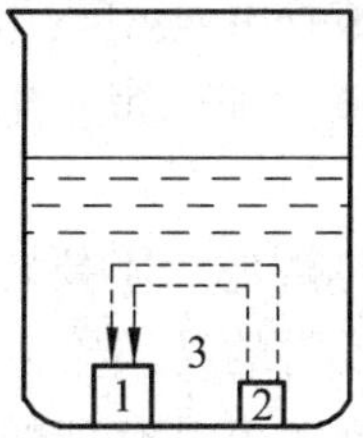

图 4-2 陈化过程

1—大晶粒；2—小晶粒；3—溶液

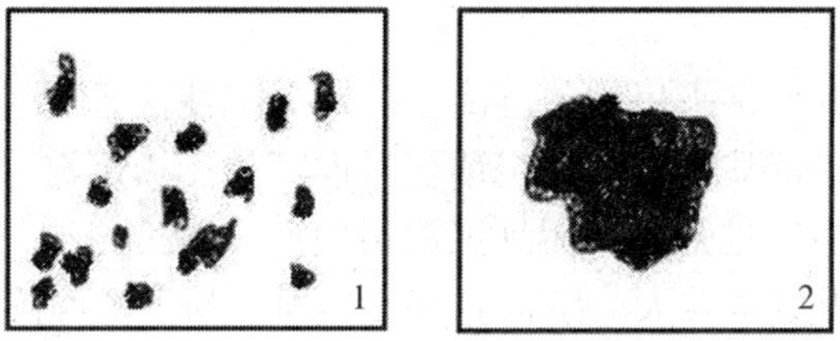

图 4-3 $BaSO_4$ 沉淀的陈化效果

1—未陈化；2—室温下陈化 4 天

在陈化过程中，还可以使不完整的晶粒转化为较完整的晶粒，亚稳态的沉淀转化为稳定态的沉淀。陈化作用也能使沉淀变得更加纯净。这是因为晶粒变大后，比表面减小，吸附杂质量少；同时，由于小晶粒溶解，原来吸附、吸留或包夹的杂质，也将重新进入溶液中，因而提高了沉淀的纯度。

4.4.3.2 无定形沉淀的沉淀条件

无定形沉淀（如 $Fe_2O_3 \cdot nH_2O$ 、 $Al_2O_3 \cdot nH_2O$ 等）溶解度一般都很小，所以很难通过减小溶液的相对过饱和度来改变沉淀的物理性质。无定形沉淀是由许多沉淀微粒聚集而成的，沉淀的结构疏松，比表面大，吸附杂质多，含水量大，而且容易胶溶，不易过滤和洗涤。对于无定形沉淀，主要是设法破坏胶体、防止胶溶、加速沉淀微粒的凝聚和减少杂质吸附。因此，无定形沉淀的沉淀条件是：

（1）在较浓的溶液中沉淀。在较浓的溶液中，离子的水化程度小，得到的沉淀含水量少，体积较小，结构较紧密。同时，沉淀微粒也容易凝聚。但是，在浓溶液中，杂质的浓度也相应提高，增大了杂质被吸附的可能性，因此，在沉淀反应进行完毕后，需要加热水稀释，充分搅拌，使大部分吸附在沉淀表面上的杂质离开沉淀表面而转移到溶液中去。

（2）在热溶液中进行沉淀。在热溶液中，离子的水化程度大为减少，有利于得到含水量少，结构紧密的沉淀。同时，在热溶液中进行沉淀，可以促进沉淀微粒的凝聚，防止形成胶体溶液，而且还减少沉淀表面对杂质的吸附，有利于提高沉淀纯度。

（3）加入大量电解质或某些能引起沉淀微粒凝聚的胶体。电解质可防止胶体溶液的形成，这是因为电解质能中和胶体微粒的电荷，降低其水化程度，有利于胶体微粒的凝聚。为了防止洗涤时发生胶溶现象，洗涤液中也应加入适量的电解质。通常采用易挥发的铵盐或稀的强酸溶液。

例如，测定 SiO_2 时，通常是在强酸性介质中析出硅胶沉淀，由于硅胶能形成带负电荷的胶体，所以沉淀不完全。如果向溶液中加入带正电荷的动物胶，由于相互凝聚作用，硅胶沉淀较完全。

（4）不必陈化。沉淀完毕后，趁热过滤，不要陈化。否则无定形沉淀因放置后，将逐渐失去水分而聚集得更为紧密，使已吸附的杂质难以洗去。

此外，沉淀时不断搅拌对无定形沉淀也是有利的。

4.4.3.3 均匀沉淀法

为了改进沉淀结构，也常采用均匀沉淀法。均匀沉淀法是化学反应时溶液中缓慢地逐渐产生所需的沉淀剂，待沉淀剂达到一定浓度时即开始产生沉淀。这样溶液中过饱和度很小，但又较长时间维持溶液过饱和，而且沉淀剂的产生是均匀地分步于溶液的各处，无局部过浓现象，因此可以得到颗粒大、结构紧密、纯净而易于过滤洗涤的沉淀。

例如，为了使溶液中 Ca^{2+} 与 $C_2O_4^{2-}$ 能生成较大的晶形沉淀，在 Ca^{2+} 的酸性溶液中加入草酸铵，然后加入尿素加热煮沸。尿素逐渐水解：

$$(NH_2)_2CO + H_2O \longequal 2NH_3 + CO_2$$

生成的 NH_3 中和溶液中的 H^+，使 $C_2O_4^{2-}$ 浓度徐徐增加，最后 pH 达到 4~4.5，CaC_2O_4 沉淀完全，这样得到的沉淀晶形颗粒大、纯净。

此外，利用酯类和其他有机化合物的水解、络合物的分解、氧化还原反应或能缓慢地产生所需的沉淀剂等方式，均可进行均匀沉淀。

4.4.4 称量形式及相关计算

在重量分析中，多数情况下称量形式与被测组分的形式不同，这就需要将称得的称量形式的质量换算成被测组分的质量。被测组分的摩尔质量与称量形式的摩尔质量之比是常数，称为换算因数或重量分析因数，常以 F 表示。

$$a\text{被测组分} \sim b\text{称量形式}$$

$$\text{换算因数}(F) = \frac{a \times \text{被测组分的摩尔质量}}{b \times \text{称量形式的摩尔质量}}$$

由称得的称量形式的质量 $m_{\text{称量}}$，试样的质量 $m_{\text{试样}}$ 及换算因数 F，即可求得被测组分的质量分数。

$$w = \frac{m_{\text{称量}} \cdot F}{m_{\text{试样}}} \times 100\%$$

例 4.6 测定四草酸氢钾的含量，用 Ca^{2+} 为沉淀剂，最后灼烧成 CaO 称量。称取样品质量为 0.5172 g，最后得 CaO 为 0.2265 g。计算样品中 $KHC_2O_4 \cdot H_2C_2O_4 \cdot 2H_2O$ 的质量分数。

解：因为 $KHC_2O_4 \cdot H_2C_2O_4 \cdot 2H_2O \sim 2CaC_2O_4 \sim 2CaO$

所以

$$F = \frac{254.2}{2 \times 56.08} = 2.266$$

$$w = \frac{0.2265 \times 2.266}{0.5172} \times 100\% = 99.24\%$$

习 题

1. 什么是溶度积常数？影响溶度积常数的因素有哪些？影响沉淀溶解平衡的因素有哪些？

2. 如何应用溶度积规则来判断沉淀的生成和溶解？

3. 什么是分步沉淀？根据什么来判断沉淀生成的次序？

4. 据 AgI 的溶度积，计算：

（1）AgI 在纯水中的溶解度（$g \cdot L^{-1}$）；

（2）在 0.0010 $mol \cdot L^{-1}$ KI 溶液中 AgI 的溶解度（$g \cdot L^{-1}$）；

（3）在 0.010 $mol \cdot L^{-1}$ $AgNO_3$ 溶液中 AgI 的溶解度（$g \cdot L^{-1}$）。

5. 将固体 AgBr 和 AgCl 加入 50.0 mL 纯水中，不断搅拌使其达到平衡。计算溶液中 Ag^+ 浓度。

6. 通过计算说明将下列各组溶液以等体积混合时，哪些可以生成沉淀？哪些不能？各混合溶液中 Ag^+ 和 Cl^- 的浓度分别是多少？

（1）1.5×10^{-6} $mol \cdot L^{-1}$ $AgNO_3$ 和 1.5×10^{-5} $mol \cdot L^{-1}$ NaCl；

（2）1.5×10^{-4} $mol \cdot L^{-1}$ $AgNO_3$ 和 1.5×10^{-4} $mol \cdot L^{-1}$ NaCl；

（3）1.5×10^{-2} $mol \cdot L^{-1}$ $AgNO_3$ 和 1.0×10^{-3} $mol \cdot L^{-1}$ NaCl。

7. $MgNH_4PO_4$的饱和溶液中，$c(H_3O^+) = 2.0\times10^{-10}\ mol\cdot L^{-1}$，$c(Mg^{2+}) = 5.6\times10^{-4}\ mol\cdot L^{-1}$，计算$MgNH_4PO_4$在该温度下的溶度积常数。

8. 于100 mL含0.1000 $mol\cdot L^{-1}$ Ba^{2+}的溶液中，加入50 mL 0.010 $mol\cdot L^{-1}$ H_2SO_4溶液，溶液中还剩余多少克Ba^{2+}？如沉淀用100 mL纯水或100 mL 0.010 $mol\cdot L^{-1}$ H_2SO_4溶液洗涤，假设洗涤时达到了沉淀溶解平衡，问各损失$BaSO_4$多少毫克？

9. 设溶液中$c(Cl^-)$和$c(CrO_4^{2-})$均为0.010 $mol\cdot L^{-1}$，当慢慢滴加$AgNO_3$溶液时，AgCl和Ag_2CrO_4哪个先沉淀出来？当Ag_2CrO_4沉淀时，溶液中$c(Cl^-)$是多少？

10. 取NaCl基准试剂0.1173 g，溶解后加入30.00 mL $AgNO_3$标准溶液，过量的Ag^+需要3.20 mL NH_4SCN标准溶液滴定至终点。已知20.00 mL $AgNO_3$标准溶与21.00 mL NH_4SCN标准溶液能完全作用，计算$AgNO_3$和NH_4SCN溶液的浓度各为多少？

11. 称取银合金试样0.3000 g，溶解后加入铁铵矾指示剂，用0.1000 $mol\cdot L^{-1}$ NH_4SCN标准溶液滴定，用去23.80 mL，计算银的质量分数。

12. 称取可溶性氯化物试样0.2266 g用水溶解后，加入0.1121 $mol\cdot L^{-1}$ $AgNO_3$标准溶液30.00 mL。过量的Ag^+用0.1185 $mol\cdot L^{-1}$ NH_4SCN标准溶液滴定，用去6.50 mL，计算试样中氯的质量分数。

5 原子结构和元素周期表

为了了解分子和固体的属性，我们需要从微观角度讨论原子的结构及原子性质的周期性规律。而探讨原子结构的特性，特别是原子中核外电子的运动状态及其规律，以及原子结构与元素周期表的关系是本章的重点问题。

5.1 原子的玻尔模型

原子结构理论的发展经历了一个漫长的演变过程。道尔顿首先提出了原子论学说，指出原子是组成物质的不可分割的最小微粒。1897 年，汤姆逊通过一系列阴极射线管实验，不仅发现了电子的核质比，也提出了形象的“葡萄干布丁模型”，认为原子呈圆球状充斥着正电荷，而带负电荷的电子则像一粒粒葡萄干一样镶嵌其中。1911 年，卢瑟福进行了 Tl 粒子散射实验，否定了汤姆逊模型，建立了核原子模型，认为原子中正电荷密集在一个很小的、坚实的称为原子核的区域，它集中了原子全部正电荷和几乎全部质量，而电子围绕核做高速运动，具有固定的运动轨迹。按照经典的电磁动力学，电子高速运动会不断辐射能量，以连续光谱的形式发射谱线，从而导致动能减小，速率降低，最后陨落在原子核上，导致原子塌缩，而原子可以稳定存在。为了解释这一现象，玻尔在普朗克量子论的基础上，引入量子化条件，成功解释了氢原子光谱的不连续性。但该模型不能解释多电子原子光谱。直到 1926 年，薛定谔提出了原子波动力学模型，才彻底解释了核外电子的运动规律。下面从氢原子光谱开始探讨原子中核外电子的运动规律。

5.1.1 氢原子光谱

自 1859 年德国科学学家基尔霍夫和本生发明了光谱仪，光谱分析就成为人们认识物质和鉴定元素的重要分析手段。氢原子是元素周期表中最简单的单电子原子，所以氢原子光谱是所有元素光谱中最简单的。在可见光区，其光谱由几条分立的线状光谱组成，如图 5-1 所示。

这些氢原子谱线被称为巴尔麦谱线，其波长满足如下表达式：

$$\frac{1}{\lambda}=R_{\mathrm{H}}\left(\frac{1}{2^2}-\frac{1}{n^2}\right) \tag{5-1}$$

式中，n 为大于 2 的正整数；R_{H} 为里德伯常数，其数值为 $1.096\,77\times10^{7}\ \mathrm{m}^{-1}$。计算结果与实验相吻合。

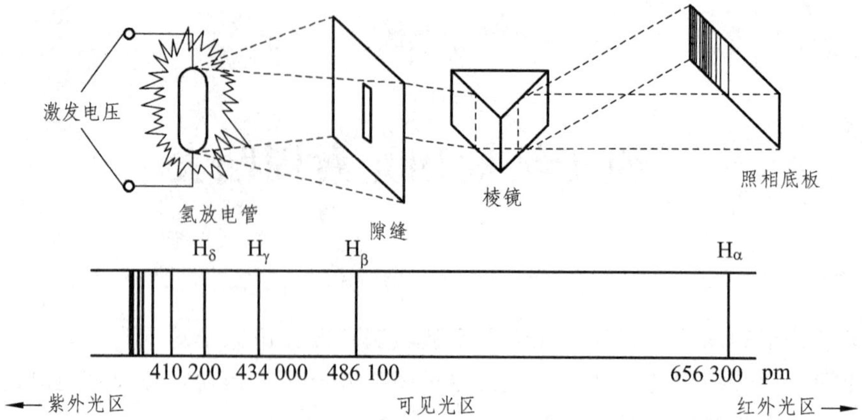

图 5-1 氢光谱仪示意图及氢原子可见光区光谱

氢原子光谱的不连续，经典的物理学没有办法解释，直至 1913 年，丹麦物理学家玻尔在卢瑟福原子核式模型和普朗克量子论的基础上，大胆地提出了玻尔原子理论模型，成功解释了氢原子光谱的成因和谱线规律。

5.1.2 玻尔原子结构模型

1913 年玻尔在前人工作的基础上，突破性地引入"量子理论"的概念，提出了玻尔原子模型，其要点如下：

5.1.2.1 定态轨道概念

氢原子中的电子是在氢原子核的势能场中运动，其运动轨道不是任意的，电子只能在以原子核为中心的某些能量(E_n)确定的圆形轨道上运动。这些轨道的能量状态不随时间而改变，因此被称为定态轨道。电子在定态轨道上运动时，既不吸收也不释放能量。

5.1.2.2 轨道能级的概念

不同的定态轨道能量是不同的。离核越近的轨道，能量越低，电子被原子核束缚得越牢；离核越远的轨道，能量越高。轨道的这些能量状态，称为能级。氢原子轨道能级示意图如图 5-2 所示。

$n=1$ 的轨道离原子核最近，能量最低。$n>1$ 的轨道随着 n 值的增大，逐渐远离原子核，能量升高。在正常状态下，电子尽可能处于离核较近、能量较低的轨道上，这时原子所处的状态称为基态。在高温火焰、电火花或电弧作用下，基态原子中的电子因获得能量，能跃迁到离核较远、能量较高的空轨道上去运动，这时原子所处的状态称为激发态。

$n\to\infty$ 时，电子所处的轨道能量定为零，意味着电子被激发到这样的能级时，由于获得足够大的能量，可以完全摆脱核势能场的束缚而电离。因此，离核越近的轨道，能级越低，势能值越负。

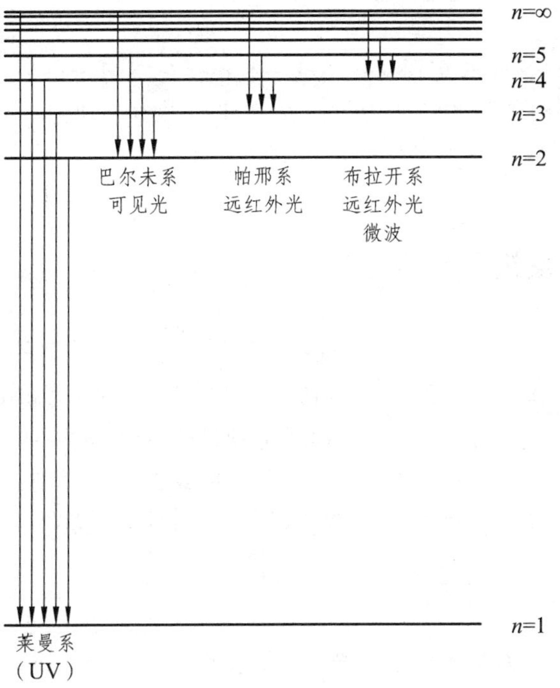

图 5-2 氢原子轨道能级示意图

5.1.2.3 跃迁规则

电子吸收一定能量后可以从基态跃迁至激发态，也可以有能量高的轨道返回能量低的轨道，释放能量。能量的吸收和放出以光子的形式给出，光子能量的大小等于两个轨道的能极差。

$$\Delta E = E_{n2} - E_{n1} = h\nu \tag{5.2}$$

式中，ν 为光子频率；h 为普朗克常量。

5.1.2.4 玻尔原子模型的应用范围与局限性

玻尔原子模型成功地解释了氢原子和类氢原子（如 He^{+}, Li^{2+},Be^{3+}）的光谱现象。时至今日，玻尔提出的关于原子中轨道能级的概念，仍然有用。但是玻尔理论有着严重的局限性，它只能解释单电子原子（或离子）光谱的一般现象，不能解释多电子原子光谱，其根本原因在于玻尔的原子模型是建立在牛顿的经典力学理论基础上的。它的假设是把原子描绘成一个太阳系，认为电子在核外运动就犹如行星围绕着太阳转一样，会遵循经典力学的运动规律，但实际上电子这样微小、运动速度又极快的粒子在极小的原子体积内运动，是根本不遵循经典力学的运动规律的。玻尔理论的缺陷，促使人们去研究和建立能描述电子内运动规律的量子力学原子模型。

5.2 原子的量子力学模型

1926 年，奥地利科学家薛定谔（E. Schrodinger，1887—1961）建立起描述微观粒子（如原子、电子等）运动规律的量子力学（又称波动力学）理论。人们利用量子力学理论研究原子结构，逐步形成了原子结构的近代概念。

5.2.1 微观粒子的波粒二象性

20 世纪初人们已经发现，光不仅有微粒的性质，而且有波动的性质，即具有波粒二象性。电子是一种有确定体积（直径一般为 10^{-15} m）和质量（9.1091×10^{-31} kg）的粒子。因此，电子具有粒子性在此不需要论证，问题是电子运动是否也像光子一样，表现出波动的性质。

1924 年，德布罗意提出组成电磁辐射的主要微粒光子具有波动性，比如干涉和衍射。对电子而言也很可能是正确的，这就是著名的德布罗意假设。

$$\lambda=\frac{h}{mv}$$

式中，λ 为光子波长；m 为微观粒子质量；v 为微观粒子速率；h 为普朗克常量。

1927 年美国物理学家戴维逊通过电子衍射实验证明了电子运动是确实具有波动性：如图 5-3 所示，当高速运动的电子束穿过晶体光栅投射到感光底片上时，得到的不是一个感光点，而是明暗相间的衍射环纹，与光的衍射图相似。电子衍射实验确实证明了电子运动确实具有波动性，从而通过实验验证了德布罗意假设的正确性和前瞻性。

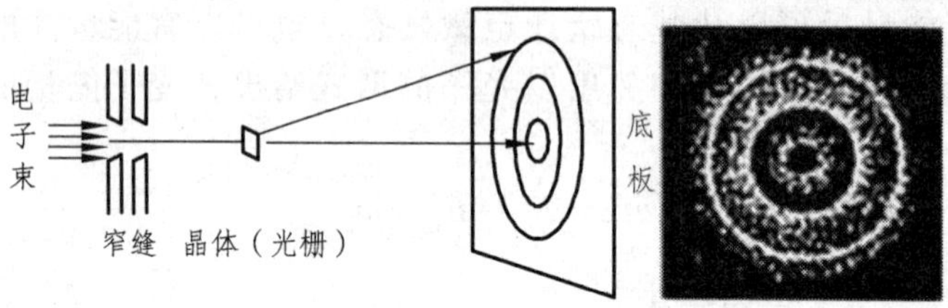

图 5-3 电子衍射实验示意图

后来还相继发现质子、中子等粒子均能产生衍射现象，具有宏观物体难以表现出来的波动性，而这一特点恰是经典力学所没有认识到的。

5.2.2 海森堡测不准原理

实验证实电子具有波粒二象性，能否用经典力学方法描述电子运动状态呢，即同时用位置和速率两个物理量准确描述电子运动状态呢？海森堡给出了否定的答案。他提出，微观粒子的运动符合测不准原理，即

$$\Delta x\cdot\Delta p\geqslant\frac{h}{4\pi}$$

式中，x 为微观粒子在空间某一方向的位置坐标；Δx 为该方向上位置不确定量；Δp 为该方向上的动量不确定量；h 为普朗克常量。其内容可以表述为：原则上不能同时准确地测定微观粒子的位置和动量。即电子运动不具有确定的轨道，不符合经典力学的运动规律。只有一定的空间概率分布，遵守量子力学规律。因此，核外电子的运动规律必须用新的物理量波函数来描述。

5.2.3 薛定谔方程与波函数

5.2.3.1 薛定谔方程

1926 年奥地利物理学家薛定谔根据波粒二象性的概念提出了描述微观粒子运动的波动方程—— 薛定谔波动方程，形式如下：

$$(\frac{\partial^2\psi}{\partial x^2}+\frac{\partial^2\psi}{\partial y^2}+\frac{\partial^2\psi}{\partial z^2})+\frac{8\pi^2 m}{h^2}(E-V)\psi=0$$

式中，ψ 为薛定谔方程的解；h 为普朗克常数；m 为微粒的质量；x，y，z 为微粒的空间坐标。

5.2.3.2 薛定谔方程的解

薛定谔方程的求解方法已经超出本书的学习范围，在此简单介绍其求解基本步骤。

（1）坐标变换。为了适应核电荷势场球形对称的特点，将薛定谔方程在直角坐标系下 $f(x,y,z)=0$ 变换为在球极坐标形式 $f(r,\theta,\varphi)=0$（图 5-4），方程的解也由 $\psi(x,y,z)$ 转变为 $\psi(r,\theta,\varphi)$。

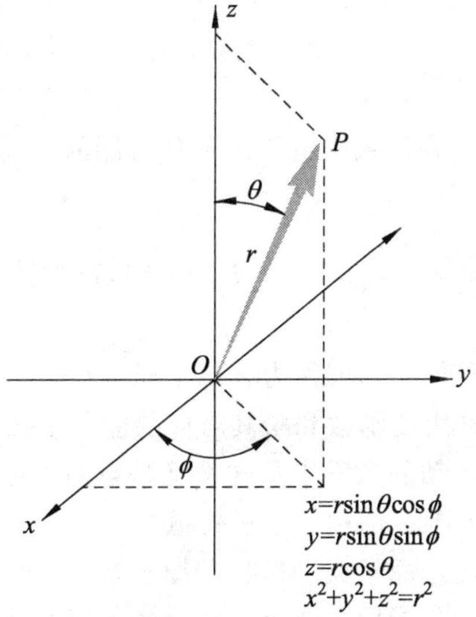

图 5-4 直角坐标系与球极坐标的关系

（2）变量分离。球极坐标中$\psi(r,\theta,\varphi)$包含了半径因素(r)和角度因素(θ,φ)，为了求解方便，将该方程分解为径向部分和角度部分，方程的解的空间波函数$\psi(r,\theta,\varphi)$也随之分解为径向波函数$R(r)$和角度波函数$Y(\theta,\varphi)$的乘积，即$\psi(r,\theta,\varphi)=R(r)\cdot Y(\theta,\varphi)$。

（3）方程的解。薛定谔方程的解——波函数$\psi(r,\theta,\varphi)$是表述核外电子能量状态的函数表达式，表 5-1 给出了氢原子部分原子轨道的径向波函数和角度波函数的表示形式及其能量。

表 5-1 氢原子部分原子轨道的径向波函数和角度波函数的表示形式及其能量

轨道	$\psi_{n,l,m}(r,\theta,\varphi)$	$R_{n,l}(r)$	$Y_{l,m}(\theta,\varphi)$	能量/J
1s	$A_1\mathrm{e}^{-Br}\sqrt{\frac{1}{4\pi}}$	$A_1\mathrm{e}^{-Br}$	$\sqrt{\frac{1}{4\pi}}$	-2.18×10^{-18}
2s	$A_2r\mathrm{e}^{-Br/2}\sqrt{\frac{1}{4\pi}}$	$A_2r\mathrm{e}^{-Br/2}$	$\sqrt{\frac{1}{4\pi}}$	$-2.18\times10^{-18}/2^2$
$2\mathrm{p}_z$	$A_3r\mathrm{e}^{-Br/2}\sqrt{\frac{3}{4\pi}}\cos\theta$	$A_3r\mathrm{e}^{-Br/2}$	$\sqrt{\frac{3}{4\pi}}\cos\theta$	$-2.18\times10^{-18}/2^2$
$2\mathrm{p}_x$	$A_3r\mathrm{e}^{-Br/2}\sqrt{\frac{3}{4\pi}}\sin\theta\cos\varphi$	$A_3r\mathrm{e}^{-Br/2}$	$\sqrt{\frac{3}{4\pi}}\sin\theta\cos\varphi$	$-2.18\times10^{-18}/2^2$
$2\mathrm{p}_y$	$A_3r\mathrm{e}^{-Br/2}\sqrt{\frac{3}{4\pi}}\sin\theta\sin\varphi$	$A_3r\mathrm{e}^{-Br/2}$	$\sqrt{\frac{3}{4\pi}}\sin\theta\sin\varphi$	$-2.18\times10^{-18}/2^2$

注：A_1、A_2、A_3、B均为常数。

5.2.3.3 波函数

波函数ψ就是薛定谔方程的解，对于氢原子体系，ψ是描述氢核外电子运动状态的数学表达式，是空间坐标x，y，z的函数$\psi=f(x, y, z)$；E为氢原子的总能量；V为电子的势能（即核对电子的吸引能）；m为电子的质量。求解一个体系的薛定谔方程，可以得到一系列的波函数ψ_{1s}，ψ_{2s}，ψ_{2px},…，ψ_i,…和相应的一系列能量值E_{1s}，E_{2s}，E_{2px},…，E_i,…。方程式的每一个合理的解ψ_i就代表体系中电子的一种可能的运动状态。例如，基态氢原子中电子所处的能态：

$$\psi_{1s}=\sqrt{\frac{1}{\pi a_0^3}}\mathrm{e}^{-r/a_0}\qquad E_{1s}=-2.179\times10^{-18}\ \mathrm{J}$$

式中，r为电子离原子核的距离；a_0被称为玻尔半径(53 pm)；π为圆周率；e为自然对数的底数。可见在量子力学中是用波函数和与其对应的能量来描述微观粒子运动状态的。

波函数ψ既是描述电子运动的数学表示式，又是空间坐标的函数，其空间图像可以形象地理解为电子运动的空间范围，俗称“原子轨道”。

此处所指的原子轨道与玻尔原子模型所指的原子轨道截然不同。前者指电子在原子核外运动的某个空间范围，后者是指原子核外电子运动的某个确定的圆形轨道。有时为了避免与经典力学中的玻尔轨道相混淆，又称为原子轨函（原子轨道函数之意），即波函数的空间图像就是原子轨道，原子轨道的表示式就是波函数。为此，波函数与原子轨道常被当作同义语混用。

5.2.3.4 波函数的径向分布图

波函数的径向分布函数 $R(r)$ 只与半径有关，分别以 $R(r)$、$R^2(r)$、$r^2R^2(r)$ 对 r 作图，都能表示不同半径时，电子运动状态径向部分的分布情况。以 $R^2(r)$ 对 r 作图表示不同半径时波函数平方（概率密度）径向分布的情况，称为电子云径向分布密度图（图 5-5）。以 1s 状态为例，在原子核附近区域时电子云密度最大，随着半径增大，密度逐渐减小，2s、3s 状态与 1s 类似，都在原子核附近电子云密度最大，但它们在离核较远处分别还有一、二处电子云密度较大。而 p 态和 d 态在原子核附近电子云密度接近于零。

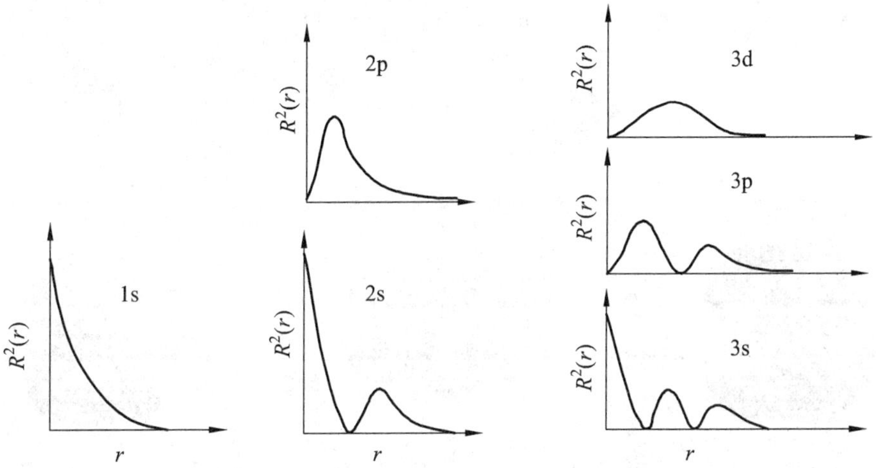

图 5-5 氢原子电子云径向密度分布示意图

5.2.3.5 波函数的角度分布图

将波函数 ψ 的角度分布部分 (Y) 作图，所得的图像就称为原子轨道的角度分布图（图 5-6）。可以理解为在距离核 r 处的同一球面上，不同角度、不同方向上电子的分布情况的形象化描述。电子在核外运动，处于一系列不同的运动状态，每一个特定的状态有相应的波函数和能量。波函数的角度分布图的形状与常量 r 无关，其角度分布有正负之分。图 5-6 为 s、p、d 原子轨道的角度分布图。

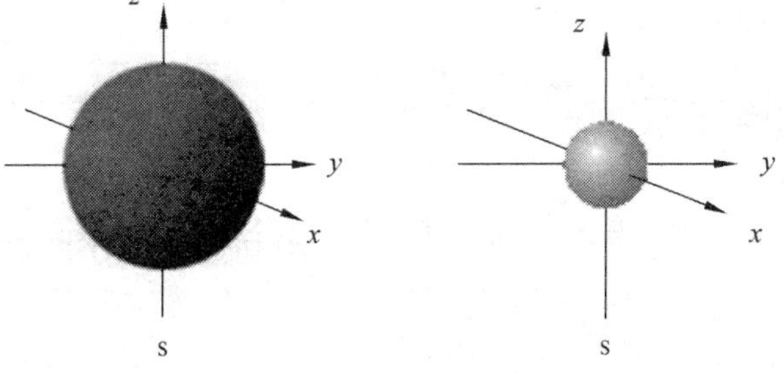

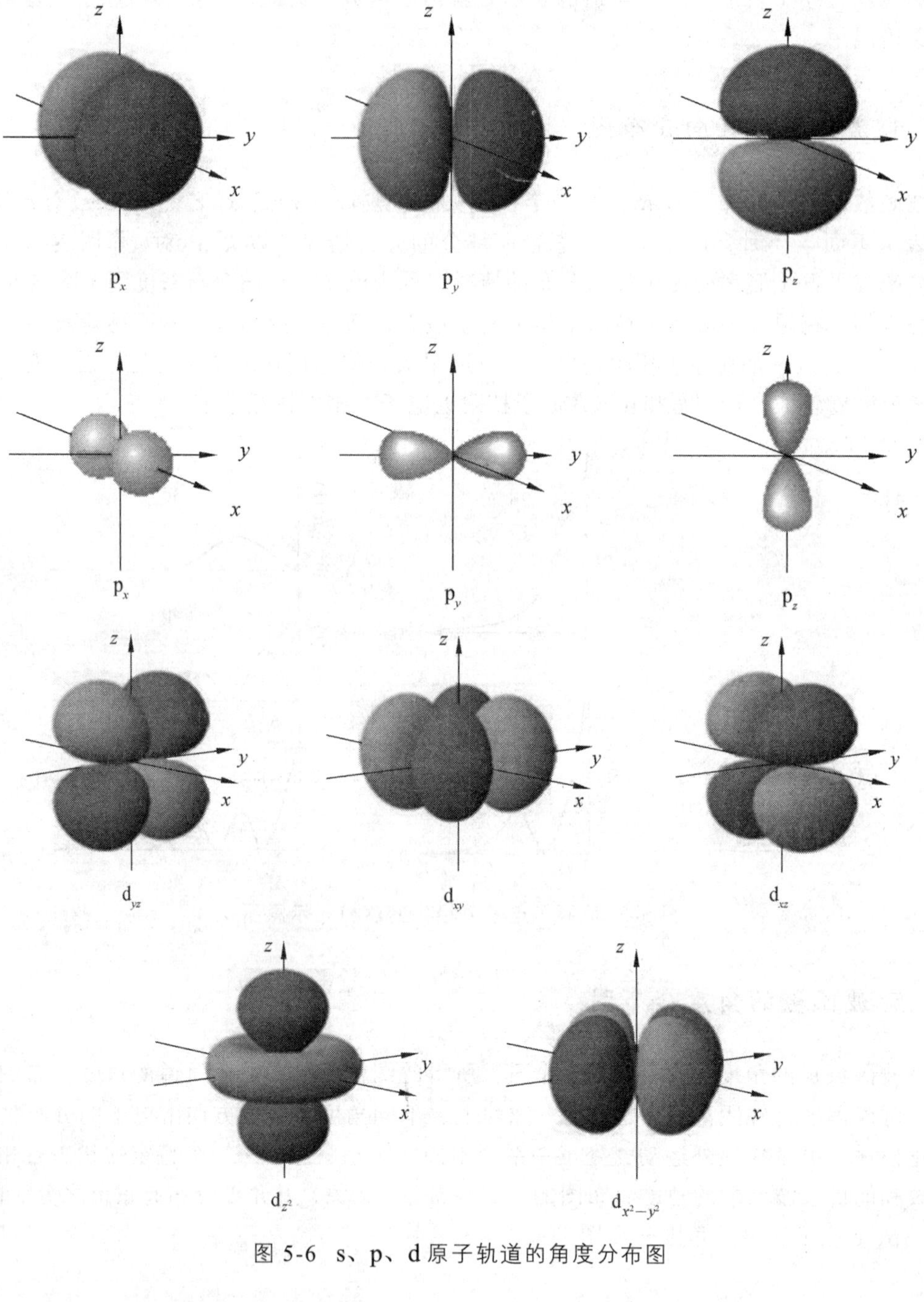

图 5-6 s、p、d 原子轨道的角度分布图

5.2.4 概率密度和电子云

在原子核外某处空间，电子出现的概率密度（ρ）和电子波在该处的强度（ψ）的绝对值平方成正比：

$$\rho \propto |\psi|^2$$

式中，ψ 为电子波的振幅，$|\psi|^2$ 为电子在核外空间某点出现的概率密度大小。为了形象地表示核外电子运动的概率分布情况，化学上惯用小黑点分布的疏密表示电子出现概率密度的相对大小。小黑点较密的地方，表示概率密度较大，单位体积内电子出现的机会多。用这种方法来描述电子在核外出现的概率密度分布所得的空间图像称为电子云。

既然以小黑点的疏密来表示概率密度大小所得的图像称为电子云，概率密度又可以直接用 $|\psi|^2$ 来表示，若以 $|\psi|^2$ 作图，应得到电子云的近似图像。将 $|\psi|^2$ 的角度分布部分（$|Y|^2$）作图，所得的图像就称为电子云角度分布图（图 5-7）。电子云的角度分布剖面图与相应的原子轨道角度分布剖面图基本相似，但有两点不同：

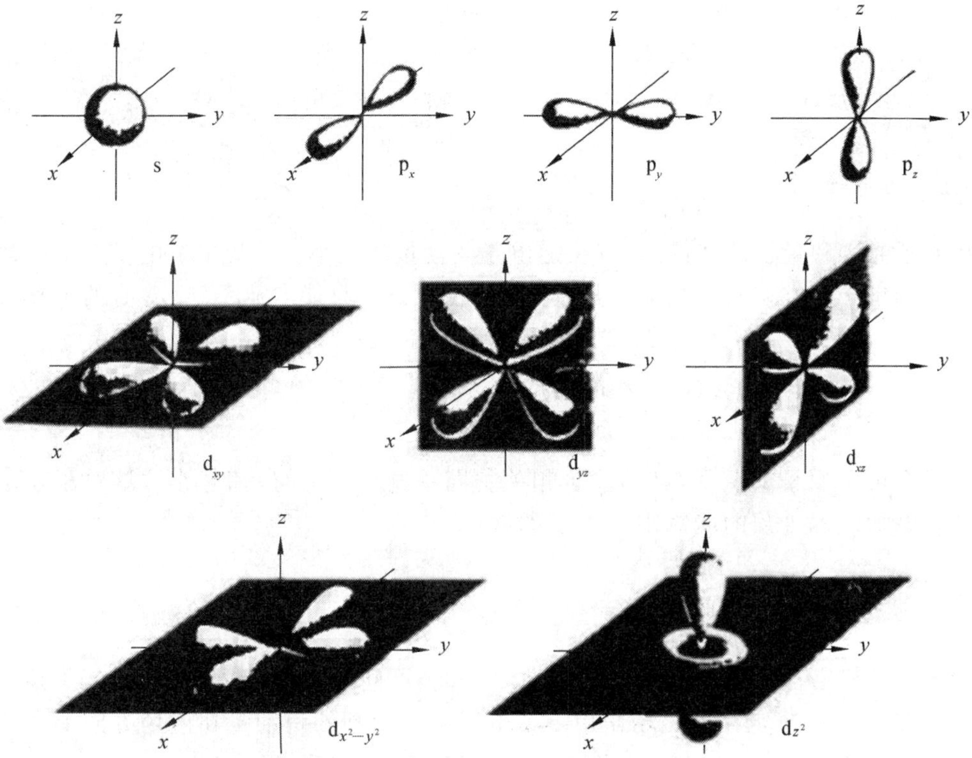

图 5-7 氢原子电子云角度分布图

（1）原子轨道角度分布图带有正、负号，而电子云角度分布图均为正值（习惯不标出正号）。

（2）电子云角度分布图比原子轨道角度分布图要“瘦”一些，这是因为 Y 值一般是小于 1 的，所以 $|Y|^2$ 值就更小。

从以上介绍可以看出：原子轨道和电子云的空间图像既不是通过实验，更不是直接观察到的，而是根据量子力学计算得到的数据绘制出来或者根据特征软件获得的。

5.2.5 四个量子数

由波动方程解出的波函数可以描述原子中各电子的状态，不同的电子运动状态（指电子所在的电子层和原子轨道的能级、形状、伸展方向，以及电子的自旋方向等）则需要四个参数（主量子数、副量子数、磁量子数和自旋量子数）来区分。

5.2.5.1 主量子数(n)

主量子数(n)规定电子出现最大概率离核的远近和电子能量的高低，可取零以外的正整数，如 $n=1,2,3,4,\cdots$ 等。n 值越大，表示离核越远，能量越高。其中每一个 n 值代表一个电子层。

主量子数(n)	1	2	3	4	5	…
电子层	第一层	第二层	第三层	第四层	第五层	
电子层符号	K	L	M	N	O	

5.2.5.2 副量子数(l)

从原子光谱和量子计算得知，l 决定电子角动量的大小，它规定了电子在空间角度分布情况，与电子云性质密切相关。其值受到 n 值限制，只能取从零到 $(n-1)$ 的正整数。例如 $l=0,1,2,\cdots,(n-1)$。其中每一个 l 值代表一个电子亚层：

副量子数(l)	0	1	2	3	4	5
电子亚层符号	s	p	d	f	g	h

对于多电子原子来说，l 还与能量相关，同一电子层中的 l 值越小，该电子亚层的能级越低。例如，2s 亚层的能级比 2p 亚层的低。

5.2.5.3 磁量子数(m)

根据原子光谱在磁场中发生分裂的现象可知，不同取向的电子在磁场作用下发生能量分裂。磁量子数 m 决定在外磁场作用下，电子绕核运动的角动量在磁场方向上的分量大小，它反应了原子轨道在空间的不同取向。取值决定于 l 值；可取 $(2l+1)$ 个从 $-l$ 到 $+l$（包括零在内）的整数。每一个 m 值代表一个具有某种空间取向的原子轨道。例如副量子数 l 为 1 时，磁量子数 m 值只能取 $-1, 0, +1$ 三个数值，这三个数值表示 p 亚层上的三个相互垂直的 p 原子轨道。

5.2.5.4 自旋量子数(m_s)

以上 3 个量子数由氢原子波动方程求解，与实验相符合。但应用高分辨率光谱仪观察氢原子光谱时，发现在无外加磁场时，电子从 2p 能级返回 1s 能级时看到的不是一条谱线而是相近的两条谱线，这一现象用上述 3 个量子数无法解释。1925 年，为了解释该现象提出了电子自旋的假设，引入自旋量子数，表示电子运动的两种状态，Stern-Gerlach 实验很好地证实了电子自旋的存在。自旋量子数 m_s 只有 $+\frac{1}{2}$ 或 $-\frac{1}{2}$ 这两个数值，其中每一个数值表示电子的一种自旋方向（如顺时针或逆时针方向）。

例如，在原子核外第四电子层上 4s 亚层的 4s 轨道内，以顺时针方向自旋为特征的那个电子的运动状态，可以用 $n=4$、$l=0$、$m=0$、$m_s=+\frac{1}{2}$ 四个量子数来描述。

总之，使用量子力学方法可以描述原子中核外电子的运动状态，其要点可以归纳如下：

（1）电子在原子中运动没有固定的运动轨迹，其规律符合薛定谔方程，有与波函数相对应的、确定的空间概率分布。

（2）电子的概率分布状态与确定的能量相关，而能量是量子化的。其能量由主量子数和角量子数共同决定。

（3）4 个量子数决定了原子中电子的运动状态。

5.3 多电子原子结构

氢原子以及类氢原子核外只有一个电子，电子仅仅受到原子核的吸引作用，通过薛定谔方程可以求出其电子概率分布和能量。但在多电子原子中，对于指定的电子，除了受到核的引力之外，还受到其他电子的排斥作用，从而其薛定谔方程无法精确求解，只能通过近似求得相应波函数和能级。本节重点介绍多电子原子的轨道能级。

5.3.1 多电子原子轨道的能级图

化学家鲍林（L. Pauling）根据大量光谱实验数据以及理论计算结果指出，氢原子轨道的能量只与主量子数 n 有关。而对多电子原子来说，原子轨道的能量还与副量子数 l 有关。

原子轨道能级的相对高低情况，若用图示法近似表示，就是近似能级图。在无机化学中比较实用的是鲍林近似能级图。

某元素只要根据其原子光谱中的谱线所对应的能量，就可以作出该元素原子的原子轨道能级图。1939 年鲍林对周期系中各元素原子的原子轨道能级图进行分析、归纳，总结出多电子原子中原子轨道能级图，以表示各原子轨道之间能量的相同高低顺序（图 5-8）。

在图中，每一个小圆圈代表一个原子轨道。每个小圆圈所在的位置的高低就表示这个轨道能量的高低（但并未按真实比例绘出）。图中还根据各轨道能量大小的相互接近情况，把原子轨道划分为若干个能级组（图中实线方框内各原子轨道的能量较接近，构成一个能级组）。

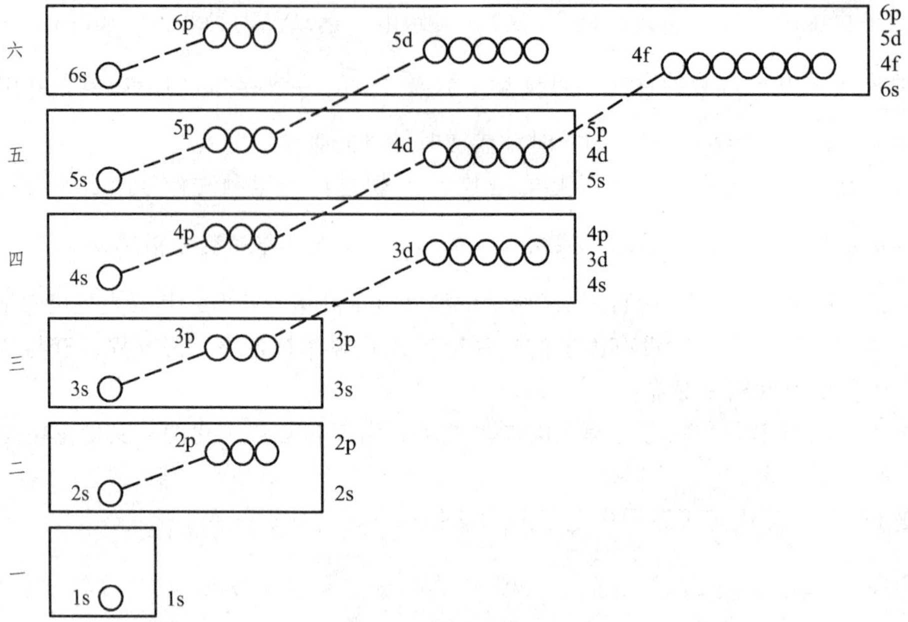

图 5-8 近似能级图

从图 5-8 可以看出：

（1）同一原子同一电子层内，对多电子原子来说，电子间的相互作用造成同层能级的分裂。各亚层能级的相对高低为：$E_{ns} < E_{np} < E_{nd} < E_{nf} < \cdots$。

（2）同一电子亚层内，各原子轨道能级相同，如 $E_{ns} < E_{np} < E_{nd} < E_{nf} < \cdots$。

（3）同一原子内，不同类型的亚层之间，有能级交错现象。例如：$4s < 3d < 4p$，$5s < 4d < 5p$，$6s < 4f < 5p < 6p$。

为了更好地理解和应用鲍林近似能级图，需要明确以下几点：

（1）它是从周期系中各元素原子轨道能级图中归纳出来的一般规律，不可能完全反映出每个元素的原子轨道能级的相对高低，所以只有近似意义。

（2）反映同一原子内各原子轨道能级之间的相对高低。所以，不能用鲍林近似能级图来比较不同元素原子轨道能级的相对高低。

（3）经进一步研究发现，鲍林近似能级图实际上只反映同一原子外电子层中原子轨道能级的相对高低，而不一定能完全反映内电子层中原子轨道能级的相对高低。

（4）电子在某一轨道上的能量，实际上与原子序数（更本质地说与核电荷数）有关。核电荷数越多，对电子的吸引力越大，电子离核越近的结果使其所在轨道能量降得越低。轨道能级之间的相对高低情况，与鲍林近似能级图会有所不同。

5.3.2 屏蔽效应和钻穿效应

5.3.2.1 屏蔽效应

在多电子原子体系，指定电子除了受到原子核(Z)的吸引力外，还受到其他(Z－1)分电子的排斥作用。如不考虑电子之间的排斥作用，多电子原子中电子 i 只受到核电荷引力，其能量计算公式与类氢离子相同。

$$E_i = -\frac{z^2}{n^2} \times 13.6\text{eV}$$

而当考虑其他电子排斥作用时，该公式需要修正。其他电子对指定电子的排斥相当于减弱了核对该电子的吸引力，屏蔽了部分原子核的正电荷，指定电子所受的有效核电荷 Z^* 吸引小于 Z，即 $Z^* = Z - \sigma$，σ 称为屏蔽常数，代表其他电子对指定电子的屏蔽作用的总和。这种由核外电子云抵消部分核电荷的作用称为屏蔽效应。指定电子能量计算公式修正为

$$E_i = -\frac{(z-\sigma)^2}{n^2} \times 13.6\text{eV} = -\frac{(z^*)^2}{n^2} \times 13.6\text{eV}$$

屏蔽常数近似值可以通过查阅光谱实验资料获得。可以看出，多电子原子中原子轨道能量取决于核电荷 Z、主量子数 n 和屏蔽常数 σ，而 σ 又取决于指定电子所处的状态和其余电子的状态和数目。

5.3.2.2 钻穿效应

钻穿效应是指 n 相同、l 不同的轨道，由于电子云径向分布不同，电子穿过内层钻穿到核附近回避其他电子的屏蔽能力不同，从而使其能量不同的现象。

如图 5-9 所示，主量子数相同的 3s、3p、3d 电子中，角量子数最小的 3s 电子径向分布峰的个数最多，而在离核最近的区域有一个小峰，因此 3s 电子被内层电子屏蔽最少，其能量最低，而对比 3p,3d 电子钻入内层的程度依次减小，内层电子对其屏蔽作用增强，所以能量逐渐增大。

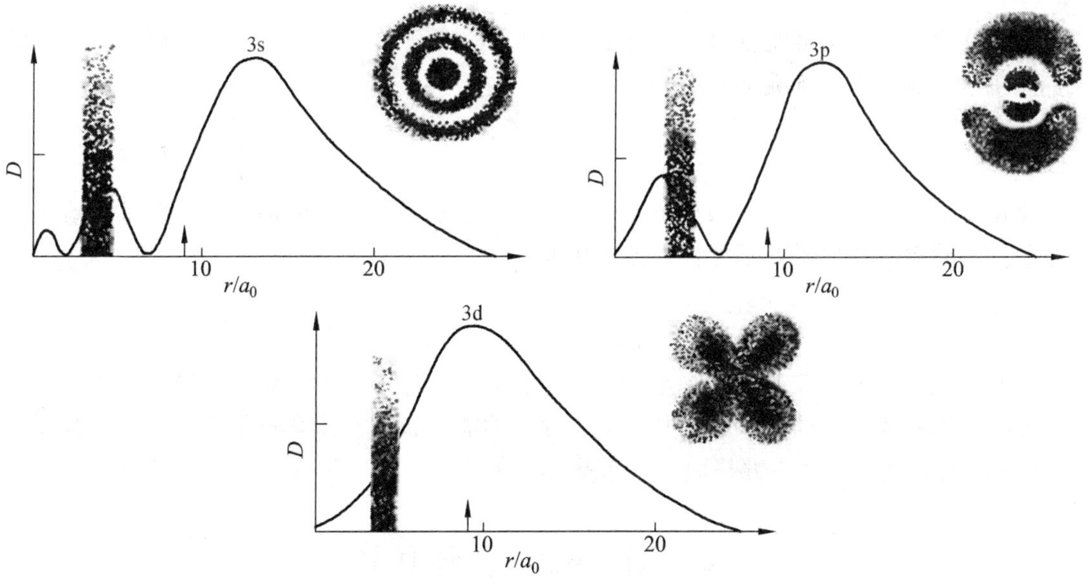

图 5-9 3s、3p、3d 轨道的径向分布函数图和电子云图
（阴影部分表示 $n=2$ 内层电子的屏蔽，箭头表示 $n=3$ 的玻尔轨道半径位置）

钻穿效应和屏蔽是相互联系的，n 相同、l 不同的电子，钻穿回避内层电子的能力为 $ns > np > nd > nf$，由此 $E_{ns} < E_{np} < E_{nd} < E_{nf}$，与光谱实验结果一致。

屏蔽效应和钻穿效应共同决定了多电子原子中轨道能级的大小，利用钻穿效应可以解释能级交错现象。例如，4s 电子的最强峰虽然离核距离比 3d 远得多，但 4s 有小峰可以钻到核的附近，更有效回避其他电子的屏蔽作用，使其对轨道能量的降低效应超过了 n 值增大带来的对轨道能量的升高作用，从而使 4s 轨道的能量低于 3d 轨道（图 5-10）。

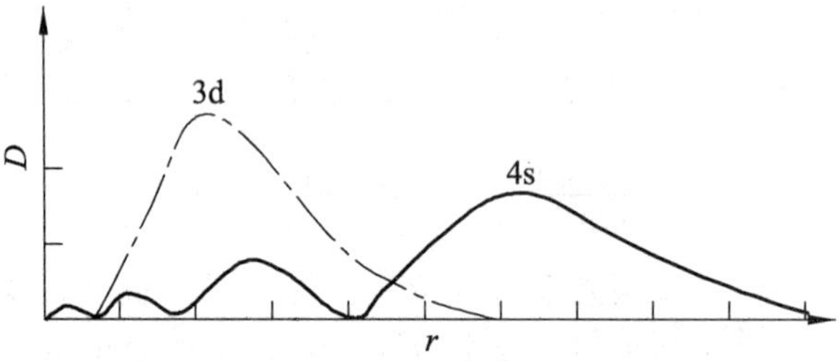

图 5-10　4s 和 3d 轨道的钻穿效应

5.3.3 基态原子中核外电子排布规律

5.3.3.1 核外电子排布规则

根据原子光谱实验的结果和对元素周期系的分析、归纳，总结出核外电子分布的基本原理。

1. 泡利（Pauli）不相容原理

在同一原子中，不可能有 4 个量子数完全相同的电子存在。也可表达为同一个原子轨道内最多只能容纳 2 个自旋方向相反的电子。

2. 能量最低原理

多电子原子处在基态时，核外电子的分布在不违反泡利原理的前提下，总是先填充在能量较低的轨道，使原子处于能量最低的状态。

3. 洪特（Hund）规则

洪特根据大量光谱实验发现，电子在能量相同的轨道分布时，将尽可能以自旋相同的方向单独分布在不同的轨道。这样分布时，原子的能量较低，体系较稳定。例如，N 原子（$1s^2 2s^2 2p^3$）的轨道表示式（方格内每一个箭号代表一个电子，箭头方向相同的表示电子自旋方向相同）为

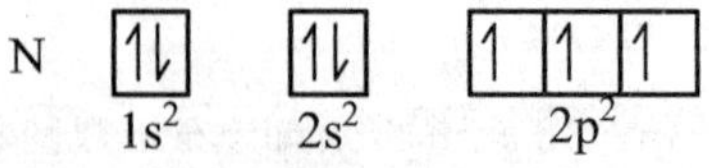

洪特规则还包含另一内容，即在简并轨道中，电子处于全充满（p^6、d^{10}、f^{14}）、半充满

(p^3、d^5、f^7)和全空(p^0、d^0、f^0)时，原子的能量处于较低状态，体系稳定。

5.3.3.2 基态原子核外电子排布式

对多电子原子来说，由于紧靠核的电子层一般都布满了电子，所以其核外电子的分布主要看外层电子是怎样分布的。鲍林近似能级图能反映外电子层中原子轨道能级的相对高低，因此也就能反映核外电子填入轨道的先后顺序。

应用鲍林近似能级图，并根据能量最低原理，可以设计出核外电子填入轨道顺序图（图 5-11）。有了核外电子填入轨道顺序图，再根据泡利不相容原理、洪特规则和能量最低原理，就可以准确无误地写出元素原子的核外电子分布式来。例如：$_{21}$Sc 原子的电子分布式为 $1s^2 2s^2 2p^6 3s^2 3p^6 3d^1 4s^2$ 。

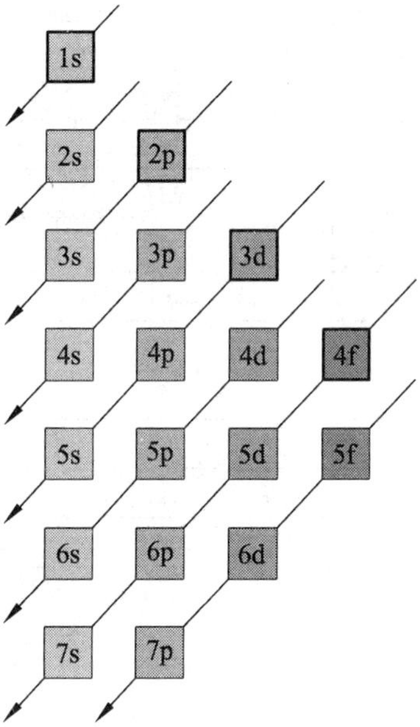

图 5-11 核外电子的填充顺序图

在 112 种元素当中，只有 19 种元素（它们分别为 $_{24}$Cr,$_{29}$Cu,$_{41}$Nb,$_{42}$Mo,$_{44}$Ru,$_{45}$Rh,$_{46}$Pd,$_{47}$Ag,$_{57}$La,$_{58}$Ce,$_{64}$Gd,$_{78}$Pt,$_{79}$Au,$_{89}$Ac,$_{90}$Th,$_{91}$Pa,$_{92}$U,$_{93}$Np,$_{96}$Cm ）原子外层电子的分布情况稍有例外。对于同一电子亚层，当电子分布为全充满（ p^6 或 d^{10} 或 f^{14} ）、半充满（ p^3 或 d^5 或 f^7 ）和全空（ p^0 或 d^0 或 f^0 ）时，电子云分布呈球状，原子结构较稳定。亚层全充满分布的例子如 $_{29}$Cu，它的电子式分布为 $3d^{10}4s^1$，而不是 $3d^9 4s^2$ 。此外 $_{46}$Pd,$_{47}$Ag,$_{79}$Au 也有类似情况。亚层半充满的例子如 $_{24}$Cr，它的电子分布式为 $3d^5 4s^1$，而不是 $3d^4 4s^2$ 。此外，$_{42}$Mo，$_{64}$Gd，$_{96}$Cm 也有类似情况。

为了简化起见，可以用原子实的符号表示已经填满的内层轨道，原子实符号就是加上方括号的相应稀有气体的元素符号。比如 K 的电子排布式可以简化如下：

$$\text{K}\quad \underbrace{1s^2 2s^2 2p^6 3s^2 3p^6}_{[\text{Ar}]} 4s^1 \longrightarrow [\text{Ar}]4s^1$$

该方法不仅表示简洁，而且突出了参与化学反应的最为活泼的价层电子，如表 5-2 所示。

表 5-2 基态原子的电子分布

周期序号	原子序数	元素	电子分布式
一	1	H	$1s^1$
	2	He	$1s^2$
二	3	Li	$[He]2s^1$
	4	Be	$[He]2s^2$
	5	B	$[He]2s^2 2p^1$
	6	C	$[He]2s^2 2p^2$
	7	N	$[He]2s^2 2p^3$
	8	O	$[He]2s^2 2p^4$
	9	F	$[He]2s^2 2p^5$
	10	Ne	$[He]2s^2 2p^6$
三	11	Na	$[Ne]3s^1$
	12	Mg	$[Ne]3s^2$
	13	Al	$[Ne]3s^2 3p^1$
	14	Si	$[Ne]3s^2 3p^2$
	15	P	$[Ne]3s^2 3p^3$
	16	S	$[Ne]3s^2 3p^4$
	17	Cl	$[Ne]3s^2 3p^5$
	18	Ar	$[Ne]3s^2 3p^6$
四	19	K	$[Ar]4s^1$
	20	Ca	$[Ar]4s^2$
	21	Sc	$[Ar]3d^1 4s^2$
	22	Ti	$[Ar]3d^2 4s^2$
	23	V	$[Ar]3d^3 4s^2$
	24	Cr	$[Ar]3d^5 4s^1$
	25	Mn	$[Ar]3d^5 4s^2$
	26	Fe	$[Ar]3d^6 4s^2$
	27	Co	$[Ar]3d^7 4s^2$
	28	Ni	$[Ar]3d^8 4s^2$
	29	Cu	$[Ar]3d^{10} 4s^1$
	30	Zn	$[Ar]3d^{10} 4S^2$
	31	Ga	$[Ar]3d^{10} 4s^2 4p^1$
	32	Ge	$[Ar]3d^{10} 4s^2 4p^2$
	33	As	$[Ar]3d^{10} 4s^2 4p^3$
	34	Se	$[Ar]3d^{10} 4s^2 4p^4$
	35	Br	$[Ar]3d^{10} 4s^2 4p^5$
	36	Kr	$[Ar]3d^{10} 4s^2 4p^6$

续表

周期序号	原子序数	元　素	电子分布式
五	37	Rb	$[Kr]5s^1$
	38	Sr	$[Kr]5s^2$
	39	Y	$[Kr]4d^1 5s^2$
	40	Zr	$[Kr]4d^2 5s^2$
	41	Nb	$[Kr]4d^4 5s^1$
	42	Mo	$[Kr]4d^5 5s^1$
	43	Tc	$[Kr]4d^5 5s^2$
	44	Ru	$[Kr]4d^7 5s^1$
	45	Rh	$[Kr]4d^8 5s^1$
	46	Pd	$[Kr]4d^{10}$
	47	Ag	$[Kr]4d^{10} 5s^1$
	48	Cd	$[Kr]4d^{10} 5s^2$
	49	In	$[Kr]4d^{10} 5s^2 5p^1$
	50	Sn	$[Kr]4d^{10} 5s^2 5p^2$
	51	Sb	$[Kr]4d^{10} 5s^2 5p^3$
	52	Te	$[Kr]4d^{10} 5s^2 5p^4$
	53	I	$[Kr]4d^{10} 5s^2 5p^5$
	54	Xe	$[Kr]4d^{10} 5s^2 5p^6$
六	55	Cs	$[Xe]6s^1$
	56	Ba	$[Xe]6s^2$
	57	La	$[Xe]5d^1 6s^2$
	58	Ce	$[Xe]4f^1 5d^1 6s^2$
	59	Pr	$[Xe]4f^3 6s^2$
	60	Nd	$[Xe]4f^4 6s^2$
	61	Pm	$[Xe]4f^5 6s^2$
	62	Sm	$[Xe]4f^6 6s^2$
	63	Eu	$[Xe]4f^7 6s^2$
	64	Gd	$[Xe]4f^7 5d^1 6s^2$
	65	Tb	$[Xe]4f^9 6s^2$
	66	Dy	$[Xe]4f^{10} 6s^2$
	67	Ho	$[Xe]4f^{11} 6s^2$
	68	Er	$[Xe]4f^{12} 6s^2$
	69	Tm	$[Xe]4f^{13} 6s^2$
	70	Yb	$[Xe]4f^{14} 6s^2$
	71	Lu	$[Xe]4f^{14} 5d^1 6s^2$

续表

周期序号	原子序数	元 素	电子分布式
六	72	Hf	$[Xe]4f^{14}5d^{2}6s^{2}$
	73	Ta	$[Xe]4f^{14}5d^{3}$
	74	W	$[Xe]4f^{14}5d^{4}6s^{2}$
	75	Re	$[Xe]4f^{14}5d^{5}6s^{2}$
	76	Os	$[Xe]4f^{14}5d^{6}6s^{2}$
	77	Ir	$[Xe]4f^{14}5d^{7}6s^{2}$
	78	Pt	$[Xe]4f^{14}5d^{9}6s^{1}$
	79	Au	$[Xe]4f^{14}5d^{10}6s^{1}$
	80	Hg	$[Xe]4f^{14}5d^{10}6s^{2}$
	81	Tl	$[Xe]4f^{14}5d^{10}6s^{2}6p^{1}$
	82	Pb	$[Xe]4f^{14}5d^{10}6s^{2}6p^{2}$
	83	Bi	$[Xe]4f^{14}5d^{10}6s^{2}6p^{3}$
	84	Po	$[Xe]4f^{14}5d^{10}6s^{2}6p^{4}$
	85	At	$[Xe]4f^{14}5d^{10}6s^{2}6p^{5}$
	86	Rn	$[Xe]4f^{14}5d^{10}6s^{2}6p^{6}$
七	87	Fr	$[Rn]7s^{1}$
	88	Ra	$[Rn]7s^{2}$
	89	Ac	$[Rn]6d^{1}7s^{2}$
	90	Th	$[Rn]6d^{2}7s^{2}$
	91	Pa	$[Rn]5f^{2}6d^{1}7s^{2}$
	92	U	$[Rn]5f^{3}6d^{1}7s^{2}$
	93	Np	$[Rn]5f^{4}6d^{1}7s^{2}$
	94	Pu	$[Rn]5f^{6}7s^{2}$
	95	Am	$[Rn]5f^{7}7s^{2}$
	96	Cm	$[Rn]5f^{7}6d^{1}7s^{2}$
	97	Bk	$[Rn]5f^{9}7s^{2}$
	98	Cf	$[Rn]5f^{10}7s^{2}$
	99	Es	$[Rn]5f^{11}7s^{2}$

5.3.3.3 基态原子的价层电子构型

价电子所在的亚层统称价层。原子的价层电子构型是指价层的电子分布式，它反映该元素原子电子层结构的特征。但价层中的电子并非一定全是价电子，例如，Ag 的价层电子构型为 $4d^{10}5s^{1}$，而其氧化值只有+1，+2，+3。

5.3.3.4 简单基态阳离子的电子分布

根据鲍林近似能级图，基态原子外层轨道能级高低顺序为：$ns < (n-2)f < (n-1)d < np$。若按此顺序，$Fe^{2+}$的电子分布式应为$[Ar]3d^4 4s^2$，但根据实验证实，$Fe^{2+}$的电子分布式为$[Ar]3d^6 4s^0$。原因是阳离子的有效核电荷比原子的多，造成基态阳离子的轨道能级与基态原子的轨道能级有所不同。

对基态原子和离子内轨道能级的研究，从大量光谱数据中归纳出如下经验规律：

基态原子外层电子填充顺序：$ns \to (n-2)f \to (n-1)d \to np$

价电子电离顺序：$np \to ns \to (n-1)d \to (n-2)f$

5.4 元素周期表

1869 年，俄国化学家门捷列夫将元素按照一定顺序排列起来，使元素的化学性质呈现周期性变化，这种变化规律称为元素周期律，其表格形式称为元素周期表。今天，人们认识到随着原子序数的增加，原子结构的周期性变化是引起元素性质周期性变化的原因。

5.4.1 能级组与周期

根据我国化学家徐光宪院士提出的近似能级公式计算各原子轨道的$(n+0.71)$值，整数相同的轨道，由小到大归为一个能级组，共计 7 个能级组，此结果与鲍林近似能级图中能级组的划分一致。一个能级组对应于元素周期表中的一个周期、每个能级组容纳的电子数目，就是该周期所含元素的数目（第七周期除外）。

5.4.2 区

根据元素原子价层电子构型的不同，可以把周期表中的元素所在位置分成 s,p,d,ds 和 f 五个区（图 5-12）。

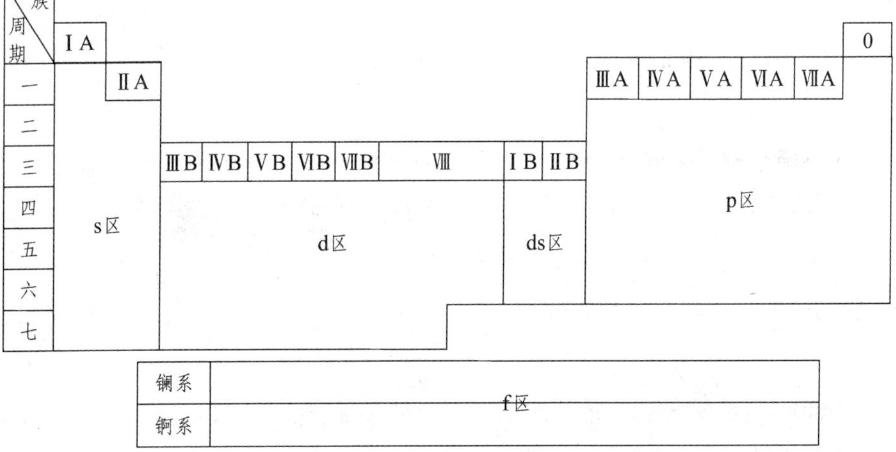

图 5-12 长式周期表元素分区示意图

各区元素原子核外电子层分布的特点，如表 5-3 所示。

表 5-3 各区元素原子核外电子分布特点

区	原子价层电子构型	最后填入电子的亚层	包括的元素
s	$ns^{1\to2}$	最外层的 s 亚层	ⅠA 族，ⅡA 族
p	$ns^2np^{1\to6}$	最外层的 p 亚层	Ⅲ～ⅦA 族，零族
d	$(n-1)d^{1\to9}ns^{1\to2}$	一般为次外层的 d 亚层	ⅢB～ⅦB 族，Ⅷ族（过渡元素）
ds	$(n-1)d^{10}ns^{1\to2}$	同上	ⅠB，ⅡB 族
f	$(n-2)f^{0\to14}(n-1)d^{0\to2}ns^2$	一般为外数第三层的 f 亚层（有个别例外）	镧系元素、锕系元素（内过渡元素）

5.4.3 族

如表 5-3 所示，如果元素原子最后填入电子的亚层为 s 或 p 亚层的，该元素便属于主族元素；如果最后填入电子的亚层为 d 或 f 亚层的，该元素便属副族元素，又称过渡元素（其中填入 f 亚层的又称内过渡元素）。书写时，以 A 表示主族元素，以 B 表示副族元素。如ⅡA 表示第二主族元素，ⅢB 表示第三副族元素。

元素周期表中，元素所处的区及其族数与其核外电子分布的关系如表 5-4 所示。

表 5-4 元素所处的区及其族数与其核外电子分布的关系

元　素	族　数
s、p、ds 区	等于最外层电子数
d 区（其中Ⅷ族只适用于 Os，Fe，Ru）	等于最外层电子数 + 次外层的 d 电子数
f 区	都属ⅢB 族

由此可见，元素在周期表中的位置（周期、区、族），是由该元素原子核外电子的分布所决定的。

5.5 原子参数的周期性

原子的电子层结构随着核电荷的递增呈现周期性变化，影响到原子的某些性质，如原子半径、电离能、电子亲和能和电负性等，也呈现周期性的变化。

5.5.1 原子半径

量子力学的原子模型认为，核外电子的运动是按概率分布的，由于原子本身没有鲜明的界面，因此原子核到最外电子层的距离实际上是难以确定的。通常所说的原子半径是根据该原子存在的不同形式来定义的。常用的有以下三种：

（1）共价半径：两个相同原子形成共价键时，其核间距离的一半，称为原子的共价半径，如果没有特别注明，通常指的是形成共价单键时的共价半径。例如，把Cl—Cl分子的核间距的一半(99 pm)定为Cl原子的共价半径。

（2）金属半径：金属单质的晶体中，两个相邻金属原子核间距离的一半，称为该金属原子的金属半径。例如，把金属铜中两个相邻Cu原子核间距的一半(128 pm)定为Cu原子的半径。

（3）范德华（van der Waals）半径：在分子晶体种，分子之间是以范德华力（即分子间力）结合的。例如，稀有气体晶体，相邻分子核间距的一半，称为该原子的范德华半径。例如(Ne)的范德华半径为160 pm。

表 5-5 列出元素周期表中各元素原子半径，其中非金属列出共价半径，金属列出金属半径（配位数为12），稀有气体列出范德华半径。

表 5-5 原子半径（单位：pm）

H 37																	He 122
Li 152	Be 111											B 88	C 77	N 70	O 66	F 64	Ne 160
Na 186	Mg 160											Al 143	Si 117	P 110	S 104	Cl 99	Ar 191
K 227	Ca 197	Sc 161	Ti 145	V 132	Cr 125	Mn 124	Fe 124	Co 125	Ni 125	Cu 128	Zn 133	Ga 122	Ge 122	As 121	Se 117	Br 114	Kr 198
Rb 248	Sr 215	Y 181	Zr 160	Nb 143	Mo 136	Tc 136	Ru 133	Rh 135	Pd 138	Ag 144	Cd 149	In 163	Sn 141	Sb 141	Te 137	I 133	Xe 217
Cs 265	Ba 217	La 188	Hf 159	Ta 143	W 137	Re 137	Os 134	Ir 136	Pt 136	Au 144	Hg 160	Tl 170	Pb 175	Bi 155	Po 153	At	Rn

同一周期的主族元素，自左向右，随着核电荷的增加，原子共价半径的总趋势是逐渐减小的（图 5-13）。

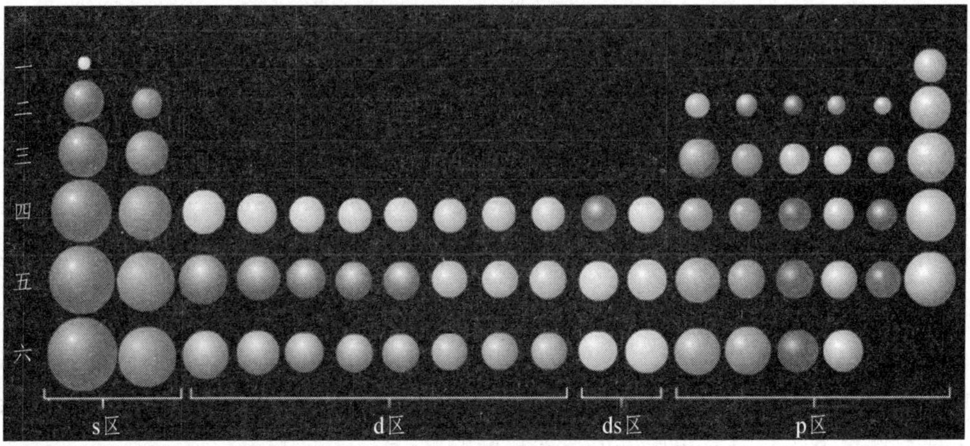

图 5-13 原子相对大小示意图

同一周期的d区过渡元素，从左向右过渡时，随着核电荷的增加，原子半径只是略有减小；而且，从ⅠB族元素起，由于次外层的$(n-1)$d轨道已经充满，较为显著地抵消核电

荷对外层 ns 电子的引力，因此原子半径反而有所增大。

同一周期的 f 区内过渡元素，从左向右过渡时，由于新增加的电子填入外数第三层的 $(n-2)$f 轨道上，其结果与 d 区元素基本相似，只是原子半径减小的平均幅度更小。例如，镧系元素从镧(La)到镥(Lu)，中间经历了 13 种元素，原子半径只收缩了12 pm 左右。镧系收缩的幅度虽然很小，但它收缩的影响却很大，使镧系后面的过渡元素铪(Hf)、钽(Ta)、钨(W)的原子半径与其同族相应的锆(Zr)、铌(Nb)、钼(Mo)的原子半径极为接近，造成 Zr 与 Hf，Nb 与 Ta，Mo 与 W 的性质十分相似，在自然界往往共生，分离时比较困难。

原子半径在族中的变化：主族元素从上往下过渡，原子半径显著增大。但是副族元素除钪分族外，从上往下过渡时原子半径一般略有增大，但第五周期和第六周期的同族元素之间，原子半径非常接近。

原子半径越大，核对外层电子的引力越弱，原子就越易失去电子；相反，原子半径越小，核对外层电子的引力越强，原子就越易得到电子。

但必须注意，难失去电子的原子，不一定就容易得到电子。例如，稀有气体原子得、失电子都不容易。

5.5.2 电离能和电子亲和能

原子失去电子的难易可用电离能(I)来衡量，结合电子的难易可用电子亲和能(E_A)来定性地比较。

5.5.2.1 电离能(I)

气态原子要失去电子变为气态阳离子（即电离），必须克服核电荷对电子的引力而消耗能量，这种能量称为电离能(I)，其单位采用 $kJ \cdot mol^{-1}$。

从基态（能量最低的状态）的中性气态原子失去一个电子形成气态阳离子所需要的能量，称为原子第一电离能(I_1)；由氧化数为+1 的气态阳离子再失去一个电子形成氧化数为+2 的气态阳离子所需要的能量，称为原子的第二电离能(I_2)；其余依次类推。例如：

$$Mg(g) - e^- \longrightarrow Mg^+(g)\ ;\ \ I_1 = \Delta H_1 = 738\ kJ \cdot mol^{-1}$$

$$Mg^+(g) - e^- \longrightarrow Mg^{2+}(g)\ ;\ \ I_2 = \Delta H_2 = 1451\ kJ \cdot mol^{-1}$$

……

显然，元素原子的电离能越小，原子就越易失去电子；反之，元素原子的电离能越大，原子越难失去电子。这样，我们就可以根据原子的电离能来衡量原子失去电子的难易程度。一般情况下，只要应用第一电离能数据即可。

元素原子的电离能，可以通过实验测出。

同一周期主族元素，从左向右过渡时，电离能逐渐增大。副族元素从左向右过渡时，电离能变化不十分规律。

同一主族元素从上往下过渡时，原子的电离能逐渐减小。副族元素从上往下原子半径只是略微增大，而且第五、六周期元素的原子半径又非常接近，核电荷数增多的因素起了作用，电离能变化没有较好的规律。值得注意，电离能的大小只能衡量气态原子失去电子变为气态离子的难易程度，至于金属在溶液中发生化学反应形成阳离子的倾向，还是应该根据金属的电极电势来进行估量。

5.5.2.2 电子亲和能(E_A)

与电离能恰好相反，元素原子的第一电子亲和能是指一个基态的气态原子得到一个电子形成气态阴离子所释放出的能量。例如：

$$O(g)+e^- \longrightarrow O^-(g)\ ;\quad E_{A1}=-141\ kJ\cdot mol^{-1}$$

元素原子的第一电子亲和能一般都为负值，因为电子落入中性原子的核场里势能降低，体系能量减少。唯稀有气体原子(ns^2np^6)和ⅡA族原子(ns^2)最外电子亚层已全充满，要加合一个电子，环境必须对体系做功，即吸收能量才能实现，所以第二电子亲和能为正值。所有元素原子的第二电子亲和能都为正值，因为阴离子本身是个负电场，对外加电子有排斥作用，要再加合电子时，环境也必须对体系做功。例如：

$$O^-(g)+e^- \longrightarrow O^{2-}(g)\ ;\quad E_{A2}=780\ kJ\cdot mol^{-1}$$

显然，元素原子的第一电子亲和能代数值越小，原子就越容易得到电子；反之元素原子的第一电子亲和能代数值越大，原子就越难得到电子。

由于电子亲和能的测定比较困难，所以目前测得的数据较少（尤其是副族元素，尚无完整数据），准确性也较差，有些数据还只是计算值。

无论是在周期或族中，主族元素电子亲和能的代数值一般都是随着原子半径的减小而减小的。因为半径减小，核电荷对电子的引力增大，故电子亲和能在周期中从左向右过渡时，总的变化趋势是减小的。主族元素从上往下过渡时，总的变化趋势是增大的。

注意：电子亲和能、电离能只能表征孤立气态原子或离子得、失电子的能力。

5.5.3 电负性(χ)

某原子难失去电子，不一定就容易得到电子；反之，某原子难得到电子，也不一定就容易失去电子。为了能比较全面地描述不同元素原子在分子中对成键电子吸引的能力，鲍林提出了电负性的概念，电负性是指分子中元素原子吸引电子的能力。他指定最活泼的非金属元素原子(F)的电负性为4.0，然后通过计算得到其他元素原子的电负性值（表5-6）。

从表5-6中可见，元素原子的电负性呈周期性变化。同一周期从左向右电负性逐渐增大。同一主族，从上往下电负性逐渐减小；至于副族元素原子，ⅢB～ⅤB族从上往下电负性变小，ⅥB～ⅡB族从上往下电负性变大。某元素的电负性越大，表示它的原子在分子中吸引成键电子（即习惯说的共用电子）的能力越强。需要说明几点：

（1）鲍林电负性是一个相对值，本身没有单位。

（2）自从 1932 年鲍林提出电负性概念后，有不少人对这个问题进行探讨，由于定义及计算方法不同，现在已经有几套元素原子电负性数。因此，使用数据时要注意出处，并尽量采用同一套电负性数据。

（3）如何定义电负性，至今仍在争论中。

表 5-6 元素的电负性（L. Pauling）

s 区												p 区				
H 2.0																
Li 1.1	Be 1.5											B 2.0	C 2.5	N 3.0	O 3.5	F 4.0
Na 0.9	Mg 1.2	d 区								ds 区		Al 1.5	Si 1.8	P 2.1	S 2.5	Cl 3.0
K 0.8	Ca 1.0	Sc 1.3	Ti 1.5	V 1.6	Cr 1.6	Mn 1.5	Fe 1.8	Co 1.9	Ni 1.9	Cu 1.9	Zn 1.6	Ga 1.6	Ge 1.8	As 2.0	Se 2.4	Br 2.8
Rb 0.8	Sr 1.0	Y 1.2	Zr 1.4	Nb 1.6	Mo 1.8	Tc 1.9	Ru 2.2	Rh 2.2	Pd 2.2	Ag 1.9	Cd 1.7	In 1.7	Sn 1.8	Sb 1.9	Te 2.1	I 2.5
Cs 0.7	Ba 0.9	La—Lu 1.0~1.2	Hf 1.3	Ta 1.5	W 1.7	Re 1.9	Os 2.2	Ir 2.2	Pt 2.2	Au 2.4	Hg 1.9	Tl 1.8	Pb 1.9	Bi 1.9	Po 2.0	At 2.2
Fr 0.7	Ra 0.9	Ac 1.1	Th 1.3	Pa 1.4	U 1.4	Np—No 1.4~1.3					–					

5.5.4 元素的金属性和非金属性

在已经发现和合成的元素中，金属元素占 4/5 左右。凡是金属都不同程度地具有不透明、金属光泽、导电传热和延展性。从化学角度说，金属性最突出的特性是它在化学反应中容易失去电子。因此，在化学反应中，某元素原子如果容易失去电子变为低正氧化值阳离子，就表示它的金属性强；反之，若容易得到电子变为阴离子，就表示它的非金属性强。

元素金属性和非金属性相对强弱，可以应用原子参数进行比较。元素原子的电离能越小或电负性越小，元素的金属性越强；元素原子的电子亲和能的代数值越小，或电负性越大，元素的非金属性越强。

同一周期的元素，由左向右过渡，元素原子的电负性增大，元素的金属性逐渐减弱，元素的非金属性逐渐增强。

同一主族的元素由上往下过渡，元素原子的电负性减小，元素的金属性逐渐增强，元素的非金属性逐渐减弱。副族元素ⅢB～ⅤB族电负性变小，金属性增强，ⅥB～ⅡB族电负性变大，金属性减弱。

习 题

1. 原子核外电子的运动有什么特点？

2. 玻尔理论的几条假设是什么？该理论解决了什么问题？有何缺点？

3. 原子轨道、概率密度和电子云等概念的联系和区别？

4. 描述核外电子运动状态的下列每一组量子数是否合理？说明原因并改正。

(1) $n=1, l=1, m=0$。

(2) $n=2, l=0, m=\pm1$。

(3) $n=3, l=3, m=\pm3$。

(4) $n=4, l=3, m=\pm2$。

5. 已知 M^{2+} 的 3d 轨道有 5 个电子，试指出：

（1）该原子的核外电子排布式；

（2）+3 价离子的外层电子排布式。

6. 写出下列原子或离子的核外电子排布式。

（1）Sc（2）V^{3+}（3）Mn^{2+}（4）Co^{3+}（5）Cr^{3+}

7. 现有 X、Y、Z 三种元素的原子，电子最后排布在相同的能级组上，而且 Y 的核电荷比 X 大 12 个单位，Z 的质子数比 Y 多 4 个。1 mol 的 X 同酸反应能置换出 1 g H_2，这时 X 转换为氩原子型电子层结构的离子。

（1）判断 X、Y、Z 为何种元素。

（2）写成 X 的原子、Y 的阳离子、Z 的阴离子的电子排布式。

8.（1）主副族元素的电子构型各有什么特点？

（2）元素周期表中 s 区、p 区、d 区和 ds 区元素的电子构型各有什么特点？

（3）第110号元素所在的周期和族？

9. 下列术语的含义？它们和元素周期律的关系？

电离能、电子亲和能、电负性

6 化学键与晶体结构

物质中直接相邻的两个或多个原子（或离子）之间强烈的相互作用叫作化学键。化学反应的实质是不同物质的分子中各种原子进行重新结合，因此，化学反应本质是旧化学键断裂和新化学键形成。

我们知道，原子是由带电粒子组成的，原子间相互作用力大多是静电相互作用，主要取决于两个方面，一是原子的带电状态（中性原子或离子），二是原子的电子结构，按原子最外价电子层全满状态（闭壳层）或未满状态（开壳层）来分类。闭壳层包括中性原子，如稀有气体 He、Ne、Kr……，及具有稀有气体闭壳层结构的离子，如 Li^+、Na^+、Mg^{2+}、F^-、Cl^- 等。开壳层则包括大多数中性原子，如 H、Na、Mg、C、F 等。显然，闭壳层原子（或离子）与开壳层原子之间相互作用很不相同。

根据带电状态不同，原子间相互作用大致可分为以下几类：① 两个闭壳层的中性原子，例如 He－He，它们之间是范德华引力作用。② 两个开壳层的中性原子，例如 H－H，它们之间靠共用电子对结合，称为“共价键”。③ 一个闭壳层的正离子与一个闭壳层的负离子，例如 Na^+-Cl^-，它们之间是静电相互作用，称之为“离子键”。④ 许多金属原子聚集在一起，最外层价电子脱离核的束缚，在整个金属固体内运动，它们之间的相互作用称为金属键。

原子、离子或分子通过各自特定的化学键紧密结合，且在三维方向上周期性规则排列成固体，即为晶体。晶体内部原子、离子或分子按周期性规律排列的结构，是晶体结构最基本的微观特征。宏观上，晶体还具有五大共同特性：① 均匀性；② 各向异性；③ 自限性；④ 对称性；⑤ 固定的熔点。根据晶体中实际质点与化学键类型可分类：金属晶体、离子晶体、分子晶体、原子晶体及混合晶体。晶体中化学键类型、键长、键能的不同造成各类晶体在导电性、硬度、熔点等物理化学上存在显著的差异，如表 6-1 所示。

表 6-1 离子晶体、原子晶体和分子晶体的性能比较

比较 \ 类型		离子晶体	原子晶体	分子晶体
构成晶体微粒		阴、阳离子	原子	分子
形成晶体作用力		离子键	共价键	范德华力
物理性质	熔沸点	较高	很高	低
	硬度	硬而脆	大	小
	导电性	不良（熔融或水溶液中导电）	绝缘、半导体	不良
	传热性	不良	不良	不良
	延展性	不良	不良	不良

续表

比较 \ 类型		离子晶体	原子晶体	分子晶体
物理性质	溶解性	易溶于极性溶剂，难溶于有机溶剂	不溶于任何溶剂	极性分子易溶于极性溶剂，非极性分子易溶于非极性溶剂中
典型实例		NaOH、NaCl	金刚石	P_4、干冰、硫

6.1 共价键与原子晶体

6.1.1 共价键的特征

共价键是通过原子之间共用电子而形成。共价键的特点是具有方向性和饱和性，这就决定了共价晶体中原子的堆积密度较小，共价晶体键强度较高，且具有稳定的结构。共价键具有以下3个典型特征：

1. 定域性

自旋反平行的两个电子绕核做高速运动，属于成键原子共同所有。电子对在两核之间出现的概率最大。

2. 饱和性

按照价键理论的电子配对原理，一个原子有几个未成对电子，便可和几个自旋相反的电子配对成键，这就是共价键的“饱和性”。共价键的饱和性决定了原子形成分子时相互结合的数量关系。例如，常见的共价键结合的分子有氢气、氯化氢、氯气等，每个分子包含的种类和数量都是特定的。

3. 方向性

电子所在的原子轨道都具有一定的形状，成键原子的电子云尽可能达到最大重叠必须沿一定方向交叠，所以共价键有方向性。它决定了分子的空间构型。

6.1.2 共价键的形式

电子配对原理，两原子各自提供1个自旋方向相反的电子彼此配对。

最大重叠原理，两个原子轨道重叠部分越大，两核间电子的概率密度越大，形成的共价键越牢固，分子越稳定。

电子云在两个原子核间重叠，意味着电子出现在核间的概率增大，电子带负电，因而可以形象地说，核间电子好比在核间架起一座带负电的桥梁，把带正电的两个原子核“黏结”在一起了。例如，H_2分子的形成过程如图 6-1 所示。

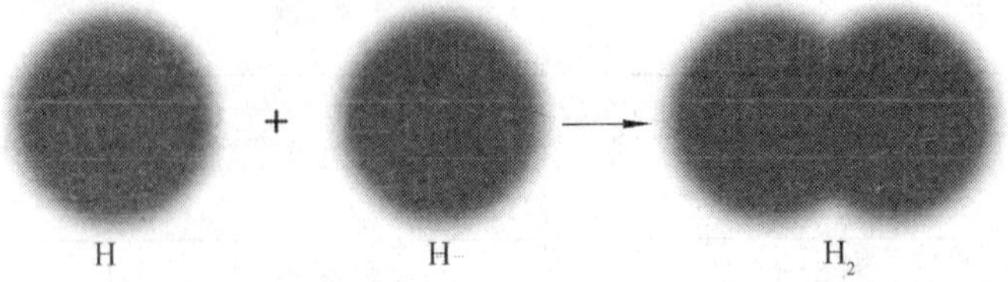

图 6-1 H_2分子的形成过程

6.1.2.1 σ键

由两个相同或不相同的原子轨道沿轨道对称轴方向相互重叠而形成的共价键，即“头碰头”，叫作σ键。σ键的特征是以形成化学键的两原子核的连线为轴旋转，共价键电子云的图形不变，如图所示。σ键是原子轨道沿轴方向重叠而形成的，具有较大的重叠程度，因此σ键比较稳定。σ键是能围绕对称轴旋转，而不影响键的强度以及键跟键之间的角度（键角）。

图 6-2 HCl 分子的形成示意图

根据分子轨道理论，两个原子轨道充分接近后，能通过原子轨道的线性组合，形成两个分子轨道。其中，能量低于原来原子轨道的分子轨道叫成键轨道，能量高于原来原子轨道的分子轨道叫反键轨道。以核间轴为对称轴的成键轨道叫σ轨道，相应的键叫σ键。以核间轴为对称轴的反键轨道叫σ^*轨道，相应的键叫σ^*键。分子在基态时，构成化学键的电子通常处在成键轨道中，而让反键轨道空着。

6.1.2.2 π键

当两个原子的轨道（p轨道）从垂直于成键原子的核间连线的方向接近，发生电子云重叠而成键，即“肩并肩”，这样形成的共价键称为π键（图 6-3）。π键不能旋转；由于π键重叠程度比σ键小，所以σ键的强度要比π键大，因此π键的稳定性不及σ键。

π键通常伴随σ键出现，π键的电子云分布在σ键的上下方。σ键的电子被紧紧地定域在成键的两个原子之间，π键的电子相反，它可以在分子中自由移动，并且常常分布于若干原子之间。如果分子为共轭的π键体系，则π电子分布于形成分子的各个原子上，这种π电子称为离域π电子，π轨道称为离域轨道。某些环状有机物中，共轭π键延伸到整个分子，如多环芳烃就具有这种特性。

π键具有两个典型特点：原子轨道以平行或“肩并肩”方式重叠；原子重叠的部分分别位于两原子核构成平面的两侧，如果以它们之间包含原子核的平面为镜面，它们互为镜像，称为镜像对称。

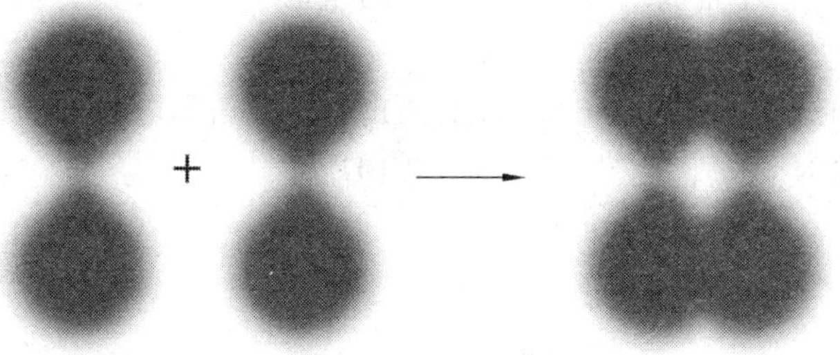

图 6-3　π 键的形成过程

根据分子轨道理论，两个原子的 p 轨道线性组合能形成两个分子轨道：能量低于原来原子轨道的成键轨道和能量高于原来原子轨道的反键轨道，相应的键分别叫 π 键和 π^* 键。分子在基态时，两个 p 电子（π 电子）位于成键轨道中，而让反键轨道空着。

6.1.3 键能、键长与键角

键能是指在标准条件，将 1 mol 理想气体分子 AB 断裂为中性气态原子 A 和 B 所需要的能量（单位为 $kJ \cdot mol^{-1}$）。键能越大，化学键越牢固，含有该键的分子越稳定。常见的共价键的键能如表 6-2 所示。键长是指形成共价键的两个原子之间的核间的平衡距离。一般而言原子半径越大，键长越大，键长越短往往键能就越大，共价键越稳定。

表 6-2　常见的共价键键长与键能

键	键能 / $kJ \cdot mol^{-1}$	键长 / pm	键	键能 / $kJ \cdot mol^{-1}$	键长 / pm
H—H	436	74	N═N	418	122
C—C	332	154	C═C	661	134
Cl—Cl	330	198	O═O	497	121
Si—Si	176	235	N≡N	945	110
C—O	347	143	H—O	464	96
Si—O	460	162	H—F	565	92
C—F	427	92	H—Cl	432	191
C—Cl	330	127	H—Br	243	141
C—Br	276	194	H—C	413	109

多原子分子中，两共价键之间的夹角叫作键角，键角是共价键的方向性决定的，键长和键角决定分子的空间构型。例如，H_2O 和 CO_2 同是三原子分子，H_2O 分子中两个 H—O 键的夹角为 104.5°，CO_2 分子中两个 C═O 键间的夹角为 180°，因此，H_2O 分子是 V 形，而 CO_2 分子是直线形。NH_3 分子中三个 N—H 键的键长相等，两个 N—H 键之间的夹角为 107°18′，NH_3 分子呈三角锥形。又如 CH_4 分子，四个 C—H 键的键长相等，C—H 键之间的夹角均为 109°28′，CH_4 分子是正四面体形。周期表中，同族非金属元素的氢化物或卤化物，组成相似，分子结构相同，例如第ⅣA 族元素形成的 CH_4、CCl_4、SiH_4、SiF_4 等，它们的分子均是正四面体结构。又如氧族的氢化物 H_2O、H_2S、H_2Se 等，它们的分子均是

V形结构。还有BF_3、BCl_3、SO_3……，键角120°，只能是平面三角形（正三角），就是三角形顶点各有一个原子，中心原子处于三角形的重心。又如，正六边形的每个内角都是120°，苯的结构就是正六边形。

键角会受分子内结构改变的影响，如在NH_3中，键角本应为120°，但由于N有一个独立电子对，因此压迫N原子，使键角减小，为107°18′。

6.1.4 原子晶体

典型的原子晶体熔点高，硬度大，脆性大，热膨胀系数小。原子晶体中束缚在相邻原子间的共用电子不能自由运动，熔融后也无载流子，故原子晶体在固态和熔融态一般均不导电。因而这类键型的陶瓷可用于制造电绝缘子。最硬的材料金刚石（C）、研磨材料金刚砂（SiC）、高温陶瓷（Si_3N_4）等都是共价晶体。

6.1.4.1 金刚石的晶体结构

金刚石的晶体结构是一种正四面体的空间网状结构（图 6-4、图 6-5）。在金刚石晶体中，每个碳原子的 4 个价电子以sp^3杂化的方式，形成 4 个完全等同的原子轨道，与最相邻的 4 个碳原子形成共价键。这 4 个共价键之间的角度都相等，约为 109.5°。这样形成由 5 个碳原子构成的正四面体结构单元，其中 4 个碳原子位于正四面体的顶点，1 个碳原子位于正四面体的中心。因为共价键难以变形，C—C 键能大，所以金刚石硬度和熔点都很高，化学稳定性好。共价键中的电子被束缚在化学键中不能参与导电，所以金刚石是绝缘体，不导电。

图 6-4 金刚石单晶

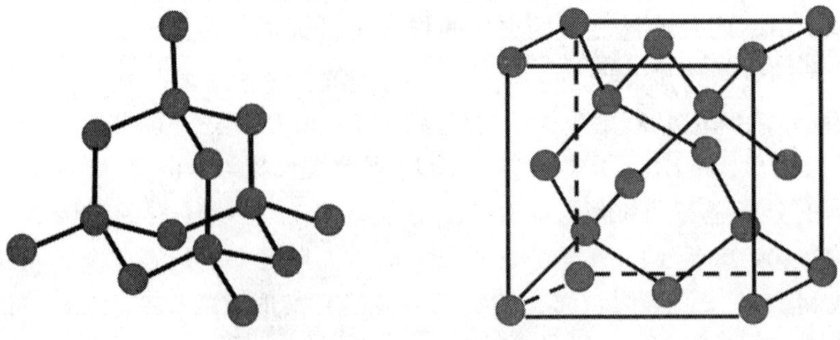

图 6-5 金刚石晶体结构

6.1.4.2 二氧化硅晶体结构

SiO_2的结构与金刚石相似，C被Si代替，C与C之间插氧，∠O—Si—O = 109°28′，SiO_2晶体中最小环为12环（6个Si，6个O）。在二氧化硅晶体中每个硅原子与周围的四个氧原子的成键情况与金刚石晶体中的碳原子与周围的其他碳原子连接的情况是相同的，即每个硅原子与周围的4个氧原子构成一个正四面体。只是每个氧原子又处在由另一个硅原子为中心构成的正四面体上。每个氧原子为两个硅氧四面体共用，如图6-6、图6-7所示。

图 6-6 天然 SiO_2 单晶

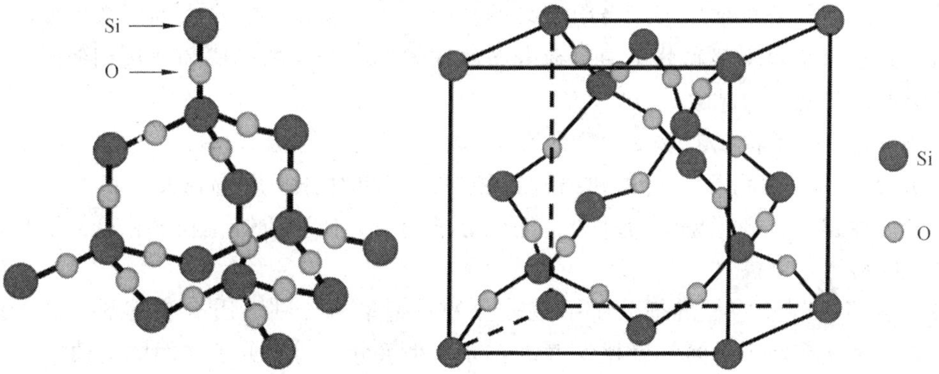

图 6-7 SiO_2 晶体结构

6.2 分子之间的作用力和分子晶体

分子与分子之间存在着一种能把分子聚集在一起的作用力，这种作用力就叫分子间作用力，又称范德华力。它的实质是一种静电作用，它比化学键弱很多。此外，氢键也是一种特殊的分子间作用力。分子间通过分子间作用力构成的晶体称为分子晶体。

6.2.1 分子极性

分子的极性取决于两个因素：一是分子中每一个键两端的原子的电负性的差异，差异越大的，键的极性越强；另一个因素就是每个键极性向量的向量和，其向量和不为零的分子就是极性分子。极性分子间有偶极-偶极作用力，非极性分子间则只有瞬间偶极-感应偶极作用力，后者是所有分子间都有的作用力。而偶极-偶极作用力与瞬间偶极-感应偶极作用力通称为范德华力。

氢键可视为极性分子的一个极端，因为 H—F, H—O, H—N 键中，氢原子的唯一一个电子几乎被电负性极强的 F、O 和 N 拉走，所以氢原子上带有相当的正电荷，比如 HF 分子，其上的氢原子相当于带有 +0.45 电子电荷，而氟原子上带有 −0.45 电子电荷。这氢原子与旁边的另一个 F、O 或 N 原子就会有极强的作用力，即氢键。当一个键两端原子的电负性差异大到非常大，则形成离子键。

6.2.2 分子间作用力的特点

6.2.2.1 范德华力

范德华力只存在于分子间，包括单原子分子，只有当分子充分接近（300 ~ 500 pm）时才有相互作用。范德华力一般没有饱和性和方向性，只要分子周围空间允许，当气体分子凝聚时，每个分子总是尽可能吸引更多的其他分子。影响范德华力的因数主要有：分子的大小、分子的空间构型和分子中电荷分布的均匀性。分子的组成和结构相似时，相对分子质量越大，范德华力越大。

范德华力对分子构成的物质性质的影响包括以下几个方面：

（1）分子构成的物质，组成和结构越相似，其相对分子质量越大，相对分子质量相近，分子极性越大，则范德华力越大，克服分子间引力使物质熔化和气化就需要更多的能量，物质的熔沸点越高。

（2）若溶质分子能与溶剂分子形成较强的范德华力，则溶质在该溶剂中的溶解度较大。例如，氧气在水中的溶解度比氮气大，原因是氧分子与水分子之间的范德华力大。

6.2.2.2 氢 键

形成氢键必须具备 2 个必要条件：① 分子中有 H 原子；② X—H···Y 中 X 原子元素的电负性大，半径小，且有孤电子对。实际上，只有 N、O、F 三种元素才能满足第二个条件，它们的氢化物可以形成氢键。此外，无机含氧酸和有机羧酸、醇、胺以及蛋白质和某些合成高分子化合物等物质的分子（或分子链）之间都存在有氢键。因为这些物质的分子中含有 F—H、O—H 或 N—H 键。

氢键和范德华力类似，也是一种分子间作用力，它比化学键弱但比范德华力强。氢键有饱和性和方向性，分子中每一个 X—H 键中的 H 只能与一个 Y 原子形成氢键，如果再有第二个 Y 与 H 结合，则 Y 与 Y 之间的斥力将比 H···Y 之间的引力大，也就是说 H 原子没有足够的空间再与另一个 Y 原子结合。X—H···Y 系统中，X—H···Y 一般在同一直线上，这样才可使 X 和 Y 距离最远，两原子间的斥力最小，系统更稳定。氢键的强弱与 X 和 Y 的电负性大小有关，一般 X、Y 元素的电负性越大，半径越小，形成的氢键越强。例如，F—H···F>O—H···O > N—H···Y。

氢键有两种形式：① 分子间的氢键，即一个分子的 X — H 键中的 H 与另一个分子的 Y 原子相结合而成的。分子间的氢键有同种分子间与不同分子间，分子间氢键会增强分子间作用力。② 分子内氢键，一个分子的 X — H 键中的 H 与其分子内部的 Y 原子相结合而成的氢键称为分子内氢键。例如，邻羟基苯甲酸，其结构式如右所示。分子内氢键则会削弱分子间作用力。

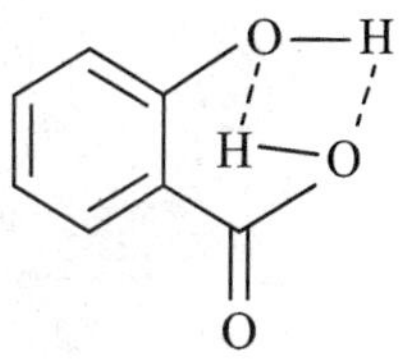

6.2.3 分子晶体

6.2.3.1 分子晶体的特点

由于分子晶体一般具有较低的熔点，因此分子晶体大多只能在低温状态观察到。分子晶体大致可以分为以下几类：① 非金属氢化物，如 CH_4 、 H_2O 、 NH_3 、 HF ；② 部分非金属单质，如卤素、 O_2 、 S 、 P_4 、 Ar 、 C_{60} ；（3）部分非金属氧化物，如 CO_2、SO_2、SO_3、P_2O_5、P_4O_{10} ；④ 几乎所有的酸，如 H_2SO_4、HNO_3、H_3PO_4、H_3AsO_4、HClO、HI、H_2SiO_3 ；⑤ 绝大多数有机物，如各类烃、卤代烃、醇、醛、羧酸、酯、糖类、蛋白质。

由于分子间作用力很弱，因此分子晶体具有较低的熔点和沸点，硬度较低。由于构成分子晶体的每个格点为中性的分子，不存在可以自由移动的电子或离子，因此无论是固态还是熔融态都不导电。分子晶体的溶解性与自身极性与溶剂极性有关，也就是我们常说的相似相容原理。

6.2.3.2 分子晶体结构

分子晶体结构可按有无氢键存在分为以下两种情况：

（1）只有范德华力，无分子间氢键时。分子晶体为分子密堆积，每个分子周围有 12 个紧邻的分子，如 C_{60} 、干冰、I_2、O_2 。

以干冰晶体为例进行简单说明。干冰晶体是一种立方面心结构，立方体的 8 个顶点及 6 个面的中心各排布一个 CO_2 分子，晶胞是一个面心立方（图 6-8、图 6-9）。一个晶胞实际拥有的 CO_2 分子数为 4 个（均摊法），每个 CO_2 分子周围距离相等且最近的 CO_2 分子共有 12 个。分子间由分子间作用力形成晶体。每个 CO_2 分子内存在共价键，因此晶体中既有分子间作用力，又有化学键，但熔、沸点的高低由分子间的作用力决定，重要因素是相对分子质量，因此当晶体熔化时，分子内的化学键不发生变化。

（2）有分子间氢键。不具有分子密堆积特征，如 HF 、冰、 NH_3 。

以冰为例进行简单说明。冰是水在自然界中的固体形态，也是 H_2O 的晶体。分子之间主要靠氢键作用，和只有范德华力情况不同的是，每个 H_2O 分子周围有 4 个紧邻的分子形成四面体结构，该结构是一个敞开式的松弛结构，因为 5 个水分子不能把全部四面体的体积占完，在冰中氢键把这些四面体联系起来，成为一个整体。这种通过氢键形成的定向有序排列，空间利用率较小，约占 34% ，因此冰的密度较小。冰的晶格结构一般为六方体，

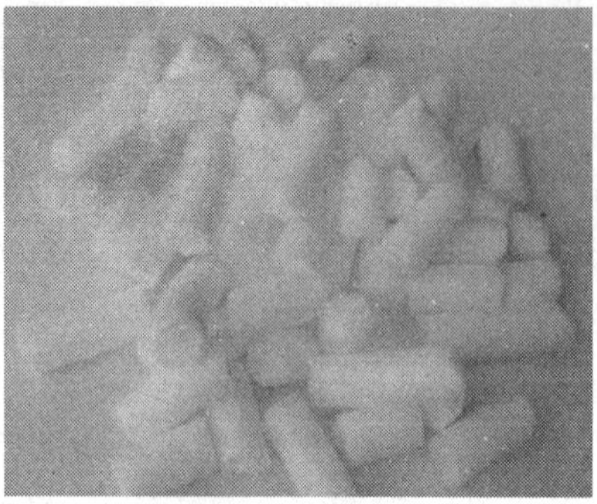

图 6-8 CO_2 晶体

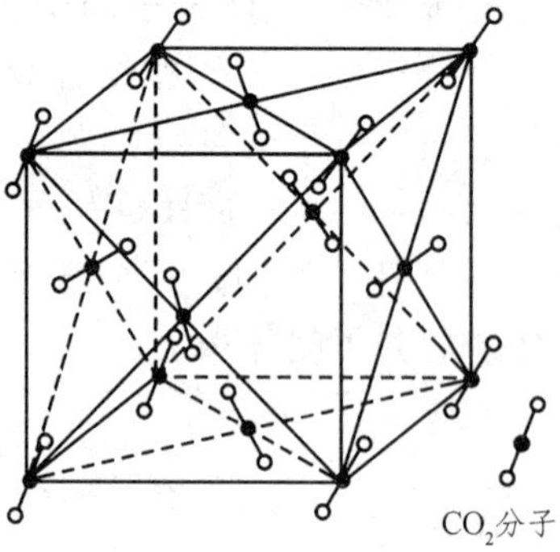

图 6-9 CO_2 的分子晶体结构

但因应不同压力可以有其他晶格结构，到目前为止，已经能够在实验室里制造出 8 种冰的晶体。六方冰的晶格为 1 个带顶锥的三棱柱体，6 个角上的氧原子分别为相邻 6 个晶胞所共有。3 个棱上氧原子各为 3 个相邻晶胞所共有，2 个轴顶氧原子各为 2 个晶胞所共有，只有中央 1 个氧原子是该晶胞所独有，如图 6-10 所示。

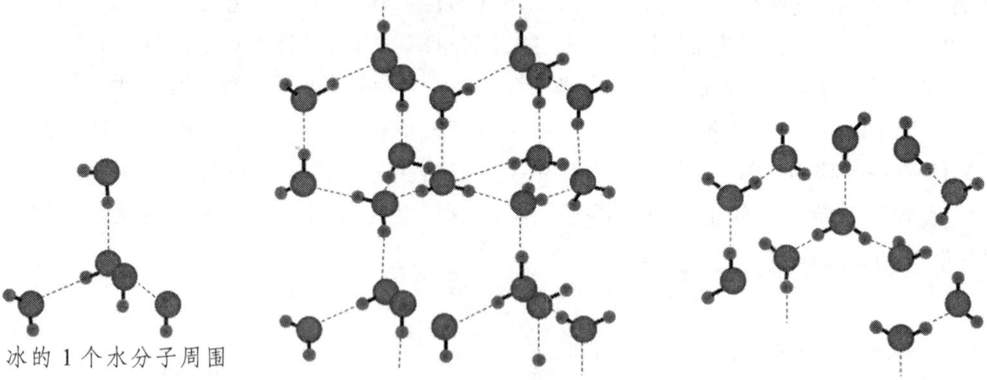

（a）冰的 1 个水分子周围有 4 个水分子　　（b）冰的晶体结构　　（c）冰融化过程中分子间距减小

图 6-10 冰的晶体结构

6.3 金属键与金属晶体

金属键主要在金属中存在，由自由电子及排列成晶格状的金属离子之间的静电吸引力组合而成。金属原子很容易失去其外壳层价电子而具有稳定的电子壳层，形成带正电荷的阳离子。当许多金属原子结合时，这些阳离子常在空间整齐地排列，而远离核的电子则在各正离子之间自由游荡，形成“电子气”，金属正是依靠正离子和自由电子之间的相互吸引而结合起来的。因此有人形象地将金属键比喻为金属阳离子沉浸在自由电子的海洋里。

正因为如此，金属键没有方向性。正离子之间改变相对位置并不会破坏电子与正离子间的结合力，因而金属具有良好的塑性，此外，金属正离子被另一种金属正离子取代时也不会破坏结合键，这种金属之间的固溶能力也是金属的重要特性。金属键无固定的键能，金属键的强弱和自由电子的多少有关，也和离子半径、电子层结构等其他许多因素有关。

通过金属离子与自由电子之间的较强作用形成的晶体材料，叫作金属晶体，金属晶体结构中，金属原子一层一层紧密地堆积着排列。自由电子的存在和紧密堆积的结构使金属具有许多共同的性质，如良好的导电性、导热性、延展性以及金属光泽等物理性质。

6.3.1 金属光泽

金属原子一般以紧密堆积形式排列，自由电子包覆在原子表面。当光线投射到金属晶体表面时，自由电子的电磁响应（Lorentz 方程）决定了金属对低于某一个频率（Plasmon Frequency）的光子具有较强的反射率。通常该频率较高，意味着自由电子可以反射绝大部分可见光，因此，许多金属呈现出银白色光泽或钢灰色。某些有色金属呈现特定光泽，主要原因是能吸收某些短波可见光，如金呈黄色，铜呈赤红色，铋为淡红色，铯为淡黄色以及铅是灰蓝色。金属光泽只有在作为块体材料时才能表现出来，当金属以粉末形态存在时，入射于金属粉的可见光被漫反射，因此一般金属粉都呈暗灰色或黑色。

6.3.2 金属的导电性和导热性

根据金属键的概念，所有金属中都有自由电子。在没有外加电场作用时，自由电子没有一定的运动方向，因此没有定向电流产生。当金属导线接到电源的正、负两极时，有了电势差，自由电子便沿着导线由负极移向正极，形成电流。金属导电性可从能带理论进行解释，如图 6-11 所示。

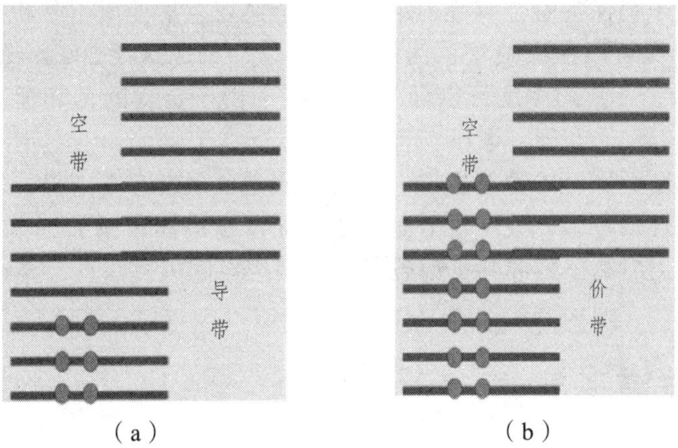

图 6-11　导体的能带结构示意图

金属的导电机制典型的是两种情况。第一种是价带本来就没有被电子填满，同时价带又同邻近的空带重叠，形成一个更宽的导带[图 6-11（a）]，典型的有 Na, K, Cu, Al, Ag 等。实际参与导电的是那些未被填满的价带中的电子。例如，当 Na 原子结合成晶体时，3s 能带只填满了一半电子，而 3p 能带与 3s 能带相交错。这样在被电子填满的能级上面有很多空着的能级，所以电场很容易将价电子激发到较高的能级上，因此 Na 是良导体。另一种是价带与空带发生交叠，价带被电子填满，成为满带[图 6-11（b）]，典型的为 Bi，As，Mg，Zn 等二价金属。由于能带少量重叠，所以出现电子和空穴同时参与导电。

金属的导电性与温度有很大关系，当温度升高时，金属离子和金属原子的振动增加，自由电子的运动受阻碍程度增加，因此金属的导电性就降低。

金属的导热性也与自由电子的存在密切相关，当金属中有温度差时，运动的自由电子不断与晶格结点上振动的金属离子相碰撞而交换能量，因此使金属具有较高的导热性。多数金属具有良好的导电性及导热性，常见金属的电导率和热导率如表 6-3 所示。

表 6-3 常见金属的电导率与热导率

金属	电导率 IACS/100%	热导率 /$W\cdot Mk^{-1}$	金属	电导率 IACS/100%	热导率 /$W\cdot Mk^{-1}$
银	108.4	429	铁	17.2	80
铜	103.6	401	锡	15.6	67
金	73.4	317	铅	8.35	35
铝	64.96	237	锌	28.27	116

因此，铜和铝常用作导体材料，银和金由于价格昂贵，常用作触点材料。金属和其他类型固体的导电性有很大差别，常以电导率表示，单位是电阻率的倒数。

6.3.3 金属的延展性

金属键没有方向性，当金属受到外力作用时，金属内原子层之间容易做相对位移，而金属离子和自由电子仍保持着金属键的结合力，金属发生形变而不易断裂，因此金属具有良好的变形性。金属可以抽成细丝，例如，铂可以加工成直径 200 nm 的超细丝。金属可以压成薄片，例如，金箔的厚度可以低于100 mm。由于金属的良好延展性，因此，作为材料使用的金属可以经受切削、锻压、弯曲、铸造等加工。

延展性的好坏由金属键的键能决定，不同金属的延展性存在差异，甚至有少数金属，如锑、铋、锰等，性质较脆，几乎没有延展性。而离子晶体和原子晶体一般延展性很差，原因在于受外力作用时离子键和共价键破裂，晶格接点间失去联系，导致晶格破裂。

6.4 离子键与离子晶体

6.4.1 离子键的形成与特点

两个或多个原子或化学集团失去或获得电子而成为离子，然后通过库仑静电引力生成离子化合物。正负离子之间的静电作用力称为离子键（Ionic Bond）。库仑力的性质决定了离子键既没有方向性，也没有饱和性，意思是正负离子在空间任何方向上吸引相反电荷离子的能力是等同的；一个离子除吸引最邻近的异电荷离子外，还可吸引远层异电荷离子。正负离子周围邻接的异电荷离子数主要取决于正负离子的相对大小，与各自所带电荷的多少无直接关系。

配位数指化合物的中心原子周围的配位原子个数。配位数的多少取决于中心离子和配体的性质——电荷、体积、电子层结构以及配合物形成时的条件，特别是浓度和温度。一般来讲，中心离子的电荷越高越有利于形成配位数较高的配合物。中心离子的半径越大，在引力允许的条件下，其周围可容纳的配体越多，配位数也就越大。

6.4.2 离子特性与离子键

离子的电荷数、离子的电子组态和离子半径是离子的三个重要特征。

6.4.2.1 离子的电荷数

从离子键的形成过程可知，阳离子的电荷数就是相应原子失去的电子数；阴离子的电荷数就是相应原子得到的电子数。阴、阳离子的电荷数主要取决于相应原子的电子层组态、电离能、电子亲和能等。

6.4.2.2 离子的电子组态

离子的电子组态有以下几种：

（1）2 电子组态：离子只有 2 个电子，外层电子组态为 $1s^2$。

（2）8 电子组态：离子的最外电子层有 8 个电子，外层电子组态为 ns^2np^6。

（3）18 电子组态：离子的最外电子层有 18 个电子，外层电子组态为 $ns^2np^6nd^{10}$。

（4）18＋2 电子组态：离子的次外电子层有 18 个电子，最外电子层有 2 个电子，外层电子组态为 $(n-1)s^2(n-1)p^6(n-1)d^{10}ns^2$。

（5）9~17 电子组态：离子的最外电子层有 9~17 个电子，外层电子组态为 $ns^2np^6nd^{1\sim9}$。

6.4.2.3 离子半径

离子半径是根据离子晶体中阴、阳离子的核间距测出的，并假定阴、阳离子的平衡核间距为阴、阳离子的半径之和。离子半径具有以下规律：

（1）同一元素的阴离子半径大于原子半径，阳离子半径小于原子半径。

（2）同一周期中电子层结构相同的阳离子的半径，随离子的电荷数的增加而减小；而阴离子的半径随离子的电荷数减小而增大。

（3）ⅠA 族、ⅡA 族、ⅢA~ⅦA 族的同族电荷数相同的离子的半径，随离子的电子层数增加而增大。

离子晶体的结构类型，与离子半径、离子的电荷数、离子的电子组态有关，其中与离子半径的关系更为密切。只有当阳、阴离子紧密接触时，所形成的离子晶体才是最稳定的。阳、阴离子是否能紧密接触与阳、阴离子半径之比 r_+/r_- 有关。

现以阳、阴离子的配位数均为 6 的晶体构型的某一层为例，说明阳、阴离子的半径比与配位数和晶体构型的关系（图 6-12）。

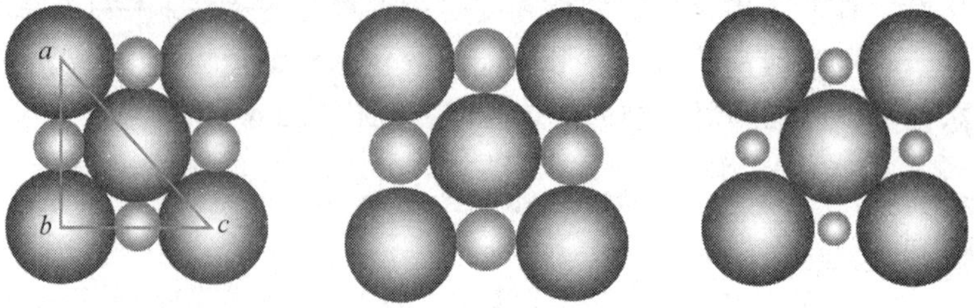

（a）$\frac{r_+}{r_-}=0.414$　　（b）$\frac{r_+}{r_-}>0.414$　　（c）$\frac{r_+}{r_-}<0.414$

图 6-12　阳、阴离子半径比与配位数的关系的示意图

在△ abc 中，$ab=bc=2(r_++r_-), ac=4r_-$，则：

$$[2(r_++r_-)]^2+[2(r_++r_-)]^2=(4r_-)^2$$

$$r_+=0.414r_-$$

阳、阴离子的半径比为

$$\frac{r_+}{r_-}=\frac{0.414\,r_-}{r_-}=0.414$$

（1）当 $r_+/r_-=0.414$ 时，阳、阴离子直接接触，阴离子也是直接接触。

（2）当 $r_+/r_->0.414$ 时，阳、阴离子直接接触，阴离子不再接触，这种构型比较稳定，这就是配位数为 6 的情况。但当 $r_+/r_->0.732$ 时，阳离子相对较大，它有可能接触更多的阴离子，从而使配位数提高到 8。

（3）当 $r_+/r_-<0.414$ 时，阴离子直接接触，而阳、阴离子不能直接接触，这种构型是较不稳定的。由于阳离子相对较小，它有可能接触更少的阴离子，可能使配位数减少到 4 。

离子晶体中，阳、阴离子的半径比与配位数、晶体构型的这种关系称为离子半径比规则，如表 6-4 所示。

表 6-4　AB 型离子晶体的离子半径比与配位数、晶体构型的关系

r_+/r_-	配位数	晶体构型	实　例
0.225~0.414	4	ZnS 型	ZnS，ZnO，BeS，CuCl，CuBr 等
0.414~0.732	6	NaCl 型	NaCl，KCl，NaBr，LiF，CaO，MgO，CaS，BaS 等
0.732~1	8	CsCl 型	CsCl，CsBr，CsI，TlCl，NH_4Cl，TlCN 等

6.4.3 离子晶体

正、负离子或正、负离子集团按一定比例通过离子键结合形成的晶体称为离子晶体。

离子键没有方向性，只要求正负离子相间排列，并尽量紧密堆积，因而离子晶体的密度及键强度较高，这类材料通常具有强度大，硬度高，脆性大的特点。离子晶体由于固态时没有自由移动的电子，不对外表现出导电性，但在熔融后或溶于水时，离子可以自由移动，具有一定的导电性。

由于离子键无饱和性与方向性，所以离子晶体中无单个分子存在。阴阳离子在晶体中按一定的规则排列，使整个晶体不显电性且能量最低。离子配位数的差异造成了离子晶体可能存在多种结构。具有代表性的结构如下。

1. 氯化钠晶体

氯化钠晶体中每个 Na^+ 周围有 6 个 Cl^-，每个 Cl^- 周围有 6 个 Na^+，与一个 Na^+ 距离最近且相等的 Cl^- 围成的空间构型为正八面体。每个 Na^+ 周围与其最近且距离相等的 Na^+ 有 12 个，如图 6-13 所示。

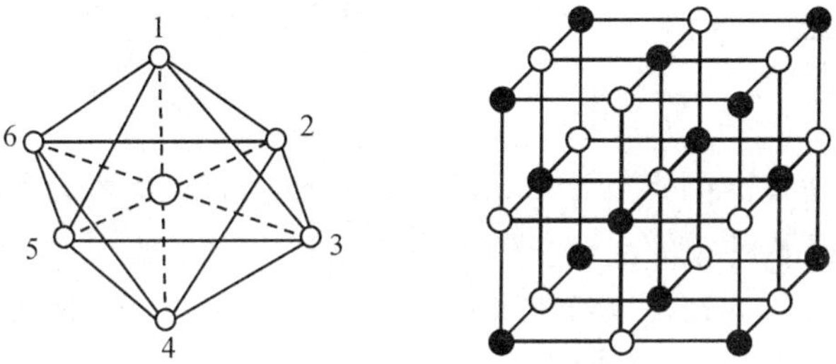

图 6-13 氯化钠晶体结构

2. 氯化铯晶体

氯化铯晶体中每个 Cs^+ 周围有 8 个 Cl^-，每个 Cl^- 周围有 8 个 Cs^+，与一个 Cs^+ 距离最近且相等的 Cs^+ 有 6 个，如图 6-14 所示。

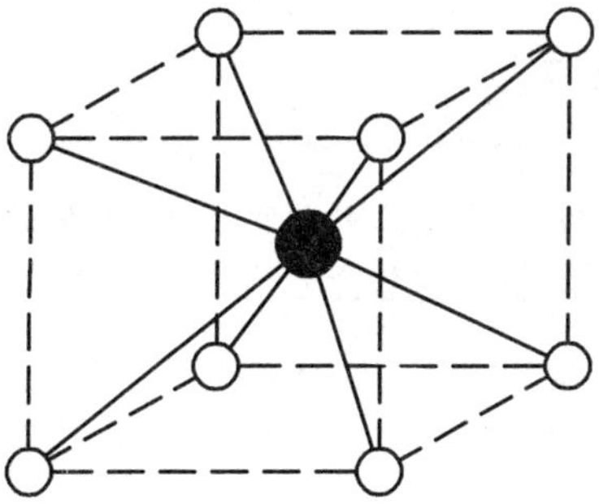

图 6-14 氯化铯晶体结构

6.4.4 离子的极化力和变形性

离子在周围带相反电荷离子的作用下，原子核与电子发生相对位移，导致离子变形而产生诱导偶极，这种现象称为离子极化。在离子化合物中，正、负离子的电子云分布在对方离子的电场作用下，发生变形的现象。离子极化使正、负离子之间在原静电相互作用的基础上又附加以新的作用，它是由离子在极化时产生的诱导偶极矩 μ 引起的。μ 与电场强度 E 的比值 μ/E 称为极化率，它表示离子极化而发生电子云变形的能力，可作为离子可极化性大小的量度。离子极化的结果使离子键成分减少，而共价键成分增加，从而产生一定的结构效应，影响化合物的物理、化学性质。离子极化可使键力加强、键长缩短、键的极性降低以至结构变异，从离子晶体的高对称结构向层型结构过渡。

影响离子的极化力的因素有离子的半径、电荷数和外层电子组态。正离子或负离子都有极化作用和变形性两个方面，正、负离子虽可互相极化，但一般说，由于正离子半径小，电子云不易变形，可极化性小，主要作为极化者；负离子恰好相反，是被极化者。离子的极化作用可使典型的离子键向典型的共价键过渡。这是因为正、负离子之间的极化作用加强了“离子对”的作用力，而削弱了离子对与离子对之间的作用力。

6.5 混合型晶体

实际材料中单一结合键的情况并不是很多，前面讲的都是典型的例子，大部分材料的内部原子结合键往往是各种键的混合。例如，金刚石（ⅣA 族 C）具有单一的共价键，那么同族元素 Si、Ge、Sn、Pb 也有 4 个价电子，是否也可形成与金刚石完全相同的共价结合键呢?答案自然是否定的。由于周期表中同族元素的电负性自上至下逐渐下降，即失去电子的倾向逐渐增大，因此这些元素在形成共价结合的同时，电子有一定的概率脱离原子成为自由电子，意味着存在一定比例的金属键，因此ⅣA 族的 Si、Ge、Sn 元素的结合是共价键与金属键的混合，金属键的比例按此顺序递增，到 Pb 时，由于电负性已很低，就成为完全的金属键结合。

6.5.1 金属键与共价键混合

金属主要是以金属键结合的，但也会出现一些非金属键，例如，过渡元素（特别是高熔点过渡金属 W、M 等）的原子结合中也会出现少量的共价结合，这正是过渡金属具有高熔点的内在原因。

6.5.2 金属键与离子键混合

金属与金属形成的金属间化合物（如 CuGe），尽管组成元素都是金属，但是两者的电负性不一样，有一定的离子化倾向，于是构成金属键与离子键的混合键。两者的比例视组成元素的电负性差异而定，因此它们不具有金属特有的塑性，往往很脆。

陶瓷等非金属化合物中出现离子键与共价键混合的情况更是常见，通常金属正离子与非金属离子所组成的化合物并不是纯粹的离子化合物，它们的性质不能仅用离子键予以理解。化合物中离子键的比例取决于组成元素的电负性差，电负性相差越大，则离子键比例越高。

6.5.3 共价键与范德华力混合

共价键与范德华力混合一般表现为两种类型的键独立地存在。例如，一些气体分子以共价键结合而分子凝聚则依靠范德华力。聚合物和许多有机材料的长链分子内部是共价结合，链与链之间则为范德华力或氢键结合。又如石墨碳的片层上为共价结合，而片层间则为范德华力结合。正是由于大多数工程材料的结合键是混合的，混合的方式、比例又可随材料的组成而变，此材料的性能可在很广的范围内变化，从而满足实际工程各种不同的需要。

6.5.4 共价键与范德华力结合

石墨晶体是层状结构，在每一层内，每个C以 sp^2 杂化与其他 C 形成平面大分子（大 π 键共轭），同层碳原子间以共价键结合，晶体中C — C的夹角为 120°，层与层之间的作用力为范德华力，每个C原子被 6 个棱柱共用（图 6-15）。大 π 键中的电子沿层面方向的活动能力很强，与金属中的自由电子有某些类似之处，故石墨沿层面方向电导率大。石墨的独特结构决定了它的独特性质，该晶体实际介于原子晶体、分子晶体、金属晶体之间，因此具有各种晶体的部分性质特点，如熔点高、硬度小、能导电等。

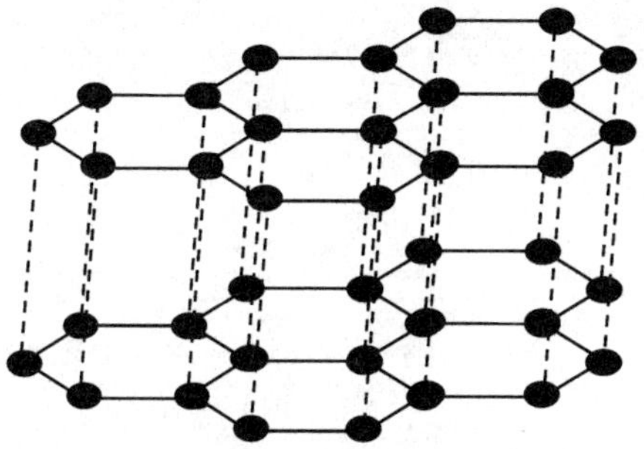

图 6-15 石墨晶体结构

习 题

1. 判断题

（1）氢键的键能大小与分子间力相近，因而两者没有差别。

（2）极性分子中的化学键必定为极性键，非极性分子则不一定是非极性键。

（3）两原子间可形成多重键，但其中只能有一个 σ 键，其余均为 π 键。

（4）色散力存在于非极性分子之间，取向力存在于极性分子之间。

（5）Si的卤化物SiF_4、$SiCl_4$、$SiBr_4$、SiI_4均为分子晶体，随相对分子质量增大，色散力增大，分子间作用力依次增大，熔沸点依次升高。

2. 下列分子哪些是极性分子？哪些是非极性分子？

（1）CCl_4；（2）$CHCl_3$；（3）CO_2；（4）BCl_3；（5）H_2S；（6）CO；（7）SF_6；（8）PCl_3；（9）XeF_4。

3. 判断下列各组晶体在水中溶解度的相对大小，并说明原因。

（1）CaF_2与LiF；（2）$PbCl_3$与PbI_2；（3）AgF与AgBr；

（4）SiO_2与CO_2；（5）I_2与HI；（6）Na_2S与ZnS。

4. 判断下列各对物质的熔沸点高低。

（1）H_2O与H_2S；（2）PH_3与AsH_3；（3）Br_2与I_2；（4）SiF_4与$SiCl_4$。

5. 试解释下列事实：

（1）碘的熔沸点比溴的高；

（2）乙醇的熔沸点比乙醚高；

（3）邻硝基苯酚的熔点比间硝基苯酚的低。

6. 判断下列各组分子之间存在着什么形式的分子间作用力。

（1）CO_2与N_2；（2）HBr（气）；（3）N_2与NH_3；（4）HF（水溶液）。

7. 试用下列各物质的沸点，推断它们分子间力的大小，列出分子间力由大到小的顺序，这一顺序与相对分子质量的大小有何关系？

Cl_2	−34.1 ℃	O_2	−183.0 ℃	N_2	−196.0 ℃
H_2	−252.8 ℃	I_2	181.2 ℃	Br_2	58.8 ℃

7 配位平衡与配位滴定法

7.1 配位化合物的基本概念

7.1.1 配合物的组成

配合物一般分内界和外界两部分，内界又分为形成体和配位体两部分，组成如图 7-1 所示：

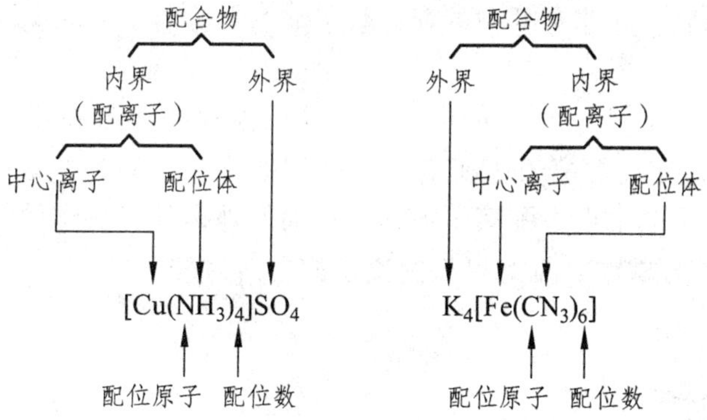

图 7-1 配合物的组成

（1）形成体，又称中心离子或原子：通常是金属离子或原子以及高氧化值的非金属元素，它位于配合物的中心位置，是配合物的核心。如 $[Cu(NH_3)_4]^{2+}$ 中的 Cu(Ⅱ)，$[Ni(CO)_4]$ 中的 Ni 原子，$[Si(F)_6]^{2-}$ 中的 Si（Ⅳ）。

（2）配位体，简称配体：是与形成体以配位键结合的阴离子或中性分子。例如 $[Cu(NH_3)_4]^{2+}$ 中的 NH_3 分子，$[Fe(CN)_6]^{3-}$ 中的 CN^-。

（3）配位原子：是指在配体中能给出孤对电子的原子。例如，NH_3 中的 N，CN^- 中的 C，H_2O 和 OH^- 中的 O 原子等。常见的配位原子主要是周期表中电负性较大的非金属元素，如 N，O，S，C 以及 F，Cl，Br，I 等原子。

（4）配位体齿数：配位体中含配位原子的数目。配体分为单齿配体和多齿配体。单齿配体只含一个配位原子且与中心离子或原子形成一个配位键，其组成比较简单，往往是一些无机物等；多齿配体含两个或两个以上配位原子，它们与中心离子或原子可以形成多个配位键，其组成常较复杂，多数是有机分子。表 7-1 列出一些常见的配体。

表 7-1 一些常见的配体

配体类型	实例						
单齿配体	H_2O:	:NH_3	:F^-	:Cl^-	:I^-	$[:C \equiv N]^-$	$[:OH]^-$
	水	氨	氟	氯	碘	氰根离子	羟基
多齿配体	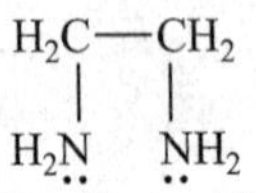 乙二胺（en）	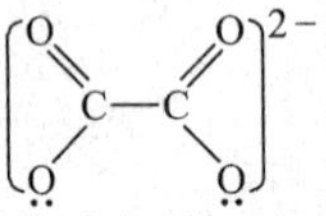 草酸根（ox）	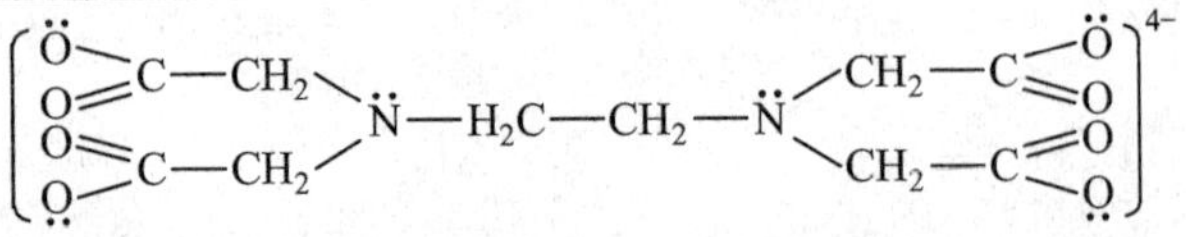 乙二胺四乙酸根离子（EDTA）				

（5）配位数：在配合物中与中心离子成键的配位原子数目。注意的是：配位数是指配位原子的总数，而不是配体总数。即由单齿配体形成的配合物，中心离子的配位数等于配体个数，而含有多齿配体时，则不能仅从与中心离子结合的配体个数来确定配位数。对某一中心离子来说，常有一特征配位数，最常见的配位数为 4 和 6，如 Cu^{2+}、Zn^{2+}、Hg^{2+}、Co^{2+}、Ni^{2+} 等离子的特征配位数为 4；Fe^{2+}、Fe^{3+}、Co^{3+}、Al^{3+}、Cr^{3+}、Ca^{2+} 等离子的特征配位数为 6；另外还有 Ag^+、Cu^+、Au^+ 等离子的特征配位数为 2。特征配位数是中心离子形成配合物时的代表性配位数，并非是唯一的配位数。如 Ni^{2+} 等离子就既能形成配位数为 4，也能形成配位数为 6 的配合物。

（6）配离子的电荷：中心离子的电荷与配体的电荷的代数和即为配离子的电荷。例如，在 $[CoCl(NH_3)_5]Cl_2$ 中，配离子 $[CoCl(NH_3)_5]^{2+}$ 的电荷为：$3\times1+(-1)\times1+0\times5=+2$。

也可根据配合物呈电中性，配离子电荷可以简便地由外界离子的电荷来确定。例如，$[Cu(NH_3)_4]SO_4$ 的外界为 SO_4^{2-}，据此可知配离子的电荷为+2。

7.1.2 配合物的命名

配合物的命名服从无机化合物命名的一般原则，大体归纳有如下规则。

（1）配合物为配离子化合物，命名时阴离子在前，阳离子在后。若为配位阳离子化合物，则叫“某化某”或“某酸某”；若为配位阴离子化合物，则配阴离子与外界阳离子之间用“酸”字连接。

（2）内界的命名顺序为：配体个数-配体名称-合-中心离子或原子（氧化值），书写时配体前用汉字标明其个数，中心离子后面的括号中用罗马数字标明其氧化值。

（3）当配体不止一种时，不同配体之间用中圆点(·)分开，配体顺序为：阴离子配体在前，中性分子配体在后；阴离子中先简单离子后复杂离子、有机酸根离子；中性分子中先氨后水再有机分子；无机配体在前，有机配体在后；同类配体的名称，按配位原子元素符号的英文字母顺序排列。

有些配合物有其习惯沿用的名称，不一定符合命名规则，如 $K_4[Fe(CN)_6]$ 称亚铁氰化钾（黄血盐）；$K_3[Fe(CN)_6]$ 称赤血盐或铁氰化钾；$H_2[PtCl_6]$ 称氯铂酸；$H_2[SiF_6]$ 称氟硅酸等。

部分配合物的命名实例如表 7-2 所示。

表 7-2 配合物的命名实例

化学式	名称	分类
$[Pt(NH_3)_6]Cl_4$	四氯化六氨合钴（Ⅲ）	配位酸
$[CoCl(NH_3)_3(H_2O)_2]Cl_2$	二氯化氯·三氨·二水合钴（Ⅲ）	
$K_4[Fe(CN)_6]$	六氰合铁（Ⅱ）酸钾	
$K[FeCl_2(OX)(en)]$	二氯·草酸根·乙二胺合铁（Ⅲ）酸钾	
$H[AuCl_4]$	四氯合金（Ⅲ）酸	
$H_2[PtCl_6]$	六氯合铂（Ⅳ）酸	
$[Ag(NH_3)_2]OH$	氢氧化二氨合银（Ⅰ）	配位碱
$[Ni(NH_3)_4]OH_2$	二氢氧化四氨合镍（Ⅱ）	
$[CoCl_3(NH_3)_3]$	三氯·三氨合钴（Ⅲ）	中性配合物
$[Cr(OH)_3(H_2O)(en)]$	三羟·水·乙二胺合铬（Ⅲ）	

7.1.3 配合物的类型

7.1.3.1 简单配位化合物

简单配位化合物是指单齿配体与中心离子（或中心原子）配位而形成的配合物，如 $[Cu(NH_3)_4]SO_4$, $[Co(NH_3)_6]Cl_3$, $[CrCl(H_2O)_4]Cl$ 等。

7.1.3.2 螯合物

1. 螯合物的结构

具有环状结构，配位体为多齿的配合物称为螯合物。配位原子隔 2 ~ 3 个原子的五元环、六元环最稳定。例如，乙酰丙酮基等配位剂可形成六元环螯合物，其结构如下所示。

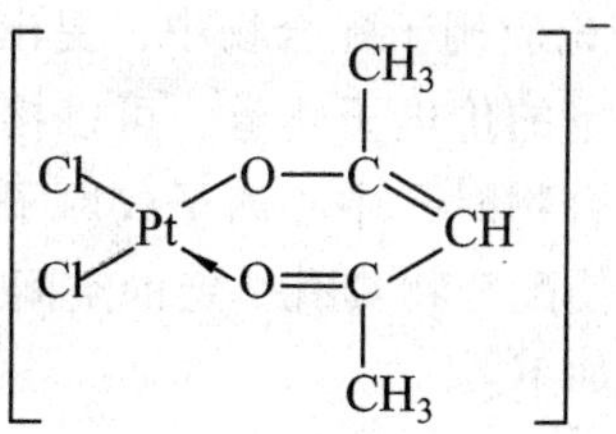

又如，Ca^{2+}与六齿配体乙二胺四乙酸形成的螯合物具有5个五元环，其结构如下所示。

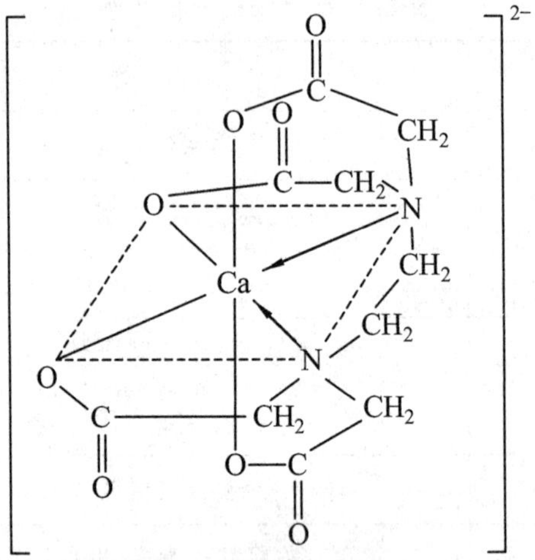

2. 螯合物的特性

（1）在中心离子相同，配位原子相同的情况下，螯合物要比一般配合物稳定。

（2）螯合物中所含的环越多其稳定性越高。故乙二胺四乙酸为配体形成的螯合物都较稳定。

（3）某些螯合物呈特征的颜色，可用于金属离子的定性鉴定或定量测定。

7.1.3.3 其他配位化合物

（1）多核配合物：是指由多个中心离子（原子）形成的配合物。如同多酸、杂多酸、多卤、多碱等都是多核配合物。

（2）羰基配合物：羰基做配体形成的配合物，如$[Fe(CO)_5]$，$[Ni(CO)_5]$等。

（3）不饱和烃配合物：由不饱和烃做配体形成的配合物，如$[Fe(C_2H_5)_2]$，$[PdCl_3(C_2H_4)]$等。

（4）其他：还有如金属簇状配合物、夹心配合物、大环配体配合物等。

7.2 配合物的化学键理论

1928年，鲍林把杂化轨道理论应用于配合物中，提出了配合物的价键理论：在配合物中，形成体的中心离子或原子有空的价电子轨道，可以接受由配位体的配位原子提供的孤对电子而形成配位键；在形成配合物时，中心离子或原子所提供的空轨道必须进行杂化，形成各种类型的杂化轨道，从而使配合物具有一定的空间构型。

配合物中的配位键可以表示如下：

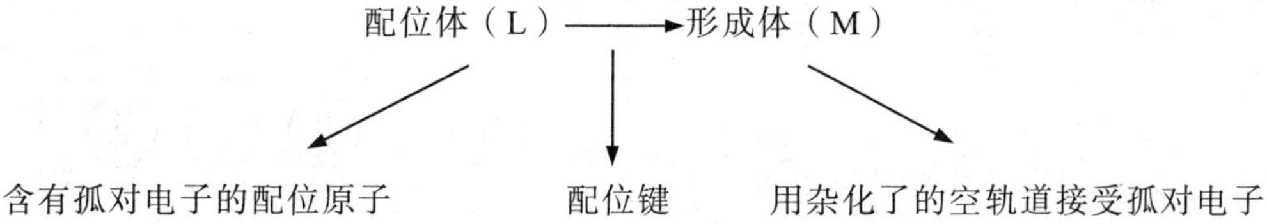

7.2.1 杂化轨道和配合物的空间构型

根据价键理论，配合物的不同空间构型是由中心离子采用不同的杂化轨道与配体配位的结果。中心离子的杂化轨道除了 sp，sp^2，sp^3 杂化轨道外，还有 d 轨道参与杂化。现对常见不同配位数的配合物分别讨论如下。

（1）二配位的配离子：配位数为 2 的配离子均为直线型构型，现以 $[Ag(NH_3)_2]^+$ 为例讨论。

Ag^+ 的价电子轨道中电子分布为：

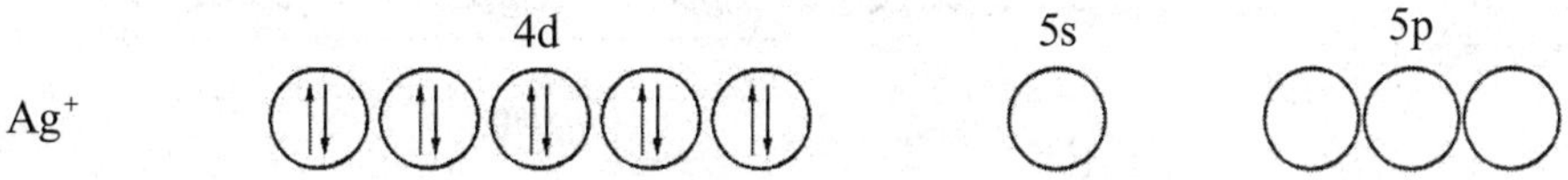

其中 4d 轨道已全充满，而 5s 和 5p 轨道能量相近，且是空的。当 Ag^+ 和 2 个 NH_3 分子形成配离子时，将提供 1 个 5s 轨道和 1 个 5p 轨道来接受 2 个 NH_3 中 N 上的孤对电子。因此在 $[Ag(NH_3)_2]^+$ 配离子中的 Ag^+ 采用 sp 杂化轨道与 NH_3 形成配位键，空间构型为直线型，见表 7-3。

$[Ag(NH_3)_2]^+$ 的中心离子 Ag^+ 的价电子轨道中的电子分布为：

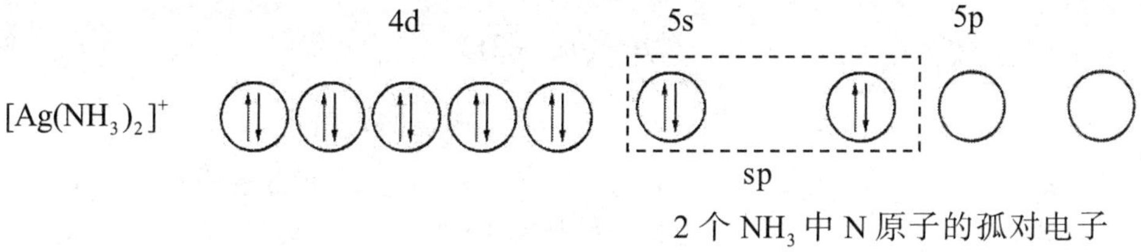

（2）四配位的配离子：配位数为 4 的空间构型有两种：正四面体和平面正方形。现以 $[Ni(NH_3)_4]^{2+}$ 和 $[Ni(CN)_4]^{2-}$ 为例来讨论。

Ni^{2+} 的价电子轨道中电子分布为：

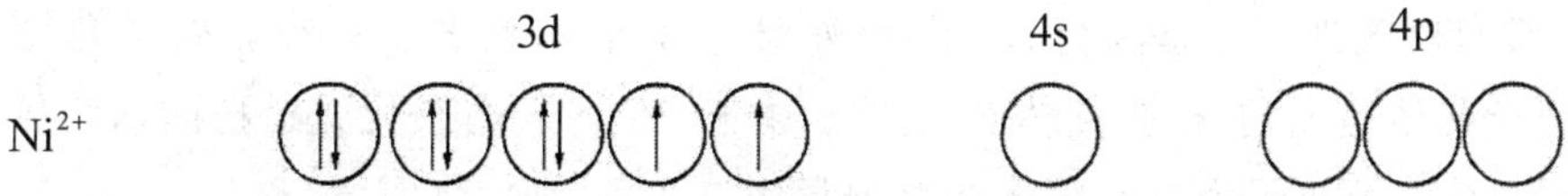

Ni^{2+} 的外层 d 电子组态为 $3d^8$，有空的且能量相近的 4s、4p 轨道，可以进行杂化成 4 个 sp^3 杂化轨道，用来接受 4 个 NH_3 中 N 原子提供的孤对电子。由于 4 个 sp^3 杂化轨道指向正四面体的四个顶点，所以 $[Ni(NH_3)_4]^{2+}$ 配离子具有正四面体构型，见表 7-3。

$[Ni(NH_3)_4]^{2+}$ 的中心离子 Ni^{2+} 的价电子轨道中的电子分布为：

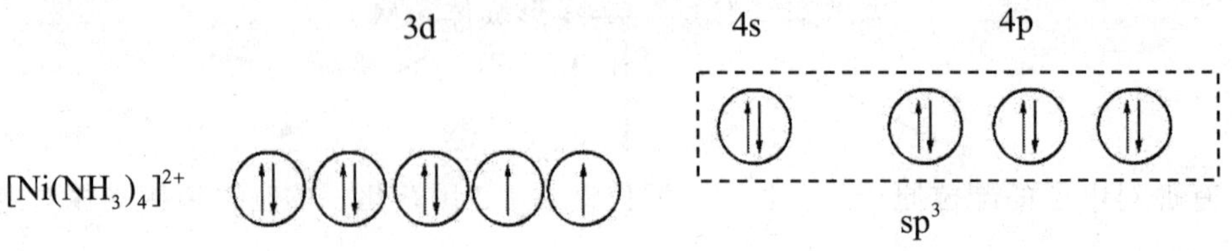

4 个 NH_3 中 N 原子的孤对电子

$[Ni(CN)_4]^{2-}$配离子的形成情况却有所不同，当 4 个 CN^- 接近 Ni^{2+} 时，Ni^{2+} 中的 2 个未成对电子合并到一个 d 轨道上，空出 1 个 3d 轨道与 1 个 4s 轨道，和 2 个 4p 轨道进行杂化，构成 4 个 dsp^2 杂化轨道，用来接受 CN^- 中 C 原子提供的孤对电子。由于 4 个 dsp^2 杂化轨道指向平面正方形的 4 个顶点，所以 $[Ni(CN)_4]^{2-}$ 具有平面正方形构型，见表 7-3。

$[Ni(CN)_4]^{2-}$ 的中心离子 Ni^{2+} 的价电子轨道中的电子分布为：

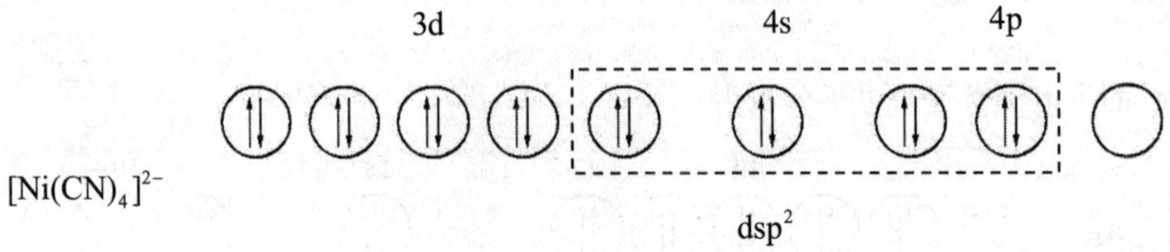

4 个 CN^- 中 C 原子的孤对电子

在 Ni^{2+} 的外电子层中，有 2 个自旋方向相同的未成对电子，实验表明，它具有顺磁性，但当 Ni^{2+} 与 4 个 CN^- 形成 $[Ni(CN)_4]^{2-}$ 配离子后却具有反磁性。由此可见，配合物中未成对电子数越少，其顺磁性就越弱。若配位后没有未成对电子，就变成反磁物质。物质顺磁性强弱常以磁矩 μ 表示，与未成对电子数（n）有如下的近似关系：

$$\mu = \sqrt{n(n+2)}$$

式中，μ 以玻尔磁子（BM）为单位。$n = 1 \sim 5$ 时，磁矩估算值为：

n	1	2	3	4	5
μ/BM	1.73	2.83	3.87	4.90	5.92

（3）六配位的配离子：配位数为 6 的配离子空间构型为正八面体。现以 $[FeF_6]^{3-}$ 和 $[Fe(CN)_6]^{3-}$ 为例来讨论。

实验测得 $[FeF_6]^{3-}$ 与 Fe^{3+} 有相同的磁矩，为 5.98 BM，说明配离子中仍保留有 5 个未成对电子，具有顺磁性。这是因为 Fe^{3+} 利用外层的 1 个 4s 轨道、3 个 4p 轨道和 2 个 4d 轨道形成 sp^3d^2 杂化轨道，与 6 个配体 F^- 成键。由于 6 个 sp^3d^2 杂化轨道指向八面体的 6 个顶点，所以 $[FeF_6]^{3-}$ 配离子为正八面体构型，见表 7-3。

Fe^{3+} 的价电子轨道中电子分布为：

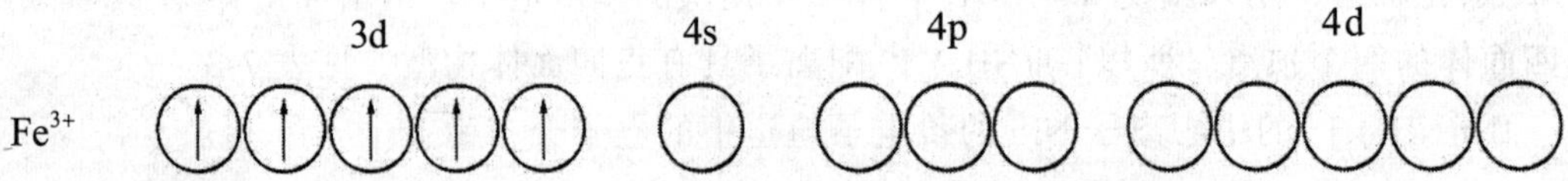

$[FeF_6]^{3-}$ 的中心离子 Fe^{3+} 的价电子轨道中的电子分布为：

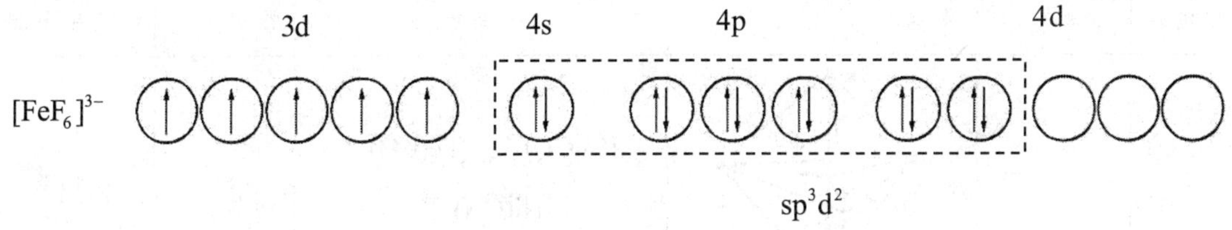

6 个 F^- 的孤对电子

$[Fe(CN)_6]^{3-}$ 配离子的 μ 实验值为 2.0 BM，说明配离子中未成对电子数减少。这是因为在 6 个 CN^- 配体的影响下，Fe^{3+} 的 3d 轨道的 5 个电子有 4 个电子成对，1 个电子未成对，空出 2 个 3d 轨道，加上外层 1 个 4s 轨道和 3 个 4p 轨道进行杂化，构成 6 个 d^2sp^3 杂化轨道，与 6 个配体 CN^- 成键。所以 $[Fe(CN)_6]^{3-}$ 也为正八面体构型，见表 7-3。

$[Fe(CN)_6]^{3-}$ 的中心离子 Fe^{3+} 的价电子轨道中的电子分布为：

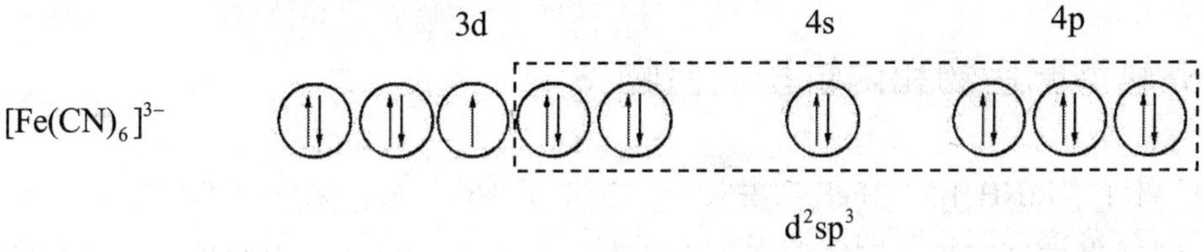

6 个 CN^- 中 C 原子的孤对电子

表 7-3 杂化轨道与配合物空间构型的关系

配位数	空间构型		配合物	杂化方式	配离子类型
2	直线形		$[Ag(NH_3)_2]^+$，$[Cu(NH_3)_2]^+$ $[Ag(CN)_2]^-$，$[AgBr_2]^-$	sp	外轨型
3	平面三角形	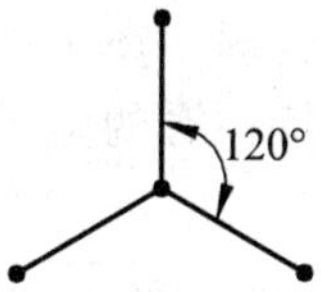	$[HgI_3]^-$，$[CuCl_3]^-$	sp^2	外轨型
4	正四面体	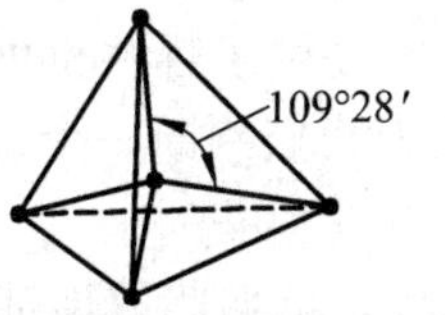	$[BeF_4]^{2-}$，$[HgCl_4]^{2-}$ $[Zn(NH_3)_4]^{2+}$	sp^3	外轨型
	平面正方形	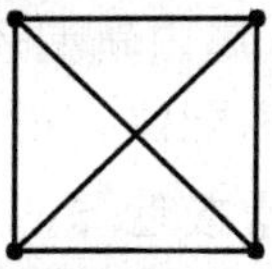	$[AuCl]^-$，$[Pt(NH_3)_2Cl_2]$ $[PdCl_4]^{2-}$，$[Ni(CN)_4]^{2-}$	dsp^2	内轨型
5	四方锥	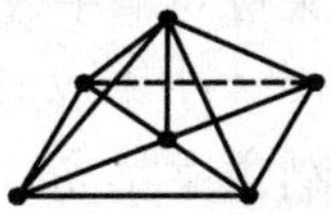	$[SbCl_5]^{2-}$，$[TiF_5]^{2-}$	p^3sd d^4s	外轨型

续表

配位数	空间构型		配合物	杂化方式	配离子类型
5	三角双锥	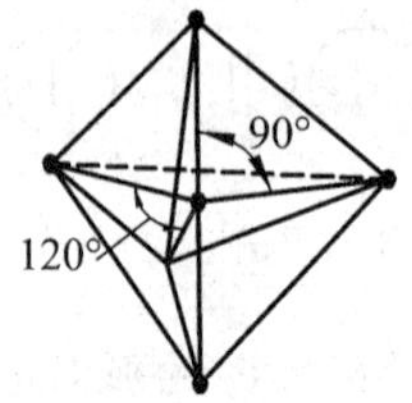	$[CuCl_5]^{3-}$，$[Fe(CO)_5]$ $[Ni(CN)_5]^{3-}$	dsp^3	内轨型
6	八面体	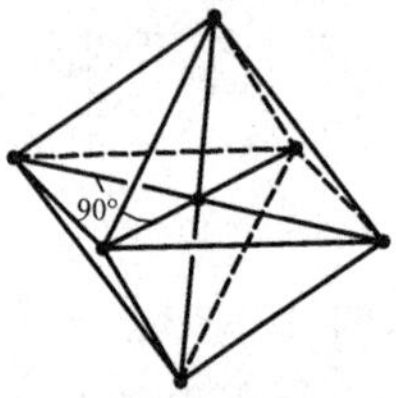	$[Co(NH_3)_6]^{3+}$，$[Fe(CN)_6]^{3-}$ $[SiF_6]^{2-}$，$[AlF_6]^{3-}$，$[PtCl_6]^{3-}$	d^2sp^3	内轨型
				sp^3d^2	外轨型

7.2.2 外轨型配合物和内轨型配合物

在配离子 $[Ni(NH_3)_4]^{2+}$、$[FeF_6]^{3-}$ 中，中心离子 Ni^{2+}、Fe^{3+} 采用外层轨道即 ns，np 或 ns，np，nd 轨道进行杂化，配体的孤对电子好像简单地“投入”中心离子的外层轨道，这样形成的配合物称为外轨型配合物。在配离子 $[Ni(CN)_4]^{2-}$、$[Fe(CN)_6]^{3-}$ 中，中心离子 Ni^{2+}、Fe^{3+} 均采用内层轨道即 $(n-1)$ d，ns，np 轨道进行杂化，配体的电子好像“插入”了中心离子的内层轨道，这样形成的配合物称为内轨型配合物。常见配位数的配离子的杂化轨道类型与配离子空间构型的关系见表 7-3。

由于 $(n-1)$ d 轨道比 nd 轨道的能量低，所以一般内轨型配合物中的配位键的共价性较强，离子性较弱，比外轨型配合物稳定，在水溶液中较难解离为简单离子。内轨型配合物因中心离子的电子构型发生改变，未成对电子数减少，甚至电子完全成对，磁矩降低甚至为零，呈反磁性。外轨型配合物中的配位键的共价性较弱，离子性较强，在水溶液中比内轨型配合物容易解离。外轨型配合物的中心离子仍保持原有的电子构型，未成对电子数不变，磁矩较大。

综上所述，用实验方法测得配合物的磁矩，根据 $\mu=\sqrt{n(n+2)}$ 可以推算未成对的电子数 n。由此可进一步推算出中心离子在形成配合物时提供了哪些价电子轨道接受配体的孤对电子，这些轨道又可能采取什么杂化方式。这就为我们判断一个配合物属内轨型还是外轨型提供了一个有效的方法。

例 7.1 实验测得 $[Fe(H_2O)_6]^{3+}$ 的磁矩 $\mu=5.88\ \mathrm{BM}$，试据此数据推测配离子：① 空间构型；② 未成对电子数；③ 中心离子杂化轨道类型；④ 属内轨型还是外轨型配合物。

解：① 由题给出配离子的化学式可知该配离子为六配位、正八面体空间构型。

②按 $\mu=\sqrt{n(n+2)}=5.88\ \mathrm{BM}$，可解得 $n=4.96$，非常接近 5，一般按求得的 n 取其最接近的整数，即为未成对电子数。所以 $[Fe(H_2O)_6]^{3+}$ 中的未成对电子数应为 5。

③根据未成对电子数为 5，对 $[Fe(H_2O)_6]^{3+}$ 而言，这 5 个未成对电子必然自旋平行分占 Fe^{3+} 的 5 个 d 轨道，所以中心离子只能采取 sp^3d^2 杂化轨道来接受 6 个配体 H_2O 中氧原子提

供的孤对电子，其外电子层结构为：

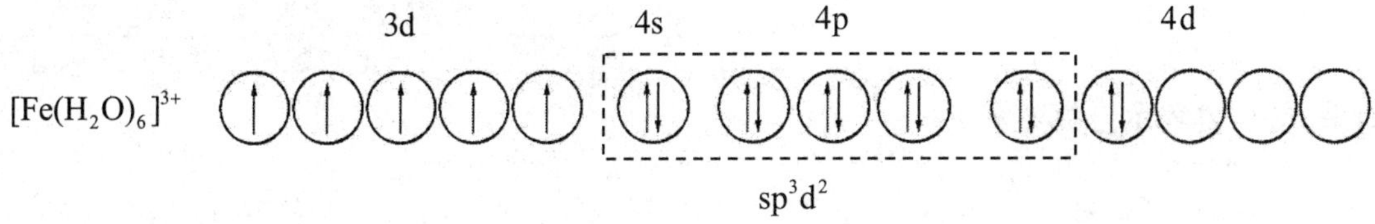

6 个 H_2O 分子中 O 原子的孤对电子

④ 配体的孤对电子进入中心离子的 sp^3d^2 杂化轨道，所以是外轨型配合物。

鲍林的价键理论成功地说明了配合物的结构、磁性和稳定性。但有其局限性，主要表现在价键理论仅着重考虑配合物的中心离子轨道的杂化情况，而没有考虑到配体对中心离子的影响。因此在说明配合物的一系列性质，如一些配离子的特征颜色、内轨型和外轨型配合物产生的原因时，价键理论无法给出合理的解释。因而后来又发展产生了晶体场理论、配位场理论。但配合物的价键理论比较简单，通俗易懂，对初步掌握配合物结构仍是一个较为重要的理论。

7.3 配合物在溶液中的离解平衡

7.3.1 配位平衡

7.3.1.1 配位平衡常数

例如阳配离子：

$$[Cu(NH_3)_4]^{2+} \underset{\text{配位}}{\overset{\text{离解}}{\rightleftharpoons}} Cu^{2+} + 4NH_3$$

例如阴配离子：

$$[Fe(CN)_6]^{4-} \underset{\text{配位}}{\overset{\text{离解}}{\rightleftharpoons}} Fe^{2+} + 6CN^-$$

上述两式的标准平衡常数分别为：

$$K_d^{\ominus} = \frac{c'(Cu^{2+})\left[c'(NH_3)\right]^4}{c'([Cu(NH_3)_4]^{2+})}$$

$$K_d^{\ominus} = \frac{c'(Fe^{2+})\left[c'(CN^-)\right]^6}{c'([Fe(CN)_6]^{4-})}$$

$K_d^{\ominus}$ 越大，表示配离子越易离解，即越不稳定，所以 $K_d^{\ominus}$ 也可用 $K_{不稳}^{\ominus}$ 表示。

上述两式的逆反应表示配离子的稳定性，其平衡常数若用 $K_{稳}^{\ominus}$ 表示，则分别为：

$$K_{稳}^{\ominus} = \frac{c'([Cu(NH_3)_4]^{2+})}{c'(Cu^{2+})\left[c'(NH_3)\right]^4}$$

$$K_{稳}^{\ominus}=\frac{c'([Fe(CN)_6]^{4-})}{c'(Fe^{2+})\left[c'(CN^-)\right]^6}$$

如果 $K_{稳}^{\ominus}$ 用 β 表示，显然：$\beta=\dfrac{1}{K_{不稳}^{\ominus}}$

7.3.1.2 β 的应用

1. 比较同类型配合物的稳定性

例 7.2 查得 $[Ag(NH_3)_2]^+$ 的 $\lg\beta=7.34$；$[Ag(CN)_2]^-$ 的 $\lg\beta=18.74$，问二者哪个易离解？

解：因为 $[Ag(CN)_2]^-$ 的 $\lg\beta>[Ag(NH_3)_2]^+$ 的 $\lg\beta$，所以 $[Ag(NH_3)_2]^+$ 易离解。

注意：$[Cu(CN)_4]^{3-}$ 的 $\lg\beta=30.00$，$[Fe(CN)_6]^{4-}$ 的 $\lg\beta=35.00$，但是由于这二者配离子不同类型，因此不能直接用 $\lg\beta$ 来比较它们的稳定性。

2. 组分浓度计算

例 7.3 室温下，将 0.010 mol $AgNO_3$ 固体溶解于 1.0 L 浓度为 $0.030\ mol\cdot L^{-1}$ 的氨水中（设体积不变）。求生成 $[Ag(NH_3)_2]^+$ 后溶液中 Ag^+ 和 NH_3 的浓度。（$[Ag(NH_3)_2]^+$ 的 $\beta=1.7\times10^7$）

解：设 $[Ag(NH_3)_2]^+$ 离解掉 x mol，则

$$[Ag(NH_3)_2]^+ \rightleftharpoons Ag^+ + 2NH_3$$

平衡浓度/$mol\cdot L^{-1}$　　$0.010-x$　　y　　$0.010+z$

由于 $[Ag(NH_3)_2]^+$ 是分步离解的，显然 $x\neq y$，$z\neq 2y$。但是 $[Ag(NH_3)_2]^+$ 离解度很小，可近似认为：

$$0.010-x=0.010，0.010+z=0.010$$

所以
$$\frac{1}{\beta}=\frac{c'(Ag^+)\left[c'(NH_3)\right]^2}{c'([Ag(NH_3)2]^+)}=\frac{y\times0.010^2}{0.010}=\frac{1}{1.7\times10^7}$$

解得：
$$y=c'(Ag^+)=5.9\times10^{-6}$$

$$c(NH_3)=0.010\ mol\cdot L^{-1}$$

例 7.4 室温下，将 $0.020\ mol\cdot L^{-1}$ 的 $CuSO_4$ 溶液与浓度为 $0.28\ mol\cdot L^{-1}$ 的氨水等体积混合，求达成配位平衡后，$c(Cu^{2+})$，$c(NH_3)$ 和 $c\{[Cu(NH_3)_4]^{2+}\}$ 各为多少？（$[Cu(NH_3)_4]^{2+}$ 的 $\beta=4.3\times10^{13}$）

解：$c(Cu^{2+})=0.010\ mol\cdot L^{-1}$，$c(NH_3)=0.14\ mol\cdot L^{-1}$，可见是 NH_3 过量，于是：

离解前　　$c\{[Cu(NH_3)_4]^{2+}\}=0.010\ mol\cdot L^{-1}$

剩余　　$c(NH_3)=0.14-4\times0.010=0.10\ mol\cdot L^{-1}$

设 $[Cu(NH_3)_4]^{2+}$ 离解掉 x mol

$$[Cu(NH_3)_4]^{2+} \rightleftharpoons Cu^{2+} + 4NH_3$$

平衡浓度/ $mol \cdot L^{-1}$ $\qquad 0.010 - x \qquad\qquad y \quad 0.010 + z$

经近似处理，得：

$$\frac{1}{\beta} = \frac{c'(Cu^{2+})\{c'(NH_3)\}^4}{c'([Cu(NH_3)_4]^{2+})} = \frac{y \times 0.10^4}{0.010} = \frac{1}{4.3 \times 10^{13}}$$

解得： $\qquad y = 2.3 \times 10^{-12}$

所以 $\qquad c(Cu^{2+}) = 2.3 \times 10^{-12}\ mol \cdot L^{-1}$

7.3.2 配位平衡的移动

7.3.2.1 配位平衡与酸效应

在配位体为弱酸根的配离子中加入 H^+（或降低 pH 值），会促使配位体与 H^+ 结合形成稳定的弱酸，从而降低配位体与形成体配位的能力，这种现象称为酸效应。

影响酸效应的因素有：① 溶液的 pH 值。② 配位体形成的弱酸的 K_a 值。当 pH 值越低，K_a 值越小时，配位体浓度减少越明显，配位离解平衡有利于向离解方向进行，此时配位体与形成体配位的能力也越差，酸效应更加明显（或者说，配离子越易离解）。

例如 F^- 与 Fe^{3+} 配位形成 $[FeF_6]^{3-}$ 时，加入的 H^+ 与 F^- 反应生成 HF 而产生酸效应，反应方程如下所示：

$$Fe^{3+} + 6F^- \rightleftharpoons [FeF_6]^{3-}$$

$$+ \; H^+$$

$$\rightleftharpoons$$

HF（弱酸）

又如 EDTA 中的 Y^{4-} 与金属离子 M^{n+} 配位形成配离子 $[MY]^{-(4-n)}$ 时，加入的 H^+ 与 Y^{4-} 之间发生副反应生成 HY^{3-}、H_2Y^{2-}、H_3Y^-、H_4Y、H_5Y^+ 或 H_6Y^{2+} 等 6 种 EDTA 酸式型体中的几种，使 EDTA 参加主反应的能力下降。酸效应影响 EDTA 参加主反应能力的程度，可用酸效应系数 $\alpha_{Y(H)}$ 来衡量：

$$\alpha_{Y(H)} = \frac{[Y']}{[Y]}$$

其中，$[Y']$ 为 EDTA 的总浓度，$[Y]$ 为 EDTA 中游离的 Y 浓度。

显然，$\alpha_{Y(H)}$ 是的分布分数 δ_Y 的倒数，即

$$\alpha_{Y(H)} = \frac{[Y]+[HY]+\cdots+[H_6Y]}{[Y]} = \frac{1}{\delta_Y} = \frac{[c'(H^+)]^6}{K_{a1}K_{a2}K_{a3}K_{a4}K_{a5}K_{a6}} + \frac{[c'(H^+)]^5}{K_{a1}K_{a2}K_{a3}K_{a4}K_{a5}K_{a6}} +$$

$$\frac{[c'(H^+)]^4}{K_{a1}K_{a2}K_{a3}K_{a4}K_{a5}K_{a6}} + \frac{[c'(H^+)]^3}{K_{a1}K_{a2}K_{a3}K_{a4}K_{a5}K_{a6}} + \frac{[c'(H^+)]^2}{K_{a1}K_{a2}K_{a3}K_{a4}K_{a5}K_{a6}} + \frac{c'(H^+)}{K_{a1}K_{a2}K_{a3}K_{a4}K_{a5}K_{a6}} + 1$$

pH越小，酸效应越严重，或$\alpha_{Y(H)}$（或$\lg\alpha_{Y(H)}$）值越大。当pH>12时，EDTA几乎没有受到酸效应影响，酸效应系数达到最小值，即$\alpha_{Y(H)}=1$或$\lg\alpha_{Y(H)}=0$，此时*EDTA*的配位能力最强；当pH≤12时，EDTA受到不同程度酸效应的影响，此时$\lg\alpha_{Y(H)}>0$。不同pH时的$\lg\alpha_{Y(H)}$值见表7-4。

表7-4 不同pH时的$\lg\alpha_{Y(H)}$值

pH	$\lg\alpha_{Y(H)}$	pH	$\lg\alpha_{Y(H)}$	pH	$\lg\alpha_{Y(H)}$
0.0	23.64	3.4	9.70	6.8	3.55
0.4	21.32	3.8	8.85	7.0	3.32
0.8	19.08	4.0	8.44	7.5	2.78
1.0	18.01	4.4	7.64	8.0	2.27
1.4	16.02	4.8	6.84	8.5	1.77
1.8	14.27	5.0	6.45	9.0	1.28
2.0	13.51	5.4	5.69	9.5	0.83
2.4	12.19	5.8	4.98	10.0	0.45
2.8	11.09	6.0	4.65	11.0	0.07
3.0	10.06	6.4	4.06	12.0	0.01

例 7.5 计算pH=5时，EDTA的酸效应系数，若此时EDTA各种存在形式的总浓度为$0.02\ mol\cdot L^{-1}$，则$[Y^{4-}]$为多少？

解：pH=5时，$[H^+]=10^{-5}$。查表得EDTA 6 种酸式型体的K_{a1}至K_{a6}分别为$10^{-0.9}$、$10^{-1.6}$、$10^{-2.07}$、$10^{-2.75}$、$10^{-6.24}$、$10^{-10.34}$，代入$\alpha_{Y(H)}$的计算公式得

$$\alpha_{Y(H)}=\frac{10^{-30}}{10^{-0.9-1.6-2.07-2.75-6.24-10.34}}+\frac{10^{-25}}{10^{-1.6-2.07-2.75-6.24-10.34}}+\frac{10^{-20}}{10^{-2.07-2.75-6.24-10.34}}+$$

$$\frac{10^{-15}}{10^{-2.75-6.24-10.34}}+\frac{10^{-10}}{10^{-6.24-10.34}}+\frac{10^{-5}}{10^{-10.34}}+1$$

$$=10^{-6.1}+10^{-2.0}+10^{1.4}+10^{4.33}+10^{6.58}+10^{5.34}+1=10^{6.60}$$

$$[Y^{4-}]=\frac{[Y]_{总}}{\alpha_{Y(H)}}=\frac{0.02}{10^{6.60}}=7\times10^{-9}\ (mol\cdot L^{-1})$$

7.3.2.2 配位平衡与沉淀效应

在配离子中加入沉淀剂，沉淀剂与配离子中游离出来的金属离子结合后，形成难溶物，降低了溶液中游离金属离子的浓度，从而促使配离子离解，这种现象称为沉淀效应。

例如，在$[Ag(NH_3)_2]^+$配离子中加入I^-，I^-与$[Ag(NH_3)_2]^+$中游离出来的Ag^+结合生成AgI沉淀，产生的沉淀效应降低了$[Ag(NH_3)_2]^+$的稳定性（反应方程式如下）。

$$Ag^+ + 2NH_3 \rightleftharpoons \left[Ag(NH_3)_2\right]^+$$

+

I^-（沉淀剂）

$\Updownarrow$

AgI（难溶物）

影响沉淀效应的因素有：① 沉淀剂的加入量；② 生成的难溶物的 $K_{sp}^{\ominus}$。其关系为：沉淀剂加入量越多，生成难溶物的 $K_{sp}^{\ominus}$ 越小，沉淀效应越明显。

例 7.6 计算在 1 L 6.0 mol·L^{-1} 氨水中能溶解多少摩尔 AgCl 固体。

解：AgCl 在氨水中存在如下两个平衡：

$$AgCl(s) \rightleftharpoons Ag^+$$

$$Ag^+ + 2NH_3 \rightleftharpoons [Ag(NH_3)_2]^+$$

将两个平衡合并得到的配位溶解平衡为

$$AgCl(s) + 2NH_3 \rightleftharpoons [Ag(NH_3)_2]^+ + Cl^-$$

其标准平衡常数为

$$K^{\ominus} = \frac{c'([Ag(NH_3)_2]^+)\ c'(Cl^-)}{\left[c'(NH_3)\right]^2} = \frac{c'([Ag(NH_3)_2]^+)c'(Cl^-)c'(Ag^+)}{\left[c'(NH_3)\right]^2 c'(Ag^+)} = K_{稳}^{\ominus} \times K_{sp}^{\ominus}$$

查得 $[Ag(NH_3)_2]^+$ 配离子的 $K_{稳}^{\ominus} = 1.12\times10^{-7}$， AgCl 的 $K_{sp}^{\ominus} = 1.8\times10^{10}$

所以 $K^{\ominus} = 1.12\times10^{7}\times1.8\times10^{-10} = 2.0\times10^{-3}$

设在 6.0 mol·L^{-1} 氨水中能溶解 x mol AgCl，那么平衡时各成分的浓度分别为

$$c'\{[Ag(NH_3)_2]^+\} = x\ ,\quad c'(Cl^-) = x\ ;\quad c'(NH_3) = 6-2x$$

则
$$2.0\times10^{-3} = \frac{x^2}{(6-2x)^2}$$

解得：
$$x = 0.22\ \text{mol}$$

7.3.2.3 配位平衡与氧化还原效应

在配离子中加入还原剂，还原剂能将配离子中游离出来的金属离子还原成金属原子，使得配离子因金属离子浓度降低而离解增大，这种现象称为氧化还原效应。

例如，在 $[CuCl_2]^-$ 配离子中加入还原剂，$[CuCl_2]^-$ 中游离出来的 Cu^+ 从还原剂中得到一个电子被还原为金属 Cu，产生的氧化还原效应降低了 $[CuCl_2]^-$ 的稳定性（反应方程式如下）。

$$\left[CuCl_2\right]^- \rightleftharpoons Cu^+ + 2Cl^-$$

+

e^-

$\Updownarrow$

Cu

影响氧化还原效应的因素有：①还原剂的加入量；②金属离子与金属原子电对 M^{n+}/M 的 $E^\ominus$ 值。由于 $E^\ominus$ 是还原电势，其值越大 M^{n+} 越易被还原，因此，氧化还原效应与配离子稳定性的关系为：还原剂的加入量和 M^{n+}/M 的 E 值越大，氧化还原效应越明显。

7.3.2.4 配位平衡与配位效应

配离子中加入另一配位体，与配离子离解出来的金属离子配位转化成另一配离子，从而使金属离子参加主反应能力降低的现象，称为配位效应。例如，在 $[Fe(SCN)_6]^{3-}$ 配离子中加入 F^-，F^- 与配离子中游离出来的金属离子 Fe^{3+} 配合形成另一配离子 $[FeF_6]^{3-}$，促使原配离子 $[Fe(SCN)_6]^{3-}$ 离解，而降低 Fe^{3+} 与 SCN^- 的配位能力（反应方程式如下）。

$$[Fe(SCN)_6]^{3-} \rightleftharpoons Fe^{3+} + 6SCN^-$$

$$+ \; F^- \; \Updownarrow$$

$$[FeF]^{2+} \overset{F^-}{\rightleftharpoons} [FeF_2]^{+} \overset{F^-}{\rightleftharpoons} \cdots\cdots \overset{F^-}{\rightleftharpoons} [FeF_6]^{3-}$$

设金属离子 M 与主配体 K 配合时，外加另一配体 L 产生配位效应，那么未与主配体 K 配位的金属离子，除游离的 M 外，还有 ML，ML_2,…，ML_n 等，以 [M′] 表示未与 K 配位的金属离子总浓度，[M] 为游离金属离子浓度，则

$$[M'] = [M] + [ML] + [ML_2] + \cdots + [ML_n]$$

L 与 M 配位使 [M] 降低，影响 M 与 K 的主反应，其影响可用配位效应系数 $\alpha_{M(L)}$ 表示：

$$\alpha_{M(L)} = \frac{[M']}{[M]} = \frac{[M] + [ML] + [ML_2] + \cdots + [ML_n]}{[M]} \qquad (7\text{-}1)$$

$\alpha_{M(L)}$ 表示未与 K 配位的金属离子的各种形式的总浓度是游离金属离子浓度的多少倍。当 $\alpha_{M(L)} = 1$ 时，$[M'] = [M]$，表示金属离子没有发生副反应，$\alpha_{M(L)}$ 值越大，副反应越严重。

若用 k_1，k_2,…，k_n 表示配合物 ML_n 的各级稳定常数，即

配位平衡	各级稳定常数
$M + L \rightleftharpoons ML_1$	$k_1 = \dfrac{[ML]}{[M][L]}$
$ML + L \rightleftharpoons ML_2$	$k_2 = \dfrac{[ML_2]}{[ML][L]}$
⋮	⋮
$ML_{n-1} + L \rightleftharpoons ML_n$	$k_n = \dfrac{[ML_n]}{[ML_{n-1}][L]}$

将k的关系式代入式（7-1），并整理得

$$\alpha_{M(L)}=1+\beta_1[L]+\beta_2[L]^2+\cdots+\beta_n[L]^n \qquad (7\text{-}2)$$

其中，β_i为累积稳定常数，定义为：$\beta_1=k_1$，$\beta_2=k_1k_2$，…，$\beta_n=k_1k_2\cdots k_n$。

可见，L的浓度越大，与M配位的能力越强，配位效应越严重，$\alpha_{M(L)}$值越大，越不利于主反应的进行。

总之，以上四种效应对配位平衡影响的程度，取决于两类竞争反应的相对强弱，强弱对比越明显，转化越完全。实际转化率介于0%~100%，但不会恰好为0%或100%。

例 7.7 在$pH=11.00$的Zn^{2+}的氨溶液中，$[NH_3]=0.10\ mol\cdot L^{-1}$，求$\alpha_{Zn(NH_3)}$。

解：查表得$Zn\text{-}NH_3$各级配合物的$\lg\beta$值分别为 2.37，4.81，7.31，9.46。代入式（7-2）得

$$\begin{aligned}\alpha_{Zn(NH_3)}&=1+10^{2.37}\times10^{-1.00}+10^{4.81}\times10^{-2.00}+10^{7.31}\times10^{-3.00}+10^{9.46}\times10^{-4.00}\\&=1+10^{1.37}+10^{2.81}+10^{4.31}+10^{5.46}\\&=3.1\times10^5\end{aligned}$$

7.3.3 条件稳定常数

$K'_{MY}=\dfrac{[MY]}{[M'][Y']}$，若仅考虑酸效应，则该式变为

$$K'_{MY}=\frac{[MY]}{[M][Y']}=\frac{K_{MY}}{\alpha_{Y(H)}} \qquad (7\text{-}3)$$

例 7.8 设只考虑酸效应，计算$pH=2.0$和$pH=5.0$时ZnY的K'_{ZnY}。

解：（1）查表得，$\lg K'_{ZnY}=16.50$，$pH=2.0$时，$\lg\alpha_{Y(H)}=13.51$

所以$\lg K'_{ZnY}=16.50-13.51=2.99$，$K'_{ZnY}=10^{2.99}$

（2）查表得，$pH=5.0$时，$\lg'\alpha_{Y(H)}=6.45$

所以$\lg K'_{ZnY}=16.50-6.45=10.05$，$K'_{ZnY}=10^{10.05}$

计算表明，在$pH>2.0$时，ZnY不稳定。

7.4 配位滴定法

7.4.1 配位滴定法概述

配位滴定法是以配位反应为基础的滴定分析方法。它是用配位剂作为标准溶液直接或间接滴定被测物质。在滴定过程中通常需要选用适当的指示剂来指示滴定终点。本章重点介绍以乙二胺四乙酸（EDTA）为滴定剂的配位滴定分析方法。

7.4.2 EDTA

7.4.2.1 EDTA 的概念

一类含有以氨基二乙酸基团 [— $N(CH_2COOH)_2$] 为基体的有机配位体统称为氨羧配位体。其中乙二胺四乙酸是最为重要的氨羧配位体。

乙二胺四乙酸的结构式为：

$$\begin{array}{c} HOOCCH_2 \\ \qquad\qquad N - H_2C - CH_2 - N \\ HOOCCH_2 \end{array} \begin{array}{c} CH_2COOH \\ \\ CH_2COOH \end{array}$$

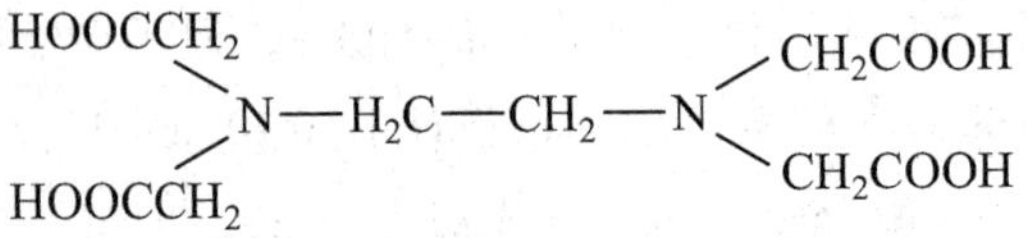

乙二胺四乙酸的简称为：EDTA

乙二胺四乙酸的简式为：H_4Y

7.4.2.2 EDTA 的性质

（1）乙二胺四乙酸二钠盐。

由于 H_4Y 只有离解出的酸根 Y^{4-} 能与金属离子直接配位，故常用溶解度较大的乙二胺四乙酸二钠盐（$Na_2H_2Y \cdot 2H_2O$）来代替乙二胺四乙酸，钠盐一般也简称为 EDTA。

（2）EDTA 的双偶极离子结构与不同 pH 下的主要存在型体。

双偶极离子结构：

$$\begin{array}{c} HOOCCH_2 \\ \qquad\qquad N - H_2C - CH_2 - N \\ {}^-OOCCH_2 \end{array} \begin{array}{c} H^+\ CH_2COO^- \\ \\ H^+\ CH_2COOH \end{array}$$

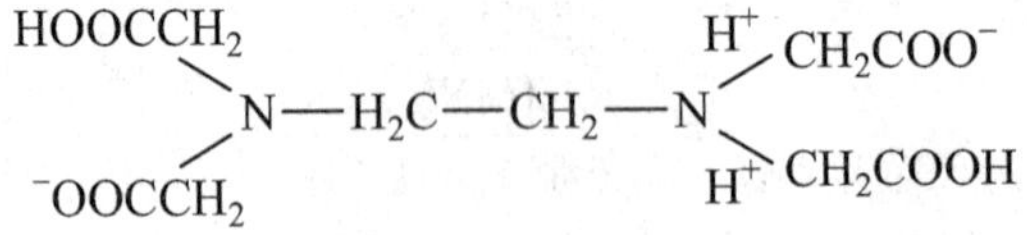

双偶极离子结构的 EDTA 再接受两个质子便转变成六元酸 H_6Y^{2+}，在水溶液中以 H_6Y^{2+}、H_5Y^+、H_4Y、H_3Y^-、H_2Y^{2-}、HY^{3-}、Y^{4-} 七种型体存在，在不同 pH 下的主要存在型体列于表 7-5。

表 7-5　不同 pH 时 EDTA 的主要存在型体

pH	<1	1~1.6	1.6~2	2~2.7	2.7~6.2	6.2~10.3	>10.3
主要存在型体	H_6Y^{2+}	H_5Y^+	H_4Y	H_3Y^-	H_2Y^{2-}	HY^{3-}	Y^{4-}

可见酸度越低，Y^{4-} 的分布分数越大，EDTA 的配位能力越强。

由于 EDTA 有 6 个配位原子，所以 EDTA 与大多数金属离子形成 1∶1 型的螯合物；若金属离子本身有色，那么与 EDTA 形成螯合物后颜色加深。

7.4.3　配位滴定法原理

7.4.3.1　滴定曲线

在酸碱滴定反应中，化学计量点附近溶液的 pH 值会发生突变。而在配位滴定中，随着滴定剂 EDTA 的不断加入，在化学计量点附近，溶液中金属离子 M 的浓度发生急剧变化。如果以 pM（$-\lg c_M$）为纵坐标，以加入标准溶液 EDTA 的量 c_Y 为横坐标作图，则可得到与酸碱滴定曲线相类似的配位滴定曲线。以 0.01 mol·L^{-1} EDTA 滴定 0.01 mol·L^{-1} Ca^{2+} 为例，其滴定曲线见图 7-2。

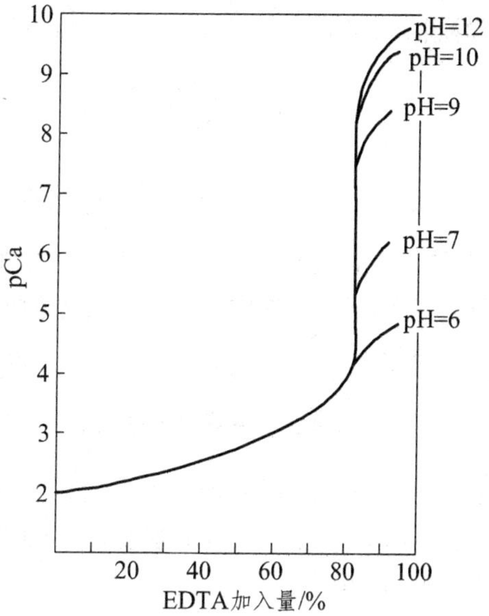

图 7-2 不同 pH 时用 0.01000 mol·L^{-1} EDTA 滴定 0.01000 mol·L^{-1} Ca^{2+} 的滴定曲线

由图 7-1 可以推知，配位滴定的滴定突跃大小取决于：

（1）配合物的条件稳定常数 K'_{MY}；

（2）金属离子的起始浓度 c_M。

EDTA 可以准确测定单一金属离子的条件是：

$$\lg(c_M K'_{MY}) \geqslant 6 \qquad (7\text{-}4)$$

7.4.3.2 滴定金属离子的最小 pH 值

设金属离子的起始浓度 c_M 为 0.01 mol·L^{-1}，副反应仅考虑酸效应，则根据式（7-2）和（7-3）可求得准确测定单一金属离子的最小 pH 值。

7.4.3.3 配位滴定法

以 EDTA 作为滴定剂，在测定金属离子的反应中，由于大多数金属离子与其生成的配合物具有较大的稳定常数，因此反应可以定量完成。但在实际反应中，不同的滴定条件下，除了被测金属离子与 EDTA 的主反应外，还存在许多副反应，使形成的配合物不稳定，它们之间的平衡关系可用下式表示：

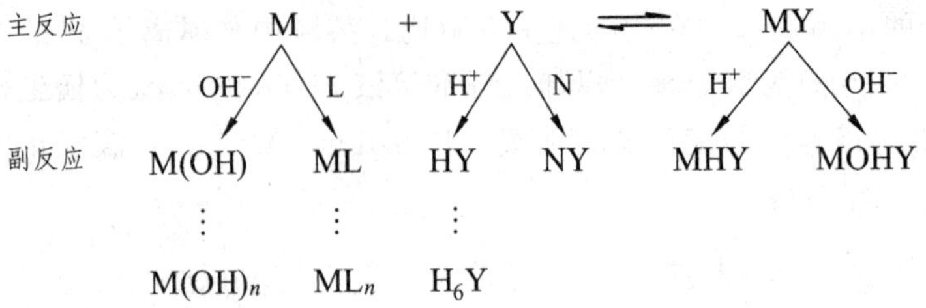

$$K'_{MY} = \frac{[(MY)']}{[M'][Y']}$$

$$\lg K'_{MY} = \lg K_{MY} - \lg \alpha_M - \lg \alpha_Y + \lg \alpha_{MY}$$

EDTA 的酸效应：H^+ 的存在使 EDTA 与金属离子配位反应能力降低的现象。

共存离子效应：其他金属离子的存在使 EDTA 参加主反应配位能力降低的现象。

如果只考虑配位剂 Y 的酸效应：

$$\lg K'_{MY} = \lg K_{MY} - \lg \alpha_{Y(H)}$$

准确滴定某一金属的条件：根据终点误差理论可推断，要想用 EDTA 成功滴定 M（即误差≤0.1%），则必须 $c_M \cdot K_{MY}^{\ominus'} \geqslant 10^6$。当金属离子浓度 $c_M = 0.01\ mol \cdot L^{-1}$ 时，此配合物的条件稳定常数必须等于或大于 10^8，即 $\lg K_{MY}^{\ominus'} \geqslant 8$。

7.4.4 金属离子指示剂

7.4.4.1 金属指示剂的作用原理

金属指示剂是一些有机配位剂，能同金属离子 M 形成有色（Ⅰ色）配合物 MIn，其颜色与游离指示剂本身颜色（Ⅱ色）不同。例如，铬黑 T 在 pH = 8~11 时本身呈蓝色，与 Ca^{2+}、Mg^{2+}、Zn^{2+} 等金属离子形成红色配合物；又如，XO（二甲酚橙）在 pH = 1~3.5 时本身呈亮黄色，与 Bi^{3+}、Th^{4+} 结合形成红色配合物。

在 EDTA 滴定中，金属指示剂的作用原理可以简述如下：加入的少量金属指示剂 In 与少量 M 形成配合物 MIn，此时溶液呈Ⅰ色；随后滴入的 EDTA 逐步与 M 配合形成 MY（Ⅲ色），此时溶液呈（Ⅰ+Ⅲ）色；当游离的 M 被反应完毕，再稍过量的 Y 将夺取 MIn 中的 M，使指示剂游离出来（$MIn + Y \longrightarrow MY + In$），此时溶液变为（Ⅱ+Ⅲ）色，以表示终点的到达。

7.4.4.2 金属指示剂必须具备的条件

（1）金属离子与指示剂形成配合物(MIn)的颜色与指示剂(In)的颜色有明显区别，且 In 与 M 的反应灵敏、快速。这样终点变化才明显，易于眼睛判断。

（2）指示剂与金属离子配合物的溶解度要大，以防止指示剂僵化。同时指示剂应比较稳定，便于贮藏和使用。

（3）金属离子与指示剂形成的配合物应有足够的稳定性才能测定低浓度的金属离子。通常要求 $\lg K_{MIn} \geqslant 4$，以免终点提前。

（4）指示剂与金属离子配合物的稳定性应小于 Y^{4-} 与金属离子所生成配合物的稳定性，通常要求 $\lg K_{MY} - \lg K_{MIn} \geqslant 2$。这样在接近化学计量点时，$Y^{4-}$ 才能较迅速地夺取被指示剂结合的金属离子，以免终点推迟甚至终点观察不到。

7.4.4.3 常用的金属离子指示剂

常用金属离子指示剂有：EBT（铬黑 T）、二甲酚橙。下面以铬黑 T 在滴定反应中的颜色变化来说明金属指示剂的变色原理。

铬黑 T 是弱酸性偶氮染料，其化学名称是 1-（1-羟基-2-萘偶氮）-6-硝基-2-萘酚-4-磺酸钠。铬黑 T 的钠盐为黑褐色粉末，带有金属光泽。在不同的 pH 值溶液中存在不同的解离平衡。当 $pH < 6$ 时，指示剂显红色，而它与金属离子所形成的配合物也是红色，终点无法判断；在 pH 值为 7~11 的溶液里，指示剂显蓝色，与红色有极明显的色差，所以用铬黑 T 做指示剂应控制 pH 在此范围内；当 $pH > 12$ 时，则显橙色，与红色的色差也不够明显。实验证明，以铬黑 T 做指示剂，用 EDTA 进行直接滴定时 pH 值在 9~10.5 最合适。

$$H_2In^- \underset{+H^+}{\overset{-H^+}{\rightleftharpoons}} HIn \underset{+H^+}{\overset{-H^+}{\rightleftharpoons}} In^{3-}$$

（红色）　（蓝色）　（橙色）

$pH < 6$　$pH 7\sim11$　$pH > 12$

铬黑 T 可用作 Zn^{2+}、Cd^{2+}、Mg^{2+}、Hg^{2+} 等离子的指示剂，它与金属离子以 1∶1 配位。例如，以铬黑 T 为指示剂，用 EDTA 滴定 Mg^{2+}（$pH = 10$ 时），滴定前溶液显酒红色：

$$Mg^{2+} + HIn^{2-} \rightleftharpoons MgIn^- + H^+$$

（蓝色）　（酒红色）

滴定开始后，Y^{4-} 先与游离的 Mg^{2+} 配位，

$$Mg^{2+} + HY^{3-} \rightleftharpoons MgY^{2-} + H^+$$

在滴定终点前，溶液中一直显示 $MgIn^-$ 的酒红色，直到化学计量点时，Y^{4-} 夺取 $MgIn^-$ 中的 Mg^{2+}，由 $MgIn^-$ 的红色转变为 HIn^{2-} 的蓝色：

$$MgIn^- + HY^{3-} \rightleftharpoons MgY^{2-} + HIn^{2-}$$

（酒红色）　（蓝色）

在整个滴定过程中，颜色变化为酒红色→紫色→蓝色。

因铬黑 T 的水溶液不稳定，很易聚合，一般与固体 NaCl 以 1∶100 比例相混，配成固体混合物使用，也可配成三乙醇胺溶液使用。

7.4.5 提高配位滴定选择性的方法

实际样品中往往有多种金属离子共存，而EDTA又能与很多金属离子形成稳定的配合物，所以在滴定某一金属离子时常常受到共存离子的干扰。为减少或消除共存离子干扰，在实际滴定中常用以下几种方法。

假设溶液中含有两种金属离子M、N，它们均可与EDTA形成配合物，且$K'_{MY} > K'_{NY}$。当用EDTA滴定时，若$c_M = c_N$，M首先被滴定。若K'_{MY}与K'_{NY}相差足够大，则M被定量滴定后，EDTA才与N作用，这样，N的存在并不干扰M的准确滴定。两种金属离子的EDTA配合物的条件稳定常数相差越大，准确滴定M离子的可能性就越大。对于有干扰离子存在的配位滴定，一般允许有不超过0.5%的相对误差。而如前述，肉眼判断终点颜色变化时，滴定突跃至少应有0.2个pM单位，根据理论推导，在M、N两种离子共存时若满足：

$$\frac{c_M K_{MY}}{c_N K_{NY}} \geqslant 10^5 \qquad (7\text{-}5)$$

即

$$\lg K_{MY} - \lg K_{NY} \geqslant 5$$

我们可以通过控制酸度进行分别滴定。式（7-5）称为两种金属离子分别滴定的判别式。

例7.9 溶液中Fe^{3+}、Al^{3+}浓度均为0.01 $mol \cdot L^{-1}$，能否控制酸度用EDTA滴定Fe^{3+}？

解：已知$c_M = c_N = 0.01\ mol \cdot L^{-1}$；查表得：$\lg K_{Fe^{3+}} = 25.10$，$\lg K_{Al^{3+}} = 16.30$

则

$$\lg K_{MY} - \lg K_{NY} = 25.10 - 16.30 = 8.80 > 5$$

所以，能控制酸度用EDTA滴定Fe^{3+}。

如果溶液中存在两种以上金属离子，要判断能否用溶液酸度的方法进行分别滴定，应该首先考虑配合物稳定常数最大和与之最接近的那两种离子，然后依次两两考虑。当被测金属离子与干扰离子的配合物的稳定性相差不大，即不能满足式（7-5）时，可以通过下列方法提高滴定的选择性。

7.4.5.1 掩蔽与解蔽

常用的掩蔽法有配位掩蔽法、沉淀掩蔽法和氧化还原掩蔽法等，其中以配位掩蔽法最常用。

1. 配位掩蔽法

利用配位剂（掩蔽剂）与干扰离子形成稳定的配合物，从而消除干扰的掩蔽方法。例如，pH = 10，用EDTA滴定Mg^{2+}时，Zn^{2+}的存在会干扰滴定，若加入KCN，与Zn^{2+}形成稳定配离子，Zn^{2+}即被掩蔽而消除干扰。又如，用EDTA滴定水中的Ca^{2+}、Mg^{2+}以测定水的硬度时，Fe^{3+}、Al^{3+}的干扰可用三乙醇胺掩蔽。

2. 沉淀掩蔽法

利用某一沉淀剂与干扰离子生成难溶性沉淀，降低干扰离子浓度，在不分离沉淀的条件下可直接滴定被测离子。例如，在 $pH = 10$ 时用 EDTA 滴定 Ca^{2+}，这时 Mg^{2+} 也被滴定，若加入 NaOH，使溶液 $pH > 12$，则 Mg^{2+} 形成 $Mg(OH)_2$ 沉淀而不干扰 Ca^{2+} 的滴定。

3. 氧化还原掩蔽法

当某种价态的共存离子对滴定有干扰时，利用氧化还原反应改变干扰离子的价态，则可消除对被测离子的干扰。例如，用 EDTA 滴定 Hg^{2+}、Bi^{3+}、Sn^{4+}、Th^{4+} 等离子时，Fe^{3+} 有干扰（$\lg K_{FeY^-} = 25.1$），若用盐酸羟胺或抗坏血酸将 Fe^{3+} 还原为 Fe^{2+}，由于 Fe^{2+} 的 EDTA 配合物稳定性较差（$\lg K_{FeY^{2-}} = 14.33$），因而可消除 Fe^{3+} 的干扰。

4. 解蔽方法

将干扰离子掩蔽以滴定被测离子后，再加入一种试剂，使已被掩蔽剂配位的干扰离子重新释放出来。这种作用称为解蔽，所用试剂称为解蔽剂。利用某些选择性的解蔽剂，可提高配位滴定的选择性。例如，测定铜合金中的 Zn^{2+}、Pb^{2+} 时，可在氨性溶液中用 KCN 掩蔽 Cu^{2+}、Zn^{2+}，在 $pH = 10$ 时以铬黑 T 做指示剂，用 EDTA 滴定 Pb^{2+}。在滴定 Pb^{2+} 后的溶液中加入甲醛或三氯乙醛，则 $[Zn(CN)_4]^{2-}$ 被破坏而释放出 Zn^{2+}，然后用 EDTA 滴定释放出来的 Zn^{2+}。

7.4.5.2 预先分离

如果用控制溶液酸度和使用掩蔽剂等方法都不能消除共存离子的干扰而选择滴定被测离子，就只有预先将干扰离子分离出来，再滴定被测离子。分离的方法很多，主要根据干扰离子和被测离子的性质进行选择。例如，磷矿石中一般含 Fe^{3+}、Al^{3+}、Ca^{2+}、Mg^{2+}、PO_4^{3-}、F^- 等离子，欲用 EDTA 滴定其中的金属离子，F^- 有严重干扰，它能与 Fe^{3+}、Al^{3+} 生成很稳定的配合物，酸度小时又能与 Ca^{2+} 生成 CaF_2 沉淀，因此在滴定前必先加酸、加热，使 F^- 生成 HF 而挥发出去。

7.4.5.3 其他配位剂

除 EDTA 外，其他许多配位剂也能与金属离子形成稳定性不同的配合物，因而选用不同的配位剂进行滴定，有可能提高滴定某些离子的选择性。

7.4.6 配位滴定的方式和应用

在配位滴定中，采用不同的滴定方式，不仅可以扩大配位滴定的应用范围，使许多不能直接滴定的元素能够进行配位滴定，而且还可以提高滴定的选择性。

7.4.6.1 配位滴定方式

1. 直接滴定法

反应符合滴定分析的要求且有合适的指示剂时，可直接进行滴定。

2. 返滴定法

在试液中先加入已知过量的EDTA标准溶液，用另一种金属离子的标准溶液滴定过量的EDTA，求得被测物质含量的方法。通常在采用直接滴定法时，出现：① 缺乏符合要求的指示剂；② 被测金属离子与EDTA反应的速度慢；③ 在测定条件下，被测金属离子水解等情况下使用返滴定法。

3. 置换滴定法

利用置换反应，置换出等物质的量的另一种金属离子，或置换出EDTA，然后滴定，就是置换滴定。该方法是提高配位滴定选择性途径之一。例如，测定锡合金中的Sn时，可于试液中加入过量的EDTA，将可能存在的Pb^{2+}，Zn^{2+}，Cd^{2+}，Bi^{3+}等与Sn（Ⅳ）一起络合。用Zn^{2+}标准溶液滴定络合过量的EDTA。加NH_4F，选择性地将SnY中的EDTA释放出来，再用Zn^{2+}标准溶液滴定释放出来的EDTA，即可求得Sn（Ⅳ）的含量。

4. 间接滴定法

一些不能与EDTA发生配位反应的金属离子，可采用此方法。如钠的测定，将Na^+沉淀为醋酸铀酰锌钠$NaAc\cdot Zn(Ac)_2\cdot 3UO_2(Ac)_2\cdot 9H_2O$，分出沉淀，洗净并将它溶解，然后用EDTA滴定$Zn^{2+}$，从而求得试样中$Na^+$的含量。

例 7.10 称取含磷试样 0.1000 g，处理成试液，并把磷沉淀为$MgNH_4PO_4$，将沉淀过滤、洗涤后，再溶解并调 pH = 10，以铬黑 T 为指示剂，用 0.010 00 $mol\cdot L^{-1}$的 EDTA 标准溶液滴定溶液中的Mg^{2+}，消耗体积 20.00 mL。求溶液中 P 和P_2O_5的含量。

解：由于

$$MgNH_4PO_4 \rightarrow Mg^{2+} \rightarrow PO_4^{3} \rightarrow P$$

$$w_P/\% = \frac{c_{EDTA}\cdot V_{EDTA}\cdot \dfrac{M_P}{1000}}{m_{试样}}\times 100\% = \frac{0.01000\times 20.00\times \dfrac{30.97}{1000}}{0.1000}\times 100\% = 6.19\%$$

$$w_{P_2O_5}/\% = \frac{c_{EDTA}\cdot V_{EDTA}\cdot \dfrac{M_{P_2O_5}}{2000}}{m_{试样}}\times 100\% = \frac{0.01000\times 20.00\times \dfrac{141.96}{2000}}{0.1000}\times 100\% = 14.20\%$$

例 7.11 准确称取镍盐样品 0.5200 g，用少量水溶解后，定容至100 mL。吸取10.00 mL，于锥形瓶中，加入 0.020 00 $mol\cdot L^{-1}$ EDTA 标准溶液 30.00 mL，加氨水调节 pH = 5，加入 HAc-NH_4Ac 缓冲溶液 20 mL，加热至沸腾后，加 2 滴 PAN 指示剂，立即用 0.020 00 $mol\cdot L^{-1}$ $CuSO_4$标准溶液滴定至终点时，消耗10.35 mL，计算镍盐中Ni的百分含量。

解：

$$n_{\rm Ni}=c_{\rm EDTA}\times V_{\rm EDTA}-c_{\rm CuSO_4}\times V_{\rm CuSO_4}=\frac{m_{\rm Ni}}{M_{\rm Ni}}$$

$$\begin{aligned}m_{\rm Ni}&=(c_{\rm EDTA}\times V_{\rm EDTA}-c_{\rm CuSO_4}\times V_{\rm CuSO_4})\times M_{\rm Ni}\\&=(0.020\,00\times 30.00-0.020\,00\times 10.35)\times 0.058\,70=0.0231(g)\end{aligned}$$

$$w_{Ni}/\%=\frac{0.0231}{0.5200\times\frac{10}{100}}\times 100\%=44.23\%$$

7.4.6.2 配位滴定的应用实例

1. 水硬度的测定

一般含有钙、镁盐类的水称为硬水，水硬度是指溶于水中的钙、镁等盐类的总量。通常分为碳酸盐硬度（钙、镁的重碳酸盐和碳酸盐）和非碳酸盐硬度（钙、镁的硫酸盐、氯化物等）。也可分为暂时硬度和永久硬度。前者是指水经煮沸时，水中重碳酸盐分解形成碳酸盐而沉淀所去除的硬度，但由于钙、镁的碳酸盐并不完全沉淀，故暂时硬度往往小于碳酸盐硬度；后者是指水煮沸后不能除去的硬度。总硬度是指钙盐和镁盐的总量，钙、镁硬度则是分指两者的含量。水的硬度是水质控制的一个重要指标。各国表示硬度的单位不同。我国通常以 $1\ \mathrm{mol\cdot L^{-1}}$ $CaCO_3$ 或 $10\ \mathrm{mg\cdot L^{-1}}$ CaO 表示水的硬度。前者称为美国度，后者称为德国度。

测定水的硬度时，通常在两个等份试样中进行。一份测定 Ca^{2+}、Mg^{2+} 含量，另一份测定 Ca^{2+} 含量，由两者之差即可求出 Mg^{2+} 含量。测定 Ca^{2+}、Mg^{2+} 总量时，在 pH = 10 的氨性缓冲溶液中，以 EBT 为指示剂，用 EDTA 滴定至酒红色变为纯蓝色；测定 Ca^{2+} 时，调节 pH = 12，使 Mg^{2+} 形成 $Mg(OH)_2$ 沉淀，用钙指示剂，用 EDTA 滴定至红色变为纯蓝色。

2. 盐卤水中 SO_4^{2-} 的测定

盐卤水是电解制备烧碱的原料。卤水中 SO_4^{2-} 的测定原理：在微酸性溶液中加入一定量的 $BaCl_2$-$MgCl_2$ 混合溶液，使 SO_4^{2-} 形成 $BaSO_4$ 沉淀。然后调节至 pH = 10，以 EBT 为指示剂，用 EDTA 滴定至酒红色变为纯蓝色。设滴定体积为 V，滴定的是 Mg^{2+} 和剩余的 Ba^{2+}。另取同样体积的 $BaCl_2$-$MgCl_2$ 混合溶液，用同样的步骤为空白，设滴定体积为 V_0，显然两者之差（V_0-V）即为与 SO_4^{2-} 反应的 Ba^{2+} 的量。

习 题

1. 填空题

（1）在配离子中，作为中心离子必须具有__________。作为配位体中的配位原子必须具有__________。

（2）乙二胺分子中有________个氮原子，若用乙二胺作为配位体，则有________配位原子。

（3）NH_3作为配位体，是因为氮原子有__________。

（4）常见的配原子有_____、_____、_____等。

（5）螯合物是指_______；螯合剂应具备的条件是____________________。

（6）单齿配体是指__________的配体，如_______；多齿配体是指的__________配体，如________。

（7）$[Fe(NH_3)_2(en)_2](NO_3)_4$的名称是______________，其中中心原子为______，配位体为_______和______，配位数为________。

（8）在配位滴定中一般不使用EDTA，而用EDTA二钠盐（Na_2H_2Y），这是由于EDTA______，而Na_2H_2Y__________；EDTA二钠盐（Na_2H_2Y）水溶液的pH约等于_____；当溶液的pH＝1.6时，其主要存在形式是_______；当溶液的pH＞12时，主要存在形式是________。（已知EDTA的pK_{a1}至pK_{a6}分别为0.9、1.6、2.0、2.67、6.16、10.26）

（9）在EDTA滴定中，溶液的pH越低，则$\alpha_{Y(H)}$值越______，K'_{MY}值越______，滴定的pM′突跃越______。

2. 问答题

（1）AgCl沉淀溶于氨水，但AgI不溶，为什么？

（2）在配位滴定中，什么叫配位剂的酸效应？试以乙二胺四乙酸二钠（Na_2H_2Y）为例，列出计算EDTA酸效应系数$\alpha_{Y(H)}$的数学表达式。

（3）在配位滴定中，为什么要加入缓冲溶液控制滴定体系保持一定的pH？

3. 计算题

（1）计算pH＝5.0时EDTA的酸效应系数$\alpha_{Y(H)}$。若此时EDTA各种存在形式的总浓度为0.0200 $mol \cdot L^{-1}$，则$[Y^{4-}]$为多少？

（2）称取含Fe_2O_3和Al_2O_3的试样0.2000 g，将其溶解，在pH＝2.0的热溶液中（50 ℃左右），以磺基水杨酸为指示剂，用0.020 00 $mol \cdot L^{-1}$ EDTA标准溶液滴定试样中的Fe^{3+}，用去18.16 mL。然后将试样调至pH＝3.5，加入上述EDTA标准溶液25.00 mL，并加热煮沸。再调试液pH＝4.5，以PAN为指示剂，趁热用$CuSO_4$标准溶液（每毫升含$CuSO_4 \cdot 5H_2O$ 0.005 000 g）返滴定，用去8.12 mL。计算试样中Fe_2O_3和Al_2O_3的质量分数。

（3）称取葡萄糖酸钙样品0.5416 g，溶解后，在pH＝10的氨-氯化铵缓冲溶液中，用0.050 02 $mol \cdot L^{-1}$的EDTA滴定液滴定，用去24.01 mL，求样品中葡萄糖酸钙的含量。

（4）称取1.032 g氧化铝试样，溶解后移入250 mL容量瓶，稀释至刻度。吸取25.00 mL，加入$T_{Al_2O_3}=1.505\ mg \cdot mL^{-1}$的EDTA标准溶液10.00 mL，以二甲酚橙为指示剂，用$Zn(OAc)_2$标准溶液进行返滴定，至红紫色终点，消耗$Zn(OAc)_2$标准溶液12.20 mL。已知1 mL $Zn(OAc)_2$溶液相当于0.6812 mL EDTA溶液。求试样中Al_2O_3的质量分数。

（5）分析含铜、锌、镁合金时，称取0.5000 g试样，溶解后用容量瓶配成100 mL试液。吸取25.00 mL，调至pH＝6，用PAN做指示剂，用0.050 00 $mol \cdot L^{-1}$ EDTA标准溶液滴定铜和锌，用去37.30 mL。另外又吸取25.00 mL试液，调至pH＝10.0，加KCN以掩蔽铜和锌，用同浓度EDTA溶液滴定Mg^{2+}，用去4.10 mL。然后再滴加甲醛以解蔽锌，又用同浓度 EDTA 溶液滴定，用去 13.40 mL。计算试样中铜、锌、镁的质量分数。

（6）用 0.010 60 $mol \cdot L^{-1}$ EDTA 标准溶液滴定水中钙和镁的含量，取 100.0 mL 水样，以铬黑 T 为指示剂，在 pH = 10 时滴定，消耗 EDTA 31.30 mL。另取一份 100.0 mL 水样，加 NaOH 使溶液呈强碱性，使 Mg^{2+} 生成 $Mg(OH)_2$ 沉淀，用钙指示剂指示终点，继续用 EDTA 滴定，消耗 19.20 mL。计算：

① 水的总硬度（以 $CaCO_3$ $mg \cdot L^{-1}$ 表示）;

② 水中钙和镁的含量（以 $CaCO_3$ $mg \cdot L^{-1}$ 和 $MgCO_3$ $mg \cdot L^{-1}$ 表示）。

8 氧化还原平衡与氧化还原滴定

路易斯酸碱反应、自由基反应和氧化还原反应是化学反应中的三大基本反应。氧化还原反应是指化学反应前后，元素的氧化数有变化的一类反应。氧化还原反应的实质是电子的得失或共用电子对的偏移。以氧化还原反应为基础的滴定分析方法称为氧化还原滴定法，氧化还原滴定法与酸碱滴定法、配位滴定法等相比具有如下特点：① 反应机理复杂，反应可多步完成；② 有的程度虽高但速度缓慢；③ 常伴有副反应而无明确计量关系。因此，控制氧化还原反应的反应条件对滴定过程十分的重要。许多具有氧化性或还原性的化合物都可以采用氧化还原滴定法，因而，氧化还原滴定法比酸碱滴定法、配位滴定法的应用更为广泛。本章将从基本概念、原电池、电极反应、电极电势的相关计算以及氧化还原滴定的应用等方面进行展开学习。

8.1 氧化还原反应的基本概念

8.1.1 氧化值

在化学中引入元素的氧化值（或氧化数），是为了表示各元素在化合物中所处的化合状态。1970 年，国际纯粹和应用化学联合会（IUPAC）定义氧化数（Oxidation Number）的概念：氧化值就是化合物中各个原子所带的电荷数或形式电荷数，该电荷数是假设把化合物中的成键电子指定归于电负性更大的原子而求得的。为了便于确定元素原子的氧化值，特制定如下几条规则。

（1）单质元素的氧化值为 0；在单原子离子中，元素的氧化值等于离子所带的电荷数。

（2）大多数含氢化合物中氢的氧化值为+1，但在金属氢化物中，氢的氧化该为-1。

（3）氧元素在多数化合物中的氧化值为-2；但在过氧化物（如 Na_2O_2）为-1、超氧化物（如 KO_2）中为-1/2、臭氧化物（如 KO_3）中为-1/3。而在 OF_2 和 O_2F_2 中，则分别为+2 和+1。

（4）氟是电负性最大的元素，它在含氟化物中的氧化值为-1；而碱金属和碱土金属的氧化值分别为+1 和+2。

（5）在化合物中，所有元素氧化值的代数和为 0；在离子型化合物中，所有元素氧化值的代数和等于该离子所带的电荷数。

根据以上述规则，可以确定出化合物中任一元素的氧化值。

例 8.1 分别求 $S_2O_4^{2-}$，$S_2O_8^{2-}$，$Na_2S_4O_6$ 中 S 的氧化数。

解：设 S 的氧化数为 x，则

在 $S_2O_4^{2-}$ 中：$2x+4\times(-2)=-2$，$x=+3$

在 $S_2O_8^{2-}$ 中：$2x+6\times(-2)+2\times(-1)=-2$，$x=+6$

在 $Na_2S_4O_6$ 中：$2\times1+4x+6\times(-2)=0$，$x=+2.5$

从例 8.1 可以看出，氧化数可以是整数，也可以是小数或分数。

8.1.2 氧化还原反应

化学反应过程中，只要是元素的有氧化值发生变化就是氧化还原反应。氧化值升高的过程称为氧化。氧化值降低的过程称为还原；氧化值升高的物质称为还原剂；氧化值降低的物质称为氧化剂。也就是说，一个氧化还原反应必然包括氧化和还原两个同时发生的过程。例如，活泼金属 Fe 置换 Cu^{2+} 的反应：

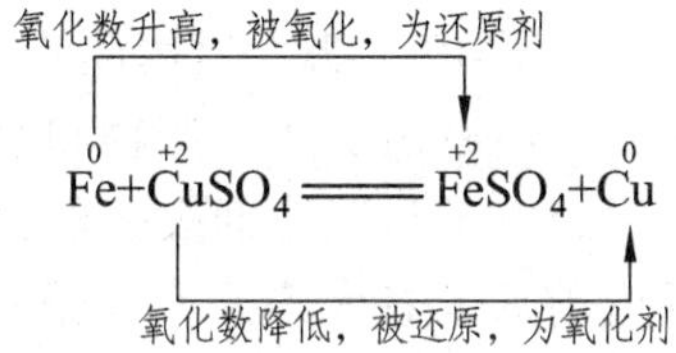

氧化数降低的物质是氧化剂，发生还原反应，生成还原产物；氧化数升高的物质是还原剂，发生氧化反应，生成氧化产物，即

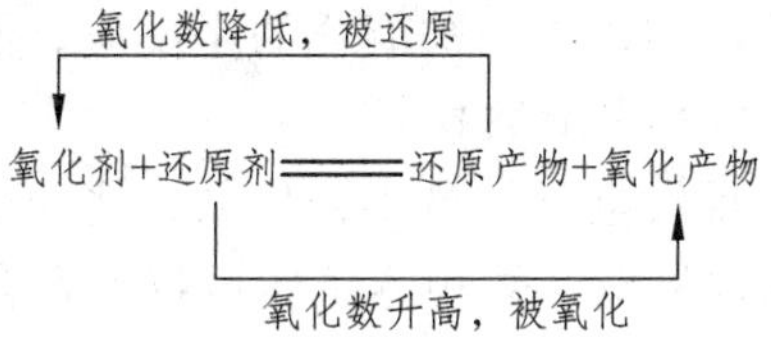

对于一些特殊的化学反应，如同一化合物中即存在氧化数升高的元素，又存在氧化数降低的另一元素，如 $2K\overset{+5}{Cl}\overset{-2}{O_3} = 2K\overset{-1}{Cl}+3\overset{0}{O_2}$，类似这样的反应称为自氧化还原反应。而氧化数的升降均发生在同一元素上的反应称为歧化反应。例如：$\overset{0}{Cl_2}+H_2O = H\overset{+1}{Cl}O+H\overset{-1}{Cl}$。

8.1.3 氧化还原半反应和氧化还原电对

氧化还原半反应是指，当氧化剂发生还原反应时，氧化剂得到电子生成还原产物的反应叫还原半反应，如 $Cu^{2+}+2e^- = Cu$；反之，当还原剂发生氧化反应时，还原剂失去电子生成氧化产物的反应叫氧化半反应，如 $Fe-2e^- = Fe$。这两个半反应则构成了氧化还原反应：$Fe+Cu^{2+} = Fe^{2+}+Cu$。

这里需要说明的是，氧化还原电对常用“氧化型/还原型”结构表示，如 Cu^{2+}/Cu 电对，Fe^{2+}/Fe 电对。氧化还原电对存在着共轭对应关系：

$$氧化型+ne^- \rightleftharpoons 还原型$$

这种共轭关系与酸碱共轭相似，如果氧化型物质的氧化能力越强，则其共轭还原型物质的还原能力越弱；同样，若还原型物质的还原能力越强，则其共轭氧化型物质的氧化能力越弱。

8.1.4 氧化还原反应方程式的配平

化学反应方程式必须严格遵守质量守恒定律，对于氧化还原反应方程式还必须满足电子得失守恒，化学反应方程式在写出反应物和生成物后，往往左右两边各原子数目不相等，不满足守恒定律，这就需要通过计算配平来解决。配平氧化还原方程式最常用的方法是氧化数法和离子-电子法。氧化数法简单便捷，在中学阶段就有所涉及，这里就不再过多地赘述。因此，本章就着重介绍离子-电子法，运用此法需满足如下原则。

（1）首先要明确反应的氧化剂、还原剂、还原产物和氧化产物。

（2）反应过程中，氧化剂得到的电子与还原剂失去的电子数必须相等。

（3）根据质量守恒定律，反应前后的各元素及其原子总数要相等，各物种的电荷数的代数和要相等。

具体的操作步骤如下：

（1）将反应物和产物以离子的形式写出，只写氧化数发生了变化的物种。

（2）分别写出氧化剂被还原和还原剂被氧化的半反应，然后再分别配平两个半反应。保证两个半反应两边的原子总数和电荷数相等。

（3）计算得出两个半反应得失电子的最小公倍数，将两个半反应方程式中各项分别乘以相应的系数，使两半反应的得失电子数相等，然后将二者合并即可。

例 8.2 配平化学方程式：$CrO_2^- + H_2O_2 \longrightarrow CrO_4^{2-} + H_2O$（pH = 10）

解：第一步，写出主要的反应物和产物的离子式：

$$CrO_2^- + H_2O_2 \longrightarrow CrO_4^{2-} + H_2O$$

第二步：写出两个半反应的氧化还原电对：

$$CrO_2^- \longrightarrow CrO_4^{2-}$$

$$H_2O_2 \longrightarrow H_2O$$

第三步：配平两个半反应，在碱性条件下，在半反应式中氧原子数目少的一边加 OH^-，另一边加 H_2O，并调整系数使半反应式两边各种原子数目相等。

$$CrO_2^- + 4OH^- \longrightarrow CrO_4^{2-} + 2H_2O$$

$$H_2O_2 + H_2O \longrightarrow H_2O + 2OH^- \text{ 可简写为 } H_2O_2 \longrightarrow 2OH^-$$

第四步：在两个半反应方程式中加一定数目的电子，使两边的电荷数相等。

$$CrO_2^- + 4OH^- \longrightarrow CrO_4^{2-} + 2H_2O + 3e^-$$

$$H_2O_2 + 2e^- \longrightarrow 2OH^-$$

第五步：确定两个半反应中得失电子数的最小公倍数，然后合并。

$$CrO_2^- + 4OH^- \longrightarrow CrO_4^{2-} + 2H_2O + 3e^- \quad \times 2$$

$$+) \quad H_2O_2 + 2e^- \longrightarrow 2OH^- \quad \times 3$$

$$2CrO_2^- + 2OH^- + 3H_2O_2 = 2CrO_4^{2-} + 4H_2O$$

第六步：检查反应方程式是否合理、是否守恒。

值得一提的是，氧化数法可广泛适用于水溶液、非水溶液、高温反应等化学反应方程式的配平。而离子-电子法则主要用于配平水溶液中进行的化学反应，这种方法可以通过两个半氧化还原反应比较方便地配平用氧化值法难以配平的反应方程式。

8.2 原电池与电极电势

8.2.1 原电池

原电池是利用两个电极的电极电势的不同，产生电势差，从而使电子流动，产生电流。从氧化还原反应角度而言，原电池的工作原理是还原剂失去的电子经外接导线传递给氧化剂，氧化还原反应分别在两个电极上进行。从能量转化角度看，原电池是将化学能转化为电能的装置。构成原电池结构需要满足如下条件。

（1）正、负极电极材料的金属活泼性不同，或由金属与其他导电的材料（贵金属、非金属或某些氧化物等）组成。

（2）正、负极之间要有电解质存在。

（3）正、负极电极之间有导线连接，利于电子在两极间流动。

（4）电极上的反应是自发的氧化还原反应。

例如，Cu-Zn 原电池，其结构如图 8-1 所示。将 Cu 和 Zn 棒分别插入 $CuSO_4$ 和 $ZnSO_4$ 溶液中，$CuSO_4$ 与 $ZnSO_4$ 溶液间用一盐桥（一般装 KCl 饱和溶液和琼胶做成的胶冻）接通，Cu 和 Zn 棒用导线联接，并接上一电流表，可以发现电流表的指针发生偏转，进而判断出电子的流动方向。由于 Zn 的电极电势低于 Cu，因此，Zn 作为负极，失去电子，被氧化；Cu 作为正极，溶液中的 Cu^{2+} 在 Cu 电极上得到电子，被还原。电池反应如下：

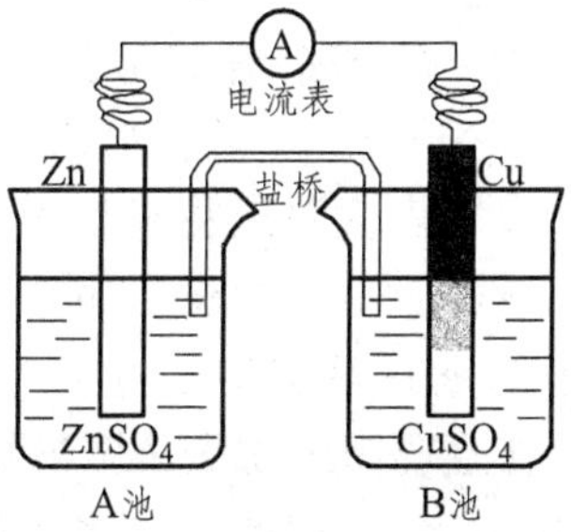

图 8-1　Cu-Zn 原电池

负极 $Zn - 2e^- = Zn^{2+}$

正极 $Cu^{2+} + 2e^- = Cu$

总的电池反应 $Zn + Cu^{2+} = Cu + Zn^{2+}$

为了方便地表示原电池，Cu-Zn 原电池的电池符号可以表示为如下方式：

$$(-)\ Zn\ (s)|ZnSO_4(c_1)\|CuSO_4(c_2)|Cu\ (s)\ (+)$$

原电池的电池符号书写规则如下：

（1）一般把负极写在左边，正极写在右边，原电池符号两边用（-）和（+）表示，也可省略不写。

（2）以化学式表示电池中物质的组成，注明物质的状态，气体物质要注明压力，溶液要注明浓度或活度。

（3）其中单垂线“|”表示不同物相的界面，双垂线“‖”表示盐桥。

（4）当电极为惰性电极（石墨、Pt 等）时，惰性电极也要表示出来。

例 8.3 将两电极 Pt 分别插入 $Fe_2(SO_4)_3$ 和 $SnSO_4$ 溶液中，两溶液用盐桥连接，试写出电极反应和电池符号。

解：电极反应负极：$Sn^{2+} - 2e^- = Sn^{4+}$

正极：$Fe^{3+} - e^- = Fe^{2+}$

电池符号：$(-)\ Pt|Sn^{2+}(c_1), Sn^{4+}(c_2)\ \|\ Fe^{3+}(c_3), Fe^{2+}(c_4)|Pt\ (+)$

8.2.2 电极的电势

当金属电极插入其金属盐的水溶液时，金属表面的原子会受到极性水分子的吸引作用，脱离金属晶格，并以水合离子的形式进入溶液，而电子则留在金属上，这称为金属的溶解，这种溶解趋势与金属的活性和溶液中金属离子的浓度密切相关。另一方面，溶液中的金属离子也可从金属表面获得电子，沉积于金属表面，这称为金属的沉积，金属的沉积趋势同样与金属的活性和金属离子的浓度密切相关。当金属表面的金属溶解速度与溶液中金属离子的沉积速度相等时，二者可达到一种动态平衡：

$$M(s) \underset{\text{沉积}}{\overset{\text{溶解}}{\rightleftharpoons}} M^{n+}(aq) + ne^-$$

当金属的溶解趋势大于金属离子的沉积趋势时，达平衡后金属表面带负电，因静电引力的作用，金属表面附近将聚集溶液中的正电离子，如图 8-2（a）所示。相反，当金属的溶解趋势小于金属离子的沉积趋势时，达到平衡后金属表面则带正电，在金属附近将聚集溶液中的负电离子，如图 8-2（b）所示。因此，在这两种情况下，电极/溶液的界面处都存在带相反电荷而形成双电层结构，我们把双电层作用诱导金属及其盐溶液之间产生的电位差称为金属电极的电极电势。

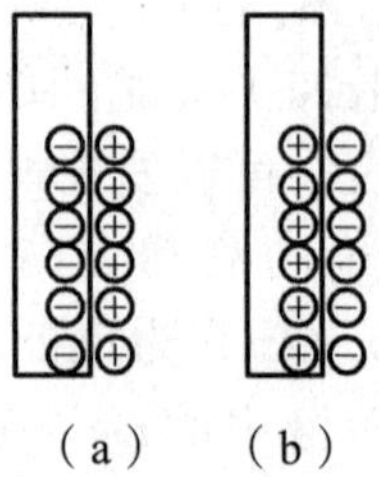

图 8-2 金属电极的电极电势

8.2.3 电极电势的测定

8.2.3.1 标准氢电极

金属的电极电势反映了金属在水溶液中的得失电子能力的趋势，但金属电极电势的绝对值是无法测量的，因而，只能采用比较法测定出它们的相对值，即相对的“电极电势”。为了得到各种电极的相对电极电势，必须选一个通用的标准电极为基准，正如测量地势的高低选用海平面为基准一样。对于相对电极电势的基准，国际上通常选用标准氢电极作为比较的标准，其构造如图 8-3 所示。

标准氢电极的结构：将镀有铂黑的铂片置于硫酸溶液中（$c_{\mathrm{H}}^{+}=1\ \mathrm{mol\cdot L^{-1}}$），再不断通入压力为100 kPa的纯氢气，使铂黑吸附氢气达到饱和状态，这时铂片就好像是用氢制成的电极一样，此时的电势差就是标准氢电极的电极电势，并规定标准氢电极的电极电势为零，即在标准状态下：$E^{\ominus}(\mathrm{H^+/H_2})=0$。

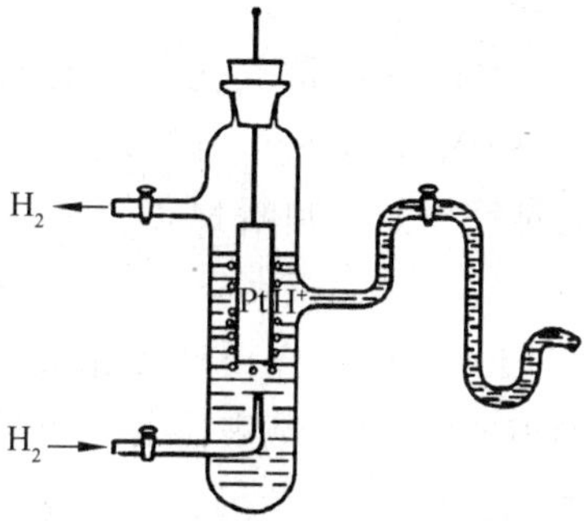

图 8-3 标准氢电极的结构示意图

8.2.3.2 标准电极电势的测定

以标准电极（如标准氢电极、标准甘汞电极等）的电极电势作为基准，再将标准电极和待测电极组成电池，通过测定电池的电动势，从而确定不同电极的相对电极电势。

例如，要测量 $\mathrm{Zn/Zn^{2+}}$ 电极的标准电极电势，可在标准态下，将该 Zn 电极与标准氢电极组成一个原电池，测定该原电池的电动势，由电流方向判断出正负极，再根据 $\varphi_{原电池}=\varphi_{正}-\varphi_{负}$，求出 $\mathrm{Zn/Zn^{2+}}$ 电极的标准电极电势。根据实验可得电流从氢电极流向锌电极（电子由 $\mathrm{Zn/Zn^{2+}}$ 电极流向 $\mathrm{H^+/H_2}$ 电极），因此，在该原电池中，氢电极为正极，锌电极为负极。

测出原电池的电动势：$\varphi^{\ominus}_{电池}=0.763\ \mathrm{V}$

由
$$\varphi^{\ominus}_{电池}=\varphi^{\ominus}_{正}-\varphi^{\ominus}_{负}=\varphi^{\ominus}_{\mathrm{H^+/H_2}}-\varphi^{\ominus}_{\mathrm{Zn^{2+}/Zn}}=0.763\ \mathrm{V}$$

可得：
$$\varphi^{\ominus}_{\mathrm{Zn^{2+}/Zn}}=\varphi^{\ominus}_{电池}-\varphi^{\ominus}_{\mathrm{H^+/H_2}}=-0.763\ \mathrm{V}$$

利用这种方法可测定大多数金属电对的电极电势，但对于一些与水起反应而不能直接测定的电极（如 $\mathrm{Na^+/Na}$，$\mathrm{F/F^-}$ 等）和不能直接组成可测定电动势的原电池的电极，可通过热力学数据间接计算出其电极的电极电势。此外，由于标准氢电极为气体电极，在实际使用中，极不方便，故常采用饱和的甘汞电极或氯化银电极作为参比电极替代标准氢电极。

8.2.3.3 标准电极电势表及其应用

将测定和计算所得电极的标准电极电势排列成表，即可得到标准电极电势表。从标准电极电势表可知：

（1）标准电极电势表中的 $\varphi^{\ominus}$ 值的大小反映了氧化型（或还原型）物质在标准状态时的氧化能力（或还原能力）的相对强弱。$\varphi^{\ominus}$ 值越大，表示电对中氧化型物质的氧化能力越强，其共轭还原型的还原能力越弱。反之，$\varphi^{\ominus}$ 值越小，表明电对中还原型物质的还原能力越强，其共轭氧化型物质的氧化能力越弱。如 Cu^{2+} 的氧化能力比 Fe^{2+} 强，Fe 的还原能力比 Cu 强。

（2）$\varphi^{\ominus}$ 值的大小只取决于物质的本性，而与物质的量或与反应方程式中的计量系数无关。

（3）同一物质在不同的电对中，可以是氧化型，也可以是还原型。例如，在电对 Sn^{4+}/Sn^{2+} 中 Sn^{2+} 是还原型，而在 Sn^{2+}/Sn 中 Sn^{2+} 却是氧化型。当判断一个物质的还原能力时，应查该物质作为还原态的电对。例如，判断 MnO_4^- 在标准状态下能否氧化 Fe^{2+} 时，应查 $\varphi^{\ominus}(Fe^{3+}/Fe^{2+})$。

（4）物质的氧化与还原能力与其所处的介质环境相关，当电极反应中存在 H^+ 时，应查酸表。而当电极反应中存在 OH^- 时，应查碱表。若电极反应中既没有 H^+，又没有 OH^- 出现，可从物质的存在状态来考虑，如 $\varphi^{\ominus}(Fe^{3+}/Fe^{2+})$，因为 Fe^{3+} 和 Fe^{2+} 只能在酸性条件下存在，故只能查酸表。此外，溶液的酸碱度对电极反应没有影响时，一般查酸表即可。

值得一提的是，$\varphi^{\ominus}$ 值是从标准状态下、水溶液中得出的，故在变化环境后（如非水溶液、高温、固相反应）的条件下就不再适用了。

8.3 电极电势的影响因素

8.3.1 能斯特（Nernst）方程

电极的电极电势除了与其自身的本征特性有关外，电极所处的环境，如所在溶液的浓度、温度、pH 值以及气体状态下的压力等外部因素也会影响电极电势的大小。因此，本节主要讨论这些外部因素对电极电势的影响。

设有一个电极反应：$a\text{Ox} + ne^- \rightleftharpoons b\text{Red}$

则电极电势与浓度和温度的关系可用下式来表示：

$$\varphi = \varphi^{\ominus} + \frac{RT}{nF}\ln\frac{c^a(\text{Ox})}{c^b(\text{Red})} \qquad (8\text{-}1)$$

式中，φ是氧化型物质和还原型物质在任意浓度时电对的电极电势；$\varphi^{\ominus}$是电对的标准电极电势；R是理想气体常数，等于 8.314 $J\cdot mol^{-1}\cdot K^{-1}$；$n$是电极反应得失的电子数；$F$是法拉第常数。式（8-1）称为能斯特（Nernst）方程。

298.15 K时，式（8-1）可从自然对数换算成常用对数，即

$$\varphi = \varphi^{\ominus} + \frac{0.0592}{n}\lg\frac{c^{a}(\mathrm{Ox})}{c^{b}(\mathrm{Red})} \tag{8-2}$$

对于电极电势的理解应特别注意以下几点：

（1）Nernst 方程中氧化型和还原型物质的浓度，应是参加电极反应的所有物质的浓度，且浓度的幂次方等于电极反应过程中的计量系数相关，例如，电极反应：$MnO_4^{-}+8H^{+}+5e^{-} \rightleftharpoons Mn^{2+}+4H_2O$，则该电极电势方程表达式为

$$\varphi(\mathrm{MnO_4^-/Mn^{2+}})=\varphi^{\ominus}(\mathrm{MnO_4^-/Mn^{2+}})+\frac{0.0592}{5}\lg\frac{[c(\mathrm{MnO_4^-})/c^{\ominus}]\cdot[c(\mathrm{H^+})/c^{\ominus}]}{[c(\mathrm{Mn^{2+}})/c^{\ominus}]}$$

（2）纯液体、液态水和固体的浓度一般认定为常数 1。

（3）电极反应过程中有气体参加时，则要将气体分压与标准压力的比值带入对应的位置，如电极反应：$O_2(g)+4H^{+}+4e^{-} \rightleftharpoons 2H_2O$（l），则该电极电势方程表达式为

$$\varphi(\mathrm{O_2/H_2O})=\varphi^{\ominus}(\mathrm{O_2/H_2O})+\frac{0.0592}{4}\lg\frac{[p(\mathrm{O_2})/p^{\ominus}]\cdot[c(\mathrm{H^+})/c^{\ominus})}{1}$$

（4）n代表电极反应中电子的转移数，因此与电极反应方程式的反应计量系数有关。

8.3.2 反应浓度对电极电势的影响

从能斯特方程可知，电极的氧化或还原能力不仅与自身的性质（$\varphi^{\ominus}$）相关，而且与温度、反应浓度、反应的压强等因素密切相关。这里我们首先从电对的氧化型或还原型物质的浓度改变探讨其对电极电势的影响。以下面的例子进行说明。

例 8.4 298 K 时，求下列不同浓度下，$\varphi(Sn^{4+}/Sn^{2+})$的值（忽略离子强度和副反应的影响）：（1）$c(Sn^{4+})$ =0.1 $mol\cdot L^{-1}$，$c(Sn^{2+})$ =1 $mol\cdot L^{-1}$；（2）$c(Sn^{4+})$ =1 $mol\cdot L^{-1}$，$c(Sn^{2+})$ = 0.1 $mol\cdot L^{-1}$。

解：电对Sn^{4+}/Sn^{2+}的电极反应为：$Sn^{4+}+2e^{-} \rightleftharpoons Sn^{2+}$

根据能斯特方程，电对Sn^{4+}/Sn^{2+}的电极电势为：

$$\varphi(\mathrm{Sn^{4+}/Sn^{2+}})=\varphi^{\ominus}(\mathrm{Sn^{4+}/Sn^{2+}})+\frac{0.0592}{2}\lg\frac{c(\mathrm{Sn^{4+}})/c^{\ominus}}{c(\mathrm{Sn^{2+}})/c^{\ominus}}$$

在浓度条件（1）时：$\varphi(\mathrm{Sn^{4+}/Sn^{2+}})=0.151+\dfrac{0.0592}{2}\lg\dfrac{0.1}{1}=0.121\ (\mathrm{V})$

在浓度条件（2）时：$\varphi(\mathrm{Sn^{4+}/Sn^{2+}})=0.151+\dfrac{0.0592}{2}\lg\dfrac{1}{0.1}=0.181\ (\mathrm{V})$

由例 8.4 可知，若降低电对中氧化型物质的浓度，电极电势的数值将减小，这意味着电对中氧化型物质的氧化能力减弱，还原型物质的还原能力则增强。相反，若降低还原型物质的浓度，电极电势数值将增大，电对中还原型物质的还原能力减弱，而氧化型物质的氧化能力将得到增强。

8.3.3 酸碱性对电极电势的影响

如果在氧化型或还原型电极反应过程中有氢离子或氢氧根离子参与反应时，则酸碱性会对电极电势的值产生影响。同样地，我们采用实例来说明这一问题。

例 8.5 高锰酸钾在酸性条件下是一种常用的氧化剂，已知电极反应如下：$MnO_4^- + 8H^+ + 5e^- \rightleftharpoons Mn^{2+} + 4H_2O$，查表可知，$\varphi^\ominus(MnO_4^-/Mn^{2+}) = +1.507\ V$，试计算当 MnO_4^- 和 Mn^{2+} 浓度为 $1\ mol \cdot L^{-1}$，而 H^+ 浓度分别为 10^{-5}、$10^{-3}\ mol \cdot L^{-1}$ 时的 $\varphi(MnO_4^-/Mn^{2+})$ 值（忽略离子强度和副反应的影响）。

解：$\varphi(MnO_4^-/Mn^{2+}) = \varphi^\ominus(MnO_4^-/Mn^{2+}) + \dfrac{0.0592}{5}\lg\dfrac{[c(MnO_4^-)/c^\ominus]\cdot[c(H^+)/c^\ominus]}{[c(Mn^{2+})/c^\ominus]}$

当 $c(H^+) = 10^{-5}\ mol \cdot L^{-1}$ 时，

$$\varphi(MnO_4^-/Mn^{2+}) = 1.507 + \frac{0.0592}{5}\lg\frac{1\times1\times10^{-5}}{1} = 1.45\ (V)$$

同理，当 $c(H^+) = 10^{-3}\ mol \cdot L^{-1}$ 时，

$$\varphi(MnO_4^-/Mn^{2+}) = 1.507 + \frac{0.0592}{5}\lg\frac{1\times1\times10^{-3}}{1} = 1.47\ (V)$$

由例 8.5 可知，MnO_4^- 的氧化能力随着酸度的降低而明显减弱。事实上大多数的含氧酸盐作为氧化剂时存在同样的情况，因此，当含氧酸及其盐或氧化物用作氧化剂时，为了增强其氧化能力，常常在较强的酸性溶液中使用。凡是有 H^+ 或 OH^- 参加的电极反应，若 H^+ 或 OH^- 是在电极反应中与氧化型在同侧，则其浓度变化与氧化型物质浓度变化对 φ 的影响相同；反之，若 H^+ 或 OH^- 是在电极反应中与还原型在同侧，则其浓度变化与还原型物质浓度变化对 φ 的影响相同。

8.3.4 沉淀对电极电势的影响

在电极反应中加入某种沉淀剂，若使氧化型物质或还原型物质产生沉淀而浓度降低，从而导致电极电势的变化。

例 8.6 已知电极反应

$$Ag^+ + e^- \rightleftharpoons Ag \quad \varphi^\ominus(Ag^+/Ag) = 0.799\ V$$

若往该体系中加入 NaCl 使 Ag^+ 产生 AgCl 沉淀，当达到平衡时，使 Cl^- 的浓度为 $1\ mol \cdot L^{-1}$，求此时 Ag^+/Ag 电极的电极电势（忽略离子强度和副反应的影响）。

解：当 Ag^+ 与 Cl^- 生成 AgCl 沉淀并达到平衡时，体系中 Ag^+ 浓度受 AgCl 的 $K_{sp}^{\ominus}$ 和 Cl^- 浓度的控制。已知 $c(Cl^-)=1\ mol \cdot L^{-1}$，根据溶度积与离子浓度间的关系：$K_{sp}^{\ominus}=c(Ag^+)\cdot c(Cl^-)$，则有

$$c(Ag^+)=\frac{K_{sp}^{\ominus}}{c(Cl^-)}=\frac{1.77\times10^{-10}}{1}=1.77\times10^{-10}\ (mol \cdot L^{-1})$$

$$\varphi(Ag^+/Ag)=0.799+\frac{0.0592}{1}\lg\frac{1.77\times10^{-10}}{1}=0.222\ (V)$$

上面所计算的结果为 $\varphi^{\ominus}(AgCl/Ag)$ 的标准电极电势，其值为 0.222 V，相对于 $\varphi^{\ominus}(Ag^+/Ag)=0.799\ V$，电极的电势降低了 0.577 V。从中我们还可以知道，如果沉淀剂与氧化型物质作用，电极电势减小；相反，沉淀剂与还原型物质作用，电极电势增大。生成的沉淀溶度积越小，影响越显著。

8.3.5 配合物的生成对电极电势的影响

在电极反应中加入配位剂，生成的配合物对电极电势也有影响。生成的配合物与沉淀的生成对电极电势的影响一样，配位体与氧化型物质生成配合物时，电极电势减小；配位体与还原型物质生成配合物时，电极电势增加。而且，生成的配合物越稳定，影响越显著。例如，电极 Cu^{2+}/Cu，如果往含有 Cu^{2+} 溶液中加入适量氨水，Cu^{2+} 会和氨水生成 $[Cu(NH_3)_4]^{2+}$ 配离子而使 Cu^{2+} 的浓度降低，从而导致 Cu^{2+}/Cu 电极的电极电势减小。

8.3.6 电极电势的应用

1. 比较氧化剂和还原剂的相对强弱

电极电势的数值大小反映了电对物质氧化还原能力的强弱。数值越大，表示该电对氧化型物种的氧化性越强，与其相对应的还原型物种的还原性就越弱。

例 8.7 根据标准电极电势，指出下列各电对中氧化型物种的氧化能力和还原型物种还原能力的强弱：$MnO_4^-/Mn^{2+}, Fe^{3+}/Fe^{2+}, I_2/I^-, Cl_2/Cl^-$。

解：查电对的标准电极电势表可得

$$MnO_4^- + 8H^+ + 5e^- \rightleftharpoons +4H_2O \qquad \varphi^{\ominus}(MnO_4^-/Mn^{2+})=1.49\ V$$

$$Fe^{3+} + e^- = Fe^{2+} \qquad \varphi^{\ominus}(Fe^{3+}/Fe^{2+})=0.770\ V$$

$$I_2 + 2e^- = 2I^- \qquad \varphi^{\ominus}(I_2/I^-)=0.535\ V$$

$$Cl_2 + 2e^- \rightleftharpoons 2Cl^- \quad \varphi^{\ominus}(Cl_2/Cl^-)=1.358\ V$$

由查表可得出上述几种氧化型物质的氧化能力的强弱顺序为

$$MnO_4^- > Cl_2 > Fe^{3+} > I_2$$

还原型物种还原能力的顺序为

$$I^- > Fe^{2+} > Cl^- > Mn^{2+}$$

2. 确定氧化还原反应的方向

根据标准电极电势的相对大小，可比较出氧化剂和还原剂的相对强弱，这样就可以预测出氧化或还原反应进行的方向。由于氧化还原反应是按照强氧化剂和强还原剂反应生成弱氧化剂和弱还原剂的方向进行的，即反应总是电极电势较大的电对中氧化型物质与电极电势较小的电对中的还原型物质作用，进而发生氧化还原反应。

此外，还可以通过吉布斯自由能进行判断，我们知道，$\Delta G<0$ 时，反应可以自发进行，而 $\Delta G=-nEF$ 。因此，只需要确定 $E>0$ 即可，其中，$E=\varphi^{\ominus}_{正}-\varphi^{\ominus}_{负}$ 。

例 8.8 判断标准态下，反应 $Fe+Cu^{2+} \rightleftharpoons Fe^{2+}+Cu$ 自发进行的方向。

解：查表知 $Fe^{2+}+2e^- \rightleftharpoons Fe \quad \varphi^{\ominus}=-0.447\ V$

$$Cu^{2+}+2e^- \rightleftharpoons Cu \quad \varphi^{\ominus}=0.3419\ V$$

因为 $\varphi^{\ominus}(Cu^{2+}/Cu)>\varphi^{\ominus}(Fe^{2+}/Fe)$，故 Cu^{2+} 的氧化性强于 Fe^{2+}；相反，Fe 的还原性则要强于 Cu 。因此，强还原剂与强氧化剂发生氧化还原作用，使得上述反应能够朝自发方向进行。

例 8.9 某一酸性溶液含有 Cl^-、Br^-、I^- 三种离子，若要使 I^- 氧化为 I_2，而 Br^-、Cl^- 两离子不被氧化，应在 $KMnO_4$、Sn^{4+}、Fe^{3+} 中选哪一种氧化剂最合适？

解：根据题意可知，要使 I^- 氧化为 I_2 而不使 Br^-、Cl^- 被氧化，这种氧化剂电对的电极电势应强于 $\varphi^{\ominus}(I_2/I^-)$，而要弱于 $\varphi^{\ominus}(Cl_2/Cl^-)$ 和 $\varphi^{\ominus}(Br_2/Br^-)$。因此查电势表可知：

$$\varphi^{\ominus}(I_2/I^-)=0.535\ V,\quad \varphi^{\ominus}(Cl_2/Cl^-)=1.358\ V,\quad \varphi^{\ominus}(Br_2/Br^-)=1.066\ V,$$

$$\varphi^{\ominus}(MnO_4^-/Mn^{2+})=1.49\ V,\quad \varphi^{\ominus}(Fe^{3+}/Fe^{2+})=0.770\ V,\quad \varphi^{\ominus}(Sn^{4+}/Sn^{2+})=0.151\ V。$$

由此可知，选择 Fe^{3+} 可满足条件。

3. 判断氧化还原反应的进行程度

氧化还原反应的进行程度可根据其反应进行的平衡常数做出判断。根据标准状况下，平衡常数、吉布斯自由能、电池电动势间的关系：

$$\Delta G^{\ominus}=-RT\ln K^{\ominus}=-nFE^{\ominus} \tag{8-3}$$

可得

$$\ln K^{\ominus}=nFE^{\ominus}/RT \tag{8-4}$$

当解得 $K^{\ominus}>10^6$ 时，可认为正反应方向进行得很完全。

例 8.10 计算Cu-Zn原电池反应的进行程度（忽略离子强度和副反应的影响）。

解：Cu-Zn原电池的电池反应为：$Zn+Cu^{2+} \rightleftharpoons Zn^{2+}+Cu$

该电极反应达平衡时，平衡常数为：$K^{\ominus}=\dfrac{c(Zn^{2+})/c^{\ominus}}{c(Cu^{2+})/c^{\ominus}}$

反应刚开始时，$\varphi^{\ominus}(Zn^{2+}/Zn)<\varphi^{\ominus}(Cu^{2+}/Cu)$。但随着反应进行，Zn电极的电极电势会不断升高，而Cu电极的电极电势会不断降低，直到 Zn^{2+} 和 Cu^{2+} 二者的浓度相等，达到氧化还原平衡状态，如下：

$$E(Zn^{2+}/Zn)=E^{\ominus}(Zn^{2+}/Zn)-\frac{0.0592}{2}\lg\frac{1}{c(Zn^{2+})/c^{\ominus}}$$

$$=E(Cu^{2+}/Cu)=E^{\ominus}(Cu^{2+}/Cu)-\frac{0.0592}{2}\lg\frac{1}{c(Cu^{2+})/c^{\ominus}}$$

即
$$\frac{0.0592}{2}\lg\frac{c(Zn^{2+})/c^{\ominus}}{c(Cu^{2+})/c^{\ominus}}=E^{\ominus}(Cu^{2+}/Cu)-E^{\ominus}(Zn^{2+}/Zn)$$

由于
$$K^{\ominus}=\frac{c(Zn^{2+})/c^{\ominus}}{c(Cu^{2+})/c^{\ominus}}$$

所以
$$\lg K^{\ominus}=\frac{2\{E^{\ominus}(Cu^{2+}/Cu)-E^{\ominus}(Zn^{2+}/Zn)\}}{0.0592}=37.2$$

解得
$$K^{\ominus}=1.6\times10^{37}$$

由此可见，Cu-Zn原电池反应进行得很完全。

由上述例 8.10 可得，对任一氧化还原反应：

$$\lg K^{\ominus}=\frac{z(E^{\ominus}_{正}-E^{\ominus}_{负})}{0.0592} \qquad (8\text{-}5)$$

从式（8-5）可以看出，对于任一的氧化还原反应，两电对的标准电极电势的差值越大，平衡常数值就越大，正反应就进行得越彻底。值得一提的是，E 的大小可以用来判断氧化还原反应进行的程度，但不能说明反应的速率。

8.4 元素电势图及其应用

一种元素的不同氧化数物种按照其氧化数由低到高从左到右的顺序排成图式，并在两种氧化数物种之间标出相应的标准电极电势值。这种表示一种元素各种氧化数之间标准电极电势的图式称为元素电势图，又称拉蒂默图。例如，碘在酸性溶液中的电势图如图 8-4 所示。

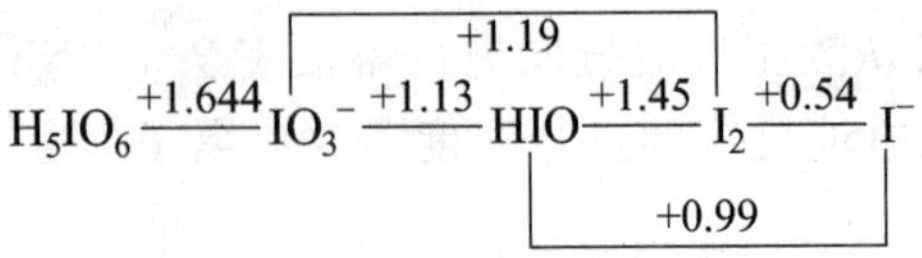
+1.19
H_5IO_6 +1.644 IO_3^- +1.13 HIO +1.45 I_2 +0.54 I^-
+0.99

图 8-4 碘在酸性溶液中的电势图

将碘元素按氧化态由高到低排列，横线左端是电对的氧化态，右端是电对的还原态，横线上的数字是电对 $\varphi^\ominus$ 值，即表明碘元素各种氧化态之间标准电极电势关系的图。

由于元素的电极电势受溶液酸碱性的影响，所以元素电势图也分为酸表和碱表。酸表就是指 25 °C，$c(H^+)=1\ mol\cdot L^{-1}$ 所测得的 $\varphi^\ominus$ 值，用 $\varphi_A^\ominus$ 表示；而在碱性条件下 $[c(OH^-)=1\ mol\cdot L^{-1}]$ 测得的值，用 $\varphi_B^\ominus$ 表示。例如，锰在不同介质中的电势图如图 8-5 所示。

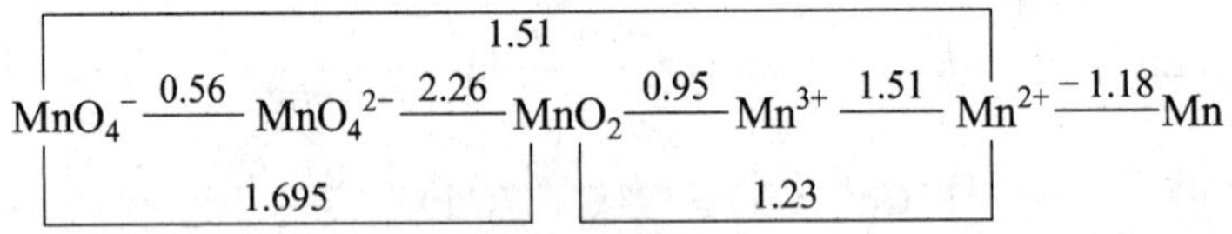
1.51
MnO_4^- 0.56 MnO_4^{2-} 2.26 MnO_2 0.95 Mn^{3+} 1.51 Mn^{2+} −1.18 Mn
1.695
1.23

（a）酸性条件下

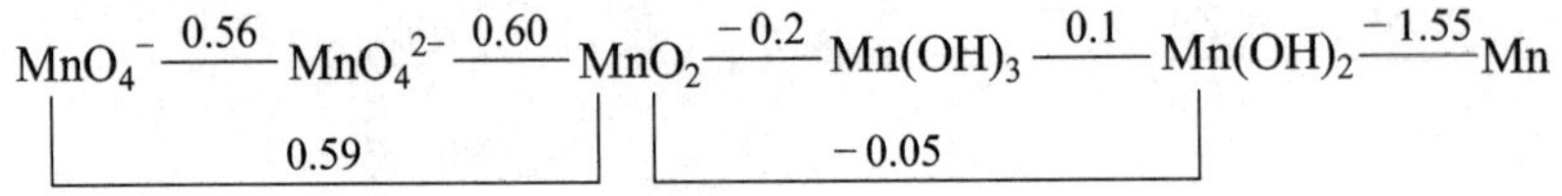
MnO_4^- 0.56 MnO_4^{2-} 0.60 MnO_2 −0.2 $Mn(OH)_3$ 0.1 $Mn(OH)_2$ −1.55 Mn
0.59
−0.05

（b）碱性条件下

图 8-5 锰在不同介质中的电势图

元素电势图与标准电极电势表相比，简明、综合、直观、形象，元素电势图对了解元素及其化合物的各种氧化还原性能、各物种的稳定性与可能发生的氧化还原反应，以及元素的自然存在等都有重要意义，下面从几个方面予以说明。

8.4.1 判断元素各种氧化数的相对稳定性（判断是否能发生歧化）

对某一元素，其不同氧化数的稳定性主要取决于相邻电对的标准电极电势值。若相邻电对的 $\varphi^\ominus$ 值符合 $\varphi_{右}^\ominus>\varphi_{左}^\ominus$，则处于中间的个体必定是不稳定态，可发生歧化反应，其产物是两相邻的物质。例如，8-6 为铜元素的电势图，处于中间的 Cu^+ 可发生歧化反应生成 Cu^{2+} 和 Cu。显然，如将两相邻电对组成电池，则中间物种到右边物种的电对的还原半反应为电池正极反应，而到左边物种的反应则为负极反应。电池的电动势为 $E^\ominus=\varphi_{右}^\ominus-\varphi_{左}^\ominus$，若 $\varphi_{右}^\ominus>\varphi_{左}^\ominus$，$E^\ominus>0$，则表示电池反应可自发进行，即中间物种可发生歧化反应。

若相反，$\varphi_{左}^\ominus>\varphi_{右}^\ominus$，则两边的个体不稳定，可发生逆歧化反应，两头的个体是反应物，产物是中间的个体。例如，图 8-7 为铁元素的电势图，从中可以得出结论，在水溶液中 Fe^{3+} 和 Fe 可发生反应生成 Fe^{2+}。

$$Cu^{2+}\xrightarrow{+0.153}Cu^{+}\xrightarrow{+0.521}Cu$$

图 8-6 铜元素的电势图

$$Fe^{3+}\xrightarrow{+0.771}Fe^{2+}\xrightarrow{-0.440}Fe$$

图 8-7 铁元素的电势图

例 8.11 根据锰元素在酸性溶液中的电势图（图 8-8），判断在酸性溶液中 MnO_4^{2-} 能否稳定存在。

$$MnO_4^- \xrightarrow{+0.56} MnO_4^{2-} \xrightarrow{+2.26} MnO_2$$

图 8-8 锰元素在酸性溶液中的电势图

解：

$$MnO_4^- + e^- \rlap{=}{=\!=} MnO_4^{2-} \qquad \varphi^\ominus = +0.56\ \mathrm{V}$$

$$MnO_4^{2-} + 4H^+ + 2e^- \rlap{=}{=\!=} MnO_2 + 2H_2O \qquad \varphi^\ominus = +2.26\ \mathrm{V}$$

因为 $\varphi^\ominus_{右} > \varphi^\ominus_{左}$，在两个电对中，较强的氧化剂和较强的还原剂都是 MnO_4^{2-}，所以发生 MnO_4^{2-} 的歧化反应。

8.4.2 求未知电对的电极电势

利用 Gibbs 函数变化的加和性，可以从几个相邻电对的已知电极电势求算任一未知电对的电极电势，例如，图 8-9 为三种物质的电势图。

$$\mathrm{A} \xrightarrow{\Delta_r G_1^\ominus,\ \varphi_1^\ominus,\ n_1} \mathrm{B} \xrightarrow{\Delta_r G_2^\ominus,\ \varphi_2^\ominus,\ n_2} \mathrm{C}$$

$$\underbrace{\mathrm{A} \longrightarrow \mathrm{C}}_{\Delta_r G_3^\ominus,\ \varphi_3^\ominus,\ n_3}$$

图 8-9 三种物质的电势图

已知 $\varphi_1^\ominus$ 和 $\varphi_2^\ominus$，求 $\varphi_3^\ominus$。

由于，$\Delta_r G_1^\ominus = -nF\varphi_1^\ominus$，$\Delta_r G_2^\ominus = -nF\varphi_2^\ominus$，$\Delta_r G_3^\ominus = -nF\varphi_3^\ominus$

由盖斯定律得

$$\Delta_r G_3^\ominus = \Delta_r G_1^\ominus + \Delta_r G_2^\ominus$$

则

$$-n_3 F\varphi_3^\ominus = -n_1 F\varphi_1^\ominus + (-n_2 F\varphi_2^\ominus)$$

其中

$$n_3 = n_1 + n_2$$

故

$$\varphi_3^\ominus = \frac{n_1\varphi_1^\ominus + n_2\varphi_2^\ominus}{n_1 + n_2}$$

同理，若有 i 个电对相邻，则

$$\varphi_i^\ominus = \frac{n_1\varphi_1^\ominus + n_2\varphi_2^\ominus + \cdots + n_i\varphi_i^\ominus}{n_1 + n_2 + \cdots + n_i}$$

8.4.3 综合评价元素及其化合物的氧化还原性质

全面分析比较酸、碱介质中的元素电势图，可对元素及其化合物的氧化还原性质做出综合评价，得出许多有实际意义的结论。以 Cl 元素的电势图（图 8-10）为例进行讨论。

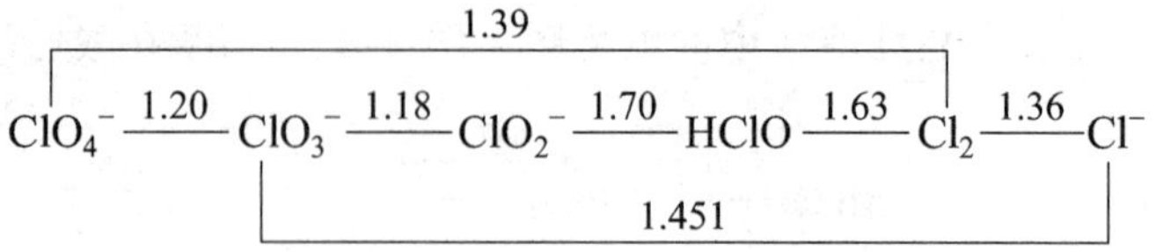

（a）酸性条件下

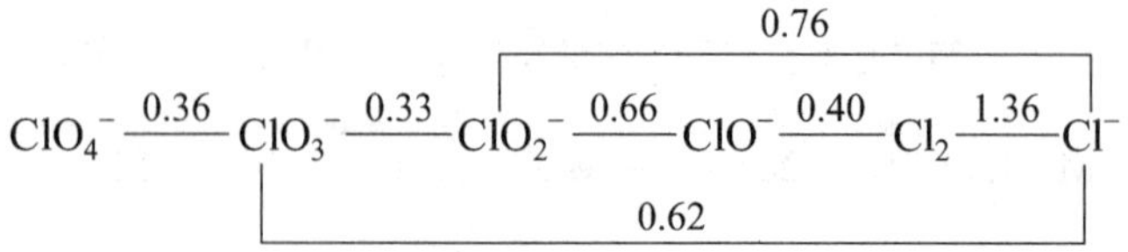

（b）碱性条件下

图 8-10 氯元素的电势图

从Cl元素的电势图可以看出：

（1）无论酸性或是碱性介质中，$HClO_2$ 或 ClO_2^- 都是 $\varphi^\ominus_{右} > \varphi^\ominus_{左}$，即都会发生歧化反应，因而，它们很难在溶液中稳定存在，迄今还未从溶液中制得其纯物质。Cl_2 在碱性介质中有 $\varphi^\ominus_{右} > \varphi^\ominus_{左}$，会发生歧化反应。所以实验室的氯气尾气，乃至工厂的含氯量降低的处理方法都是将其通入碱性溶液中吸收。

（2）除 $\varphi^\ominus(Cl_2/Cl^-)$ 值不受介质影响外，其他各电对的 $\varphi^\ominus$ 均受介质因素影响，且 $\varphi^\ominus_A \gg \varphi^\ominus_B$，所以氯的含氧酸较其盐都有较强的氧化性，而其盐比酸更为稳定，因此，如果要利用其氧化性，最好处于酸性溶液中；如果要从低价制备+3、+5、+7 价的物种，最好在碱性介质中。

（3）Cl元素所有电对的 $\varphi^\ominus$ 均大于 0.33 V，大部分大于 0.66 V，所以氧化性是氯元素及其化合物的主要性质，故在运输、贮存中，不让它们接触还原性物质是保证安全的重要条件。

（4）虽然 $HClO_4$，ClO_4^- 是氯的最高氧化态，但其相关电对的 $\varphi^\ominus$ 值并不是最大的，因此其稳定性较高。可见，氧化型的稳定性能与氧化数高低无直接关系。

8.5 条件电极电势

离子强度对电势有一定的影响，能斯特方程中的浓度应采用相应的活度表示，特别是当溶液的离子强度较大、氧化型和还原型物种的价态较高时，活度系数受离子强度的影响较大，因而用浓度代替活度会有较大的偏差。此外，对电极电势影响更大的是当溶液的组成改变时，氧化型和还原型物种可能发生各种副反应，如酸度的变化、沉淀和配合物形成等，均会影响电极电势值。因此，在不少情况下，除了要考虑活度系数因素之外，还要考虑因有其他反应而引起的浓度的变化。例如，在计算 HCl 溶液中电对 Fe^{3+}/Fe^{2+} 的电势时，由能斯特方程得

$$\varphi(Fe^{3+}/Fe^{2+}) = \varphi^\ominus(Fe^{3+}/Fe^{2+}) + 0.0592\lg\frac{\alpha(Fe^{3+})}{\alpha(Fe^{2+})}$$

若以浓度代替活度，则必须引入活度系数：

$$\varphi(Fe^{3+}/Fe^{2+}) = \varphi^{\ominus}(Fe^{3+}/Fe^{2+}) + 0.0592\lg\frac{\gamma(Fe^{3+})\cdot c(Fe^{3+})}{\gamma(Fe^{2+})\cdot c(Fe^{2+})} \tag{8-6}$$

另一方面，由于 Fe^{3+}、Fe^{2+} 在溶液中存在形成一系列羟基配合物和氯配合物[如 $FeCl^{2+}$、$Fe(OH)^{2+}$ 等型体]等副反应，所以，还必须引入副反应系数：

$\alpha(Fe^{3+})=\dfrac{c(Fe^{3+})}{c(Fe^{2+})}$ 和 $\alpha(Fe^{2+})=\dfrac{c(Fe^{2+})}{c(Fe^{3+})}$ 将副反应系数分别代入式（8-6），则有

$$\begin{aligned}\varphi(Fe^{3+}/Fe^{2+}) &= \varphi^{\ominus}(Fe^{3+}/Fe^{2+}) + 0.0592\lg\frac{\gamma(Fe^{3+})\cdot c(Fe^{3+})\cdot\alpha(Fe^{2+})}{\gamma(Fe^{2+})\cdot c(Fe^{2+})\cdot\alpha(Fe^{3+})}\\ &= \varphi^{\ominus}(Fe^{3+}/Fe^{2+}) + 0.0592\lg\frac{\gamma(Fe^{3+})\cdot\alpha(Fe^{2+})}{\gamma(Fe^{2+})\cdot\alpha(Fe^{3+})} + 0.0592\lg\frac{c(Fe^{2+})}{c(Fe^{3+})}\end{aligned}$$

在一定条件下，γ 和 α 为固定值，故上式的前两项均为常数，若令它们的和为 $\varphi^{\ominus\prime}$，则有

$$\varphi^{\ominus\prime}(Fe^{3+}/Fe^{2+}) = \varphi^{\ominus}(Fe^{3+}/Fe^{2+}) + 0.0592\lg\frac{\gamma(Fe^{3+})\cdot\alpha(Fe^{3+})}{\gamma(Fe^{2+})\cdot\alpha(Fe^{2+})} \tag{8-7}$$

式（8-7）中表示的 $\varphi^{\ominus\prime}$ 是在特定条件下，氧化型物种和还原型物种的分析浓度均等于 $1\ mol\cdot L^{-1}$ 时的实际电极电势，是一个随实验条件而变的常数，故称为条件电极电势，简称条件电势（过去又称为克式量电势或式量电势。因 SI 单位采用物质的量作为基本量，并采用摩尔的新定义后，式量的概念不复存在，故不宜再称克式量电势或式量电势）。它反映了离子强度和各种副反应对电极电势影响的总结果。条件电势 $\varphi^{\ominus\prime}$ 和标准电极电势 $\varphi^{\ominus}$ 的关系犹如配合物的条件稳定常数 K_f' 与稳定常数 K_f，以及条件溶度积 K_{sp}' 和溶度积 K_{sp} 的关系一样，用它来处理氧化还原平衡问题，既简单又符合实际情况，即有

$$\varphi(Fe^{3+}/Fe^{2+}) = \varphi^{\ominus\prime}(Fe^{3+}/Fe^{2+}) + 0.0592\lg\frac{c(Fe^{3+})'}{c(Fe^{2+})'}$$

理论上，只要知道实验条件下的各 γ 和 α 值，便能计算出 $\varphi^{\ominus\prime}$ 值，但事实上并非如此。当离子强度较高时，γ 值很不容易求得，副反应多且常数不全，有时可靠性又差。实际上条件电势都是由实验测定的，但实验条件千变万化，条件电势不可能一一测定，现有的条件电势数据又少。若查不到所需条件下的条件电势，可采用相近条件下的条件电势，甚至只能用标准电极电势进行讨论。尽管大的离子强度对电极电势的影响较大，但远不及各种副反应的影响，加之离子强度的影响又难以校正，因此讨论副反应的影响时，一般均忽略离子强度的影响，因而是一种近似的计算。表 8-1 给出了部分氧化还原电对的条件电极电势。

表 8-1 部分氧化还原电对的条件电极电势

半反应	条件电势/V	介质	介质浓度 /$mol\cdot L^{-1}$
$Ce^{4+} + e^- \longrightarrow Ce^{3+}$	+1.74	$HClO_4$	1
	+1.44	H_2SO_4	0.5
	+1.28	HCl	1

续表

半反应	条件电势/V	介质	介质浓度 /mol·L^{-1}
$Co^{3+}+e^{-} \longrightarrow Co^{2+}$	+1.84	HNO_3	3
$Cr^{3+}+e^{-} \longrightarrow Cr^{2+}$	-0.40	HCl	5
$Cr_2O_7^{2-}+14H^{+}+6e^{-} \longrightarrow 2Cr^{3+}21H_2O$	+1.08	HCl	3
	+0.15	H_2SO_4	4
	+0.025	$HClO_4$	1
$Fe^{3+}+e^{-} \longrightarrow Fe^{2+}$	+0.767	$HClO_4$	1
	+0.71	HCl	0.5
	+0.68	H_2SO_4	1
	+0.46	H_3PO_4	2
$[Fe(CN)_6]^{3-}+e^{-} \longrightarrow [Fe(CN)_6]^{4-}$	+0.56	HCl	0.1
$I_3^{-}+2e^{-} \longrightarrow 3I^{-}$	+0.5446	H_2SO_4	0.5
$I_2+2e^{-} \longrightarrow 2I^{-}$	+0.6276	H_2SO_4	0.5
$MnO_4^{-}+8H^{+}+5e^{-} \longrightarrow Mn^{2+}+12H_2O$	+1.45	$HClO_4$	1
$SnCl_6^{2-}+2e^{-} \longrightarrow SnCl_4^{2-}+2Cl^{-}$	+0.14	HCl	1
$Pb^{2+}+2e^{-} \longrightarrow Pb$	-0.32	NaAc	1
$Ti^{4+}+e^{-} \longrightarrow Ti^{3+}$	-0.01	H_2SO_4	0.2

8.6 氧化还原滴定法

氧化还原滴定法是以溶液中氧化剂和还原剂之间的电子转移为基础的一种滴定分析方法。与酸碱滴定分析法、沉淀滴定分析法和配位滴定分析法相比较，氧化还原滴定法的应用更为广泛，它不仅可用于无机物质的分析，还可以用于有机物质的分析，许多具有氧化性或还原性的有机化合物可以用氧化还原滴定法来测定。可采用氧化还原滴定的反应必须满足如下要求：① 滴定剂与被滴物反应进行程度要完全；② 滴定反应能迅速完成；③ 能有适当的方法或指示剂指示反应的终点。

8.6.1 氧化还原滴定曲线

由于浓度对电对的电势具有重要的影响，因此，氧化还原滴定的过程中，被测物质电对的电极电势会随着滴定剂的加入量而变化，若将滴定剂的加入量与被测物质电对的电极电势变化绘制成图，即得到氧化还原滴定曲线。氧化还原电对可分为可逆电对和不可逆电对两大类。可逆电对在反应的任意瞬间能迅速地建立起氧化还原平衡（如 Fe^{3+}/Fe^{2+}，I_2/I^{-} 等），其实际电势与理论结果相差很小，可以根据理论计算结果绘制滴定曲线。而不可逆电对很难在反应的瞬间建立氧化还原平衡（如 MnO_4^{2-}/Mn^{2+},CrO_7^{2-}/Cr^{3+} 等），其实际电势与理论结果相差颇大，因此不可逆电对的滴定曲线只能由实验数据来绘制。

现以浓度为 0.1000 $mol \cdot L^{-1}$ 的 $Ce(SO_4)_2$ 溶液滴定 20.00 mL 0.1000 $mol \cdot L^{-1}$ 的 $FeSO_4$ 溶液为例，说明滴定过程中的滴定曲线变化。假设溶液的滴定发生在酸度为 1 $mol \cdot L^{-1}$ 的 H_2SO_4 溶液中。

由表 8-1 可知：$\varphi^{\ominus'}_{Fe^{3+}/Fe^{2+}} = 0.68\ V$，$\varphi^{\ominus'}_{Ce^{4+}/Ce^{3+}} = 1.44\ V$

$Ce(SO_4)_2$ 溶液滴定 $FeSO_4$ 溶液的氧化还原反应方程式为

$$Ce^{4+} + Fe^{2+} \rightleftharpoons Fe^{3+} + Ce^{3+}$$

滴定过程中电位的变化可计算如下：

（1）滴定前：滴定前虽是 0.1000 $mol \cdot L^{-1}$ 的 Fe^{2+} 溶液，但是由于空气中氧的氧化作用，不可避免地会有痕量的 Fe^{3+} 存在，组成 Fe^{3+}/Fe^{2+} 电对。但由于 Fe^{3+} 的浓度不定，所以此时的电位也就无法计算，不过它对滴定曲线的绘制是不影响的。

（2）计量点前溶液中电极电位的计算：在化学计量点前，溶液中存在有 Fe^{3+}/Fe^{2+} 和 Ce^{4+}/Ce^{3+} 两个电对，在任一滴定点，这两个点对的电极电势是相等的，即有 $\varphi(Fe^{3+}/Fe^{2+})=\varphi(Ce^{4+}/Ce^{3+})$。在化学计量点前，由于溶液中 Ce^{4+} 浓度很小，很难直接求得，故此时可利用 Fe^{3+}/Fe^{2+} 电对来计算各平衡点的电势值。

$$\varphi^{\ominus}(Fe^{3+}/Fe^{2+})=\varphi^{\ominus'}(Fe^{3+}/Fe^{2+}) + 0.0592\lg\frac{c(Fe^{3+})'}{c(Fe^{2+})'}$$

当加入 19.98 mL 的 Ce^{4+} 时，相当于 Fe^{2+} 的量被滴定了 99.9%，这时有 $\dfrac{c(Fe^{3+})}{c(Fe^{2+})}=99.9:0.1$，故有如下结果：

$$\varphi^{\ominus}(Fe^{3+}/Fe^{2+})=\varphi^{\ominus'}(Fe^{3+}/Fe^{2+}) + 0.0592\lg\frac{c(Fe^{3+})'}{c(Fe^{2+})'}$$

$$=0.68+0.0592\lg\frac{99.9}{0.1}=0.86\ (V)$$

（3）达化学计量点时，溶液电极电位的计算：此时，Fe^{2+}、Ce^{4+} 均定量地转化为 Fe^{3+}、Ce^{3+}，但无法准确地知道 Fe^{2+}、Ce^{4+} 的浓度，不能根据某一电对来准确计算电势，只能通过两个电对的浓度关系计算。计量点的电势可以用 φ_{sp} 来表示，这时两电对的计量点电势分别为

$$\varphi_{sp}=\varphi^{\ominus'}(Ce^{4+}/Ce^{3+})+0.0592\lg\frac{c(Ce^{4+})'}{c(Ce^{3+})'}$$

$$\varphi_{sp}=\varphi^{\ominus'}(Fe^{3+}/Fe^{2+})+0.0592\lg\frac{c(Fe^{3+})'}{c(Fe^{2+})'}$$

将上面两个电对的计量点电势相加可得

$$2\varphi_{sp}=\varphi^{\ominus'}(Ce^{4+}/Ce^{3+})+\varphi^{\ominus'}(Fe^{3+}/Fe^{2+}) + 0.0592\lg\frac{c(Fe^{3+})'\cdot c(Ce^{4+})'}{c(Fe^{2+})'\cdot c(Ce^{3+})'}$$

由于在计量点时，$c(Fe^{3+})=c(Ce^{3+})$，$c(Fe^{2+})=c(Ce^{4+})$，则有

$$2\varphi_{sp}=\varphi^{\ominus\prime}(Ce^{4+}/Ce^{3+})+\varphi^{\ominus\prime}(Fe^{3+}/Fe^{2+})$$

$$\varphi_{sp}=(\varphi^{\ominus\prime}(Ce^{4+}/Ce^{3+})+\varphi^{\ominus\prime\prime}(Fe^{3+}/Fe^{2+}))=(1.44+0.68)/2=1.06\ (V)$$

值得一提的是，当两个电对得失电子数相等时，计量点时的电势是两个点对电极电势的算术平均值，与反应物的浓度是无关的。进一步推广到一般的氧化还原反应：

$$n_2Ox_1+n_1Red_2 \rightleftharpoons n_2Red_1+n_1Ox_2 \qquad (8\text{-}8)$$

$$\varphi_{sp}=\frac{n_1\varphi^{\ominus\prime}(Ox_1/Red_1)+n_2\varphi^{\ominus\prime}(Ox_2/Red_2)}{n_1+n_2} \qquad (8\text{-}9)$$

（4）化学计量点后溶液电极电位的计算：此时溶液中Ce^{3+}、Ce^{4+}浓度均容易求得，而Fe^{2+}则不易直接求出，故此时根据Ce^{4+}/Ce^{3+}电对来计算φ值就显得比较方便，即有

$$\varphi(Ce^{4+}/Ce^{3+})=\varphi^{\ominus\prime}(Ce^{4+}/Ce^{3+})+0.0592\lg\frac{c(Ce^{4+})'}{c(Ce^{3+})'}$$

当加入 20.02 mL 的Ce^{4+}时，相当于Ce^{4+}过量了 0.1%，这时有：$\frac{c(Ce^{4+})}{c(Ce^{3+})}=0.1:100$，故有如下结果：

$$\varphi(Ce^{4+}/Ce^{3+})=\varphi^{\ominus\prime}(Ce^{4+}/Ce^{3+})+0.0592\lg\frac{c(Ce^{4+})'}{c(Ce^{3+})'}$$

$$=1.44+0.0592\lg\frac{0.1}{100}=1.26\ (V)$$

同样可计算加入其他不同量的Ce^{4+}溶液时的电位值，将计算的结果绘制成滴定曲线，如图 8-11 所示。

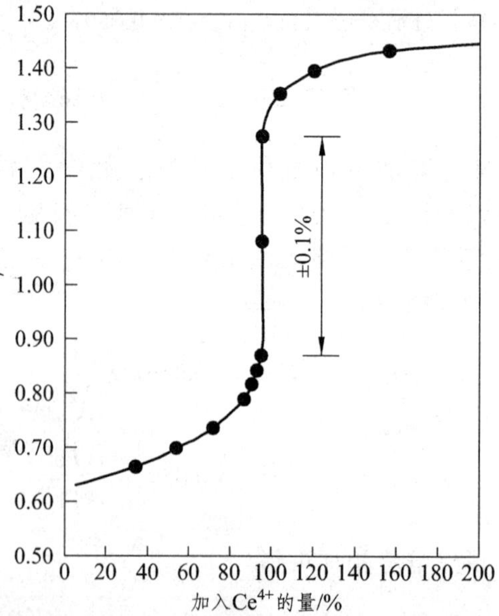

图 8-11 Ce^{4+}的加入量与溶液的电势曲线图

由图 8-11 可得，滴定曲线上滴定分数从 99.9%到 100.1%的电势变化量称为滴定突跃，突跃范围越大，滴定时准确度越高。电势滴定突跃范围是选择氧化还原指示剂的依据。借助指示剂目测化学计量点时，通常要求有 0.2 V以上的电势突跃。

由滴定曲线的计算过程可知，滴定过程的电势突跃与两个电对的条件电极电势有关，差值越大，突跃越大。图 8-12 为 0.1000 mol·L^{-1} Ce^{4+}标准溶液滴定不同条件电势的 4 种还原剂溶液的滴定曲线（n值均为 1，浓度为 0.1000 mol·L^{-1}，体积均为 50.00 cm^3）。因此，若要使滴定突跃显得明显，可设法降低还原剂电对的电极电势，如加入配位剂，可使生成稳定的配离子，以使电对的浓度比值降低，从而增大突跃。

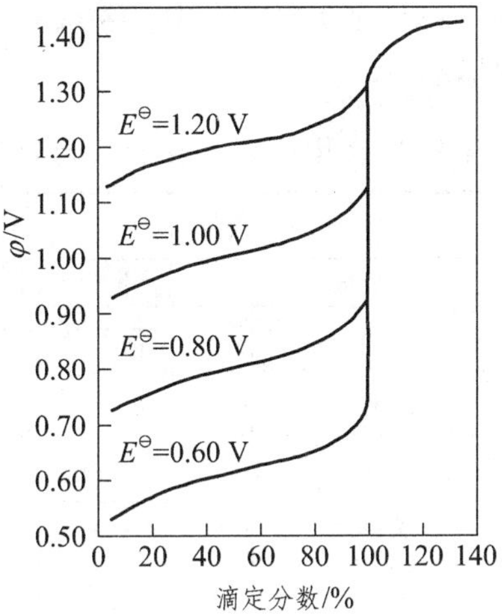

图 8-12　Ce^{4+} 滴定不同条件电势的 4 种还原剂的电势曲线图

此外，电势突跃还与滴定剂和被滴定剂的浓度有关，滴定剂和被滴定剂的浓度越大，滴定突跃越大。

8.6.2 氧化还原指示剂

在氧化还原分析滴定过程中，除了用电位法确定滴定终点外，通常是用指示剂法来指示滴定终点。常用的指示剂有三种：

（1）自身指示剂。

有些滴定剂本身或被测物本身有颜色，其滴定产物无色或颜色很浅，这样滴定到出现颜色说明到终点，利用本身的颜色变化起指示剂作用的滴定剂叫自身指示剂。比如高锰酸钾测定双氧水的浓度实验中，利用终点时高锰酸钾的颜色由无色（Mn^{2+}）变为紫红色（MnO_4^-，约过量 2.6×10^{-6} mol·L^{-1}）为指示终点。

（2）显色指示剂。

在分析氧化还原滴定过程中，滴定剂或被测物本身不具有很好的指示颜色时，可以考虑向测试体系中加入另外的显色指示剂。这类指示剂本身应不具有氧化还原性特性，但能与滴定剂或被滴定物作用产生颜色指示终点。例如，淀粉可与碘生成蓝色的配合物（碘的浓度可小至 2.6×10^{-6} mol·L^{-1}），当碘分子被还原为碘离子，蓝色消失。这样就可以利用蓝色的出现或消失作为指示终点。因而，在碘量分析法中，常常采用淀粉溶液作指示剂。在室温下，用淀粉可检出浓度约10^{-5} mol·L^{-1}的碘溶液，但温度升高，灵敏度会降低。

（3）氧化还原指示剂。

氧化还原指示剂是一些复杂的有机化合物，它们本身具有氧化还原性质，其氧化型与还原型物质具有不同的颜色。因而，在滴定过程中，随溶液电极电势的变化，指示剂氧化型和还原型的浓度比逐渐改变，使溶液颜色发生改变。值得注意的是，氧化物与还原物浓度相等时，溶液的颜色是氧化型和还原型物质的混合色，当电势改变时指示剂的颜色由氧化型颜色转变为还原型物质颜色，或者由还原型物质颜色转变为氧化型物质颜色。表 8-2 列出了常用的氧化还原指示剂。在氧化还原滴定中，要选择变色点的电极电势应处于滴定体系的电极电势突跃范围内的指示剂。

表 8-2 常用的氧化还原指示剂

指示剂	颜色变化		变色点条件电势 $c(H^+)=1$ mol·L^{-1}
	还原态	氧化态	
次甲基蓝	无色	蓝色	+0.53
二苯胺	无色	紫色	+0.76
二苯胺磺酸钠	无色	紫红色	+0.85
邻苯氨基苯甲酸	无色	紫红色	+0.89
邻二氮菲-亚铁	无色	淡蓝色	+1.06

8.6.3 氧化还原滴定前的预处理

氧化还原滴定时，被测物的价态往往不适于滴定，需进行氧化还原滴定前的预处理。例如，测定铁矿石中总铁量时，铁主要以两种价态（Fe^{3+}、Fe^{2+}）存在，若采用$K_2Cr_2O_7$溶液进行滴定，则存在$K_2Cr_2O_7$不能与Fe^{3+}反应的情况，所以，必须先将Fe^{3+}还原成Fe^{2+}，然后再用$K_2Cr_2O_7$滴定。再如，要测定试样中Mn^{2+}、Cr^{3+}的含量，需要选择一种电极电势比$\varphi^{\ominus}(Cr_2O_7^{2-}/Cr^{3+})=1.33$ V 和$\varphi^{\ominus}(MnO_4^-/Mn^{2+})=1.51$ V 大的电对中的氧化态物种，符合条件的的只有$(NH_4)_2S_2O_8$等少数强氧化剂，但$(NH_4)_2S_2O_8$的稳定性能差，且反应速度慢，不适合作为滴定剂。这时就需要进行预处理，即先将Cr^{3+}、Mn^{2+}氧化成$Cr_2O_7^{2-}$和MnO_4^-后，就可以用标准还原剂溶液（如Fe^{2+}）直接滴定，对具有强还原性的离子也可以用类似的方法处理。预处理时所用的氧化剂或还原剂，应满足如下要求：① 必须将欲测组分定量地氧化或者还原；② 预氧化和预还原反应要迅速；③ 过量的氧化剂或还原剂易于除去（有加热分解、过滤、利用化学反应等方法）；④ 反应具有一定的选择性，避免其他组分的干扰。氧化还原滴定分析过程中预处理常用的还原剂、氧化剂分别列于表 8-3、表 8-4。

8-3 常见的预还原剂

还原剂	用途	反应条件	过量试剂除去方法
$SnCl_2$	$Fe^{3+} \to Fe^{2+}$	HCl 溶液	加入过量 $HgCl_2$ 溶液使之氧化
	Mo（Ⅵ）→ Mo（Ⅴ）		
	As（Ⅴ）→ As（Ⅲ）		
	U（Ⅵ）→ U（Ⅳ）	$FeCl_3$ 催化	
H_2S	$Fe^{3+} \to Fe^{2+}$	强酸性溶液	煮沸
	$MnO_4^- \to Mn^{2+}$		
	$Ce^{4+} \to Ce^{3+}$		
	$Cr_2O_7^{2-} \to Cr^{2+}$		
SO_2	$Fe^{3+} \to Fe^{2+}$	H_2SO_4 溶液	煮沸或通 CO_2
	$AsO_4^{3-} \to AsO_3^{3-}$	SCN^- 催化	
	Sb（Ⅴ）→ Sb（Ⅲ）		
	V（Ⅴ）→ V（Ⅳ）		
	$Cu^{2+} \to Cu^+$	有 SCN^- 存在	
$TiCl_3$	$Fe^{3+} \to Fe^{2+}$	酸性溶液	少量过量的 $TiCl_3$ 被水中溶解的 O_2 所氧化
联胺	As（Ⅴ）→ As（Ⅲ）		浓硫酸溶液中煮沸
	Sb（Ⅴ）→ Sb（Ⅲ）		
	Sn（Ⅳ）→ Sn（Ⅱ）	HCl 溶液	
	Ti（Ⅳ）→ Ti（Ⅲ）		
锌汞齐	Fe（Ⅲ）→ Fe（Ⅱ）		
	Ti（Ⅳ）→ Ti（Ⅲ）	酸性溶液	
	V（Ⅴ）→ V（Ⅱ）		
	Ce（Ⅳ）→ Ce（Ⅲ）		

表 8-4 常见的预氧化剂

氧化剂	用途	反应条件	过量试剂除去方法
$NaBiO_3$	$Mn^{2+} \to MnO_4^-$	在硝酸溶液中	过量 $NaBiO_3$ 微溶于水，可过滤除去。
	$Cr^{3+} \to Cr_2O_7^{2-}$		
	$Ce^{3+} \to Ce^{4+}$		
$(NH_4)_2S_2O_8$	$Ce^{3+} \to Ce^{4+}$	硝酸或硫酸溶液有 Ag^+ 催化剂	加热煮沸即可分解
	$VO^{2+} \to VO_3^-$	硝酸或硫酸溶液	
	$Cr^{3+} \to Cr_2O_7^{2-}$		
	$Mn^{2+} \to MnO_4^-$	硝酸或硫酸溶液中，并加入磷酸以防止沉淀出 $MnO(OH)_2$	

续表

氧化剂	用途	反应条件	过量试剂除去方法
$KMnO_4$	$VO^{2+} \rightarrow VO^{3-}$	冷稀酸溶液，并有 Cr^{3+} 存在	先加入尿素，然后小心滴加 $NaNO_2$ 溶液至红色正好褪去
	$Cr^{3+} \rightarrow CrO_4{}^{2-}$	碱性介质	
	$Ce^{3+} \rightarrow Ce^{4+}$	酸性介质	
H_2O_2	$Cr^{3+} \rightarrow CrO_4{}^{2-}$	$1\ mol \cdot L^{-1}$ NaOH 溶液中	碱性溶液中煮沸分解，Ni^{2+} 和 I^- 可使分解加速
	$Co^{2+} \rightarrow Co^{3+}$	$NaHCO_3$ 溶液中	
	Mn（Ⅱ）→Mn（Ⅲ）	碱性介质中	
$HClO_4$	$Cr^{3+} \rightarrow Cr_2O_7{}^{2-}$	加热	放冷并稀释则失去氧化性，煮沸并除去生成的 Cl_2
	$VO^{2+} \rightarrow VO_3{}^-$		
	$I^- \rightarrow IO_3{}^-$		
KIO_4	$Mn^{2+} \rightarrow MnO_4{}^-$	酸性介质并加热	过量 KIO_4 与加入的 Hg^{2+} 反应生成 $Hg(IO_4)_2$ 沉淀，过滤除去
Na_2O_2	$Fe(CrO_2)_2 \rightarrow CrO_4{}^{2-}$	熔融	酸性溶液中煮沸或通入空气
	$I^- \rightarrow IO_3{}^-$	酸性或中性溶液	

8.7 重要的氧化还原滴定法

氧化还原滴定法是重要的滴定分析方法，尤其对有机物测定来说是应用广泛。氧化还原反应较酸碱反应、配位反应复杂，不仅存在氧化还原平衡，还受反应速度制约，所以这里要特别注意控制反应条件，另外，实际样品分析时，还需要被测组分呈一定价态，所以滴定之前的预处理也必须要掌握。下面把它结合在具体的测定方法里介绍。

8.7.1 高锰酸钾法

8.7.1.1 概 述

高锰酸钾的优点在于氧化能力强，本身呈深紫色，用它滴定无色或浅色溶液时，一般不需要其他的指示剂，应用比较广泛。高锰酸钾的缺点在于试剂常含有少量杂质，使溶液不够稳定，又因为高锰酸钾的氧化能力强，可以和很多还原性物质反应，因而干扰比较严重。高锰酸钾在不同的环境中，呈现不同的氧化能力。当它处于强酸溶液中时，发生如下反应：

$$MnO_4^- + 8H^+ + 5e^- \Longrightarrow Mn^{2+} + 4H_2O \quad \varphi^{\ominus} = 1.51\ V$$

在微酸性、中性或弱碱性溶液中，发生如下反应：

$$MnO_4^- + 2H_2O + 3e^- \Longrightarrow MnO_2 + 4OH^- \quad \varphi^{\ominus} = 0.59\ V$$

在强碱性溶液中发生如下反应：

$$MnO_4^- + e^- \rightleftharpoons MnO_4^{2-} \qquad \varphi^{\ominus} = 0.56\ V$$

利用 $KMnO_4$ 滴定分析时，一般控制溶液的 H^+ 浓度为 $1 \sim 2\ mol \cdot L^{-1}$ 。酸度过高会导致 $KMnO_4$ 分解，而酸度过低又会产生 MnO_2 沉淀。酸度可采用硫酸调节，其他酸，如硝酸因具有氧化性，会消耗还原剂；盐酸具有还原性，会被 $KMnO_4$ 氧化。

8.7.1.2 高锰酸钾的配制和标定

市售 $KMnO_4$ 因含其他杂质，纯度在 99%~99.5%，达不到基准物质的要求。同时，蒸馏水中也常尘埃、有机物等微量杂质，这些杂质会与 $KMnO_4$ 逐渐反应生成氢氧化锰等物质，从而促使 $KMnO_4$ 在溶液进一步分解，因此，$KMnO_4$ 标准溶液多采用间接法配制。

$KMnO_4$ 标准溶液配制可按照如下方法进行：首先称取稍多于理论量的 $KMnO_4$ 溶于一定体积的蒸馏水中，再加热至沸，并保持微沸约 1 h，这样可以使溶液中存在的还原性物质完全氧化，静置 2~3 d，用微孔玻璃漏斗或玻璃棉滤去溶液中的二氧化锰沉淀，剩下的 $KMnO_4$ 滤液储于棕色瓶中，暗处保存。然后用基准物质标定溶液。可用于标定 $KMnO_4$ 溶液的基准物质有：$Fe(NH_4)_2(SO_4)_2 \cdot 6H_2O$、$As_2O_3$、$Na_2C_2O_4$、$H_2C_2O_4 \cdot H_2O$ 等。其中草酸钠因不含结晶水，没有吸湿性，受热稳定，易于纯制，最为常用。草酸钠标定高锰酸钾反应如下：

$$2MnO_4^- + 5C_2O_4^{2-} + 16H^+ \rightleftharpoons 2Mn^{2+} + 10CO_2 + 8H_2O$$

为了使这个反应能够定量地较快进行，需注意以下滴定条件：

（1）酸度：酸度过高时，草酸会分解；酸度过低时，MnO_4^- 会分解生成 MnO_2 沉淀。实践证明，最佳酸度为 $1\ mol \cdot L^{-1}$。此外，为防止 MnO_4^- 氧化，应将标定反应置于硫酸介质中进行。

（2）温度：该反应在室温下进行时，反应速度极慢，需适当加热提高反应速率，实验证实温度在 75 ~ 85 ℃最为合适，但若超过 90 ℃，$H_2C_2O_4$ 会分解，滴定结束时，温度不应低于 60 ℃。

（3）滴定速度：若开始滴定速度太快，加入的 $KMnO_4$ 来不及与 $C_2O_4^{2-}$ 反应，而发生分解反应（$4MnO_4^- + 4H^+ \rightleftharpoons 4MnO_2 + 3O_2 + 2H_2O$），从而使标定结果偏低，且生成棕色沉淀 MnO_2，干扰终点观察。只有滴入的高锰酸钾反应生成二价锰离子作为催化剂后，滴定的速度才可逐渐加快，或者事先加入少量 Mn^{2+} 加速反应。当滴定至出现淡红色，且 30 s 后不褪去淡红色，即是终点。此外，如果放置长久，空气中的还原性气体和灰尘都能与高锰酸根作用而使红色消失。

8.7.1.3 高锰酸钾氧化还原滴定法的应用示例

1. 直接法测定 H_2O_2

市面销售的 H_2O_2 为 30%的水溶液，浓度过大，必须经过适当稀释后方可滴定。在酸性溶液中 H_2O_2 被 $KMnO_4$ 定量氧化，滴定时，可加少量 Mn^{2+} 催化反应。$KMnO_4$ 与 H_2O_2 的滴定反应为

$$2MnO_4^- + 5H_2O_2 + 6H^+ \rightleftharpoons 2Mn^{2+} + 5O_2 + 8H_2O$$

H_2O_2 溶液时常加有少量的尿素、乙酰苯胺或丙乙酰胺等物质做稳定剂，这些物质具有还原性，可与 $KMnO_4$ 来反应，从而能使滴定终点明显的滞后，造成滴定误差。在这种情况下，以采用碘量法测定为宜。

另外，其他还原性物质，如亚铁盐、亚砷酸盐、亚硝酸盐、过氧化物及草酸盐等也可用 $KMnO_4$ 直接滴定法来测定。

2. 间接法测定 Ca^{2+}

测定方法为：先用 $C_2O_4{}^{2-}$ 将 Ca^{2+} 全部转化为沉淀 CaC_2O_4，沉淀经过滤、洗涤后充分地溶解于稀硫酸中，然后用 $KMnO_4$ 标准溶液滴定生成的 $H_2C_2O_4$，从而间接地计算出 Ca^{2+} 的含量。此外，Zn^{2+}、Ba^{2+} 和 Cd^{2+} 等金属盐，都可以用间接滴定法来测定含量。

3. 返滴定法测定 MnO_2

在含有 MnO_2 试液中加入过量、计量的 $C_2O_4{}^{2-}$，在酸性介质中发生反应：

$$MnO_2 + C_2O_4^{2-} + 4H^+ \rightleftharpoons Mn^{2+} + 2CO_2 + 2H_2O$$

待反应完全后，用 $KMnO_4$ 标准溶液返滴定剩余的 $C_2O_4{}^{2-}$，可求得 MnO_2 的含量。这种返滴定法，还可以测定 $MnO_4{}^-$、PbO_2、$CrO_4{}^-$、$S_2O_8{}^{2-}$、$ClO_3{}^-$、$BrO_3{}^-$和IO^{3-} 等强氧化剂。

4. 碱性溶液中滴定具有还原性的有机物

以测定甘油为例，在碱性(2 mol·L^{-1} NaOH)条件下，$KMnO_4$ 标准溶液与含有甘油的溶液反应：

$$\underset{\text{OH}}{\underset{|}{H_2C}}-\underset{\text{OH}}{\underset{|}{CH}}-\underset{\text{OH}}{\underset{|}{CH_2}} + 14MnO_4^- + 20OH^- = 3CO_3^{2-} + 14MnO_4^{2-} + 14H_2O$$

待反应完全后，将溶液酸化 $MnO_4{}^{2-}$ 歧化成 $MnO_4{}^-$和MnO_2，加入过量、计量的还原剂标准溶液，使所有的锰还原为 Mn^{2+}，再用 $KMnO_4$ 标准溶液滴定剩余的还原剂，从而计算出甘油的含量。同样地，甲醇、甲醛、甲酸、甘油、乙醇酸、酒石酸、柠檬酸、水杨酸、葡萄糖等有机物均可用此法测定含量。

8.7.2 重铬酸钾法

8.7.2.1 概 述

$K_2Cr_2O_7$ 是一种常用的氧化剂，其氧化能力较 $KMnO_4$ 弱，因此，它的应用不及 $KMnO_4$ 广泛。$K_2Cr_2O_7$ 滴定法与 $KMnO_4$ 滴定法相比有如下特点：

（1）$K_2Cr_2O_7$ 易提纯，较稳定，在140~150 ℃干燥后，可作为基准物质直接配制标准溶液。

（2）$K_2Cr_2O_7$ 标准溶液非常稳定，可以长期保存在密闭容器内，溶液浓度不变。

（3）室温下 $K_2Cr_2O_7$ 不与 Cl^- 作用，故可以在 HCl 介质中做滴定剂。

（4）$K_2Cr_2O_7$ 本身不能作为指示剂，需外加指示剂。常用二苯胺磺酸钠或邻苯氨基苯甲酸。

$K_2Cr_2O_7$ 法最大缺点是：六价铬是致癌物，废水会污染环境，应对实验产生的废水加以处理，不能直接排放。$K_2Cr_2O_7$ 在酸性介质中的半反应为

$$Cr_2O_7^{2-} + 14H^+ + 6e^- \rightleftharpoons 2Cr^{3+} + 7H_2O$$

重铬酸钾标准溶液的配置方法：$K_2Cr_2O_7$ 标准液一般采用直接法配制，但在配制前要将 $K_2Cr_2O_7$ 在 105～110 ℃温度下烘至恒重。

8.7.2.2 $K_2Cr_2O_7$ 法的应用示例

1. 铁矿中全铁的测定

$K_2Cr_2O_7$ 法常用来测定 Fe，是测定铁矿含铁量的标准方法，反应如下：

$$Cr_2O_7^{2-} + 6Fe^{2+} + 14H^+ = 2Cr^{3+} + 6Fe^{3+} + 7H_2O$$

$$Fe_2O_3 + 6H^+ = 2Fe^{3+} + 3H_2O$$

$$2Fe^{3+} + Sn^{2+}(\text{过量}) = 2Fe^{2+} + Sn^{4+}$$

试样加热分解后，在热浓 HCl 中，用氯化亚锡将三价铁还原为二价铁，冷却后用氯化汞氧化过量的氯化亚锡；加硫酸、磷酸混合酸，以二苯胺磺酸钠为指示剂，重铬酸钾溶液滴定试液，终点为溶液由浅绿变为紫红色。其中，加入硫酸的目的是保证足够酸度。加入磷酸目的是与滴定过程中生成的三价铁作用，生成 $[Fe(PO_4)_2]^{3-}$（无色）络离子，以消除三价铁的黄色，有利观察终点；并且可以降低铁电对的电极电位，使二苯磺酸钠变色点的电位落在滴定的突跃范围内。这是测铁的经典方法，简便、快速、准确；但汞有毒，环境污染严重。

此外，可以用氯化亚锡-三氯化钛联合还原剂测定法：首先，试样用硫酸-磷酸混合酸溶解后，再用氯化亚锡把大部分三价铁变为二价铁，然后以钨酸钠作指示剂，用三氯化钛还原剩余的三价铁，当过量一滴三氯化钛时，出现蓝色，30 s 不褪色即可。加水稀释后，以二价铜为催化剂，稍过量的三价钛被水中溶解氧氧化为四价钛：$4Ti^{3+} + O_2 + 2H_2O = 4TiO_2^+ + 4H^+$，钨蓝也受氧化，蓝色褪去，或直接滴加重铬酸钾至蓝色褪去，预还原步骤完成，此时应立即用重铬酸钾标准溶液滴定，以免空气中氧气氧化二价铁而引起误差。当变成紫红色时为终点。为不使终点提前，必须在磷硫混合酸介质中进行测定。

2. 土壤中腐殖质含量和化学耗氧量（COD）的测定

腐殖质是土壤中复杂的有机物质，其含量反映了土壤的肥力。测定方法：将土壤试样置于浓硫酸溶液中，与已知过量的 $K_2Cr_2O_7$ 溶液共同加热，使其中的碳被氧化，然后以亚

铁的邻二氮菲作为指示剂，用 $FeSO_4$ 标准溶液滴定过量的 $K_2Cr_2O_7$ 。最后通过计算有机碳的含量，就可换算出腐殖质的含量。

测定工业废水、污水的 COD 方法也大体相似：水样与过量 $K_2Cr_2O_7$ 在 H_2SO_4 介质（Ag_2SO_4 作为催化剂）中，加热回流 2 h，冷却后用硫酸亚铁铵标准溶液回滴定剩余的 $K_2Cr_2O_7$ ，以邻二氮菲-Fe（Ⅱ）为指示剂，最后再换算成 COD 值。

8.7.3 碘量法

8.7.3.1 概 述

碘量法是以 I_2 作为氧化剂或以 I^- 作为还原剂进行氧化还原滴定的分析方法。由于固体碘分子易挥发，且在水中的溶解度很小，常把碘溶于过量的 KI 溶液中，使之以 I_3^- 的形式存在，其半反应为 $I_3^- + 2e^- \longrightarrow 3I^-$ ，为简化并强调化学计量关系，一般仍简写成 I_2 ，I_3^-/I^- 电对的 $\varphi = +0.545$ V，由于 I_3^- 是较弱的氧化剂，I^- 是中等强度的还原剂，故用碘标准溶液直接滴定 SO_3^{2-}、As（Ⅲ）、$S_2O_3^{2-}$ 、维生素 C 等较强的还原剂，这种方法称为直接碘量法或碘滴定法。而利用 I^- 的还原性，使它与许多氧化性物质如 $Cr_2O_7^{2-}$、MnO_4^{2-}、BrO_3^-、H_2O_2 等反应，定量地析出 I_2 ，然后用 $Na_2S_2O_3$ 溶液滴定 I_2 ，以间接地测定这些氧化性物质，这种方法称为间接碘量法。

碘量法 I_3^-/I^- 电对的可逆性好，其电极电势在很宽的 pH 范围内不受溶液酸度及其他配位剂的影响，且副反应少。碘量法采用的淀粉指示剂，灵敏度比较高。这些优点使得碘量法的应用非常广泛。碘量法的两个主要误差来源是：① 碘分子易挥发；② 酸性溶液中 I^- 容易被空气氧化。为了减少碘分子的挥发和碘离子与空气的接触，滴定最好在碘量瓶中进行，且置于暗处；滴定时不要剧烈摇荡。为了防止 I^- 被氧化，一般反应后应立即滴定，且滴定是在中性或弱酸性溶液中进行。

8.7.3.2 标准溶液的配制和标定

1. 碘标准溶液的配制

一般市售的碘都不纯，需用升华法可得到纯碘分子，再用它直接配成标准溶液，但由于碘分子的挥发性及对分析天平的腐蚀性，一般将市售配制成近似浓度，再标定即可。

配制方法：将一定量的碘分子与 KI 共置于研钵中，加适量的量水研磨，使碘分子全部溶解，再用水稀释至一定体积，放入棕色瓶保存，避免碘液与橡皮塞等有机物接触，否则碘易与有机物作用，会使碘溶液浓度改变。碘的浓度可用 As_2O_3 作为基准物来标定，由于 As_2O_3 难溶于水，需用氢氧化钠溶解，再加入足够的 HCl 使溶液呈弱酸性，然后加入 $NaHCO_3$ 保持溶液的 pH 值在 8.0 左右，以淀粉为指示剂进行滴定，滴定过程中出现蓝色时为终点。此外，碘浓度也可用标定好的 $Na_2S_2O_3$ 溶液作为基准来标定。

2. $Na_2S_2O_3$ 的配制和标定

$Na_2S_2O_3$ 带 5 个结晶水，并含少量 S、Na_2CO_3、Na_2SO_4、Na_2SO_3、NaCl 等杂质，不能作为基准物质，只能采用间接法配制，配制好的 $Na_2S_2O_3$ 溶液也不稳定，因为水中溶有 CO_2，呈弱酸性，而 $Na_2S_2O_3$ 在酸性溶液中会缓慢分解，此外，水中微生物会消耗 $Na_2S_2O_3$ 中的 S，空气也会氧化还原性较强的 $Na_2S_2O_3$。所以，$Na_2S_2O_3$ 溶液的配制方法为：用新煮沸并冷却了的蒸馏水（目的是除去水中的 CO_2、O_2，并杀死细菌），同时加入少量 Na_2CO_3 使溶液呈弱酸性，以抑制细菌生长，配好的溶液置于棕色瓶中以防光照分解，一段时间后应重新标定，如发现有浑浊（S沉淀），应重配或过滤后再标定，标定 $Na_2S_2O_3$ 可用重铬酸钾、碘酸钾等基准物质，常用重铬酸钾。

8.7.3.3 碘量法滴定方式及应用

1. 直接碘量法

凡是能被碘直接氧化的物质，只要反应速率足够快，就可以采用直接碘量法进行测定。如安乃近、亚砷酸盐、亚硫酸盐、亚锑酸盐、亚锡酸盐、硫化物、维生素 C 等。

以维生素 C 为例：维生素 C 中的烯二醇具有还原性，能被 I_2 定量地氧化成二酮基，反应如下：

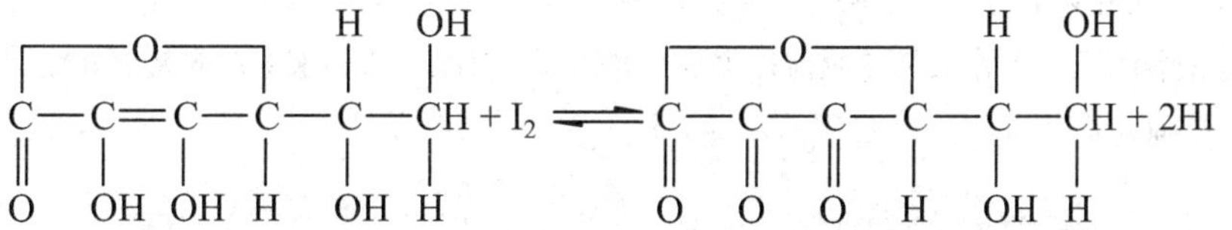

维生素 C 的还原性很强，在碱性条件下很容易被空气氧化，所以滴定时需加入一些醋酸，并以淀粉作为指示剂，用碘标准溶液进行滴定。

2. 返滴定碘量法

为了使被测定的物质与 I_2 充分作用并达到完全，先加入过量 I_2 溶液，然后再用 $Na_2S_2O_3$ 标准溶液返滴定剩余的 I_2。如甘汞、焦亚硫酸钠、甲醛、葡萄糖、蛋氨酸等具有还原性的物质，都可用本法进行测定。此外，安替比林、酚酞等能和过量 I_2 溶液产生取代反应的物质，以及制剂中的咖啡因等能和过量 I_2 溶液生成络合物沉淀的物质，也可用来测定含量。本法一般都在条件完全相同的情况下做一空白滴定试验，以免除一些仪器、试剂及用水误差，又可从空白滴定与回滴的差数求出被测物质的含量，而不需要标定 I_2 标准溶液。

3. 间接碘量法

利用碘离子的还原性测定氧化性物质的方法。先使氧化性物质与过量 KI 反应定量析出碘分子，然后用 $Na_2S_2O_3$ 滴定 I_2，求得待测组分含量。利用这一方法可以测定很多氧化性物质，如 ClO_3^-、ClO^-、CrO_4^{2-}、IO_3^-、BrO_3^- 等，以及能与 CrO_4^{2-} 生成沉淀的阳离子如 Pb^{2+}、Ba^{2+} 等，所以，滴定 I_2 法应用相当广泛。

4. 水的测定—— 费休法（Karl Fischer）

卡尔费休法测定微量水是碘量法在非水滴定中的一种应用。卡尔费休法的滴定剂为碘、二氧化硫和吡啶按一定比例溶于无水甲醇的混合溶液。滴定剂与水的总反应可表示为

$$I_2 + SO_2 + 3C_5H_5N + CH_3OH + H_2O \rightleftharpoons 2C_5H_5N\begin{matrix}\diagup H\\ \diagdown I\end{matrix} + C_5H_5N\begin{matrix}\diagup H\\ \diagdown SO_4CH_3\end{matrix}$$

卡尔费休法可测定无机物中的水，也可测定有机物中的水，是药物中水分测定的常用方法。根据反应中生成或消耗的水量，可以间接测定某些有机物的官能团。需要注意的是，凡是与卡尔费休法滴定剂溶液中所含组分产生反应的物质，如氧化剂、还原剂、碱性氧化物、氢氧化钠等都干扰测定。

8.8 氧化还原滴定法的计算

关于氧化还原反应的计算，情况较为复杂，因为同一物质在不同条件（如pH值不同等）下反应，会得到不同的产物。因此，在计算时，首先要把有关的氧化还原反应结果搞清楚，再根据反应式确定化学计量系数，最后进行计算，现分别列举实例来说明氧化还原滴定法的计算。

例 8.12 测定某样品中的K^+的含量，可将其沉淀为$K_2NaCo(NO_2)_6$，溶解后，用标准的$KMnO_4$溶液滴定，计算K^+与MnO_4^-的物质的量之比，即$n(K):n(KMnO_4)$。

解：首先确定氧化还原的方程式，如下：

$$2K_2NaCo(NO_2)_6 \longrightarrow 4K^+ + 2Na^+ + 2Co^{2+} + NO_3^- + 11NO_2^-$$

故有

$$4K^+ \sim 11NO_2^- \sim 11\frac{2}{5}KMnO_4$$

所以$n(K):n(KMnO_4) = 1:1.1$。

例 8.13 分别称取软锰矿0.3216 g，$Na_2C_2O_4$ 0.3685 g，倒入同一烧杯中后，加入H_2SO_4，加热溶解。待反应完全后，用$0.02400\ mol\cdot L^{-1}$的$KMnO_4$溶液滴定多余的$Na_2C_2O_4$，消耗$KMnO_4$溶液11.26 mL。计算锰矿中MnO_2的质量分数。

解：首先确定氧化还原的方程式，如下：

$$MnO_2 + C_2O_4^{2-}(过) + 4H^+ \xrightarrow{\triangle} Mn^{2+} + 2CO_2 + 2H_2O + C_2O_4^{2-}(剩)$$

$$w(MnO_2) = \frac{\dfrac{2m(Na_2C_2O_4)}{M(Na_2C_2O_4)} - 5c(KMnO_4)\cdot V(KMnO_4)\ M\left(\dfrac{1}{2}MnO_2\right)}{m_s} \times 100\%$$

$$= \frac{\left(\dfrac{2\times 0.3685}{134.0} - 5\times 0.02400\times 11.26\times 10^{-3}\right)\times \dfrac{86.94}{2}}{0.3216}\times 100\%$$

$$= 56.08\%$$

例 8.14 取含有苯酚的样品 0.5000 g，溶解后，加入 0.1000 mol·L^{-1}的 $KBrO_3$溶液（含有过量的 KBr）25.00 mL，再加 HCl 酸化处理，待反应完全后，加入 KI。滴定析出的I_2消耗了 0.1003 mol·L^{-1} $Na_2S_2O_3$溶液 29.91 mL，试计算样品中苯酚的含量。

解：首先确定氧化还原的过程，如下：

$$BrO_3^- + 5Br^- + 6H^+ = 3Br_2 + 3H_2O$$

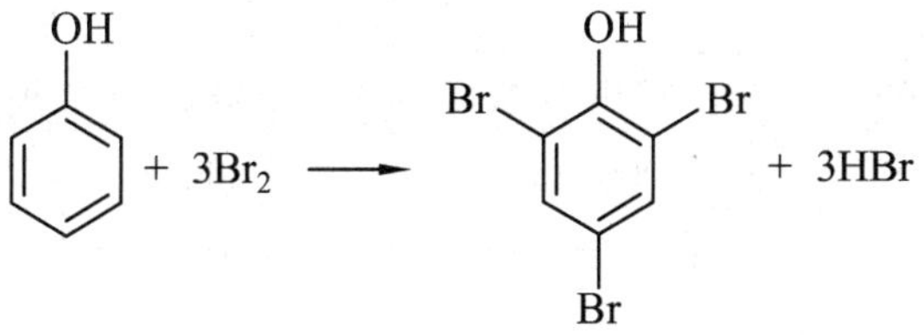

$$2I^- + Br_2 = I_2 + 2Br^-$$

$$I_2 + 2S_2O_3^{2-} = 2I^- + S_4O_6^{2-}$$

故有，苯酚、溴、碘和$S_2O_3^{2-}$间的化学计量关系：

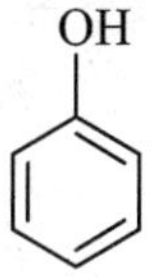 $\sim 3Br_2 \sim 3I_2 \sim 6S_2O_3^{2-}$

即，求苯酚的含量表达式如下：

$$w(\text{苯酚}) = \frac{[6c(KBrO_3)\ V(KBrO_3) - c(Na_2S_2O_3)\ V(Na_2S_2O_3)]M\left(\dfrac{1}{6}\text{苯酚}\right)}{m_s} \times 100\%$$

$$= \frac{(6\times0.1000\times25.00 - 0.1003\times29.91)\times\dfrac{94.11}{6}}{0.5000\times10^3}\times100\%$$

$$= 37.64\%$$

习 题

1. 配平下列氧化还原反应式：

（1）$ClO_3^- + S^{2-} \longrightarrow Cl^- + S + OH^-$

（2）$H_2S + I_2 \longrightarrow I^- + S$

（3）$KIO_3 + KI + H_2SO_4 \longrightarrow I_2 + K_2SO_4 + H_2O$

（4）$Mn^{2+} + BiO_3^- + H^+ \longrightarrow MnO_4^- + Bi^{3+} + H_2O$

（5）$Cr_2O_7^{2-} + Fe^{2+} \longrightarrow Cr^{3+} + Fe^{2+} + H_2O$（酸性介质）

（6）$H_2O_2 + Cr_2(SO_4)_3 + KOH \longrightarrow K_2CrO_4 + K_2SO_4 + H_2O$

（7）$KNO_2 + H_2SO_4 \longrightarrow KNO_3 + K_2SO_4 + NO + H_2O$

（8）$PbO_2 + Mn(NO_3)_2 + HNO_3 \longrightarrow Pb(NO_3)_2 + HMnO_4 + H_2O$

（9）$H_2O_2 + MnO_4^- + H^+ \longrightarrow O_2 + Mn^{2+} + H_2O$

（10）$As_2S_3 + HNO_3$(浓) $\longrightarrow H_3AsO_4 + NO + H_2SO_4$

2. 将铜片插入盛有 $0.5\ mol \cdot L^{-1}$ $CuSO_4$ 溶液中，银片插入盛有 $0.5\ mol \cdot L^{-1}$ $AgNO_3$ 溶液的烧杯中，组成一个原电池。（1）写出原电池符号；（2）写出电极反应式和电池反应式；（3）求该电池的电动势。

3. 求出下列原电池的电动势，写出电池反应式，并指出正负极。

（1）Pt | $Fe^{2+}(1\ mol \cdot L^{-1})$, $Fe^{3+}(0.0001\ mol \cdot L^{-1})$ ‖ $I^-(0.0001\ mol \cdot L^{-1})$，$I_2(s)$ | Pt

（2）Pt | $Fe^{3+}(0.5\ mol \cdot L^{-1})$，$Fe^{2+}(0.05\ mol \cdot L^{-1})$ ‖ $Mn^{2+}(0.01\ mol \cdot L^{-1})$，$H^+(0.1\ mol \cdot L^{-1})$，$MnO_2(s)$ | Pt

4. 已知 $[Sn^{2+}] = 0.1000\ mol \cdot L^{-1}$, $[Pb^{2+}] = 0.100\ mol \cdot L^{-1}$

（1）判断下列反应进行的方向：$Sn + Pb^{2+} \rightleftharpoons Sn^{2+} + Pb$

（2）计算上述反应的平衡常数 K。

5. 已知锰的元素电势图如图 8-13 所示，

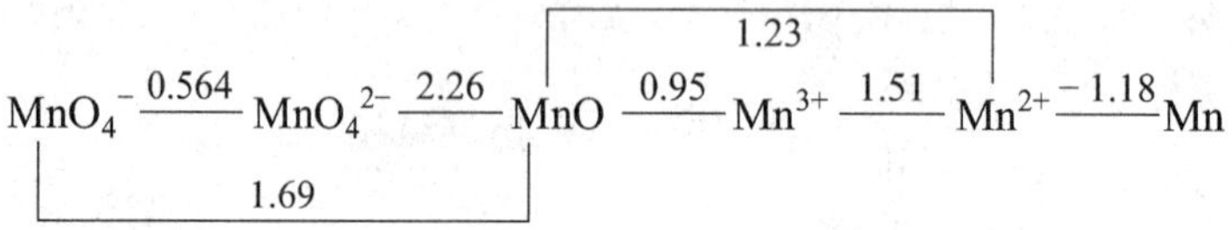

图 8-13 锰的元素电势图

（1）求 $\varphi^{\ominus}(MnO_4^-/Mn^{2+})$；

（2）确定 MnO_2 可否发生歧化反应？

（3）指出哪些物质会发生歧化反应并写出反应方程式。

6. 用 30.00 mL 某 $KMnO_4$ 标准溶液恰能氧化一定的 $KHC_2O_4 \cdot H_2O$，同样质量的 $KHC_2O_4 \cdot H_2O$ 又恰能与 25.20 mL 浓度为 $0.2012\ mol \cdot L^{-1}$ 的 KOH 溶液反应，计算此 $KMnO_4$ 溶液的浓度。

7. 准确称取铁矿石试样 0.5000 g, 用酸溶解后加入 $SnCl_2$，使 Fe^{3+} 还原为 Fe^{2+}，然后用 24.50 mL $KMnO_4$ 标准溶液滴定。已知 1 mL $KMnO_4$ 相当于 0.01260 g $H_2C_2O_4 \cdot 2H_2O$。试问：（1）矿样中 Fe 及 Fe_2O_3 的质量分数各为多少？（2）取市售双氧水 3.00 mL 稀释定容至 250.0 mL，从中取出 20.00 mL 试液，需用上述溶液 $KMnO_4$ 21.18 mL 滴定至终点。计算每 100.0 mL 市售双氧水所含 H_2O_2 的质量。

8. 准确称取含有 PbO 和 PbO_2 混合物的试样 1.234 g，在其酸性溶液中加入 20.00 mL $0.2500\ mol \cdot L^{-1}$ $H_2C_2O_4$ 溶液，将 PbO_2 还原为 Pb^{2+}。所得溶液用氨水中和，使溶液中所有的 Pb^{2+} 均沉淀为 PbC_2O_4。过滤，滤液酸化后用 $0.040\,00\ mol \cdot L^{-1}$ $KMnO_4$ 标准溶液滴定，用去 10.00 mL，然后将所得 PbC_2O_4 沉淀溶于酸后，用 $0.040\,00\ mol \cdot L^{-1}$ $KMnO_4$ 标准溶液滴定，用去 30.00 mL。计算试样中 PbO 和 PbO_2 的质量分数。

9. 准确称取软锰矿试样 0.5261 g，在酸性介质中加入 0.7049 g 纯 $Na_2C_2O_4$。待反应完全后，过量的 $Na_2C_2O_4$ 用 $0.021\,60\ mol \cdot L^{-1}$ $KMnO_4$ 标准溶液滴定，用去 30.47 mL。计算软锰矿中 MnO_2 的质量分数。

10. 用$K_2Cr_2O_7$标准溶液测定1.000 g试样中的铁。试问1.000 L $K_2Cr_2O_7$标准溶液中应含有多少克$K_2Cr_2O_7$，才能使滴定管读到的体积（单位mL）恰好等于试样中铁的质量分数（%）。

11. 0.4987g 铬铁矿试样经Na_2O_2熔溶后，其中的Cr^{3+}氧化为$Cr_2O_7^{2-}$，然后加入10 mL 3 mol·L^{-1} H_2SO_4及50 mL 0.12 mol·L^{-1}硫酸亚铁溶液处理。过量的Fe^{2+}需用15.05 mL K_2CrO_7标准溶液滴定，而标准溶液相当于0.006 023 g。试求试样中的铬的质量分数。

12. 称取含有Na_2HAsO_3和As_2O_5及惰性物质的试样0.2500 g，溶解后在$NaHCO_3$存在下用0.05150 mol·L^{-1} I_2标准溶液滴定，用去15.80 mL。再酸化并加入过量KI，析出的I_2用0.1300 mol·L^{-1} NaS_2O_3标准溶液滴定，用去20.70 mL。计算试样中Na_2HAsO_3的质量分数。

13. 今有不纯的KI试样0.3504 g，在H_2SO_4溶液中加入纯K_2CrO_4 0.1940 g与之反应，煮沸除去生成的I_2。放冷后又加入过量KI，使之与剩余的K_2CrO_4作用，析出的I_2用0.1020 mol·L^{-1} $Na_2S_2O_3$标准溶液滴定，用去10.23 mL。问试样中KI的质量分数是多少？

14. 灼烧不纯的Sb_2S_3试样0.1675 g，将所得的SO_2通入$FeCl_3$溶液中，使Fe^{3+}还原为Fe^{2+}。再在稀酸条件下用0.01985 mol·L^{-1} $KMnO_4$标准溶液滴定Fe^{2+}，用去21.20 mL。问试样中Sb_2S_3的质量分数为多少？

9 仪器分析原理

分析化学包括化学分析和仪器分析两大部分。化学分析是指利用化学反应以及化学计量关系来确定被测物质含量的一类分析方法，测定时使用化学试剂、天平以及玻璃器皿如滴定管、吸量管、烧杯、漏斗、坩埚等。化学分析是经典的非仪器分析方法，主要用于物质的常量测定。仪器分析是根据物质的物理和化学等性质来获得物质的组成、含量、结构以及相关的信息。仪器分析测量时使用各种类型的价格较贵的特殊分析仪器，它具有灵敏、简便、快速而且易于实现自动化等特点。仪器分析的应用范围比化学分析广泛，它已成为分析化学的重要组成部分。

分析化学的水平是衡量国家科学技术水平的重要标志。分析化学是科学技术的眼睛，也是工农业生产的眼睛。仪器分析方法的种类繁多，内容广泛，根据我国工农业生产和科研的实际情况以及仪器分析的发展趋势，本章简要介绍几种现代仪器分析原理。

9.1 紫外-可见吸收光谱法

分子的紫外-可见吸收光谱法是基于分子内电子跃迁产生的吸收光谱进行分析的一种常用的光谱分析法。分子在紫外-可见区的吸收与其电子结构紧密相关。紫外光谱的研究对象大多是具有共轭双键结构的分子。

紫外-可见光区一般用波长（nm）表示。其研究对象大多在 200~380 nm 的近紫外光区和 380~780 nm 的可见光区有吸收。紫外-可见吸收测定的灵敏度取决于产生光吸收分子的摩尔吸光系数。该法仪器设备简单，应用十分广泛，如医院的常规化验中，95%的定量分析都用紫外-可见分光光度法。在化学研究中，如平衡常数的测定、求算主-客体结合常数等都离不开紫外-可见吸收光谱。

9.1.1 原 理

紫外-可见吸收光谱是分子内电子跃迁的结果，它反映了分子中价电子跃迁时的能量变化与化合物所含发色基团之间的关系。不同的化合物由于分子结构不同，电子跃迁的类型就不同，所以紫外-可见吸收光谱会具有不同特征的吸收峰，其吸收峰的波长和强度与分子中价电子的类型有关。

在紫外-可见区域内，有机化合物吸收一定能量的辐射时，引起的电子跃迁主要有

$\sigma \to \sigma^*$、$n \to \sigma^*$、$\pi \to \pi^*$、$n \to \pi^*$这 4 种类型。σ、π分别表示σ、π键电子，n表示未成键的孤对电子，* 表示反键状态。各种跃迁所需要的能量如图 9-1 所示。

由图 9-1 可知，价电子在吸收一定的能量后，将跃迁至分子中能量较高的反键轨道，各种电子跃迁所需能量大小为$\sigma \to \sigma^* > n \to \sigma^* > \pi \to \pi^* > n \to \pi^*$。

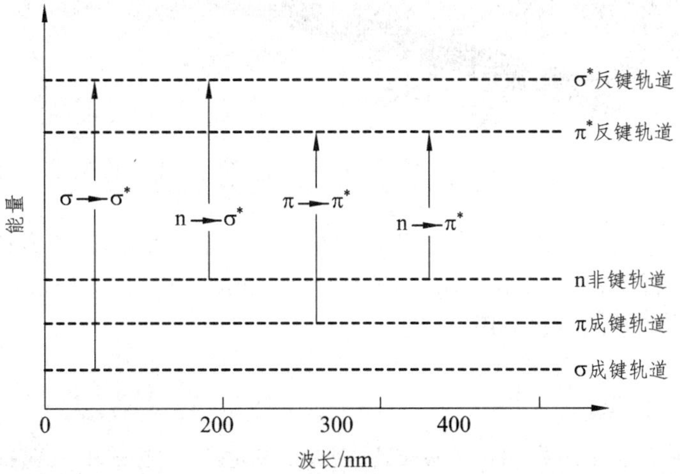

图 9-1 电子能级及电子跃迁示意图

反键轨道的能量比成键轨道能量高得多，分子中$n \to \pi^*$跃迁所需的能量小，故相应的吸收峰出现在长波段方向；$n \to \sigma^*$和$\pi \to \pi^*$，所需能量较大，吸收峰出现在较短波段；而$\sigma \to \sigma^*$跃迁所需能量最大，故吸收峰出现在远紫外区。

9.1.2 紫外-可见分光光度计

9.1.2.1 主要部件的性能与作用

紫外-可见分光光度计的波长范围是 190~1000 nm，其中 190~400 nm 是紫外区，400~750 nm 是可见区。

随着光学和电子学技术的不断发展，分光光度计的各个组件都在不断地更新和完善，仪器的测量精度、功能和自动化程度都有了提高。目前商品生产的分光光度计的类型很多，但就其结构原理来说，基本上都是由辐射光源、单色器、样品吸收池、检测系统、信号指示系统五部分组成，其结构如图 9-2 所示。

1. 辐射光源

辐射光源的作用是提供激发能，使待测分子产生吸收。要求能够提供足够强的连续光谱、有良好的稳定性、较长的使用寿命，且辐射能量随波长无明显变化。常用的光源有热辐射光源和气体放电光源。利用固体灯丝材料高温放热产生的辐射作为光源的是热辐射光源，如钨灯、卤钨灯。两者均在可见区使用，卤钨灯的使用寿命及发光效率高于钨灯。气体放电光源是指在低压直流电条件下，氢或氘气放电所产生的连续辐射。一般为氢灯或氘

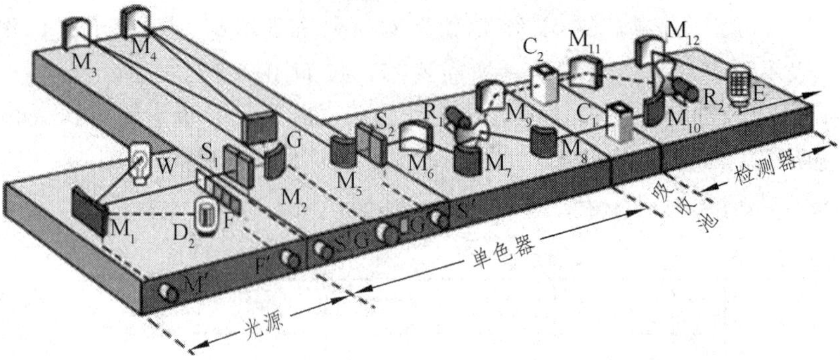

图 9-2 双光束紫外-可见分光光度计的结构示意图

灯，在紫外区使用。这种光源虽然能提供至 160 nm 的辐射，但石英窗口材料使短波辐射的透过受到限制（石英为 200nm，熔融石英为 185 nm），而大于 360nm 时，氢的发射谱线叠加于连续光谱之上，不宜使用。

2. 单色器

单色器的作用是使光源发出的光变成所需要的单色光。通常由入射狭缝、准直镜、色散元件、聚焦透镜和出射狭缝构成，如图 9-3 所示。入射狭缝用于限制杂散光进入单色器，准直镜将入射光束变为平行光束后进入色散元件。后者将复合光分解成单色光，然后通过聚焦透镜将出自色散元件的平行光聚焦于出射狭缝。出射狭缝用于限制通带宽度。

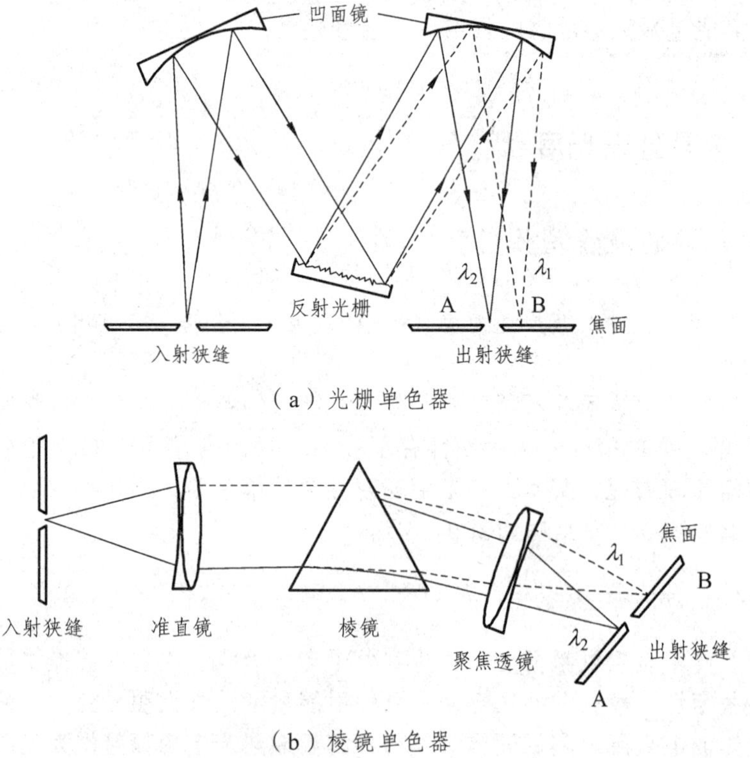

图 9-3 光栅和棱镜单色器构成

3. 样品吸收池

样品吸收池是用来盛放被测样品的。它必须选择在测定波长范围内无吸收的材质制成。按制作材料可分为石英吸收池和玻璃吸收池。在紫外区必须使用石英吸收池，可见和近红外区可用石英池，也可用玻璃池。吸收池的光程长度为 0.1~10 cm，常用的吸收池是 1 cm，可根据被测样品的浓度和吸收情况来选择合适的吸收池。

4. 检测系统

检测系统的功能是检测光信号，并将光信号转变成可测量的电信号。在简易型可见分光光度计中，使用光电池或光电管做检测。中高档紫外可见分光光度计常用光电倍增管做检测器，它具有响应速度快、放大倍数高、频率响应范围广的优点。而光电二极管与光电倍增管相比，其动态范围更宽且寿命更长。

出现于 20 世纪 70 年代末期的光电二极管阵列分光光度计采用光电二极管阵列检测器，而不是采用单一的光电二极管。光电二极管阵列中的光电二极管单元数可达 1000 以上，每个光电二极管测量光谱中的一个窄带。这种检测器具有检测速度快、可同时进行多波长测量、动态范围宽、噪声低、可靠性高的特点。它可以在 1s 内实现全波段扫描，得到的不是某一波长下的吸光度，而是全部波长同时检测，直接给出测量波长范围内的吸收光谱；做 1~4 阶导数光谱测量时，在 2s 内给出导数值和导数光谱显示。它特别适合于动态系统（如流动注射分析、过程控制、动力学测量等）及多组分混合物分析，是追踪化学反应以及快速反应动力学研究的重要手段。

5. 信号指示系统

常用的信号指示系统有检流计、数字显示仪、微型计算机等。采用光电倍增管作为检测器，由于样品光束吸收能量，所以产生不平衡电压，此不平衡电压被一个滑线电阻的等价电压所平衡，通过电学系统的比较和放大，记录笔随滑线的触点移动，记录笔的移动即反映了采用样品吸收能量的大小，记录样品的吸收曲线。新型紫外可见分光光度计信号指示系统大多采用微型计算机，它既可以用于仪器自动控制，实现自动分析；又可用于记录样品的吸收曲线，进行数据处理，并大大提高了仪器的精度、灵敏度和稳定性。

9.1.2.2 常用紫外-可见分光光度计介绍

紫外-可见分光光度计，按其光学系统可分为单波长与双波长分光光度计、单光束与双光束分光光度计。

1. 双光束紫外-可见分光光度计（图 9-4）

单光束仪器中，分光后的单色光直接透过吸收池，交替测定待测池和参比池。这种仪器结构简单，适用于测定特定波长的吸收，进行定量。而双光束仪器中，从光源发出的光经分光后再经扇形旋转镜分成两束，交替通过参比池和样品池，测得的是透过样品溶液和参比溶液的光信号强度之比。双光束仪器克服了单光束仪器由光源不稳引起的误差，并且可以方便地对全波段进行扫描。

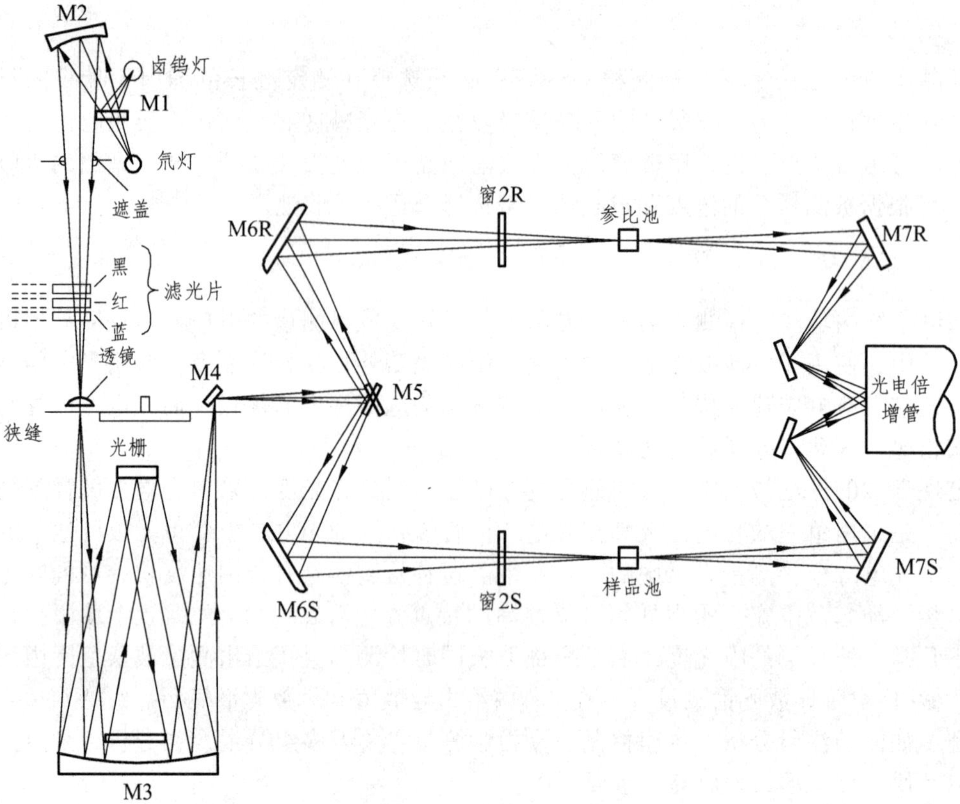

图 9.4　双光束紫外-可见分光光度计光路图

2. 双波长紫外-可见分光光度计（图 9-5）。

该仪器既可用作双波长分光光度计又可用作双光束仪器。当用作单波长双光束仪器时，单色器 2 出射的单色光束为遮光板所阻挡，单色器 1 出射的单色光束被斩光器分为两束断续的光，交替通过参比池和样品池，最后由光电倍增管检测信号。当用作双波长仪器时，由两个单色器分出的不同波长 2 和 22 的两束光，由斩光器并束，使其在同一光路交替通过吸收池，由光电倍增管检测信号。双波长仪器的主要特点是可以降低杂散光，光谱精度高。

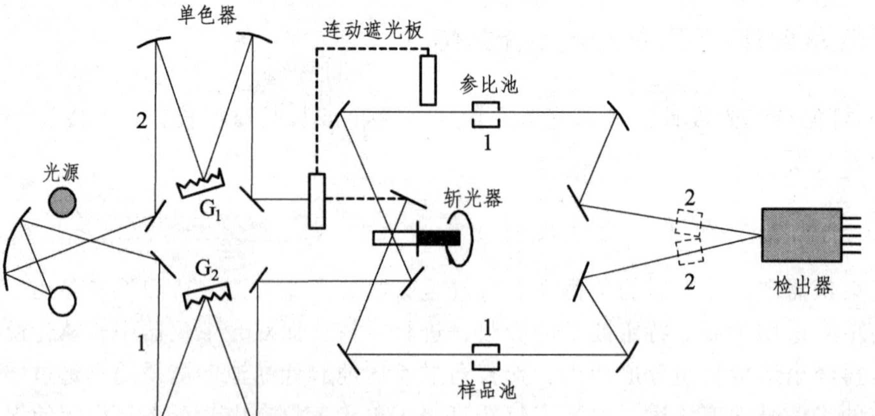

图 9-5　双波长紫外-可见分光光度计光路图

9.2 红外吸收光谱法

红外吸收光谱（Infrared Absorption Spectrum, IR）是利用物质的分子吸收了红外辐射后，并由其振动或转动引起偶极矩的净变化，产生分子振动和转动能级从基态到激发态的跃迁，得到分子振动能级和转动能级变化产生的振动-转动光谱，因为该光谱出现在红外区，所以称为红外光谱。利用红外光谱进行定性、定量分析及测定分子结构的方法称为红外吸收光谱法。

红外光谱法的特点如下：

（1）气态、液态和固态样品均可进行红外光谱测定。

（2）每种化合物均有红外吸收，并显示了丰富的结构信息。

（3）常规红外光谱仪价格低廉，易于购置。

（4）样品用量少，可减少到微克级。

（5）针对特殊样品的测试要求，发展了多种测量新技术，如光声光谱（PAS）、衰减反射光谱（ATR）、漫反射、红外显微镜等。

9.2.1 原 理

红外光谱是反映分子的振动情况。当用一定频率的红外光照射某物质分子时，若该物质的分子中某基团的振动频率与它相同，则此物质就能吸收这种红外光，使分子由振动基态跃迁到激发态。因此，若用不同频率的红外光依次通过测定分子时，就会出现不同强弱的吸收现象。用 $T\%$ 对 λ 作图就得到其红外光吸收光谱。红外光谱具有很高的特征性，每种化合物都具有特征的红外光谱。用它可进行物质的结构分析和定量测定。

当分子受到红外光的辐射，产生振动能级的跃迁，在振动时伴有偶极矩改变者就吸收红外光子，形成红外吸收光谱。若用单色的可见光照射（今采用激光，能量介于紫外光和红外光之间），入射光被样品散射，在入射光垂直面方向测到的散射光，构成拉曼光谱。

通常将红外光谱区按波长分为 3 个区域，即近红外区、中红外区、远红外区，如表 9-1 所示。

表 9-1 红外光谱区划

区域名称	波长 (λ) / μm	波数 (δ)/cm^{-1}	能级跃迁类型
近红外	0.75 ~ 2.5	13 300 ~ 4000	OH、NH 及 CH 键的倍频吸收区
中红外	2.5 ~ 50	4000 ~ 200	各个键的伸缩和弯曲振动，可以得到官能团周围环境的信息，用于化合物的鉴定
远红外	50 ~ 1000	200 ~ 10	含重原子的化学键伸缩振动和弯曲振动的基频在远红外光区
常用波段	2.5 ~ 25	4000 ~ 400	

傅里叶变换红外光谱法是根据傅里叶变换的基本原理，即利用两束光相互干涉产生干涉谱而经过傅里叶变换测定红外光谱的技术。因其具有很高的分辨率、灵敏度高和很快的扫描速度，仪器的性能价格比也越来越高，同时也是实现联用较理想的仪器，目前已有气相-红外、高效液相-红外、热重-红外等联用的商品仪器。因此应用范围日益广泛。

红外光源（图 9-6）发出的光首先通过一个光圈，然后逐步通过滤光片、进入干涉仪（光束在干涉仪里被动镜调制）、到达样品（透射或反射），最后聚焦到检测器上。每一个检测器包含一个前置放大器，前置放大器输出的信号（干涉图）发送到主放大器，在这里被放大、Filtered、数字化。数字化信号被送到 AQP 板做进一步的数学处理：干涉图变换成单通道光谱图。

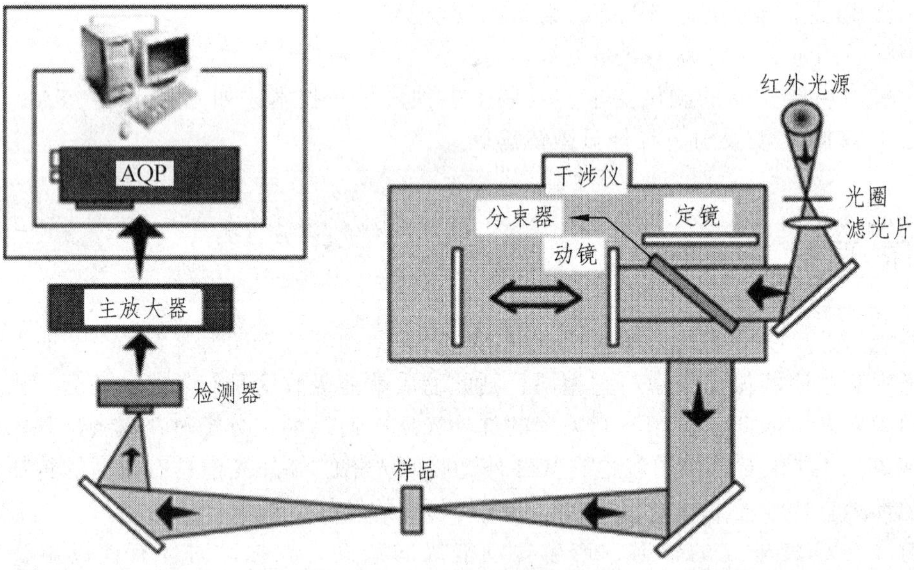

图 9-6 红外光源工作原理图

9.2.2 傅里叶变换红外光谱仪

傅里叶变换红外光谱仪包括：红外光源、干涉仪（包含分束器）、检测器、数据处理和记录装置。

1. 红外光源

目前比较理想的红外光源是能够连续发射高强度红外光的物体，最常用的光源有能斯特灯和硅碳棒。

能斯特灯是由耐高温的氧化锆、氧化铱和氧化钍等稀土元素混合烧结而成的，有空心和实心两种，两端绕以铂丝作为导线，室温下是非导体，加热到 700 ℃以上时变为导体，工作温度为1700 ℃左右。其优点是发出的光强度高、稳定性较好，但机械强度差，价格较贵。

硅碳棒是由碳化硅经高温烧结而成，两端绕以金属导线通电，工作温度为

1200~1500 ℃。其优点是坚固、发光面积大、操作方便、价格便宜，但使用前必须用变压器调压后才能用。

2. 干涉仪

干涉仪是光谱仪的心脏，光束进入干涉仪后一分为二：一束（T）透过到动镜、另一束(R)反射到定镜。

透射光从定镜反射回来（在这里被调制）到达分束器一部分透射返回光源(TT)，另一部分反射到样品(TR)。

反射光从定镜反射回来到分束器，一部分反射返回光源(RR)，一部分透射到样品(RT)。

也就是说在干涉仪的输出部分有两部分，它们被加和：TR + RT。

根据动镜的位置，这两束光得到加强或减弱，产生干涉，得到一干涉图。干涉图信号经检测器转变成电信号，通过计算机经傅里叶变换后即得红外光谱图，如图 9-7 所示。

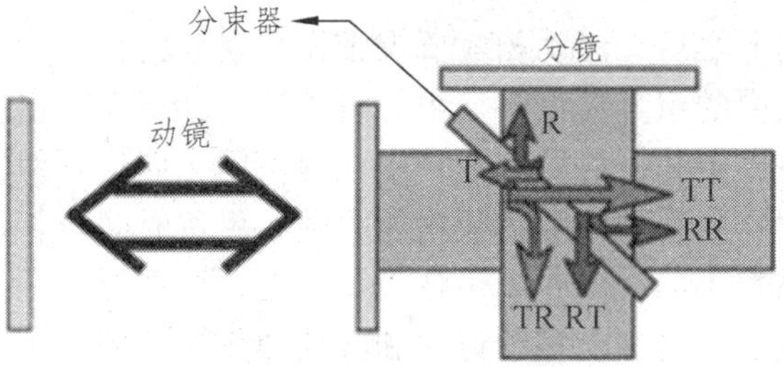

图 9-7 红外光谱图

3. 检测器

傅里叶变换红外光谱仪检测器响应时间短，多用热电型和光电型检测器。热电型检测器的波长特性曲线平坦，对各种频率的响应几乎一样，室温下即可使用，且价格低廉，但响应速度慢、灵敏度低。光电型检测器的灵敏度高、响应快，适合用于高速测量，但需要液氮冷却。

9.3 气相色谱分析法

气相色谱法（GC）是从 1952 年后迅速发展起来的一种分离分析方法。它实际上是一种物理分离的方法：基于不同物质物化性质的差异，在固定相（色谱柱）和流动相（载气）构成的两相体系中具有不同的分配系数（或吸附性能），当两相做相对运动时，这些物质随流动相一起迁移，并在两相间进行反复多次的分配（吸附—脱附或溶解—析出），使得那些分配系数只有微小差别的物质，在迁移速度上产生了很大的差别，经过一段时间后，各组分之间达到了彼此的分离。被分离的物质依次通过检测装置，给出每个物质的信息，一般是一个色谱峰。通过出峰的时间和峰面积，可以对被分离物质进行定性和定量分析。

9.3.1 原 理

气相色谱法是以气体（此气体称为载气）为流动相的柱色谱分离技术。在填充柱气相色谱法中，柱内的固定相有两类：一类是涂布在惰性载体上的有机化合物，它们的沸点较高，在柱温下可呈液态，或本身就是液体，采用这类固定相的方法称为气-液色谱法；另一类是活性吸附剂，如硅胶、分子筛等，采用这类固定相的方法称为气-固色谱法。它的应用远没有气-液色潽法广泛。气-固色谱法只适用于气体及低沸点烃类的分析。在毛细管气相色谱法中，色谱柱内径小于1 mm，分为填充型和开管型两大类。填充型毛细管与一般填充柱相同，只是径细、柱长，使用的固定相颗粒直径在几十到几百微米。开管型固定相则通过化学键组合或物理的方法直接固定在管壁上，因此这种色谱柱又称开管柱，它的应用日益普遍。原则上，在填充柱中能够使用的固定液，在毛细管柱中也能使用，但毛细管柱比普通填充柱柱效更高，分离能力更强。气相色谱法的应用面十分广泛，原则上讲，不具腐蚀性的气体或只要在仪器所能承受的气化温度下能够气化，且自身又不分解的化合物都可用气相色谱法分析。

当样品加到固定相上之后，流动相就要携带样品在柱内移动。流动相在固定相上的溶解或吸附能力要比样品中的组分弱得多。组分进柱后，就要在固定相和流动相之间进行分配。组分性质不同，在固定相上的溶解或吸附能力不同，即使它们的分配系数大小不同。分配系数大的组分在固定相上的溶解或吸附能力强，停留时间也长，移动速度慢，因而后流出柱；反之，分配系数小的组分先流出柱子。可见，要选择合适的固定相，使被分离组分的分配系数有足够差别，再加上对色谱柱和其他操作条件的合理选择，就可得到令人满意的分离。

气相色谱的分离原理有气-固吸附色谱和气-液分配色谱之分，物质在固定相和流动相（气相）之间发生的吸附、脱附或溶解、挥发的过程叫分配过程。在一定温度下组分在两相间分配达到平衡时，组分在固定相与在气相中浓度之比，称为分配系数。不同物质在两相间的分配系数不同，分配系数小的组分，每次分配后在气相中的浓度较大，当分配次数足够多时，只要各组分的分配系数不同，混合的组分就可分离，依次离开色谱柱。相邻两组分之间分离的程度，既取决于组分在两相间的分配系数，又取决于组分在两相间的扩散作用和传质阻力，前者与色谱过程的热力学因素有关，后者与色谱过程的动力学因素有关。

气相色谱的两大理论—— 塔板理论和速率理论分别从热力学和动力学的角度阐述了色谱分离效能及其影响因素。

塔板理论是在对色谱过程进行多项假设的前提下提出的，由塔板理论计算出的反映分离效能的理论塔板数 n 或理论塔板高度 H，可用于评价实际分离效果。由塔板理论导出的公式如下。

$$n=5.54\left(\frac{W_{\mathrm{R}}}{W_{\frac{1}{2}}}\right)^2=16\left(\frac{t_{\mathrm{R}}}{W}\right)^2 \tag{9-1}$$

$$H=\frac{L}{n} \tag{9-2}$$

式中，V_R 是组分的保留体积；t_R 是组分的保留时间；$W_{1/2}$ 是半峰宽，W 是峰底宽（经过色谱峰的拐点所作三角形的底边宽）。在相同的操作条件下，用同一样品测定色谱柱的 n 或 H 值，n 值越大（H 值越小），柱效越高。

速率理论是在对色谱过程动力学因素进行研究的基础上提出的，它充分考虑了溶质在两相间的扩散和传质过程，更接近溶质在两相间的实际分配过程，提出了范第姆特（Van Deemter）方程。

$$H = A + \frac{B}{u} + C_G u + C_L u \tag{9-3}$$

式中，H 是理论塔板高度；A 是涡流扩散项，与填充物的平均粒径大小和填充不规则因子有关，而与载气性质、线速度和组分性质无关，可以通过使用较细粒度和颗粒均匀的填料，并尽量填充均匀来减小涡流扩散，提高柱效；B/u 是分子纵向扩散项，与组分的性质、载气的流速、性质、温度、压力等有关，为减小 B 项可以采用分子量大的载气和增加其线速度；$C_G u$ 是气相传质阻力项，它与填充物粒度平方成正比，与组分在载气中的扩散系数成反比；$C_L u$ 是液相传质阻力项，可采用低固定液配比和低黏度的固定液来降低；u 是载气线速度，单位为 $cm \cdot s^{-1}$。

9.3.2 气相色谱仪

气相色谱仪是实现气相色谱过程的仪器，目前市场上 GC 仪器型号繁多，但总的说来，仪器的基本结构是相似的，主要由载气系统、进样系统、分离系统（色谱柱）、检测系统以及数据处理系统构成，其方块流程图如图 9-8 所示。

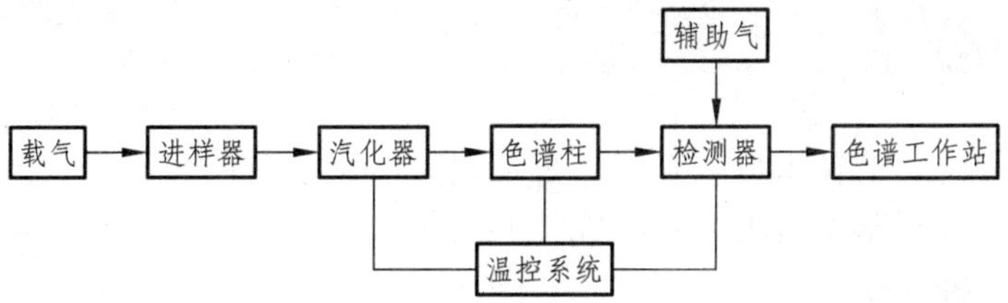

图 9-8 气相色谱仪方块流程图

9.3.2.1 载气系统

载气系统包括气源、气体净化器、气路控制系统。载气是气相色谱过程的流动相，原则上说只要没有腐蚀性，且不干扰样品分析的气体都可以作载气。常用的有 H_2、He、N_2、Ar 等。在实际应用中载气的选择主要是根据检测器的特性来决定，同时考虑色谱柱的分离效能和分析时间，例如，氢火焰离子化检测器中，氢气是必用的燃气，用氮气做载气。载气的纯度、流速对色谱柱的分离效能、检测器的灵敏度均有很大影响，气路控制系统的作用就是将载气及辅助气进行稳压、稳流及净化，以满足气相色谱分析的要求。

操作气相色谱仪如何选用不同气体纯度的气源做载气和辅助气体。原则上讲，选择气体纯度时，主要取决于分析对象、色谱柱中填充物以及检测器。建议在满足分析要求的前提下，尽可能选用纯度较高的气体。这样不但会提高（保持）仪器的高灵敏度，而且会延长色谱柱和整台仪器（气路控制部件，气体过滤器）的寿命。实践证明，作为中高档仪器，长期使用较低纯度的气体气源，一旦要求分析低浓度的样品时，要想恢复仪器的高灵敏度有时十分困难。对于低档仪器，做常量或半微量分析，选用高纯度的气体，不但增加了运行成本，有时还增加了气路的复杂性，更容易出现漏气或其他的问题而影响仪器的正常操作。

另外，为了某些特殊的分析目的要求特意在载气中加入某些“不纯物”，如分析极性化合物时添加适量的水蒸气；操作火焰光度检测器时，为了提高分析硫化物的灵敏度，而添加微量硫；操作氦离子化检测器要求氖的含量必须在5×10^{-6}～252.5×10^{-5}，否则会在分析氢、氮和氩气时产生负峰或“W”形峰等。

9.3.2.2 进样系统

进样系统包括进样器和汽化室，它的功能是引入试样，并使试样瞬间汽化。气体样品可以用六通阀进样，进样量由定量管控制，可以按需要更换，进样量的重复性可达0.5%。液体样品可用微量注射器进样，重复性比较差，在使用时，注意进样量与所选用的注射器相匹配，最好是在注射器最大容量下使用。工业流程色谱分析和大批量样品的常规分析上常用自动进样器，重复性很好。在毛细管柱气相色谱中，由于毛细管柱样品容量很小，一般采用分流进样器，进样量比较多，样品汽化后只有一小部分被载气带入色谱柱，大部分被放空。汽化室的作用是把液体样品瞬间加热变成蒸汽，然后由载气带入色谱柱。

9.3.2.3 分离系统

分离系统主要由色谱柱组成，是气相色谱仪的心脏，它的功能是使试样在柱内运行的同时得到分离。色谱柱基本有两类：填充柱和毛细管柱。填充柱是将固定相填充在金属或玻璃管中（常用内径 4 mm）。毛细管柱是用熔融二氧化硅拉制的空心管，也叫弹性石英毛细管。柱内径通常为 0.1 ~ 0.5 mm，柱长 30 ~ 50 m，绕成直径 20 cm 左右的环状。用这样的毛细管作分离柱的气相色谱称为毛细管气相色谱或开管柱气相色谱，其分离效率比填充柱要高得多。可分为开管毛细管柱、填充毛细管柱等。填充毛细管柱是在毛细管中填充固定相而成，也可先在较粗的厚壁玻璃管中装入松散的载体或吸附剂，然后拉制成毛细管。如果装入的是载体，使用前在载体上涂渍固定液成为填充毛细管柱气-液色谱。如果装入的是吸附剂，就是填充毛细管柱气-固色谱。这种毛细管柱近年已不多用。开管毛细管柱又分以下四种：① 壁涂毛细管柱。在内径为 0.1～0.3 mm 的中空石英毛细管的内壁涂渍固定液，这是目前使用最多的毛细管柱。② 载体涂层毛细管柱。先在毛细管内壁附着一层硅藻土载体，然后再在载体上涂渍固定液。③ 小内径毛细管柱。内径小于 0.1 mm 的毛细管柱，主要用于快速分析。④ 大内径毛细管柱。内径在 0.3 ~ 0.5 mm 的毛细管，往往在其内壁涂渍 5 ~ 8 μm 的厚液膜。

9.3.2.4 检测器

检测器的功能是对柱后已被分离的组分的信息转变为便于记录的电信号，然后对各组分的组成和含量进行鉴定和测量，是色谱仪的眼睛。原则上，被测组分和载气在性质上的任何差异都可以作为设计检测器的依据，但在实际中常用的检测器只有几种，它们结构简单，使用方便，具有通用性或选择性。检测器的选择要依据分析对象和目的来确定。下面列出几种常见的气相色谱检测器。

1. 热导检测器

热导检测器（TCD）属于浓度型检测器，即检测器的响应值与组分在载气中的浓度成正比。它的基本原理是基于不同物质具有不同的热导系数，几乎对所有的物质都有响应，是目前应用最广泛的通用型检测器。由于在检测过程中样品不被破坏，因此可用于制备和其他联用鉴定技术。

2. 氢火焰离子化检测器

氢火焰离子化检测器（FID）利用有机物在氢火焰的作用下化学电离而形成离子流，借测定离子流强度进行检测。该检测器灵敏度高、线性范围宽、操作条件不苛刻、噪声小、体积小，是有机化合物检测常用的检测器。但是检测时样品被破坏，一般只能检测那些在氢火焰中燃烧产生大量碳正离子的有机化合物。

3. 电子捕获检测器

电子捕获检测器（ECD）是利用电负性物质捕获电子的能力，通过测定电子流进行检测的。ECD 具有灵敏度高、选择性好的特点。它是一种专属型检测器，是目前分析痕量电负性有机化合物最有效的检测器，元素的电负性越强，检测器灵敏度越高，对含卤素、硫、氧、羰基、氨基等的化合物有很高的响应。电子捕获检测器已广泛应用于有机氯和有机磷农药残留量、金属配合物、金属有机多卤或多硫化合物等的分析测定。它可用氮气或氩气作载气，最常用的是高纯氮。

4. 火焰光度检测器

火焰光度检测器（FPD）对含硫和含磷的化合物有比较高的灵敏度和选择性。其检测原理是，当含磷和含硫物质在富氢火焰中燃烧时，分别发射具有特征的光谱，透过干涉滤光片，用光电倍增管测量特征光的强度。

5. 质谱检测器

质谱检测器（MSD）是一种质量型、通用型检测器，其原理与质谱相同。它不仅能给出一般 GC 检测器所能获得的色谱图（总离子流色谱图或重建离子流色谱图），而且能够给出每个色谱峰所对应的质谱图。通过计算机对标准谱库的自动检索，可提供化合物分析结构的信息，故是 GC 定性分析的有效工具。常被称为色谱-质谱联用（GC-MS）分析，是将色谱的高分离能力与MS的结构鉴定能力结合在一起。

GC-MS联用优点如下：①气相色谱作为进样系统，将待测样品进行分离后直接导入质谱进行检测，既满足了质谱分析对样品单一性的要求，又省去了样品制备、转移的烦琐过程，不仅避免了样品受污染，对于质谱进样量还能有效控制，也减少了质谱仪器的污染，极大地提高了对混合物的分离、定性、定量分析效率。②质谱作为检测器，检测的是离子质量，获得化合物的质谱图，解决了气相色谱定性的局限性，既是一种通用型检测器，又是有选择性的检测器。因为质谱法的多种电离方式可使各种样品分子得到有效的电离，所有离子经质量分析器分离后均可以被检测，有广泛适用性。而且质谱的多种扫描方式和质量分析计算，可以有选择地只检测所需要的目标化合物的特征离子。

MSD实际上是一种专用于GC的小型MS仪器，一般配置电子轰击（EI）和化学电离（CI）源，也有直接MS进样功能。其检测灵敏度和线性范围与FID接近，采用离子检测（SIM）时灵敏度更高。

9.3.2.5 数据处理系统

数据处理系统目前多采用配备操作软件包的工作站，用计算机控制，既可以对色谱数据进行自动处理，又可对色谱系统的参数进行自动控制。

9.4 高效液相色谱分析法

以高压液体为流动相的液相色谱分析法称高效液相色谱法（HPLC），是20世纪60年代末发展起来的一项新颖快速的分离分析色谱技术。它是在经典的液体柱色谱法的基础上，采用高压泵、高效固定相和高灵敏度检测器，引入气相色谱理论后发展起来的。其基本方法是用高压泵将具有一定极性的单一溶剂或不同比例的混合溶剂泵入装有填充剂的色谱柱，经进样阀注入的样品被流动相带入色谱柱内进行分离后依次进入检测器，由记录仪、积分仪或数据处理系统记录色谱信号或进行数据处理而得到分析结果。HPLC几乎在所有学科领域都有广泛应用，可以用于绝大多数物质成分的分离分析，它和气相色谱都是应用最广泛的仪器分析技术。

9.4.1 原 理

高效液相色谱法的基本概念及理论基础与气相色谱法基本一致，其不同之处是由流动相采用液体和其他的性质差异所引起。液体是不可压缩的，其扩散系数只有气体的$10^{-5}\sim10^{-4}$，黏度比气体大100倍，密度比气体约大1000倍。这些差别对液相色谱的扩散和传质过程影响很大。Giddings等人在气相色谱速率方程的基础上，根据液体与气体的性质差异，提出了液相色谱速率方程：

$$H = H_e + H_d + H_s + H_m + H_{sm}$$

式中，H 是理论塔板高度，H_e，H_d，H_s，H_m 和 H_{sm} 分别为涡流扩散项、纵向扩散项、固定相传质阻力项、流动相传质阻力项和滞留流动相传质阻力项。下面分别来阐述各种影响因素。

（1）涡流扩散项 H_e，采用小粒度填料和提高柱内装填均匀性可减小涡流扩散项 H_e，提高柱效。

（2）纵向扩散项 H_d 为当试样组分在流动相带动下流经色谱柱时，由分子本身运动引起的纵向扩散导致的色谱峰展宽，由于液相色谱中流动相为液体，黏度比载气大得多，柱温多采用室温，各组分在液体中的扩散系数比气体中小 4～5 个数量级。当流动相的线速度大于 $1\ cm\cdot s^{-1}$ 时，纵向扩散项对色谱峰展宽的影响可以忽略。

（3）固定相传质阻力项 H_s 为组分分子从流动相进入固定液中进行质量交换的传质阻力，对由固定相的传质过程引起的峰展宽，可从改善传质，加快组分分子在固定相上的解吸过程加以解决。对液-液分配色谱，可以使用薄的固定相层，如采用化学键合相，此项可忽略。对吸附、排阻和离子交换色谱法，可使用小的颗粒填料来加以改善。

（4）流动相传质阻力项 H_m，当流动相流过色谱柱内的填充颗粒形成流路时，由于处于边缘的分子与固定相的作用相对大于处于流路中心的分子，靠近填充物颗粒的组分分子流速要比流路中部的组分分子慢，引起了峰展宽，其大小取决于柱的直径、形状和填料颗粒的结构。采用小颗粒的填料，可以减少柱空间，有利于分配的平衡，从而提高柱效，减少峰展宽。

（5）滞留流动相传质阻力项 H_{sm}，一些流动相会滞留在固定相颗粒的孔内，不同分子在滞留的流动相中扩散距离不同，从孔内出来的速度也不同，造成了峰展宽。采用颗粒小，微孔浅、孔径大的担体可减小 H_{sm} 的影响。

对液相色谱来说，流动相的流速越小，H 值也越小，柱效率就越高，但很难找出 H 的极小值，因为在很小的流速下，分子扩散也不明显，对 H 值没有明显影响，可以使用较高的流速，柱效损失不大，有利于实现快速分离。较好的分离度与分析时间有关，对于每种混合物都有最合适的固定相和流动相体系，以及最佳的流速、温度等。

9.4.2 高效液相色谱仪

气相色谱仪是实现气相色谱过程的仪器，目前市场上 GC 仪器型号繁多，但总的说来，仪器的基本结构是相似的，HPLC 系统一般由高压输液泵、进样装置、色谱柱、检测器、数据记录及处理系统等组成（图 9-9）。其中高压输液泵、色谱柱、检测器是关键部件。有的仪器还有梯度洗脱装置、在线脱气机、自动进样器、预柱或保护柱、柱温控制器等，现代 HPLC 仪还有微机控制系统，进行自动化仪器控制和数据处理。制备型 HPLC 仪还备有自动馏分收集装置。

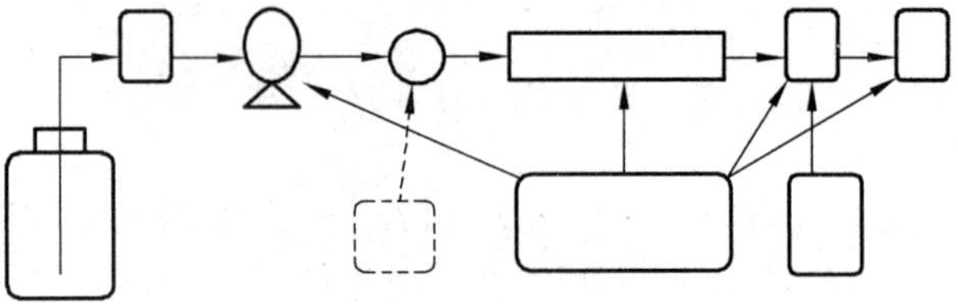

图 9-9 高效液相色谱仪基本组成

9.4.2.1 高压输液泵

HPLC 利用高压输液泵输送流动相通过整个色谱系统，泵的性能好坏直接影响到整个系统的质量和分析结果的可靠性，高压输液泵应具备如下性能：压力稳定，能连续工作，无脉冲；流量调节准确，范围宽（分析型应在 $0.1 \sim 10\ mL \cdot min^{-1}$ 内连续可调，制备型应能达到 $100\ mL \cdot min^{-1}$）；密封性能好、耐腐蚀、耐磨、维修方便等。

泵的种类很多，按输液性质可分为恒压泵和恒流泵。恒流泵按结构又可分为螺旋注射泵、柱塞往复泵和隔膜往复泵。恒压泵受柱阻影响，流量不稳定；螺旋泵缸体太大，这两种泵已被淘汰。柱塞往复泵的液缸容积小，易于清洗和更换流动相，特别适合于再循环和梯度洗脱；改变电动机转速能方便地调节流量，流量不受柱阻影响。其主要缺点是输出的脉冲性较大，现多采用双泵系统来克服。

9.4.2.2 进样装置

进样装置常见的有隔膜注射进样器、停流进样器、六通进样阀和自动进样器。

（1）隔膜进样。利用微量注射器将样品注入专门设计的与色谱柱相连的进样头内，可把样品直接送到柱头填充床的中心，死体积几乎等于零，可以获得最佳的柱效，且价格便宜，操作方便。但不能在高压下使用，此外隔膜容易吸附样品产生记忆效应，使进样重复性只能达到 1%～2%，加之能耐各种溶剂的橡皮不易找到，常规分析使用受到限制。

（2）停流进样。它可以避免在高压下进样。但在 HPLC 中由于隔膜的污染，停泵或重新启动时往往会出现“鬼峰”。另一缺点是保留时间不准。在以峰的始末信号控制馏分收集的制备色谱中，效果较好。

（3）六通进样。其关键部件由圆形密封垫（转子）和固定底座（定子）组成，可以直接向压力系统进样而不必停止流动相的流动。当六通阀处于进样位置时，样品用注射器注射入贮样管，转至进柱位时，贮样管内样品被流动相带入色谱柱。用六通阀进样，柱效率低于隔膜进样，但耐高压，进样量准确，重复性好，操作方便。

（4）自动进样。一批可以自动进样几十个或上百个，可连续调节，重复性较高，用于大量样品的常规分析。

9.4.2.3 色谱柱

色谱柱担负分离作用，是色谱系统的心脏。对色谱柱的要求是柱效高、选择性好、分析速度快等。市售的用于 HPLC 的各种微粒填料如多孔硅胶以及以硅胶为基质的键合相、氧化铝、有机聚合物微球（包括离子交换树脂）、多孔碳等，其粒度一般为 3 μm， 5 μm， 7 μm， 10 μm 等。

色谱柱按用途可分为分析型和制备型两类，尺寸规格也不同，大致有以下几种。

（1）常规分析柱（常量柱），内径 2 ~ 5 mm（常用 4.6 mm，国内有 4 mm 和 5 mm），柱长 10 ~ 30 cm。

（2）窄径柱，又称细管径柱、半微柱，内径 1 ~ 2 mm，柱长 10 ~ 20 cm。

（3）毛细管柱，又称微柱，内径 0.2 ~ 0.5 mm。

（4）半制备柱，内径> 5 mm。

（5）实验室制备柱，内径 20 ~ 40 mm，柱长 10 ~ 30 cm。

（6）生产制备柱内径可达几十厘米。柱内径一般是根据柱长、填料粒径和折合流速来确定。

色谱柱由柱管、压帽、卡套（密封环）、筛板（滤片）、接头、螺灯等组成。柱管多用不锈钢制成，压力不高于 70 $kg \cdot cm^{-2}$ 时，也可采用厚壁玻璃或石英管，管内壁要求有很低的粗糙度。为提高柱效，减小管壁效应，不锈钢柱内壁多经过抛光。也有人在不锈钢柱内壁涂敷氟塑料以降低内壁的粗糙度，其效果与抛光相同。还有使用熔融硅或玻璃衬里的，用于细管柱。色谱柱两端的柱接头内装有筛板，是烧结不锈钢或钛合金，孔径取决于填料粒度，目的是防止填料漏出。

预柱是连接在进样器和色谱柱之间的短柱，一般长度为 30 ~ 50 mm，柱内径装有填料和孔径为 0.2 μm 的过滤片，可以防止来自流动相和样品中不溶性微粒堵塞色谱柱。预柱可以提高色谱柱使用寿命和防止柱效下降，但会增加峰的保留时间，降低保留值较小组分的分离效率。

9.4.2.4 检测器

检测器的作用是把洗脱液中组分的浓度转变为电信号，并由数据记录和处理系统绘出谱图来进行定性和定量分析。HPLC 的检测器要求灵敏度高、噪声低（即对温度、流量等外界变化不敏感）、线性范围宽、重复性好和适用范围广。

检测器按原理可分为光学检测器（如紫外、荧光、示差折光、蒸发光散射）、热学检测器（如吸附热）、电化学检测器（如极谱、库仑、安培）、电学检测器（电导、介电常数、压电石英频率）、放射性检测器（闪烁计数、电子捕获、氦离子化）以及氢火焰离子化检测器。按测量性质可分为通用型和专属型（又称选择性）。通用型检测器测量的是一般物质均具有的性质，它对溶剂和溶质组分均有反应，如示差折光、蒸发光散射检测器。通用型的灵敏度一般比专属型的低。专属型检测器只能检测某些组分的某一性质，如紫外、荧光检测器，它们只对有紫外吸收或荧光发射的组分有响应。按检测方式分为浓度型和质量型。浓度型检测器的响应与流动相中组分的浓度有关，质量型检测器的响应与单位时间内通过检测器的组分的量有关。检测器还可分为破坏样品和不破坏样品的两种。

（1）紫外检测器（UVD），是 HPLC 中应用最广泛的检测器，用于有紫外吸收物质的检测。其作用原理和结果与常用的紫外可见分光光度计基本相同，服从朗伯-比尔定律，即检测器的输出信号与吸光度成正比，而吸光度与样品中某组分的浓度成正比。它的灵敏度高，噪声低，线性范围宽，对流速和温度均不敏感，可用于制备色谱。但在梯度洗脱时，会产生漂移。

UV 检测器分为固定波长检测器、可变波长检测器和光电二极管阵列检测器（PDAD）。PDAD 是 20 世纪 80 年代出现的一种光学多通道检测器，它可以对每个洗脱组分进行光谱扫描，经计算机处理后，得到光谱和色谱结合的三维图谱。其中吸收光谱用于定性（确证是否是单一纯物质），色谱用于定量。常用于复杂样品（如生物样品、中草药）的定性定量分析。

（2）示差折光检测器（RID），是一种通用型检测器，因为各种物质都有不同的折光指数，凡是具有与流动相折射率不同的组分，均可以使用这种检测器。它是根据折射率原理制成的，可以连续检测参比池流动相和样品池中流出物之间的折光指数差值，而这一差值和样品的浓度成比例关系。它不破坏样品，操作方便，但灵敏度偏低，不适用于痕量分析，对温度变化敏感，不能用于梯度洗脱。

（3）荧光检测器（FD）的作用原理和结构与常用的荧光分光光度计基本相同。它的优点是选择性好，灵敏度高（大多数情况下皆优于紫外吸收检测器），但线性范围较窄，应用范围也不普遍。

（4）质谱计（MS），它灵敏、专属、能提供分子量和结构信息，HPLC-MS 联用，既可以定量，也可以定性。而要对被测组分定性，其他检测器均需要标准品对照，MS 则不需要，是复杂基质中痕量分析的首选方法，HPLC- MS 现在已经成为可常规应用的重要的现代分离分析方法。

9.4.2.5 数据处理和计算机控制系统

数据处理和计算机控制系统，早期的 HPLC 仪器是用记录仪记录检测信号，再手工测量计算。其后，使用积分仪计算并打印出峰高、峰面积和保留时间等参数。20 世纪 80 年代后，计算机技术的广泛应用使 HPLC 操作更加快速、简便、准确、精密和自动化，现在已可在互联网上远程处理数据。计算机的用途包括 3 个方面：①采集、处理和分析数据；②控制仪器；③色谱系统优化和专家系统。

9.5 等离子体质谱分析法

电感耦合等离子体质谱法（Inductively Coupled Plasma-Mass Spectrometry，ICP-MS），是 20 世纪 80 年代发展起来的一种新的微量和痕量元素分析技术。它是目前痕量和超痕量成分多元素快速测定最有效的分析方法，也是同位素丰度测量最灵敏、准确的方法之一。电感耦合等离子体质谱法是在电感耦合等离子体原子发射光谱（ICP-AES）法基础上发展起来的一种新型元素分析技术。它可测定的元素几乎涵盖了元素周期表中大部分元素，并能满足测定灵敏度的要求，而且谱图简单，分辨率适中。样品制备和进样技术简单、质量扫描快速、分析速度快、运行周期短、提供的离子信息受干扰小等优点，无疑拓宽了无机质谱的应用范围，增加了质谱技术在分析化学中的权重。

9.5.1 原 理

在电场中一个离子的势能（eV）与加速后的动能 $\frac{1}{2}mv^2$ 相等，即

$$eV=\frac{1}{2}mv^2 \tag{9-4}$$

式中，e是电子电荷；V是离子的扫描电压；m是离子的质量；v是离子的速度。

在磁场中，离子偏转所受的两个力，向心力（$H\cdot ev$）和离心力（mv^2/R）相等并达到平衡，即

$$H\cdot ev=\frac{mv^2}{R} \tag{9-5}$$

式中，e和m，v的定义与式（9-4）中的相同；H是磁场强度；R是偏转曲率半径。

重排式（9-5），并将式（9-4）中的v值代入，整理得

$$m/z=\frac{H^2R^2}{2V} \tag{9-6}$$

式（9-6）是质谱仪工作的基本原理，m/z称为质荷比。由式（9-6）可见，由于偏转曲率半径R一般是不变的，所以可以通过改变磁场强度H或扫描电压V，或者同时改变磁场强度H和扫描电压V（现代质谱仪一般采用这种方式），即可让不同质荷比的离子通过，进而可进入检测器得到相应质荷比离子的响应信号，据此信号可进行定性、半定量或定量分析。

9.5.2 ICP-MS

ICP-MS 的基本装置如图 9-10 所示，它是由样品引入系统（即进样系统）、等离子体、质谱仪以及后两者的接口 4 部分组成。其工作过程和原理如下：样品溶液在蠕动泵和雾化气的共同作用下经雾化器的雾化作用形成气溶胶，进入雾室，经雾室选择后，较小直径的气溶胶在 6000～8000 K 高温的等离子体中被去溶、蒸发、原子化和离子化，绝大部分变成带一个电荷的正离子，离子在高速喷射流（由雾化气、辅助气和冷却气形成的氩气流，可达 15 L·min^{-1}）的作用下，经采样锥和分离锥后进入质谱仪的真空系统，在离子透镜的能量聚焦作用后，不同质荷比离子选择性地通过四极杆质量分析器，最后到达检测器进行检测。通常采用的是配置电子倍增管的脉冲计数检测器。

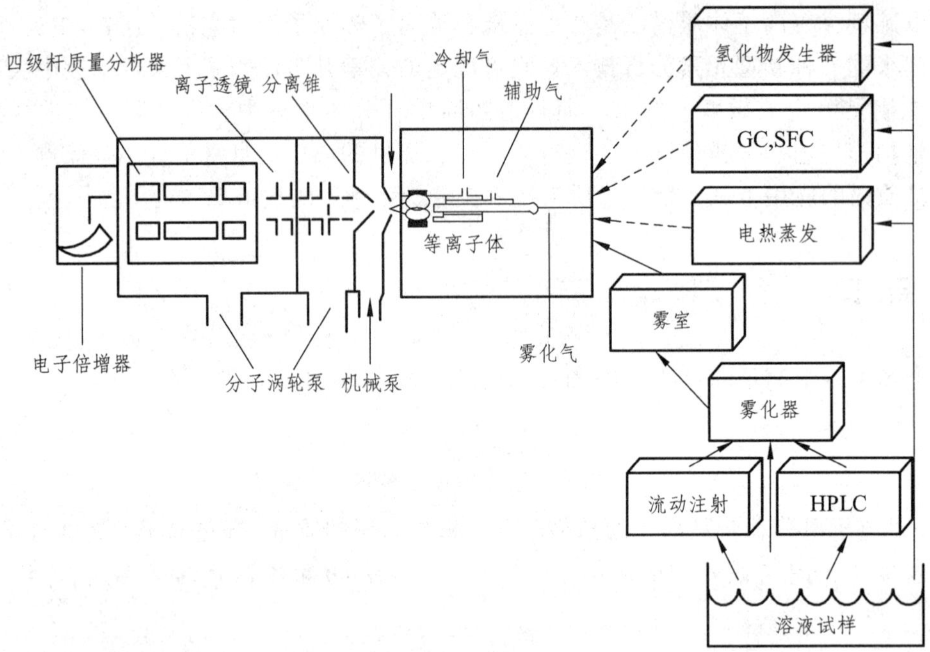

图 9-10 ICP-MS 基本装置示意图

9.5.2.1 进样系统

ICP-MS 分析要求样品以气体、蒸气或气溶胶的形式进入等离子体。图 9-10 右侧显示了多种样品引入方式，目前多以气动雾化法产生气溶胶的液体样品引入系统为主，另外还有超声雾化产生气溶胶的方式。对于 ICP-MS 而言，最基本的气动雾化器有 3 种类型：同心型、交叉型和 Babington 型。而其中又以同心型雾化器应用最广。典型的同心型雾化器（图 9-11）气流流速在 0.75～1.0 $L\cdot min^{-1}$，通常由蠕动泵带动样品管的转动来提供一恒定的提升力。由雾化器形成的气溶胶进入雾室（多使用带撞击球的玻璃雾室，见图 9-12）后，撞击到雾室中的玻璃球上，只有少量直径小于 10 μm 的气溶胶样品通过一个连接管进入后面的矩管通道中，进而在等离子体区域进行离子化，多数颗粒较大的气溶胶则通过废液管排出。通常在雾室外面加有半导体制冷装置，它可以在 1 min 内使雾室里的温度由室温恒定至 3 ℃，从而可减少进入等离子体区域的水量，因而可大大减少氧化物和多原子离子干扰。

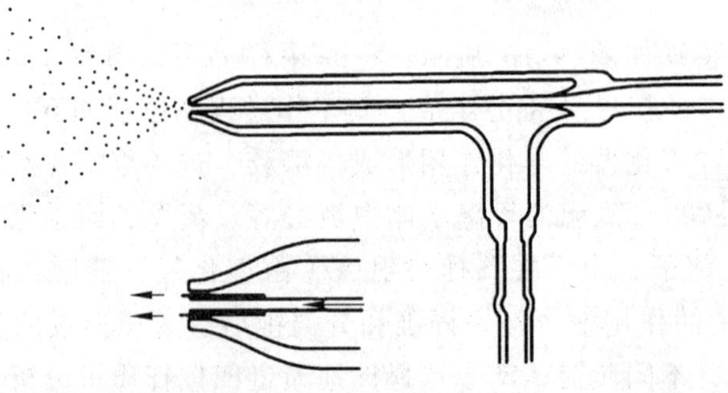

图 9-11 同心型雾化器示意图

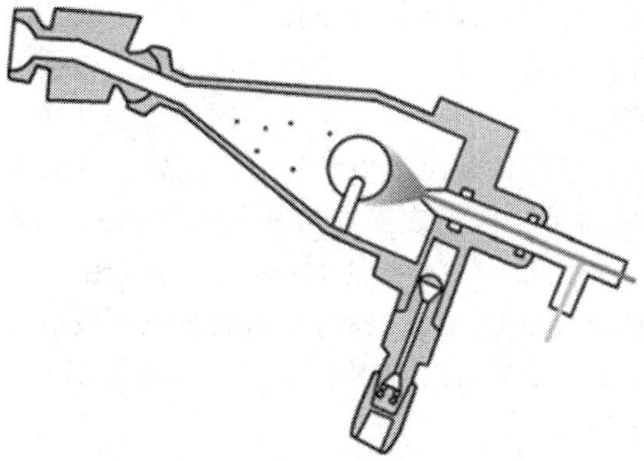

图 9-12 带有雾化器的撞击球玻璃雾室示意图

9.5.2.2 矩管与等离子体

ICP-MS 中所用的矩管与 ICP-AES 发射光谱中所用的基本相同，只是矩管放置的方式不同。ICP-MS 中矩管为水平放置，而 ICP-AES 中则一般垂直放置。常用的矩管为 Fassel 矩管，又称同心型矩管，一般以石英玻璃材料制成。内径为 18 mm 的外套管，长约 100 mm，在该管内有两个内径分别为 13 mm 和 1.5 mm 的同心管，这两个同心管的长度比外管短。氩气以垂直于矩管的方向进入每个环形区形成旋涡气体，样品气溶胶则通过管以轴向方式进入等离子体。外管气流叫冷却气流，其作用是保护矩管壁，是等离子体的主要气体，流量在 10~15 $L\cdot min^{-1}$。引入内环空间的气流叫辅助气，其作用主要是保证高温等离子体与中心管的顶端分离，使其不被等离子体的高温所熔化，其流量一般在 0~1.5 $L\cdot min^{-1}$。中心气流通常叫雾化气或载气，其作用是从进样系统把样品气溶胶送入等离子体中，流量通常在 1.0 $L\cdot min^{-1}$ 左右。这个流量足以在直径很小的中心管中形成高速气流，在等离子体中心打开一个通道，该通道叫中心通道或轴向通道。

耦合线圈一般由 2 ~ 4 匝铜管缠绕而成，由水或气体冷却，装在离矩管口几毫米的地方。ICP-MS 常用的高频频率（RF）为 27.12 MHz 或 40.68 MHz，且以前者居多。在冷却的矩管中开始点火时，由 Tesla 线圈提供火花，以提供自由电子以便在磁场中耦合。点火原理与 ICP-AES 中的等离子体原理相同。在中心通道中的气体主要是由环状区域的辐射和传导来加热，在等离子体耦合区域其温度可达 10 000 K，在矩管口中心通道，气体的动力学温度在 5000 ~ 7000 K。

9.5.2.3 离子提取系统

从等离子体中提取离子将其送入真空系统是 ICP-MS 的关键过程，其核心部件为等离子体与质谱相连接的接口。解决的办法是将一个采样孔径为 0.75 ~ 1 mm 的采样锥靠近等离子矩管，它的锥间孔对准矩管的中心通道，锥顶与矩管口距离为 1 cm 左右。在采样锥的后面有一分离锥（也叫截取锥），外形比采样锥小，锥体比采样锥大。分离锥与采样锥一样，在尖顶部有一小孔，两锥尖之间的安装距离为 6 ~ 7 mm，并在同一轴心线上。采样锥和分离锥一般是由铜、镍、铂材料制成的圆锥体。由等离子体产生的离子经采样锥孔进入真空系统，在这里形成超声速喷射流，其中心部分流入分离锥孔。由于被提取的含有离子的气体是以超声速进入真空室的，且到达分离锥的时间仅需几微秒，所以样品离子的成分及特性基本没有变化，并且很好地解决了由大气压环境到真空系统过渡的难题。

采样锥在使用一段时间后，由于表面有沉积的氧化物而引起锥面不清洁，要进行清洗。对于铜和镍制的锥，先用很细的砂纸（1000 目以上）在流水中对锥表面均匀地进行擦洗，至恢复锥体的亮色，然后放入 0.2%的稀硝酸中超声波清洗几分钟，最后用超纯水洗净后烘干待用。分离锥的顶端对 ICP-MS 的灵敏度有直接影响，使用时要小心保护。分离锥的清洗方法和采样锥相同。

9.5.2.4 真空系统

质谱仪需要很高的真空系统，由于从等离子体来的是一种高速的离子流，所以保持离子在高真空系统下的良好运行是影响 ICP-MS 质谱仪灵敏度的一个关键因素。

ICP-MS 的真空系统一般由三级真空系统组成（图 9-10）。在这个系统中，第一级真空系统位于采样锥和分离锥之间（也称膨胀区域，进来的高温离子流在此区域快速膨胀而被冷却），一般用机械泵抽走大部分气体。这部分的真空度较低，一般在几百帕。第二级真空系统位于紧接着膨胀区域的离子透镜位置，一般由一个扩散泵或分子涡轮泵来维持。第三级真空系统位于离子透镜之后的四级杆质量分析器和离子检测器部位，这部分的真空度是最高的，要求真空度至少达到 6×10^{-5} Pa 时才能进行测样，一般由一个性能更高的分子涡轮泵来维持。可以看出，质谱仪系统在远离等离子体区域的轴向方向，真空度是逐渐增加的。

目前，由于分子涡轮泵性能不断提高，抽真空的能力越来越强，现代 ICP-MS 仪器大多采用一个机械泵加一个分子涡轮泵的两级真空系统。

9.5.2.5 离子分离检出系统

经分离锥进来的离子流首先要经过离子透镜系统。离子透镜的作用是将离子聚焦成一个方向进入分离检测系统，其工作原理是在离子透镜（串联起来的电极）两端施加不同的电压，离子在电势差的作用下被加速，从而使离子沿轴向方向运行而不致偏离损失。所以离子透镜实际上如光学透镜一样，主要起离子聚焦的作用。

离子经过二级真空系统后，再经离子透镜聚焦进入分离系统，这个系统与有机质谱原理大致相同。但在进入电磁场分离之前须去除背景干扰，这里主要是指光子的干扰。进来的高速离子流具有光子的特征，若不除去，会导致由光子效应引起的电子倍增检测器上较高的背景。去除干扰的典型系统是使用贝塞尔箱或光子挡板技术，即在离子通道中加上一个离子偏转筒或光子挡板，经过这个系统，可将进来的光子干扰去除。

去除光子干扰后的离子在四极杆质量分析器（滤质器）的作用下按质荷比（m/z）进行分离，只有满足一定质荷比的离子才允许进入后面的离子检出系统进行检测。现代质谱仪器通常还在四级杆质量分析器前加入六级杆或八级杆技术，即通过改变六级或八级金属杆上的电压，使不被检测的大多数离子不进入四级杆质量分析器的中心通道，而是落在金属杆棒上进而被真空抽走，因而可使 ICP-MS 分析中的空间电荷效应降低，减少对目标元素的干扰。

9.6 激光粒度分析

粉体颗粒大小称为粒度，是颗粒在空间上所占范围大小的线性尺度，粒度越小，表示颗粒的微细程度越大。对于表面光滑的球形颗粒只有一个线性尺度，即其直径，用直径即可表示其粒度大小。然而，对于绝大多数颗粒而言，其颗粒形状通常很复杂不规则的，难以用一个尺度来表示，所以常用等效粒度的概念，不同原理的粒度分析仪利用不同的颗粒特性进行等效对比以达到对颗粒粒度大小的表征。

目前，粒度大小还没有统一的分类标准，一般而言，将粒径大于100 μm 的肉眼可以分辨的颗粒群称作微粉，又称细粉；粒径在100 μm 以下的统称为超微粉或超细粉。超微粉按粒径大小还可以进一步可分为微米粉体、亚微米粉体、纳米粉体等，分别代表粒径为1~100 μm、0.1~1 μm 和 0.001~0.1 μm 的粉体。

在实际工作中，经常会用到 D_{50} 和 D_{97} 两个指标。D_{50} 指标是指一个样品的累计粒度分布百分数达到 50%时所对应的粒径。它的物理意义是粒径大于它的颗粒占 50%，小于它的颗粒也占 50%，D_{50} 也称中位径或者中值粒径。D_{50} 常用来表示粉体的平均粒度。D_{97} 表示一个样品的累计粒度分布数达到 97%时所对应的粒径。它的物理意义是粒径小于它的颗粒占 97%。D_{97} 常用来表示粉体粗端的粒度指标。同时还有 D_{10}、D_{90} 等常用指标。

粒度分布是对某一特定颗粒群体系中，不同粒径颗粒所占总颗粒群比例的一种表征。实际颗粒群所含的颗粒大都有一个分布范围，粒度分布范围越窄，其分布的分散程度就越小，集中程度就越高。 实际颗粒群的粒度分布严格来说都是不连续的，但大多数情况下可以认为粒度分布是连续的。在实际测量中，往往将连续的粒度范围视为许多个离散的粒级（粒度分级），测出各粒级中颗粒个数百分数或质量百分数，然后以粒级为横坐标，质量百分数（个数百分数）为纵坐标，可得粒度直方图分布，各个粒级大小为直方柱的宽度，可相等也可不等。如果将上述直方图的顶边中点用一条光滑曲线连接起来，即可得到粒度频率分布曲线。除了上述粒度分布表征以外还有测出小于（有时用大于）各粒度的累积个数分数分布或累积质量分数分布，统称为累积分布。

9.6.1 原 理

激光粒度分析主要是利用激光和粒子相互作用时产生的散射、衍射等物理规律来研究颗粒粒度的一种粒度测试方法。粒子和光的相互作用能发生吸收、散射、反射等多种形式的相互作用，在粒子周围形成各角度的光，其强度分布取决于粒径和光的波长。

激光是一种电磁波，可以绕过障碍物（适宜尺寸的），并形成新的光场分布，称为衍射现象。例如，平行的激光束照射在直径为 D 的球形颗粒上，会在颗粒后得到一个直径为 d 的圆斑，在物理学上被称为 Airy 斑，当激光波长为 λ，光学透镜焦距为 f，则由式（9-

7）可计算出颗粒大小。

$$d=\frac{2.44\lambda\cdot f}{D} \tag{9-7}$$

在实际的激光粒度分析中，常将夫琅和费（Fraunhofer）衍射和米氏（Mie）散射理论相结合。米氏散射理论认为颗粒对激光传播起阻碍作用的同时，对激光还有吸收、部分透射和辐射等作用，据此可以计算出光场的分布。米氏理论适用于任何大小的颗粒，米氏散射对大颗粒的计算结果与夫琅和费衍射基本一致，夫琅和费衍射适用于被测颗粒的直径远大于入射光的波长情况。

激光粒度分析系统一般由以下几个部分组成：光路系统、样品分散系统、操作控制系统、光强检测系统、数据传输处理系统等。图 9-13 为激光粒度分析仪的一般工作原理示意图。如图所示，由激光源发出单色、相干、平行的光束，经过光束处理单元后照射到样品上，产生散射（衍射）光，产生的散射（衍射）光经傅里叶透镜聚焦后成像在一系列焦平面检测器上，焦平面的环光电接收器阵列就可以接收到不同粒径颗粒的衍射信号或光散射信号，这些信号经过 A/D 转换后，传输给计算机，计算机根据夫琅和费衍射和米氏散射理论对信号处理，最后即可获得样品的粒度分布。

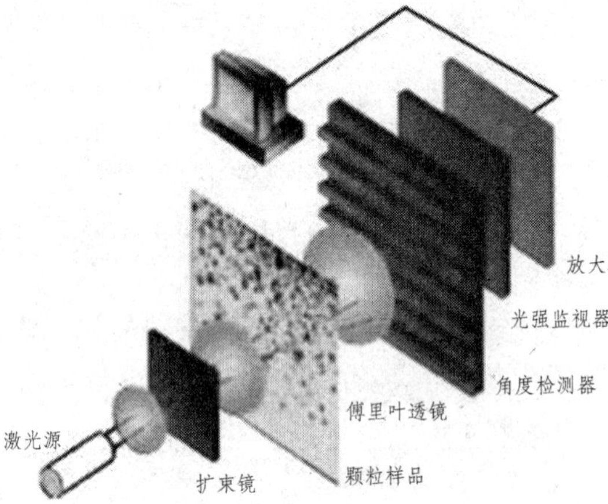

图 9-13 激光粒度仪工作原理示意图

当一束波长为 λ 的激光照射在一定粒度球形小颗粒上时，会发生衍射和散射两种现象。当颗粒粒径大于 10λ 时，以衍射为主；当粒径小于 10λ 时，则以散射为主。目前，各种型号的激光粒度仪多以 500～700 nm 波长的激光作为光源，所以，对于粒径在 5 μm 以上的颗粒，采用衍射式粒度仪更为准确。散射式激光粒度仪直接对采集的散射信息进行处理，它可以准确地测定纳米级颗粒，但对于粒径大于 5 μm 的颗粒则无法得出正确测量结果，从图 9-14 也可以看出，颗粒越小，散射角度越大，所以测定结果越可靠。

激光法粒度分析的理论模型是建立在颗粒为球形、单分散条件上的，而实际被测定颗粒多为不规则形状和多分散性。因此，颗粒的形状、实际颗粒的分布特性对粒度分析结果都有较大的影响。利用激光法测出的颗粒粒径实际上为等效粒径，即用与实际被测颗粒具有相同散射效果的球形颗粒的直径来代表这个实际颗粒的大小。当被测颗粒为球形时，其等效粒径就是它的实际直径。一般认为激光法所测的直径为等效体积径。

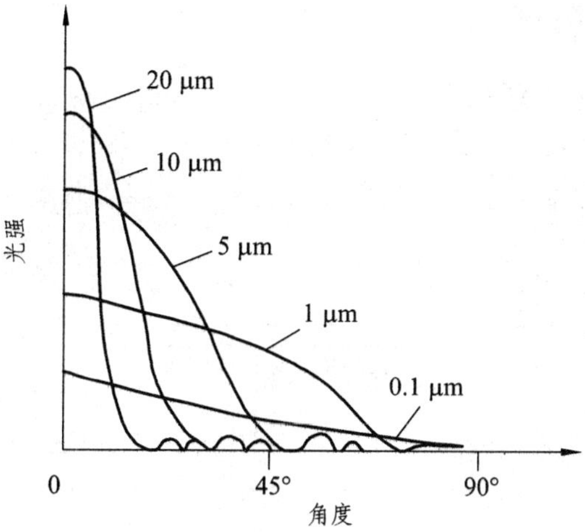

图 9-14 散射颗粒光强与角度关系

9.6.2 粒度分析仪

S3500 型激光粒度分析仪（图 9-15）利用激光所特有的单色性、聚光性等光学性质，采用现代模块式设计，以内置的高能量、高稳定性和超常寿命的固体二极管为激光光源，得到的激光束射到样品后，经傅里叶透镜聚焦后成像在一系列焦平面检测器上，焦平面的环光电接收器阵列就可以接收到不同粒径颗粒的衍射信号或光散射信号，这些信号经过 A/D 转换后，传输给计算机，计算机根据夫琅和费衍射和米氏散射理论对信号处理，最后即可获得样品的粒度分布。

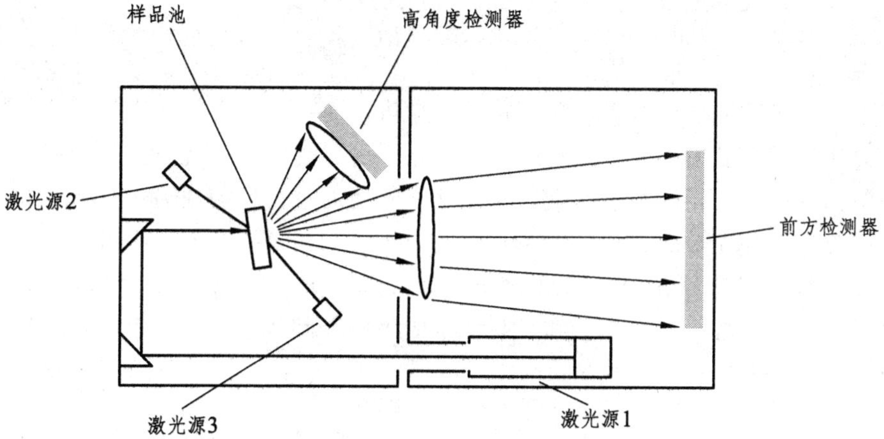

图 9-15 三激光衍射粒度测量系统

9.6.2.1 样品递送系统

S3500 型激光粒度分析仪通过 Microtrac 公司提供的各种样品递送装置可满足用户干法或湿法样品的粒度分布测定。

1. 湿法样品递送系统

湿法样品的递送系统主要作用是用来均匀地分散样品材料到液体中并递送到分析仪中。它的最基本组成包括一个循环仪、一个加样品槽、一个流动泵、一个排泄阀及必要的循环管和管连接件等。流体通过样品池的方向总是从底部流向上部，如图 9-16 所示。

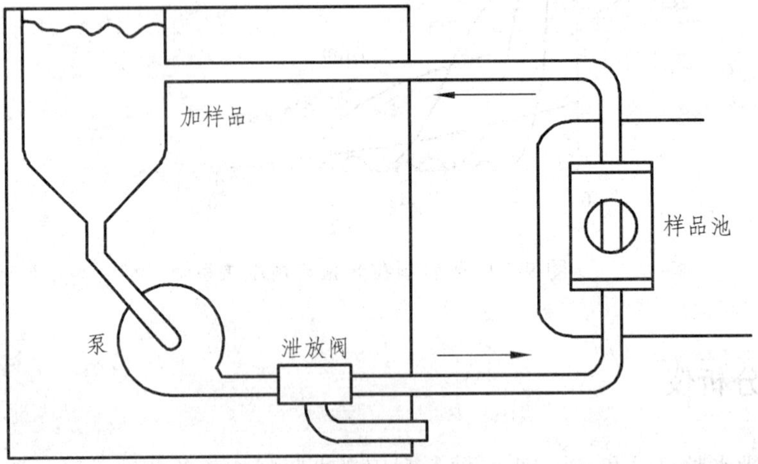

图 9-16 循环仪中流体的流向图

2. 干法样品递送系统

干法样品递送的主要方法是振动式和吸入式两种。振动式递送一般用于材料的尺寸范围从 10 ~ 3000 μm；吸入式递送比较适合尺寸范围为 0.25 ~ 500 μm 的材料，尤其那些趋向团聚的材料。

在振动系统中，材料的流速主要是由改变振幅大小而控制的。有一个可调节的门以提供样品能沿着槽有一个平滑、均匀的流动，但是它也会对流速有一个微小的影响。吸入式系统对流速的控制是通过在递送槽中的材料深度和吸管管嘴的伸出速度来实现。

干法测量不同于湿法：在干法测量时，样品中的每个粒子出现及进入分析仪去分析的仅仅是一次；在湿法循环仪器中整个样品连续不断地通过且均匀地通过分析仪器。要对样品递送方法的不同有较好认识，以确保精确的测量。振动型样品的递送可以在样品中引起分层得出宽的粒子尺寸分布图，这是因为，振动作用使得细小粒子比较大粒子更快地通过，而被立即递送出去。吸入式系统引起的分层可以控制在较小的范围。样品可能在传输过程中在传送通道上有点分层并储留或分布在通道上。同时，由于在一次测量中用完了全部样品，这就消除了由于分层带来的任何不利的影响。

9.6.2.2 分 散

分散对于激光粒度法测量的测量结果有重要的影响。对于 S3500 型激光粒度分析仪来说，一次有效的测量取决于观察到的样品粒子是否都是单个粒子。某些材料是很容易分散成离散的单个粒子的，而且无须事先的样品制备，可以被直接加入系统中去。另外一些材料趋向于团聚，或者形成较大的需要被破碎开的粒子团。在某些应用中，要被测量的正是团聚下的状态，那么就需要用不同的样品处理技术。

1. 湿法样品的分散

湿法样品在它们被加入 S3500 型激光粒度分析仪的系统中之前可能要先被分散，一旦分散了，流通的循环仪器系统应该防止在做测量的同时又发生团聚。

湿法样品的分散由两步组成：①加湿润剂使减少表面张力从而促进样品和载流体的混合；②运用超声波能量击破团聚的样品成离散的粒子。湿润剂包括水、表面活化剂、分散剂以及溶剂等。

2. 干法样品的分散

使用干样品递送方法主要理由是，不想用湿法，或有些样品不允许以湿的状态递送，因而干的样品分散的关键就主要集中在样品团聚的能量的应用。

9.7 原子吸收光谱分析法

原子吸收光谱分析法（Atomic Absorption Spectrometry，AAS），简称原子吸收法。它是基于物质所产生的基态原子蒸气对特征谱线的吸收来进行定性和定量分析的。与吸光光度分析的基本原理相同，都遵循朗伯-比尔定律，在仪器及其操作方面也有相似之处。目前，原子吸收分光光度法已成为一种非常有效的分析方法，并广泛地应用于各个分析领域，该法具有以下一些特点。

（1）检出限低，灵敏度高。火焰原子吸收法的检出限可达到 10^{-9} 级，石墨炉原子吸收法的检出限可达到 $10^{-14} \sim 10^{-10}$ g。

（2）分析精度好。火焰原子吸收法测定中等和高含量元素的相对标准差可小于 1%，其准确度已接近于经典化学方法。石墨炉原子吸收法的分析精度一般为 3%~5%。

（3）分析速度快。原子吸收光谱仪在 35 min 内能连续测定 50 个试样中的 6 种元素。

（4）应用范围广。可测定的元素达 70 多种，不仅可以测定金属元素，也可以用间接原子吸收法测定非金属元素和有机化合物。

（5）仪器比较简单，操作方便。

（6）原子吸收光谱法的不足之处是多元素同时测定尚有困难，有相当一些元素的测定灵敏度还不能令人满意。

9.7.1 原 理

原子对光的吸收或发射，与原子外层电子在不同能级间的跃迁有关。当电子从低能级跃迁到高能级时，必须从外界吸收相应于这两能级间相差的能量；从高能级跃迁到低能级时，则要放出这部分能量。由于原子中的能级很多，电子按一定规律在不同的能级间跃迁，使原子吸收或发射一系列特征频率的光子，从而得到原子的吸收或发射光谱。通常认为，由基态与最接近基态的第一电子激发态之间的电子跃迁产生的谱线，为这种元素的特征谱线，也称为共振线。由于从基态到第一电子激发态的跃迁最容易发生，因此，对大多数元素来说，共振线是元素所有谱线中最灵敏的谱线。

理论和实践都证明，无论原子发射还是原子吸收谱线，都不是一条严格的几何线，都具有一定的形状，即谱线有一定的宽度和轮廓。导致谱线变宽的原因有很多。主要有与原子激发态寿命和能级差有关的自然宽度；有原子在空间做相对运动导致的热变宽，也称多普勒变宽；有原子之间的相互碰撞导致的压力变宽；有自吸导致的自吸变宽；还有电场、磁场效应导致的场致效应变宽等。在分析测试过程中，谱线的变宽往往会导致原子吸收分析的灵敏度下降。

当光源发射某元素的特征谱线通过该元素的基态原子蒸气时，原子中的外层电子就选择性地吸收其特征谱线，使入射光强度减弱，其吸光度与原子蒸气的厚度 L 、蒸气中基态原子的数目 N_0 之间的关系，符合朗伯-比尔定律。

$$A = \lg\frac{L_0}{L_1} = K \cdot L \cdot N_0 \tag{9-8}$$

在原子吸收分光光度分析中，一般火焰的温度小于3000 K 。火焰中激发态原子和离子数目很少，因此，蒸气中的基态原子数目接近于被测元素的总原子数，与被测试样的浓度成正比，由于原子蒸气的厚度 L 一定，故式（9-8）可简化为

$$A = K \cdot C \tag{9-9}$$

式（9-9）即为原子吸收分光光度分析的定量关系式。

9.7.2 原子吸收分光光度计

原子吸收分光光度计又称原子吸收光谱仪，主要由光源、原子化器、分光系统、检测放大系统 4 部分组成。

9.7.2.1 光 源

原子吸收分光光度计光源的作用是辐射基态原子吸收所需的特征谱线。对光源的要求是：发射待测元素的锐线光谱有足够的发射强度、背景小、稳定性高；原子吸收分光光度计广泛使用的光源有空心阴极灯，偶尔使用蒸气放电灯和无极放电灯。

1. 空心阴极灯

它有一个由被测元素材料制成的空心阴极和一个由钛、锆、钽或其他材料制作的阳极。阴极和阳极封闭在带有光学窗口的硬质玻璃管内，管内充有压强为 2 ~ 10 mm Hg 的惰

性气体氖或氩，其作用是产生离子撞击阴极，使阴极材料发光。

空心阴极灯放电是一种特殊形式的低压辉光放电，放电集中于阴极空腔内。当在两极之间施加几百伏电压时，便产生辉光放电。在电场作用下，电子在飞向阳极的途中，与载气原子碰撞并使之电离，放出二次电子，使电子与正离子数目增加，以维持放电。正离子从电场获得动能。如果正离子的动能足以克服金属阴极表面的晶格能，当其撞击在阴极表面时，就可以将原子从晶格中溅射出来。除溅射作用之外，阴极受热也要导致阴极表面元素的热蒸发。溅射与蒸发出来的原子进入空腔内，再与电子、原子、离子等发生第二类碰撞而受到激发，发射出相应元素的特征的共振辐射。

空心阴极灯常采用脉冲供电方式，以改善放电特性，同时便于使有用的原子吸收信号与原子化池的直流发射信号区分开，称为光源调制。在实际工作中，应选择合适的工作电流。使用灯电流过小，放电不稳定；灯电流过大时，溅射作用将增加、原子蒸气密度增大、谱线变宽，甚至引起自吸，导致测定灵敏度降低，灯寿命缩短。

由于原子吸收分析中每测一种元素需换一个灯，很不方便，现也制成多元素空心阴极灯，但发射强度低于单元素灯，且如果金属组合不当，易产生光谱干扰，因此，使用尚不普遍。

2. 无极放电灯

对于砷、锑等元素的分析，为提高灵敏度，也常用无极放电灯作光源。无极放电灯是由一个数厘米长、直径 5～12 cm 的石英玻璃圆管制成。管内装入数毫克待测元素或挥发性盐类，如金属、金属氯化物或碘化物等，抽成真空并充入压力为 67～200 Pa 的惰性气体氩或氖，制成放电管，将此管装在一个高频发生器的线圈内，并装在一个绝缘的外套里，然后放在一个微波发生器的同步空腔谐振器中。这种灯的强度比空心阴极灯大几个数量级，没有自吸，谱线更纯。光源的功能是发射被测元素的特征共振辐射。对光源的基本要求如下：

（1）发射的共振辐射的半宽度要明显小于吸收线的半宽度。

（2）辐射强度大、背景低，低于特征共振辐射强度的 1%。

（3）稳定性好，30 min 之内漂移不超过 1%；噪声小于 0.1%。

（4）使用寿命长于 5A·h。

空心阴极放电灯是能满足上述各项要求的理想的锐线光源，应用最广。

9.7.2.2 原子化器

原子化器的功能是提供能量，使试样干燥、蒸发和原子化。在原子吸收光谱分析中，试样中被测元素的原子化是整个分析过程的关键环节，它是原子吸收分光光度计的重要部分，其性能直接影响测定的灵敏度，同时很大程度上还影响测定的重现性。实现原子化的方法，最常用的有两种：火焰原子化法，是原子光谱分析中最早使用的原子化方法，至今仍在广泛地应用；非火焰原子化法，其中应用最广的是石墨炉原子化法。

1. 火焰原子化法

火焰原子化法中，常用的是预混合型原子化器，其结构如图 9-17 所示。这种原子化器由雾化器、混合室和燃烧器组成。雾化器是关键部件，其作用是将试液雾化，使之形成直径为微米级的气溶胶。混合室的作用是使较大的气溶胶在室内凝聚为大的溶珠，沿室壁流入泄液管排走，使进入火焰的气溶胶在混合室内充分混合均匀，以减少它们进入火焰时对火焰的扰动，并让气溶胶在室内部分蒸发脱溶。燃烧器最常用的是单缝燃烧器，其作用是产生火焰，使进入火焰的气溶胶蒸发和原子化。因此，原子吸收分析的火焰应有足够高的温度，能有效地蒸发和分解试样，并使被测元素原子化。此外，火焰应该稳定、背景发射和噪声低、燃烧安全。

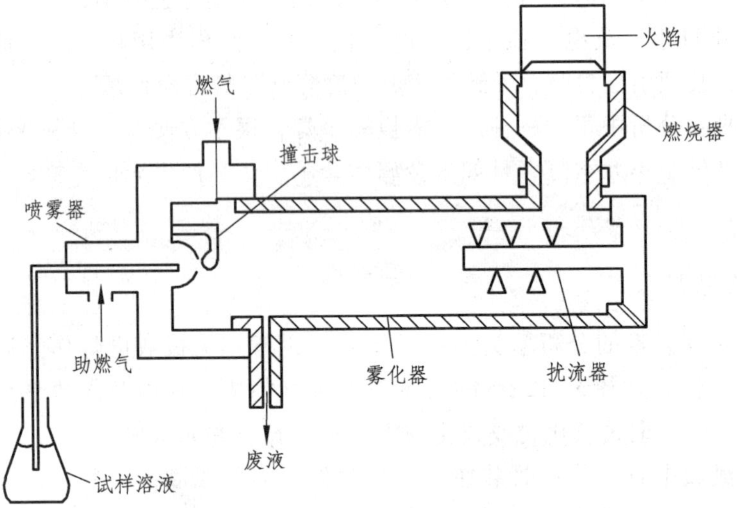

图 9-17 预混合型原子化器的结构图

原子吸收测定中最常用的火焰是乙炔-空气火焰，此外，应用较多的是氢-空气火焰和乙炔-氧化亚氮高温火焰。乙炔-空气火焰燃烧稳定、重现性好、噪声低、燃烧速度不是很大、温度足够高（约 2300 ℃），对大多数元素有足够的灵敏度。氢-空气火焰是氧化性火焰，燃烧速度较乙炔-空气火焰高，但温度较低（约 2050 ℃），优点是背景发射较弱、透射性能好。乙炔-氧化亚氮火焰的特点是火焰温度高（约 2955 ℃），而燃烧速度并不快，是目前应用较广泛的一种高温火焰，用它可测定 70 多种元素。

2. 非火焰原子化法

非火焰原子化法中，常用的是管式石墨炉原子化器。

管式石墨炉原子化器由加热电源、保护气控制系统和石墨管状炉组成。加热电源供给原子化器能量，电流通过石墨管产生高热高温，最高温度可达到 3000 ℃。保护气控制系统是控制保护气的，仪器启动，保护氩气流通，空烧完毕，切断氩气流。外气路中的氩气沿石墨管外壁流动，以保护石墨管不被烧蚀，内气路中氩气从管两端流向管中心，由管中心孔流出，以有效地除去在干燥和灰化过程中产生的基体蒸气，同时保护已原子化了的原子不再被氧化。在原子化阶段，停止通气，以延长原子在吸收区内的平均停留时间，避免对原子蒸气的稀释。

石墨炉原子化器的操作分为干燥、灰化、原子化和净化四步，由微机控制实行程序升温。石墨炉原子化法的优点是：试样原子化是在惰性气体保护下于强还原性介质内进行的，有利于氧化物分解和自由原子的生成；用样量小，样品利用率高，原子在吸收区内平均停留时间较长，绝对灵敏度高；液体和固体试样均可直接进样。缺点是：试样组成不均匀性影响较大，有强的背景吸收，测定精密度不如火焰原子化法。

3. 氢化物形成法

砷、锑、铋、锗、锡、硒、碲和铅等元素，在强还原剂（如四氢硼钠）的作用下，容易生成氢化物。在较低的温度下使其分解、原子化，从而进行原子吸收的测定。

4. 冷原子吸收法

冷原子吸收法主要用于无机汞和有机汞的分析。这方法是基于常温下汞有较高的蒸气压。在常温下用还原剂（如 $SnCl_2$）将 Hg^{2+} 还原为金属汞，然后把汞蒸气送入原子吸收管中，测量汞蒸气对 Hg 253.7 nm 吸收线的吸收。

9.7.2.3 分光系统

原子吸收光谱的分光系统是用来将待测元素的共振线与干扰的谱线分开的装置。它主要由外光路系统和单色器构成。外光路系统的作用是使光源发出的共振谱线能正确地通过被测试样的原子蒸气，并投射到单色器的入射狭缝上。单色器的作用是将待测元素的共振谱线与其他谱线分开，然后进入检测装置。

外光路系统分单光束系统和双光束系统。单光束型仪器结构简单、体积小、价格低，能满足一般分析要求，其缺点是光源和检测器的不稳定性会引起吸光度读数的漂移。为了克服这种现象，使用仪器之前需要充分预热光源，并在测量时经常校正零点。

单道双光束型原子吸收光度计结构如图 9-18 所示。光源发射的共振线，被切光器分解成两束光，一束（S 束）通过试样被吸收，另一束（R 束）作为参比，两束光在半透明反射镜 M 处交替地进入单色器和检测器。由于两束光由同一光源发出，并且交替地使用相同检测器，因此可以消除光源和检测器不稳定性的影响。

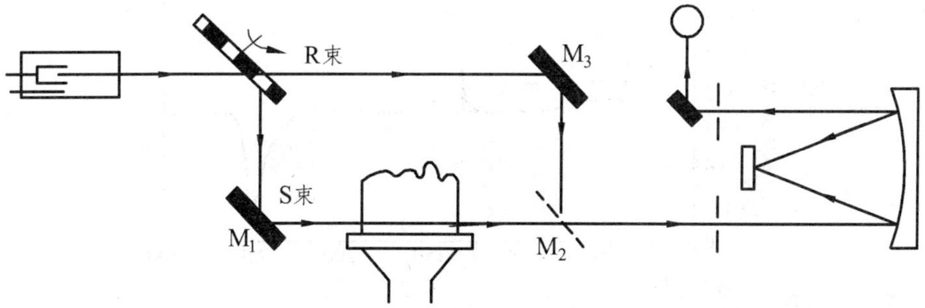

图 9-18 单道双光束型原子吸收光度计

9.7.2.4 检测放大系统

在原子吸收分光光度计上，广泛采用光电倍增管作检测器。它的作用是将单色器分出的光信号转变为电信号。这种电信号一般比较微弱，需经放大器放大。信号的对数变换最后由读数装置显示出来。非火焰原子吸收法，由于测量信号具有峰值形状，故宜用峰高法或积分法进行测量。

9.8 差示扫描量热法

差示扫描量热法（Differential Scanning Calorimetry，DSC）这项技术被广泛应用，它既是一种例行的质量测试，又可作为一个研究工具。该设备易于校准，使用熔点低，是一种快速和可靠的热分析方法。物质在温度变化过程中，往往伴随着微观结构和宏观物理，化学等性质的变化。宏观上的物理，化学性质的变化通常与物质的组成和微观结构相关联。通过测量和分析物质在加热或冷却过程中的物理、化学性质的变化，可以对物质进行定性，定量分析，以帮助我们进行物质的鉴定，为新材料的研究和开发提供热性能数据和结构信息。

9.8.1 原 理

差示扫描量热法是在程序控制温度下，测量输给物质和参比物之间的功率差与温度关系的一种技术。在这种方法中，试样在加热过程中发生的热量变化，由于及时输入电能而得到补偿，所以只要记录电功率的大小，就可以知道吸收（或放出）多少热量。这种记录补偿能量所得到的曲线称为 DSC 曲线。

典型的 DSC 曲线是以热流率 dH/dt 为纵坐标，以时间 t 或温度 T 为横坐标，如图 9-19 所示，DSC 谱图中的温度曲线表示参比物温度（或样品温度，或样品附近的其他参考点的温度）随温度或时间变化的情况；DSC 曲线信号强度同温度或时间的关系。当样品无变化时，它与参比物之间的温差为零，DSC 曲线显示水平线段，称为基线。曲线离开基线的位

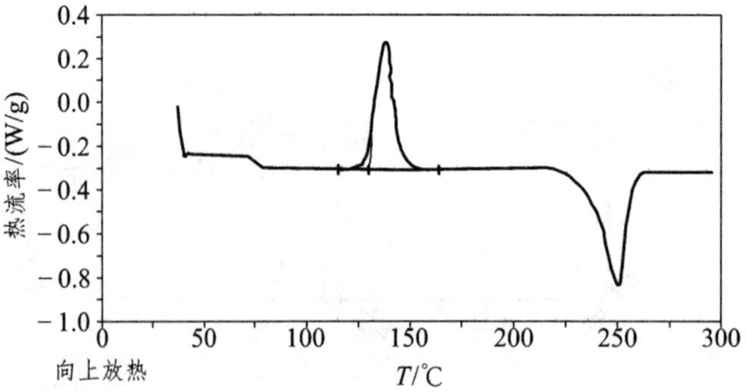

图 9-19 DSC 曲线

移，代表样品吸热或放热的速率，一般习惯上认定正峰为放热，负峰为吸热。DSC 曲线上的峰数目就是测量温度范围内样品发生相变或化学变化的次数。峰的位置对应着样品发生变化的温度，曲线中的峰或谷所包围的面积，代表热量的变化。因此，DSC 可以直接测量试样在发生变化时的热效应。

9.8.2 差示扫描量热仪

图 9-20 给出了 DSC 仪器的结构示意图，差示扫描量热仪 Q100 的主要组成部分包括：① 电炉；② 加热器；③ 支持器；④ 温控系统；⑤ 记录仪。

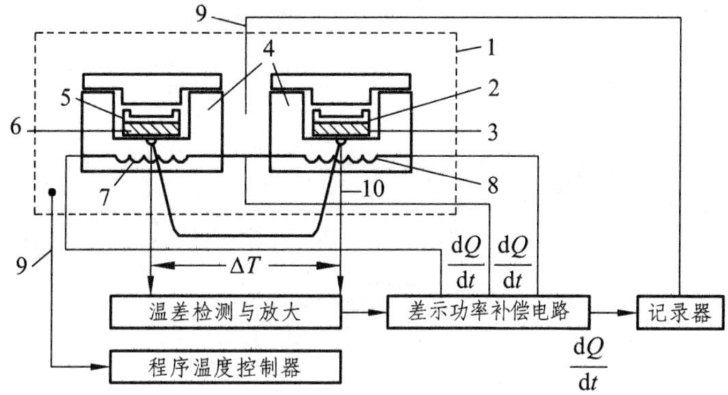

图 9-20 功率补偿式 DSC 框图

1—电炉；2，5—容器；3—参比（R）；4—支持器；6—试样（s）；
7，8—加热器；9—测温热电偶；10—温差热电偶

在样品一侧和参比物一侧都装有各自的热敏元件及热量补偿加热装置，当温度按既定的速率变化时，由于差示热量补偿回路的作用，样品和参比物的热量补偿加热装置所提供的电量恰恰维持它们的温差 ΔT 为零，为维持两物质的温度相等所需要供给的电能，相当于样品热量的变化，在记录仪上以热流率为纵坐标，以温度（或时间）为横坐标记录下来。

9.9 热重分析法

热重法（TG）是在程序控制温度下，测量物质质量与温度关系的一种技术。许多物质在加热过程中常伴随质量的变化，这种变化过程有助于研究晶体性质的变化，如熔化、蒸发、升华和吸附等物质的物理现象；也有助于研究物质的脱水、解离、氧化、还原等物质的化学现象。

9.9.1 原 理

许多物质在加热过程中常伴随质量的变化，这种变化过程有助于研究晶体性质的变

化，如熔化、蒸发、升华和吸附等物质的物理现象；也有助于研究物质的脱水、解离、氧化、还原等物质的化学现象。

从热重法可派生出微商热重法（DTG），它是 TG 曲线对温度（或时间）的一阶导数。以物质的质量变化速率 dm/dt 对温 T（或时间 t）作图，即得 DTG 曲线，DTG 曲线可以微分 TG 曲线得到，也可以用适当的仪器直接测得，DTG 曲线的峰顶，即失质量速率的最大值，与 TG 曲线的拐点相应；DTG 曲线上的峰数，与 TG 曲线的台阶数相等；峰面积则与失质量成比例，因此可用来计算失质量。DTG 曲线比 TG 曲线优越性大，它提高了 TG 曲线的分辨力。

热重法的仪器称为热重分析仪（热天平），给出的曲线为热重曲线。它是以试样的质量变化（损失）为纵坐标，从上向下表示质量的减少，以温度（T）或时间（t）为横坐标，自左向右表示增加，如图 9-21 所示。

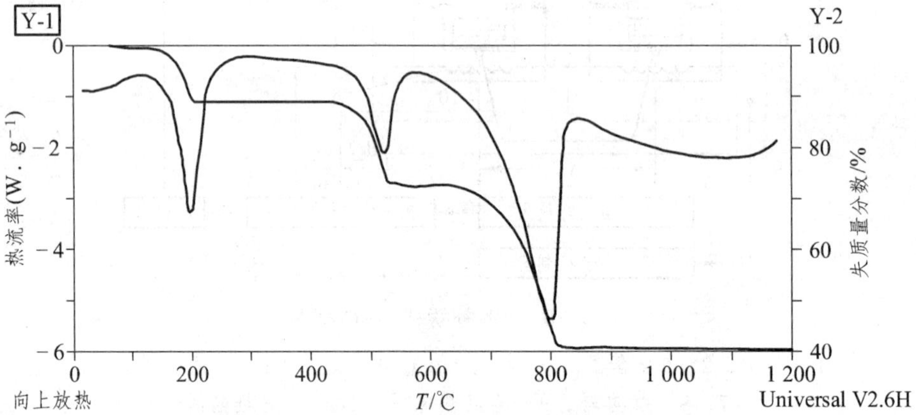

图 9-21 热重曲线

9.9.2 热天平

热天平的主要组成：① 天平；② 加热炉；③ 程序控温系统；④ 气氛控制系统；⑤ 测量和记录系统。热天平的示意图如图 9-22 所示。

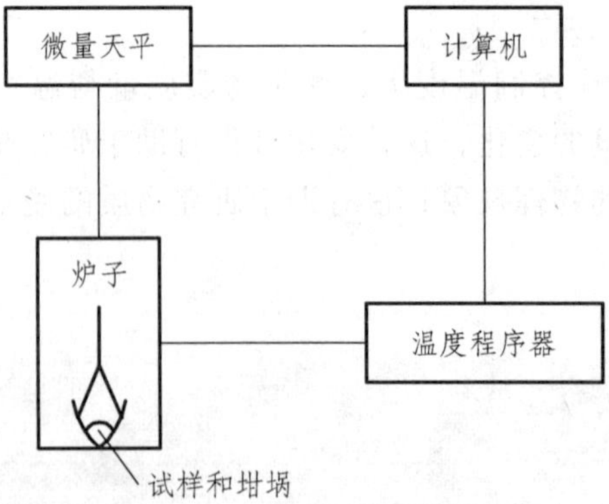

图 9-22 热天平示意图

（1）天平：微量天平包括天平梁、悬臂梁、弹簧和扭力天平等各种设计，如图 9-23 所示。

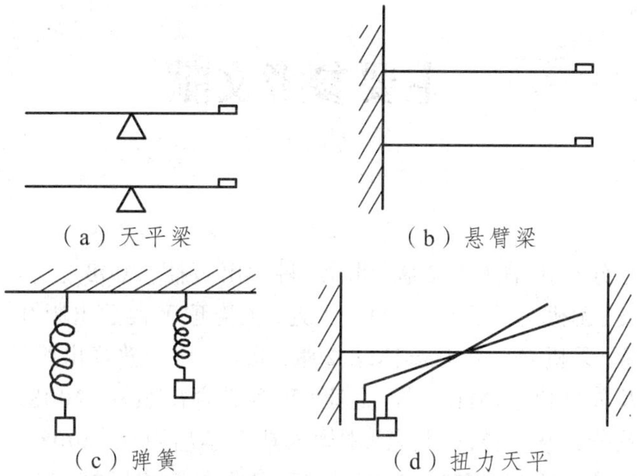

图 9-23 各种类型的微量天平

（2）加热炉及程序控温系统：炉子的加热线圈采取非感应的方式绕制，以克服线圈和试样间的磁性相互作用。一般高温炉温度可以达到 1500 ℃，线圈可选用各种材料，如镍铬（$T<1300$ K）、铂（$T>1300$ K）、铂-10%铑（$T<1800$ K）和碳化硅（$T<1800$ K），用循环水或气体来冷却。有的不采用炉丝加热，而用红外加热炉。这种红外线炉只需要几分钟就可以使炉温升到1800 K，很适于恒温测量。低温炉温度可降至 −70 ℃，一般用液氮来制冷。

（3）气氛控制系统：TG 可在静态、流通的动态等各种气氛条件下进行测量。在静态条件下，当反应有气体生成时，围绕试样的气体组成会有所变化。因而试样的反应速率会随气体的分压而变。一般建议在动态气流下测量。TG 测量使用的气体有：Ar、Cl_2、SO_2、CO_2、H_2、H_2O、N_2、O_2 等。

（4）测量和记录系统：测量系统是热分析仪器的核心部分。热重法是测定物质的质量与温度的关系，测量系统把测得的物理量转变为电信号，由计算机直接对电信号进行记录和处理，并同时显示分析曲线以及结果，报告由打印机输出。

习 题

1. 紫外-可见分光光度计有哪些主要部件？它们各起什么作用？
2. 简述红外光谱法的特点有哪些？
3. 气相色谱仪由哪几个系统组成？各个系统的作用？
4. 塔板理论和速率理论有何区别？
5. 高效液相色谱仪有哪几种常用检测器？原理是什么？应用范围如何？
6. 什么是原子吸收光谱分析？其主要特点是什么？
7. 简述空心阴极灯的结构特点和工作原理。

主要参考文献

[1] 陈虹锦. 无机与分析化学[M]. 2 版. 北京: 科学出版社, 2008.

[2] 陈若愚, 朱建飞. 无机与分析化学[M]. 大连: 大连理工大学出版社, 2007.

[3] 呼世斌, 黄蔷蕾. 无机及分析化学[M]. 2 版. 北京: 高等教育出版社, 2005.

[4] 贾之慎. 无机及分析化学[M]. 2 版. 北京: 高等教育出版社, 2008.

[5] 贾之慎. 无机及分析化学[M]. 北京: 中国农业大学出版社, 2008.

[6] 南京大学. 无机及分析化学[M]. 4 版. 北京: 高等教育出版社, 2006.

[7] 王日为. 无机及分析化学 I [M]. 北京: 科学出版社, 2008.

[8] 徐勉懿. 无机及分析化学[M]. 武汉: 武汉大学出版社, 2008.

[9] 钟国清, 朱云云. 无机及分析化学[M]. 北京: 科学出版社, 2006.

[10] 黄秀锦. 无机及分析化学[M]. 北京: 科学出版社, 2004.

[11] 浙江大学. 无机及分析化学[M]. 北京: 高等教育出版社, 2003.

[12] 倪哲明, 陈爱民. 无机及分析化学[M]. 北京: 化学工业出版社, 2009.

[13] 张永安. 无机及分析化学[M]. 北京: 北京师范大学出版社, 2009.

[14] 张绪宏, 尹学博. 无机及分析化学[M]. 北京: 高等教育出版社, 2011.

[15] 尹洪宗. 无机及分析化学[M]. 北京: 化学工业出版社, 2013.

[16] 南京大学编写组. 无机及分析化学[M]. 5 版. 北京: 高等教育出版社, 2015.

[17] LI N, HEFFERREN, LI K A. Quantitative chemical analysis[M]. Beijing: Beijing University Press, 2009.

[18] MIESSLER G L, TARR D A. Inorganic chemistry[M]. 4th ed. New Jersey: Prentice Hall, 2010.

附 录

附录 I　常见物质的$\Delta_f H_m^\ominus$、$\Delta_f G_m^\ominus$、$S_m^\ominus$（298.15 K，100 kPa）

物　质	$\Delta_f H_m^\ominus$ / kJ·mol^{-1}	$\Delta_f G_m^\ominus$ / kJ·mol^{-1}	$S_m^\ominus$ / J·mol^{-1}·K^{-1}
Ag(s)	0	0	42.55
AgCl(s)	−127.07	−109.80	96.2
AgBr(s)	−100.4	−96.9	107.1
Ag_2CrO_4(s)	−731.74	−641.83	218
AgI(s)	−61.84	−66.19	115
Ag_2O(s)	−31.1	−11.2	121
$AgNO_3$(s)	−124.4	−33.47	140.9
Al(s)	0.0	0.0	28.33
$AlCl_3$(s)	−704.2	−628.9	110.7
α−Al_2O_3(s)	−1676	−1528	50.92
B(s,β)	0	0	5.86
B_2O_3(s)	−1272.8	−1193.7	53.97
Ba(s)	0	0	62.8
$BaCl_2$(s)	−858.6	−810.4	123.7
BaO(s)	−548.10	−520.41	72.09
$Ba(OH)_2$(s)	−994.7	—	—
$BaCO_3$(s)	−1216	−1138	112
$BaSO_4$(s)	−1493	−1362	132
Br_2(l)	0	0	152.23
Br_2(g)	30.91	3.14	245.35
Ca(s)	0	0	41.2
CaF_2(s)	−1220	−1167	68.87
$CaCl_2$(s)	−795.8	−748.1	105
CaO(s)	−635.09	−604.04	39.75
$Ca(OH)_2$(s)	−986.09	−898.56	83.39
$CaCO_3$(s,方解石)	−1206.92	−1128.8	92.88

续表

物　质	$\Delta_f H_m^\ominus$ / kJ·mol^{-1}	$\Delta_f G_m^\ominus$ / kJ·mol^{-1}	$S_m^\ominus$ / J·mol^{-1}·K^{-1}
$CaSO_4$(s,无水石膏)	−1434.1	−1321.9	107
C(s)	0	0	5.74
C(金刚石)	1.987	2.900	2.38
CO(g)	−110.53	−137.15	197.56
CO_2(g)	−393.51	−394.36	213.64
CO_2(aq)	−413.8	−386.0	118
CCl_4(l)	−135.4	−65.2	216.4
CH_3OH(l)	−238.7	−166.4	127
C_2H_5OH(l)	−277.7	−174.9	161
HCOOH(l)	−424.7	−361.4	129.0
CH_3COOH(l)	−484.5	−390	160
CH_3CHO(l)	−192.3	−128.2	160
CH_4(g)	−74.81	−50.75	186.15
C_2H_2(g)	226.75	209.20	200.82
C_2H_4(g)	52.26	68.12	219.5
C_2H_6(g)	−84.68	−32.89	229.5
Cl_2(g)	0	0	222.96
Co(s)(a,六方)	0	0	30.04
$Co(OH)_2$(s,桃红)	−539.7	−454.4	79
Cr(s)	0	0	23.8
Cr_2O_3(s)	−1140	−1058	81.2
Cu(s)	0	0	33.15
Cu_2(s)	−169	−146	93.14
CuO(s)	−157	−130	42.63
Cu_2S(s,α)	−79.5	−86.2	121
CuS(s)	−53.1	−53.6	66.5
$CuSO_4$(s)	−771.36	−661.9	109
$CuSO_4\cdot 5H_2O$(s)	−2279.7	−1880.06	300
F_2(g)	0	0	202.7
Fe(s)	0	0	27.3
Fe_2O_3(s,赤铁矿)	−824.2	−742.2	87.40
Fe_3O_4(s,磁铁矿)	−1120.9	−1015.46	146.44
H_2(g)	0	0	130.57
HCl(g)	−92.31	−95.30	186.80
HBr(g)	−36.40	−53.43	198.70

续表

物 质	$\Delta_f H_m^\ominus$ / kJ·mol^{-1}	$\Delta_f G_m^\ominus$ / kJ·mol^{-1}	$S_m^\ominus$ / J·mol^{-1}·K^{-1}
$HI(g)$	25.9	1.30	206.48
$HNO_3(l)$	−174.1	−80.79	155.6
$H_2O(l)$	−285.84	−237.19	69.94
$H_2O(g)$	−241.82	−228.59	188.72
$H_2O_2(l)$	−187.8	−120.4	–
$H_2O_2(aq)$	−191.2	−134.1	144
$H_2S(g)$	−20.6	−33.6	205.7
$H_2S(aq)$	−40	−27.9	121
$H_2SO_4(l)$	−813.99	−690.10	156.90
$Hg(l)$	0	0	77.4
$Hg(g)$	61.32	31.85	174.8
HgO(s,红)	−90.83	−58.56	70.29
HgS(s,红)	−58.2	−50.6	82.4
$HgCl_2(s)$	−265.2	−210.78	192
$I_2(s)$	0	0	116.14
$I_2(g)$	61.438	19.36	260.6
$K(s)$	−0	−0	64.18
$KCl(s)$	−436.75	−409.2	82.59
$KI(s)$	−327.90	−324.89	106.32
$KOH(s)$	−424.76	−379.1	78.87
$KClO_3(s)$	−397.7	−296.3	143
$KMnO_4(s)$	−839.2	−737.6	171.7
$Mg(s)$	0	0	32.68
$MgCl_2(s)$	−641.32	−591.83	89.62
MgO(s,方镁石)	−601.70	−569.44	26.9
$Mg(OH)_2(s)$	−924.54	−833.58	63.18
$MgCO_3$(s,菱美石)	−1096	−1012	65.7
$MgSO_4(s)$	−1258	−1171	91.6
$Mn(s,\alpha)$	0	0	32.0
$MnO_2(s)$	−520.03	−465.18	53.05
$MnCl_2(s)$	−481.29	−440.53	118.2
$Na(s)$	0	0	51.21
$NaCl(s)$	−411.15	−384.15	72.13
$NaOH(s)$	−425.61	−379.53	64.45
$Na_2CO_3(s)$	−1130.7	−1044.5	135.0

续表

物　质	$\Delta_f H_m^\ominus$ / kJ·mol^{-1}	$\Delta_f G_m^\ominus$ / kJ·mol^{-1}	$S_m^\ominus$ / J·mol^{-1}·K^{-1}
NaI(s)	−287.8	−286.1	98.53
Na_2O_2(s)	−510.87	−447.69	94.98
NH_3(g)	−46.11	−16.5	192.3
NH_4Cl(s)	−314.4	−203.0	94.56
NH_4NO_3(s)	−365.6	184.0	151.1
$(NH_4)_2SO_4$(s)	−901.90	—	187.5
N_2(g)	0	0	191.5
NO(g)	90.25	86.57	210.65
NO_2(g)	33.2	51.30	240.0
N_2O(g)	−82.05	−104.2	219.7
N_2O_4(g)	9.16	97.82	304.2
O_3(g)	143	163	238.8
O_2(g)	0	0	205.03
P(s,白)	0	0	41.09
P(s,红，三斜)	−17.6	−12.1	22.8
PCl_3(g)	−287	−268.0	311.7
PCl_5(s)	−443.5	—	—
Pb(s)	0	0	64.81
PbO(s,黄)	−215.33	−187.90	68.70
PbO_2(s)	−277.40	−217.36	68.62
S(s,斜方)	0	0	31.8
S(s,单斜)	0.33	—	—
SO_2(g)	−296.83	−300.19	248.1
SO_3(g)	−395.7	−371.1	256.6
Si(s)	0	0	18.8
SiO_2(s,石英)	−910.94	−856.67	41.84
SiF_4(g)	−1614.9	−1572.7	282.4
Sn(s,白)	0	0	51.55
Sn(s,灰)	−2.1	0.13	44.14
$SnCl_2$(s)	−325	—	—
$SnCl_4$(s)	−511.3	−440.2	259
Zn(s)	0	0	41.6
ZnO(s)	−348.3	−318.3	43.64
$ZnCl_2$(aq)	−488.19	−409.5	0.8
ZnS(s,闪锌矿)	−206.0	−201.3	57.7

附录Ⅱ 弱酸、弱碱的离解平衡常数$K^{\ominus}$

弱电解质	t/°C	离解常数	弱电解质	t/°C	离解常数
AgOH	25	$K_{b}^{\ominus}=1\times10^{-2}$	C_6H_5COOH	25	$K_{a}^{\ominus}=6.28\times10^{-5}$
$Al(OH)_3$	25	$K_{b1}^{\ominus}=5\times10^{-9}$	$C_6H_4OHCOOH$	25	$K_{a1}^{\ominus}=1.0\times10^{-3}$
	25	$K_{b2}^{\ominus}=2.0\times10^{-10}$	CH_3COOH	25	$K_{a}^{\ominus}=1.76\times10^{-5}$
$Be(OH)_2$	25	$K_{b1}^{\ominus}=1.78\times10^{-6}$	$CH_2ClCOOH$	25	$K_{a}^{\ominus}=1.4\times10^{-3}$
	25	$K_{b2}^{\ominus}=2.5\times10^{-9}$	CH_2Cl_2COOH	25	$K_{a}^{\ominus}=3.32\times10^{-2}$
CCl_3COOH	25	$K_{a}^{\ominus}=0.23$	$(CH_2NH_2)_2$	25	$K_{b1}^{\ominus}=8.5\times10^{-5}$
				25	$K_{b2}^{\ominus}=7.1\times10^{-8}$
$CH_2(COOH)_2$	25	$K_{a1}^{\ominus}=6.21\times10^{-5}$	C_5H_5N(乙二胺)25		$K_{b}^{\ominus}=1.7\times10^{-9}$
(琥铂酸)					
	25	$K_{a2}^{\ominus}=2.31\times10^{-6}$			
C_6H_5OH	20	$K_{a}^{\ominus}=1.0\times10^{-10}$	$(CH_2)_6N_4$	25	$K_{b}^{\ominus}=1.4\times10^{-9}$
			(六次甲基四胺)		
$C_7H_6O_3$	25	$K_{a}^{\ominus}=2.2\times10^{-14}$	H_2S	18	$K_{a1}^{\ominus}=9.1\times10^{-8}$
(水杨酸)				18	$K_{a2}^{\ominus}=1.1\times10^{-12}$
$C_8H_6O_4$	25	$K_{a1}^{\ominus}=1.1\times10^{-3}$	H_2SO_4	25	$K_{a2}^{\ominus}=1.2\times10^{-2}$
(邻二苯甲酸)	25	$K_{a2}^{\ominus}=3.91\times10^{-6}$			
$C_6H_5NH_2$	25	$K_{b}^{\ominus}=3.98\times10^{-10}$	H_2SO_3	18	$K_{a1}^{\ominus}=1.54\times10^{-2}$
				18	$K_{a2}^{\ominus}=1.02\times10^{-7}$
$Ca(OH)_2$	25	$K_{b2}^{\ominus}=6\times10^{-2}$	H_2SiO_3	30	$K_{a1}^{\ominus}=2.2\times10^{-10}$
				30	$K_{a2}^{\ominus}=2\times10^{-12}$
HBrO	25	$K_{a}^{\ominus}=2.06\times10^{-9}$	H_3AsO_4	18	$K_{a1}^{\ominus}=5.62\times10^{-3}$
HCOOH	25	$K_{a}^{\ominus}=1.77\times10^{-4}$		18	$K_{a2}^{\ominus}=1.70\times10^{-7}$
				18	$K_{a3}^{\ominus}=3.95\times10^{-12}$
$[CH(OH)COOH]_2$	25	$K_{a1}^{\ominus}=9.20\times10^{-4}$	H_3BO_3	20	$K_{a}^{\ominus}=7.3\times10^{-10}$
(酒石酸)	25	$K_{a2}^{\ominus}=4.31\times10^{-5}$			
HCN	25	$K_{a}^{\ominus}=4.93\times10^{-10}$	$H_3C_6H_5O_7$(柠檬酸)	20	$K_{a1}^{\ominus}=7.1\times10^{-4}$
HClO	18	$K_{a}^{\ominus}=2.95\times10^{-5}$		20	$K_{a2}^{\ominus}=1.68\times10^{-5}$
				20	$K_{a3}^{\ominus}=4.1\times10^{-7}$
HF	25	$K_{a}^{\ominus}=3.53\times10^{-4}$	H_3PO_4	25	$K_{a1}^{\ominus}=7.52\times10^{-3}$
HIO_3	25	$K_{a}^{\ominus}=1.69\times10^{-1}$		25	$K_{a2}^{\ominus}=6.23\times10^{-}$
				25	$K_{a3}^{\ominus}=4.4\times10^{-13}$

续表

弱电解质	t/°C	离解常数	弱电解质	t/°C	离解常数
HIO	25	$K_a^\ominus=2.3\times10^{-11}$	NH_4^+	25	$K_a^\ominus=5.64\times10^{-10}$
HNO_2	12.5	$K_a^\ominus=4.6\times10^{-4}$	$NH_3\cdot H_2O$	25	$K_b^\ominus=1.77\times10^{-5}$
H_2CO_3	25	$K_{a1}^\ominus=4.30\times10^{-7}$	NH_2OH	25	$K_b^\ominus=9.1\times10^{-9}$
	25	$K_{a2}^\ominus=5.61\times10^{-11}$			
$H_2C_2O_4$	25	$K_{a1}^\ominus=5.9\times10^{-2}$	$Zn(OH)_2$	25	$K_{b1}^\ominus=8\times10^{-7}$
	25	$K_{a2}^\ominus=6.4\times10^{-5}$			
$H_2C_rO_4$	25	$K_{a1}^\ominus=1.8\times10^{-1}$			
	25	$K_{a2}^\ominus=3.20\times10^{-7}$			
H_2O_2	25	$K_a^\ominus=2.4\times10^{-12}$			

附录III　常见难溶电解质的溶度积 $K_{sp}^\ominus$（298.15 K）

化合物	$K_{sp}^\ominus$	化合物	$K_{sp}^\ominus$	化合物	$K_{sp}^\ominus$
AgBr	5.35×10^{-13}	CdS	1.40×10^{-29}	$Mn(OH)_2$	2.06×10^{-13}
AgCN	5.97×10^{-17}	$Co(OH)_2$(粉红)	1.09×10^{-15}	MnS	4.65×10^{-14}
AgCl	1.77×10^{-10}	$Co(OH)_2$(蓝)	5.92×10^{-15}	$NiCO_3$	1.42×10^{-7}
AgI	8.51×10^{-17}	$CoS_{(\alpha)}$	4.0×10^{-21}	$Ni(OH)_2$	5.47×10^{-16}
AgSCN	1.03×10^{-12}	$CoS_{(\beta)}$	2.0×10^{-25}	NiS	1.07×10^{-21}
Ag_2CO_3	8.45×10^{-12}	CuS	1.27×10^{-36}	$Ni_3(PO_4)_2$	4.73×10^{-32}
$Ag_2C_2O_4$	5.40×10^{-12}	CuBr	6.27×10^{-9}	$PbCO_3$	1.46×10^{-13}
Ag_2CrO_4	1.12×10^{-12}	CuC_2O_4	4.43×10^{-10}	PbC_2O_4	8.51×10^{-10}
α-Ag_2S	6.69×10^{-50}	CuCl	1.72×10^{-7}	$PbCl_2$	1.17×10^{-5}
β-Ag_2S	1.09×10^{-49}	CuI	1.27×10^{-12}	PbF_2	7.12×10^{-7}
Ag_2SO_3	1.49×10^{-14}	Cu_2S	2.26×10^{-48}	$PbCrO_4$	1.77×10^{-14}
Ag_2SO_4	1.20×10^{-5}	$Fe(OH)_2$	4.87×10^{-17}	PbI_2	8.49×10^{-9}
Ag_3AsO_4	1.03×10^{-22}	$Fe(OH)_3$	2.64×10^{-39}	$Pb(OH)_2$	1.42×10^{-20}
$Al(OH)_3$	1.1×10^{-33}	$FePO_4\cdot 2H_2O$	9.92×10^{-29}	PbS	9.04×10^{-29}
$BaCO_3$	2.58×10^{-9}	FeS	1.59×10^{-19}	$PbSO_4$	1.82×10^{-8}
$BrCrO_4$	1.17×10^{-10}	HgI_2	2.82×10^{-29}	PdS	2.03×10^{-58}
$BaSO_4$	1.07×10^{-10}	$Hg(OH)_2$	3.13×10^{-26}	PtS	9.91×10^{-74}
$BiAsO_4$	4.43×10^{-10}	HgS(黑)	6.44×10^{-53}	$Sn(OH)_2$	5.45×10^{-27}
Bi_2S_3	1.82×10^{-99}	HgS(红)	2.00×10^{-53}	SnS	3.25×10^{-28}

续表

化合物	$K_{sp}^{\ominus}$	化合物	$K_{sp}^{\ominus}$	化合物	$K_{sp}^{\ominus}$
$CaCO_3$	4.96×10^{-9}	Hg_2Cl_2	1.45×10^{-18}	$SrCO_3$	5.60×10^{-10}
$CaC_2O_4\cdot H_2O$	2.34×10^{-9}	Hg_2I_2	5.33×10^{-29}	SrF_2	4.33×10^{-9}
CaF_2	1.46×10^{-10}	Hg_2SO_4	7.99×10^{-7}	$SrSO_4$	3.44×10^{-7}
$Ca(OH)_2$	4.68×10^{-6}	$MgCO_3$	6.82×10^{-6}	$Sr_3(AsO_4)$	4.29×10^{-19}
$CaSO_4$	7.10×10^{-5}	MgF_2	7.42×10^{-11}	$ZnCO_3$	1.19×10^{-10}
$Ca_3(PO_4)_2$	2.07×10^{-33}	$Mg(OH)_2$	5.61×10^{-12}	γ-$Zn(OH)_2$	6.86×10^{-17}
$CdCO_3$	6.18×10^{-12}	$Mg_3(PO_4)_2$	9.86×10^{-25}	β-$Zn(OH)_2$	7.71×10^{-17}
CdF_2	6.44×10^{-3}	$MgNH_4PO_4$	2.5×10^{-13}	ε-$Zn(OH)_2$	4.12×10^{-17}
$Cd(OH)_2$	5.27×10^{-15}	$MnCO_3$	2.24×10^{-11}	ZnS	2.93×10^{-25}

附录Ⅳ　常用的缓冲溶液

pH	配制方法
0	1 mol · L^{-1} HCl
1	0.1 mol · L^{-1} HCl
2	0.01 mol · L^{-1} HCl
3.6	NaAc · H_2O 8 g，溶于适量水中，加 6 mol·L^{-1} HAc 134 mL，稀释至 500 mL
4.0	NaAc · $3H_2O$ 20 g，溶于适量水中，加 6 mol·L^{-1} HAc 134 mL，稀释至 500 mL
4.5	NaAc · $3H_2O$ 32 g，溶于适量水中，加 6 mol·L^{-1} HAc 134 mL，稀释至 500 mL
5.0	NaAc · $3H_2O$ 50 g，溶于适量水中，加 6 mol·L^{-1} HAc 134 mL，稀释至 500 mL
5.7	NaAc · $3H_2O$ 100 g，溶于适量水中，加 6 mol·L^{-1} HAc 134 mL，稀释至 500 mL
7	NH_4Ac 77 g，用水溶解后，稀释至 500 mL
7.5	NH_4Cl 60 g，溶于适量水中，加 15 mol·L^{-1} 氨水 1.4 mL，稀释至 500 mL
8.0	NH_4Cl 50 g，溶于适量水中，加 6 mol·L^{-1} 氨水 3.5 mL，稀释至 500 mL
8.5	NH_4Cl 40 g，溶于适量水中，加 6 mol·L^{-1} 氨水 8.8 mL，稀释至 500 mL
9.0	NH_4Cl 35 g，溶于适量水中，加 6 mol·L^{-1} 氨水 24 mL，稀释至 500 mL
9.5	NH_4Cl 30 g，溶于适量水中，加 6 mol·L^{-1} 氨水 65 mL，稀释至 500 mL
10.0	NH_4Cl 27 g，溶于适量水中，加 6 mol·L^{-1} 氨水 197 mL，稀释至 500 mL
10.5	NH_4Cl 9 g，溶于适量水中，加 6 mol·L^{-1} 氨水 175 mL，稀释至 500 mL
11	NH_4Cl 3 g，溶于适量水中，加 6 mol·L^{-1} 氨水 207 mL，稀释至 500 mL
12	0.01 mol · L^{-1} NaOH
13	0.1 mol · L^{-1} NaOH

附录Ⅴ　常见配离子的稳定常数$K_f^{\ominus}$(298.15 K)

配离子	$K_f^{\ominus}$	配离子	$K_f^{\ominus}$
$[Ag(CN)_2]^-$	1.3×10^{21}	$[Fe(CN)_6]^{4-}$	1.0×10^{35}
$[Ag(NH_3)_2]^+$	1.1×10^{7}	$[Fe(CN)_6]^{3-}$	1.0×10^{42}
$[Ag(SCN)_2]^-$	3.7×10^{7}	$[Fe(C_2O_4)_3]^{3-}$	2.0×10^{20}
$[Ag(S_2O_3)_2]^{3-}$	2.9×10^{13}	$[Fe(NCS)]^{2+}$	2.2×10^{3}
$[Al(C_2O_4)_3]^{3-}$	2.0×10^{16}	$[FeF_6]^{3-}$	1.13×10^{12}
$[AlF_6]^{3-}$	6.9×10^{19}	$[HgCl_4]^{2-}$	1.2×10^{15}
$[Cd(CN)_4]^{2-}$	6.0×10^{18}	$[Hg(CN)_4]^{2-}$	2.5×10^{41}
$[CdCl_4]^{2-}$	6.3×10^{2}	$[HgI_4]^{2-}$	6.8×10^{29}
$[Cd(NH_3)_4]^{2+}$	1.3×10^{7}	$[Hg(NH_3)_4]^{2+}$	1.9×10^{19}
$[Cd(SCN)_4]^{2-}$	4.0×10^{3}	$[Ni(CN)_4]^{2-}$	2.0×10^{31}
$[Co(NH_3)_6]^{2+}$	1.3×10^{5}	$[Ni(NH_3)_4]^{2+}$	9.1×10^{7}
$[Co(NH_3)_6]^{3+}$	2×10^{35}	$[Pb(CH_3COO)_4]^{2-}$	3×10^{8}
$[Co(SCN)_4]^{2-}$	1.0×10^{3}	$[Pb(CN)_4]^{2-}$	1.0×10^{11}
$[Cu(CN)_2]^-$	1.0×10^{24}	$[Zn(CN)_4]^{2-}$	5×10^{16}
$[Cu(CN)_4]^{3-}$	2.0×10^{30}	$[Zn(C_2O_4)_2]^{2-}$	4.0×10^{7}
$[Cu(NH_3)_2]^+$	7.2×10^{10}	$[Zn(OH)_4]^{2-}$	4.6×10^{17}
$[Cu(NH_3)_4]^{2+}$	2.1×10^{3}	$[Zn(NH_3)_4]^{2+}$	2.9×10^{9}
$FeCl_3$	98		

附录Ⅵ!!标准电极电势(298.15 K)

1. 在酸性溶液中

电极反应	$\varphi^{\ominus}$ / V	电极反应	$\varphi^{\ominus}$ / V
$Li+e^- \rightleftharpoons Li$	−3.0401	$Mo^{3+}+3e^- \rightleftharpoons Mo$	−0.200
$Rb^++e^- \rightleftharpoons Rb$	−2.98	$AgI+e^- \rightleftharpoons Ag+I^-$	−0.152
$K^++e^- \rightleftharpoons K$	−2.931	$Sn^{2+}+2e^- \rightleftharpoons Sn$	−0.1375
$Cs^++e^- \rightleftharpoons Cs$	−2.92	$Pb^{2+}+2e^- \rightleftharpoons Pb$	−0.1262
$Ba^{2+}+2e^- \rightleftharpoons Ba$	−2.912	$Fe^{3+}+3e^- \rightleftharpoons Fe$	−0.037
$Sr^{2+}+2e^- \rightleftharpoons Sr$	−2.89	$2H^++2e^- \rightleftharpoons H_2$	0
$Ca^{2+}+2e^- \rightleftharpoons Ca$	−2.868	$AgBr+e^- \rightleftharpoons Ag+Br^-$	0.071

续表

电极反应	$\varphi^{\ominus}$ / V	电极反应	$\varphi^{\ominus}$ / V
$Na^{+}+e^{-}=Na$	−2.71	$S_4O_6^{2-}+2e^{-}=2S_2O_3^{2-}$	0.08
$La^{3+}+3e^{-}=La$	−2.522	$S+2H^{+}+2e^{-}=H_2S(aq)$	0.142
$Ce^{3+}+3e^{-}=Ce$	−2.483	$Sn^{4+}+2e^{-}=Sn^{2+}$	0.151
$Mg^{2+}+2e^{-}=Mg$	−2.372	$Cu^{2+}+e^{-}=Cu^{+}$	0.153
$Y^{3+}+3e^{-}=Y$	−2.372	$SO_4^{2-}+4H^{+}+2e^{-}=H_2SO_3+H_2O$	0.172
$AlF_6^{3-}+3e^{-}=Al+6F^{-}$	−2.069	$AgCl+2e^{-}=Ag+Cl^{-}$	0.222
$Be^{2+}+2e^{-}=Be$	−1.847	$Hg_2Cl_2+2e^{-}=2Hg+2Cl^{-}$	0.268
$Al^{3+}+3e^{-}=Al$	−1.662	$Cu^{2+}+2e^{-}=Cu$	0.3419
$AlF_6^{2-}+4e^{-}=Si+6F^{-}$	−1.24	$Cu^{2+}+2e^{-}=Cu(Hg)$	0.345
$Mn^{2+}+2e^{-}=Mn$	−1.185	$[Fe(CN)_6]^{3-}+e^{-}=[Fe(CN)_6]^{4-}$	0.358
$Cr^{2+}+2e^{-}=Cr$	−0.913	$Ag_2CrO_4+2e^{-}=2Ag+CrO_4^{2-}$	0.4470
$H_3BO_3+3H^{+}+3e^{-}=B+3H_2O$	−0.8698	$H_2SO_3+4H^{+}+4e^{-}=S+H_2O$	0.449
$Zn^{2+}+2e^{-}=Zn(Hg)$	−0.7628	$Ag_2C_2O_4+2e^{-}=2Ag+C_2O_4^{2-}$	0.4647
$Zn^{2+}+2e^{-}=Zn$	−0.7618	$Cu^{+}+e^{-}=Cu$	0.521
$Cr^{3+}+3e^{-}=Cr$	−0.744	$I_2+2e^{-}=2I^{-}$	0.5355
$Fe^{2+}+2e^{-}=Fe$	−0.447	$I_3^{-}+2e^{-}=3I^{-}$	0.536
$Cd^{2+}+2e^{-}=Cd$	−0.4030	$H_3AsO_4+2H^{+}+2e^{-}=HAsO_2+2H_2O$	0.560
$PbSO_4+2e^{-}=SO_4^{2-}$	−0.3588	$AgAc+e^{-}=Ag_2+Ac^{-}$	0.643
$Co^{2+}+2e^{-}=Co$	−0.28	$AgSO_4+2e^{-}=SO_4^{2-}+2Ag$	0.654
$Ni^{2+}+2e^{-}=Ni$	−0.257	$O_2+2H^{+}+2e^{-}=H_2O_2$	0.682
$Fe^{3+}+e^{-}=Fe^{2+}$	0.771	$BrO_3^{-}+6H^{+}+6e^{-}=Br^{-}+3H_2O$	1.423
$Hg_2^{2+}+2e^{-}=2Hg$	0.7973	$ClO_3^{-}+6H^{+}+6e^{-}=Cl^{-}+3H_2O$	1.451
$Ag^{+}+e^{-}=Ag$	0.799	$PbO_2+4H^{+}+2e^{-}=2H_2O+Pb^{2+}$	1.455
$Hg^{2+}+2e^{-}=Hg$	0.851	$2ClO_3^{-}+12H^{+}+10e^{-}=Cl_2+6H_2O$	1.47
$2Hg^{2+}+2e^{-}=Hg_2^{2+}$	0.920	$2BrO_3^{-}+12H^{+}+10e^{-}=Br_2+6H_2O$	1.482
$NO_3^{-}+3H^{+}+2e^{-}=HNO_2+H_2O$	0.943	$HClO+H^{+}+2e^{-}=Cl^{-}+H_2O$	1.482
$NO_3^{-}+4H^{+}+3e^{-}=NO+2H_2O$	0.957	$MnO_4^{-}+8H^{+}+5e^{-}=Mn^{2+}+4H_2O$	1.507
$HNO_2+H^{+}+e^{-}=NO+H_2O$	0.983	$Mn^{3+}+e^{-}=Mn^{2+}$	1.5415
$Br_2(l)+2e^{-}=2Br^{-}$	1.066	$HClO_2+3H^{+}+4e^{-}=Cl^{-}+2H_2O$	1.570
$IO_3^{-}+6H^{+}+6e^{-}=I^{-}+3H_2O$	1.085	$Ce^{4+}+e^{-}=Ce^{3+}$	1.61
$Cu^{2+}+2CN^{-}+e^{-}=[Cu(CN)_2]^{-}$	1.103	$2HClO_2+6H^{+}+6e^{-}=Cl_2+4H_2O$	1.628

续表

电极反应	$\varphi^\ominus$ / V	电极反应	$\varphi^\ominus$ / V
$ClO_4^-+2H^++2e^- \rightleftharpoons ClO_3^-+H_2O$	1.189	$HClO_2+2H^++2e^- \rightleftharpoons HClO+H_2O$	1.645
$2IO_3^-+12H^++10e^- \rightleftharpoons I_2+6H_2O$	1.195	$MnO_4^-+4H^++3e^- \rightleftharpoons MnO_2+2H_2O$	1.679
$ClO_3^-+3H^++2e^- \rightleftharpoons HClO_2+H_2O$	1.214	$PbO_2+4H^++2e^-+SO_4^{2-} \rightleftharpoons 2H_2O+PbSO$	1.6913
$MnO_2+4H^++2e^- \rightleftharpoons Mn^{2+}+2H_2O$	1.224	$Au^++e^- \rightleftharpoons Au$	1.692
$O_2+4H^++4e^- \rightleftharpoons 2H_2O$	1.229	$H_2O_2+2H^++2e^- \rightleftharpoons 2H_2O$	1.776
$CrO_7^{2-}+14H^++6e^- \rightleftharpoons 2Cr^{3+}+7H_2O$	1.33	$Co^{3+}+e^- \rightleftharpoons Co^{2+}(2\ mol\cdot L^{-1}\ H_2SO_4)$	1.83
$Cl_2+2e^- \rightleftharpoons Cl^-$	1.358	$S_2O_8^{2-}+2e^- \rightleftharpoons 2SO_4^{2-}$	2.010
$ClO_4^-+8H^++8e^- \rightleftharpoons Cl^-+4H_2O$	1.389	$F_2+2e^- \rightleftharpoons 2F^-$	2.866
$2ClO_4^-+16H^++14e^- \rightleftharpoons Cl_2+8H_2O$	1.39	$F_2+2H^++2e^- \rightleftharpoons 2HF$	3.053

2. 在碱性溶液中

电极反应	$\varphi^\ominus$ / V	电极反应	$\varphi^\ominus$ / V
$Ca(OH)_2+2e^- \rightleftharpoons Ca+2OH^-$	−3.02	$AgCN+e^- \rightleftharpoons Ag+CN^-$	−0.017
$Ba(OH)_2+2e^- \rightleftharpoons Ba+2OH^-$	−2.99	$NO_3^-+H_2O+2e^- \rightleftharpoons NO_2^-+2OH^-$	0.01
$Mg(OH)_2+2e^- \rightleftharpoons Mg+2OH^-$	−2.690	$HgO+H_2O+2e^- \rightleftharpoons Hg+2OH^-$	0.0977
$Mn(OH)_2+2e^- \rightleftharpoons Mn+2OH^-$	−1.56	$[Co(NH_3)_6]^{3+}+e^- \rightleftharpoons [Co(NH_3)_6]^{2+}$	0.108
$Cr(OH)_3+3e^- \rightleftharpoons Cr+3OH^-$	−1.48	$HgO+H_2O+2e^- \rightleftharpoons Hg+2OH^-$	0.123
$ZnO_2^{2-}+2H_2O+2e^- \rightleftharpoons Zn+4OH^-$	−1.215	$Mn(OH)_3+e^- \rightleftharpoons Mn(OH)_2+OH^-$	0.15
$SO_4^{2-}+H_2O+2e^- \rightleftharpoons SO_3^{2-}+2HO^-$	−0.93	$Co(OH)_3+e^- \rightleftharpoons Co(OH)_2+OH^-$	0.17
$P+3H_2O+3e^- \rightleftharpoons PH_3+3OH^-$	−0.87	$PbO_2+H_2O+2e^- \rightleftharpoons PbO+2OH^-$	0.247
$2H_2O+2e^- \rightleftharpoons H_2+2OH^-$	−0.8277	$IO_3^-+3H_2O+6e^- \rightleftharpoons I^-+6OH^-$	0.26
$AsO_4^{3-}+2H_2O+2e^- \rightleftharpoons AsO_2^-+4OH^-$	−0.71	$Ag_2O+H_2O+2e^- \rightleftharpoons 2Ag+2OH^-$	0.342
$As_2S+2e^- \rightleftharpoons S^{2-}+2Ag$	−0.691	$O_2+2H_2O+4e^- \rightleftharpoons 4OH^-$	0.401
$Fe(OH)_3+e^- \rightleftharpoons Fe(OH)_2+OH^-$	−0.56	$MnO_4^-+e^- \rightleftharpoons MnO_4^{2-}$	0.558
$HPbO_2^-+H_2O+2e^- \rightleftharpoons Pb+3OH^-$	−0.537	$MnO_4^-+2H_2O+3e^- \rightleftharpoons MnO_2+4OH^-$	0.595
$S+2e^- \rightleftharpoons S^{2-}$	−0.47627	$BrO_3^-+3H_2O+6e^- \rightleftharpoons Br^-+6OH^-$	0.61
$Cu_2O+H_2O+2e^- \rightleftharpoons Cu+2OH^-$	−0.360	$ClO_3^-+3H_2O+6e^- \rightleftharpoons Cl^-+6OH^-$	0.62
$Cu(OH)_2+2e^- \rightleftharpoons Cu+2OH^-$	−0.222	$ClO^-+H_2O+2e^- \rightleftharpoons Cl^-+2OH^-$	0.841
$O_2+2H_2O+2e^- \rightleftharpoons H_2O_2+2OH^-$	−0.146	$O_3+H_2O+2e^- \rightleftharpoons O_2+2OH^-$	1.24
$CrO_4^{2-}+4H_2O+3e^- \rightleftharpoons Cr(OH)_3+5OH^-$	−0.13		

附录Ⅶ　一些氧化还原电对的条件电极电势 $\varphi^{\ominus\prime}$ / V（298.15 K）

电极反应	$\varphi^{\ominus\prime}$	介　质
$Ag^{2+}+e^- \rightleftharpoons Ag^+$	2.00	$4\ mol\cdot L^{-1}\ HClO_4$
	1.93	$3\ mol\cdot L^{-1}\ HNO_3$
Ce（Ⅳ）$+e^- \rightleftharpoons$ Ce（Ⅲ）	1.74	$1\ mol\cdot L^{-1}\ HClO_4$
	1.45	$0.5\ mol\cdot L^{-1}\ H_2SO_4$
	1.28	$1\ mol\cdot L^{-1}\ HCl$
	1.60	$1\ mol\cdot L^{-1}\ HNO_3$
Co（Ⅲ）$+e^- \rightleftharpoons$ Co（Ⅱ）	1.95	$4\ mol\cdot L^{-1}\ HClO_4$
	1.86	$1\ mol\cdot L^{-1}\ HNO_3$
$Cr_2O_7^{2-}+14H^++6e^- \rightleftharpoons 2Cr^{3+}+7H_2O$	1.03	$1\ mol\cdot L^{-1}\ HClO_4$
	1.15	$4\ mol\cdot L^{-1}\ H_2SO_4$
	1.00	$1\ mol\cdot L^{-1}\ HCl$
Fe（Ⅲ）$+e^- \rightleftharpoons$ Fe（Ⅱ）	0.75	$1\ mol\cdot L^{-1}\ HClO_4$
	0.70	$1\ mol\cdot L^{-1}\ HCl$
	0.68	$1\ mol\cdot L^{-1}\ H_2SO_4$
	0.51	$1\ mol\cdot L^{-1}\ HCl$-$0.25\ mol\cdot L^{-1}\ H_3PO_4$
$[Fe(CN)_6]^{3-}+e^- \rightleftharpoons [Fe(CN)_6]^{4-}$	0.56	$0.1\ mol\cdot L^{-1}\ HCl$
	0.72	$1\ mol\cdot L^{-1}\ HClO_4$
$I_3^-+2e^- \rightleftharpoons 3I^-$	0.545	$0.5\ mol\cdot L^{-1}\ H_2SO_4$
Sn（Ⅳ）$+2e^- \rightleftharpoons$ Sn（Ⅱ）	0.14	$1\ mol\cdot L^{-1}\ HCl$
Sb（Ⅴ）$+2e^- \rightleftharpoons$ Sb（Ⅲ）	0.75	$3.5\ mol\cdot L^{-1}\ HCl$
$SbO_3^-+H_2O+2e^- \rightleftharpoons SbO_2^-+2OH^-$	−0.43	$3\ mol\cdot L^{-1}\ KOH$
Ti（Ⅳ）$+e^- \rightleftharpoons$ Ti（Ⅲ）	−0.01	$0.2\ mol\cdot L^{-1}\ H_2SO_4$
	0.15	$5\ mol\cdot L^{-1}\ H_2SO_4$
	0.10	$3\ mol\cdot L^{-1}\ HCl$
V（Ⅴ）$+e^- \rightleftharpoons$ V（Ⅳ）	0.94	$1\ mol\cdot L^{-1}\ H_3PO_4$
U（Ⅵ）$+2e^- \rightleftharpoons$ U（Ⅳ）	0.35	$1\ mol\cdot L^{-1}\ HCl$

附录Ⅷ　一些化合物的相对分子质量

化合物	相对分子质量	化合物	相对分子质量
$AgBr$	187.78	$(C_9H_7N)_3H_3(PO_4 \cdot 12MoO_3)$	2212.74
$AgCl$	143.32	（磷钼酸喹啉）	104.06
$AgCN$	133.84	$COOHCH_2COOH$	
Ag_2CrO_4	331.73	$COOHCH_2COCNa$	126.04
AgI	234.77	CCl_4	153.81
$AgNO_3$	169.87	CO_2	44.01
$AgSCN$	169.95	Cr_2O_3	151.99
Al_2O_3	101.96	$Cu(C_2H_3O_2)_2 \cdot 3Cu(AsO_2)_2$	1013.80
$Al_2(SO_4)_3$	342.15	CuO	79.54
As_2O_3	197.84	Cu_2O	143.09
As_2O_5	229.84	$CuSCN$	121.63
$BaCO_3$	197.34	$CuSO_4$	159.61
BaC_2O_4	225.35	$CuSO_4 \cdot 5H_2O$	249.69
$BaCl_2$	208.24	CH_3COOH	60.05
$BaCl_2 \cdot 2H_2O$	244.27	CH_3OH	32.04
BaCrO4	253.32	CH_3COCH_3	58.08
BaO	153.33	C_6H_5COOH	122.12
$Ba(OH)_2$	171.35	C_6H_5COONa	144.10
$BaSO_4$	233.39	$C_6H_4COOHCOOK$（苯二甲酸氢钾）	204.23
$CaCO_3$	100.09	CH_3COONa	82.03
CaC_2O_4	128.10	C_6H_5OH	94.11
$CaCl_2$	110.99	$FeCl_3$	162.21
$CaCl_2 \cdot H_2O$	129.00	$FeCl_3 \cdot 6H_2O$	270.30
CaF_2	78.08	FeO	71.85
$Ca(NO_3)_2$	164.09	Fe_2O_3	159.69
CaO	56.08	Fe_3O_4	231.54
$Ca(OH)_2$	74.09	$FeSO_4 \cdot H_2O$	169.93
$CaSO_4$	136.14	$FeSO_4 \cdot 7H_2O$	278.02
$Ca_3(PO_4)_2$	310.18	$Fe(SO_4)_3$	399.89
$Ce(SO_4)_2$	332.24	$FeSO_4 \cdot (NH_4)_2SO_4 \cdot 6H_2O$	392.14

续表

化合物	相对分子质量	化合物	相对分子质量
$Ce(SO_4)\cdot 2(NH_4)_2SO_4\cdot 2H_2O$	632.54	HBr	80.91
$H_2C_4H_4O_6$（酒石酸）	150.09	$KHC_2O_4\cdot H_2C_2O_4\cdot 2H_2O$	254.19
H_3BO_3	61.83	KI	166.01
HCN	27.03	KIO_3	214.00
H_2CO_3	62.03	$KIO_3\cdot HIO_3$	389.92
$H_2C_2O_4$	90.04	$KMnO_4$	158.04
$H_2C_2O_4\cdot 2H_2O$	126.07	KNO_2	85.10
HCOOH	46.03	K_2O	92.20
HCl	36.46	KOH	56.11
$HClO_4$	110.46	KSCN	97.18
HF	20.01	K_2SO_4	174.26
HI	127.91	$MgCO_3$	84.32
HNO_2	47.01	$MgCl_2$	95.21
HNO_3	63.01	$MgNH_4PO_4$	137.33
H_2O	18.02	MgO	40.31
H_2O_2	34.02	$Mg_2P_2O_7$	222.60
H_3PO_4	98.00	MnO	70.94
H_2S	34.08	MnO_2	86.94
H_2SO_3	82.08	NaB_4O_7	201.22
H_2SO_4	98.08	$NaB_4O_7\cdot 10H_2O$	381.37
$HgCl_2$	271.50	$NaBiO_3$	279.97
Hg_2Cl_2	472.09	NaBr	102.90
$KAl(SO_4)_2\cdot 12H_2O$	474.39	NaCN	49.01
$KB(C_6H_5)_4$	358.33	Na_2CO_3	105.99
KBr	119.01	$Na_2C_2O_4$	134.00
$KBrO_3$	167.01	NaCl	58.44
KCN	65.12	NaF	41.99
K_2CO_3	138.21	$NaHCO_3$	84.01
KCl	74.56	NaH_2PO_4	119.98
$KClO_3$	122.55	NaI	149.89
$KClO_4$	138.55	$NaNO_3$	69.00
K_2CrO_4	194.20	NaOH	40.01
$K_2Cr_2O_7$	294.19	Na_2O	61.93
$KHC_2O_4.H_2O$	146.14	Na_2S	78.05

续表

化合物	相对分子质量	化合物	相对分子质量
$Na_2S\cdot 9H_2O$	240.18	$PbCrO_4$	323.18
Na_2SO_3	126.04	PbO	223.19
Na_2HPO_4	141.96	PbO_2	239.19
$Na_2H_2Y\cdot 2H_2O$(EDTA 二钠盐)	372.26	Pb_3O_4	685.57
Na_3PO_4	163.94	$PbSO_4$	303.26
Na_2SO_4	142.04	SO_2	64.06
$Na_2SO_4\cdot 10H_2O$	322.20	SO_3	80.06
$Na_2S_2O_3$	158.11	Sb_2O_3	291.50
$Na_2S_2O_3\cdot 5H_2O$	248.19	Sb_2S_3	339.70
Na_2SiF_6	188.06	SiF_4	104.08
NH_3	17.03	SiO	60.08
NH_4Cl	53.49	$SnCO_3$	178.82
$(NH_4)_2C_2O_4\cdot H_2O$	142.11	$SnCl_2$	189.60
$NH_3\cdot H_2O$	35.05	SnO_2	150.71
$NH_4Fe(SO_4)_2\cdot H_2O$	482.20	TiO_2	79.88
$(NH_4)_2HPO_4$	132.05	WO_3	231.85
$(NH_4)_3PO_4\cdot 12MoO_3$	1876.53	$ZnCl_2$	136.30
NH_4SCN	76.12	ZnO	81.39
$(NH_4)_2SO_4$	132.14	$Zn_2P_2O_7$	304.72
$NiC_8H_{14}O_4N_4$(丁二酮肟镍)	288.91	$ZnSO_4$	161.45
P_2O_5	141.95		

附录Ⅸ　国际单位制

国际单位制(International System of Units)是我国法定计量单位的基础,一切属于国际单位制的单位都是我国的法定计量单位，国际单位制简称为 SI。

国际单位制的构成如下：

- 国际单位制
  - SI 单位
    - SI 基本单位(见附表 1)
    - SI 导出单位
      - 包括 SI 辅助单位在内具有专门名称的 SI 导出单位（见附表 2）
      - 组合形式的 SI 导出单位
  - SI 单位的倍数单位(见附表 3)

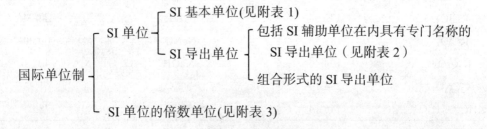

附表 1 SI 基本单位

量的名称	单位名称	单位符号	量的名称	单位名称	单位符号
长度	米	m	热力学温度	开[尔文]	K
质量	千克（公斤）	kg	物质的量	摩[尔]	mol
时间	秒	s	发光强度	坎[德拉]	cd
电流	安[培]	A			

注：① 圆括号中的名称是它前面的名称的同义词，下同。

② 无方括号的量的名称与单位名称均为全称。在不引起混淆、误解的情况下，方括号中的字可以省略。去掉方括号中的字即为其名称的简称，下同。

附表 2 包括 SI 辅助单位在内具有专门名称的 SI 导出单位

量的名称	SI 导出单位		
	名称	符号	用 SI 基本单位和 SI 导出单位表示
[平面]角	弧度	rad	$1\ rad=1\ m\cdot m^{-1}=1$
立体角	球面度	sr	$1\ sr=1\ m^{2}\cdot m^{-2}=1$
频率	赫[兹]	Hz	$1\ Hz=1\ s^{-1}$
力	牛[顿]	N	$1\ N=1\ kg\cdot m\cdot s$
压力，压强，应力	帕斯卡	Pa	$1\ Pa=1\ N\cdot m^{-2}$
能[量]，功，热量	焦[耳]	J	$1\ J=1\ N\cdot m$
功率，辐[射能]，通量	瓦[特]	W	$1\ W=1\ J\cdot s^{-1}$
电荷[量]	库[仑]	C	$1\ C=1\ A\cdot s$
电压，电动势，电位（电势）	伏[特]	V	$1\ V=1\ W\cdot A^{-1}$
电容	法[拉第]	F	$1\ F=1\ C\cdot V^{-1}$
电阻	欧[姆]	Ω	$1\ \Omega=1\ V\cdot A^{-1}$
电导	西[门子]	S	$1\ S=1\ \Omega^{-1}$
磁通[量]	韦[伯]	Wb	$1\ Wb=1\ V\cdot s$
磁通[量]密度,磁感应强度	特[斯拉]	T	$1\ T=1\ Wb\cdot m^{-2}$
电感	亨[利]	H	$1\ H=1\ Wb\cdot A^{-1}$
光通量	流[明]	lm	1 im=1 cd.sr
[光]照度	勒[克斯]	lx	$1\ lx=1\ lm\cdot m^{-2}$

附表 3　SI 词头

因数	词头名称		符号	因数	词头名称		符号
	英文	中文			英文	中文	
10^{24}	yotta	尧[它]	Y	10^{18}	exa	艾[可萨]	E
10^{24}	zetta	泽[它]	Z	10^{15}	peta	拍[它]	P
10^{12}	tera	太[拉]	T	10^{-3}	mili	毫	m
10^{9}	giga	吉[咖]	G	10^{-6}	micro	微	μ
10^{6}	mega	兆	M	10^{-9}	nano	纳[诺]	n
10^{3}	kilo	千	k	10^{-12}	pico	皮[可]	p
10^{2}	hecto	百	h	10^{-15}	femto	飞[母托]	f
10	deca	十	da	10^{-18}	atto	阿[托]	a
10^{-1}	deci	分	d	10^{-21}	zepto	仄普[托]	z
10^{-2}	centi	厘	c	10^{-24}	yocto	幺[科托]	y

附表 4　可与国际单位制单位并用的我国法定计量单位

量的名称	单位名称	单位符号	与 SI 单位的关系
时间	分	min	1 min=60 s
	[小]时	h	1 h=60 min=3600 s
	日(天)	d	1 d=24 h=86 400 s^{-2}
[平面]角	度	°	1°=(π/180)rad
	[角]分	′	1′=(1/60)°=(π/10 800) rad
	[角]秒	″	1″=(1/60) 1′=(π/648 000) rad
体积	升	1,L	1 L=1 dm^3=10^{-3} m^3
质量	吨	t	1 t=10^3 kg
	原子质量单位	u	1 u≈1.660 540×10^{-27} kg
旋转速度	转每分	r/min	1 r/min=(1/60) s^{-1}
长度	海里	n mile	1n mile=1852 m(只用于航程)
	节	kn	1 kn=1 n mile/h=(1852/3600) m/s (只用于航行)
能	电子伏	eV	1 eV≈1.602×10^{-19}J
极差	分贝	dB	
线密度	特[克斯]	tex	1 tex=10^{-6} kg·m^{-1}
面积	公顷	hm^2	1 hm^2=10^4 m^2

量、单位和符号的某些规定：

（1）量和单位的正确表达方式为 $A=\{A\}\cdot[A]$，式中 A 为某一物理量的符号;[A]为某一单位的符号，而$\{A\}$则是以单位[A]表示量 A 的数值。例如，钠的一条谱线的波长为 λ=589.6 nm。

（2）为了区别量本身和用特定单位表示的量的数值，尤其是在图表中用特定单位表示的量的数值，可用下列两种方式之一表示：①用量与单位的比值，如 λ/nm=589.6；②把量的符号加上花括号，并用单位的符号作为下标，如$\{\lambda\}_{\mathrm{nm}}$=589.6。但是，第一种方式较好。

（3）在印刷中，量的符号都必须用斜体，表示物理量符号的下标用斜体，其他下标用正体；单位符号都应当用正体；数一般应当用正体。单位符号与数值之间留一空隙，从小数点起，向左和向右每三位分成一组，组间留一空隙，但不得用逗号、圆点或其他方式。

附录 X　希腊字母表

正体		斜体		英文注音	国际音标注音
大写	小写	大写	小写		
Α	α	A	α	alpha	alfa
Β	β	B	β	beta	bet'a
Γ	γ	$\mathit{\Gamma}$	γ	gamma	gamma
Δ	δ	$\mathit{\Delta}$	δ	delta	delt'a
Ε	ε	E	ε	epsilon	ep'silon
Ζ	ζ	Z	ζ	zeta	zet'a
Η	η	H	η	eta	et'a
Θ	θ	$\mathit{\Theta}$	θ	theta	θit'a
Ι	ι	I	ι	iota	iot'a
Κ	κ	K	κ	kappa	k'app'a
Λ	λ	$\mathit{\Lambda}$	λ	lambda	lambda
Μ	μ	M	μ	mu	miu
Ν	ν	N	ν	nu	niu
Ξ	ξ	$\mathit{\Xi}$	ξ	xi	ksi
Ο	ο	O	o	omicron	omik'ron
Π	π	$\mathit{\Pi}$	π	pi	p'ai
Ρ	ρ	P	ρ	rho	rou
Σ	σ	$\mathit{\Sigma}$	σ	sigma	sigma
Τ	τ	T	τ	tua	t'ua
Υ	υ	$\mathit{\Upsilon}$	υ	upsilon	jup'silon
Φ	ϕ	$\mathit{\Phi}$	ϕ	phi	fai
Χ	χ	X	χ	chi	khai
Ψ	ψ	$\mathit{\Psi}$	ψ	psi	p'sai
Ω	ω	$\mathit{\Omega}$	ω	omega	omiga

元素周期表

原子序数 — 92 U — 元素符号

元素符号 — 铀 注 * 的是人造元素

$5f^36d^17s^2$ — 外围电子层排布，括号指可能的电子层排布

238.0 — 相对原子质量(加括号的数据为该放射性元素半衰期最长同位素的质量数)

非金属元素　金属元素　过渡元素

周期＼族	I A 1	II A 2	III B 3	IV B 4	V B 5	VI B 6	VII B 7	VIII 8	VIII 9	VIII 10	I B 11	II B 12	III A 13	IV A 14	V A 15	VI A 16	VII A 17	0 18	电子层	0族电子数
1	1 H 氢 $1s^1$ 1.008																	2 He 氦 $1s^2$ 4.003	K	2
2	3 Li 锂 $2s^1$ 6.941	4 Be 铍 $2s^2$ 9.012											5 B 硼 $2s^22p^1$ 10.81	6 C 碳 $2s^22p^2$ 12.01	7 N 氮 $2s^22p^3$ 14.01	8 O 氧 $2s^22p^4$ 16.00	9 F 氟 $2s^22p^5$ 19.00	10 Ne 氖 $2s^22p^6$ 20.18	L K	8 2
3	11 Na 钠 $3s^1$ 22.99	12 Mg 镁 $3s^2$ 24.31											13 Al 铝 $3s^23p^1$ 26.98	14 Si 硅 $3s^23p^2$ 28.09	15 P 磷 $3s^23p^3$ 30.97	16 S 硫 $3s^23p^4$ 32.06	17 Cl 氯 $3s^23p^5$ 35.45	18 Ar 氩 $3s^23p^6$ 39.95	M L K	8 8 2
4	19 K 钾 $4s^1$ 39.1	20 Ca 钙 $4s^2$ 40.08	21 Sc 钪 $3d^14s^2$ 44.96	22 Ti 钛 $3d^24s^2$ 47.87	23 V 钒 $3d^34s^2$ 50.94	24 Cr 铬 $3d^54s^1$ 52	25 Mn 锰 $3d^54s^2$ 54.94	26 Fe 铁 $3d^64s^2$ 55.85	27 Co 钴 $3d^74s^2$ 58.93	28 Ni 镍 $3d^84s^2$ 58.69	29 Cu 铜 $3d^{10}4s^1$ 63.55	30 Zn 锌 $3d^{10}4s^2$ 65.47	31 Ga 镓 $4s^24p^1$ 69.72	32 Gc 锗 $4s^24p^2$ 72.64	33 As 砷 $4s^24p^3$ 74.92	34 Se 硒 $4s^24p^4$ 78.96	35 Br 溴 $4s^24p^5$ 79.9	36 Kr 氪 $4s^24p^6$ 83.8	N M L K	8 18 8 2
5	37 Rb 铷 $5s^1$ 85.47	38 Sr 锶 $5s^2$ 87.62	39 Y 钇 $4d^15s^2$ 88.91	40 Zr 锆 $4d^25s^2$ 91.22	41 Nb 铌 $4d^45s^1$ 92.91	42 Mo 钼 $4d^55s^1$ 95.9	43 Tc 锝 $4d^55s^2$ [98]	44 Ru 钌 $4d^75s^1$ 101.1	45 Rh 铑 $4d^85s^1$ 102.9	46 Pd 钯 $4d^{10}$ 106.4	47 Ag 银 $4d^{10}5s^1$ 107.9	48 Cd 镉 $4d^{10}5s^2$ 112.4	49 In 铟 $5s^25p^1$ 114.8	50 Sn 锡 $5s^25p^2$ 118.7	51 Sb 锑 $5s^25p^3$ 121.8	52 Te 碲 $5s^25p^4$ 127.6	53 I 碘 $5s^25p^5$ 126.9	54 Xe 氙 $5s^25p^6$ 131.3	O N M L K	8 18 18 8 2
6	55 Cs 铯 $6s^1$ 132.9	56 Ba 钡 $6s^2$ 137.3	57~71 La~Lu 镧系	72 Hf 铪 $5d^26s^2$ 178.5	73 Ta 钽 $5d^36s^2$ 180.9	74 W 钨 $5d^46s^2$ 183.8	75 Re 铼 $5d^56s^2$ 186.2	76 Os 锇 $5d^66s^2$ 190.2	77 Ir 铱 $5d^76s^2$ 192.2	78 Pt 铂 $5d^96s^1$ 195.1	79 Au 金 $5d^{10}6s^1$ 197.0	80 Hg 汞 $5d^{10}6s^2$ 200.5	81 Tl 铊 $6s^26p^1$ 204.4	82 Pb 铅 $6s^26p^2$ 207.2	83 Bi 铋 $6s^26p^3$ 209.0	84 Po 钋 $6s^26p^4$ [209]	85 At 砹 $6s^26p^5$ [210]	86 Rn 氡 $6s^26p^6$ [222]	P O N M L K	8 18 32 18 8 2
7	87 Fr 钫 $7s^1$ [223]	88 Ra 镭 $7s^2$ [226]	89~103 Ac~Lr 锕系	104 Rf 𬬻* ($6d^27s^2$) [261]	105 Db 𬭊* ($6d^37s^2$) [262]	106 Sg 𬭳* [266]	107 Bh 𬭛* [264]	108 Hs 𬭶* [277]	109 Mt 鿏* [268]	110 Ds 𫟼* [281]	111 Rg 𬬭* [272]	112 Uub * [285]								

注：相对原子质量录自2001年国际原子量表，并全部取4位有效数字。

镧系	57 La 镧 $5d^16s^2$ 138.9	58 Ce 铈 $4f^15d^16s^2$ 140.1	59 Pr 镨 $4f^36s^2$ 140.9	60 Nd 钕 $4f^46s^2$ 144.2	61 Pm 钷 $4f^56s^2$ [145]	62 Sm 钐 $4f^66s^2$ 150.4	63 Eu 铕 $4f^76s^2$ 152.0	64 Gd 钆 $4f^75d^16s^2$ 157.3	65 Tb 铽 $4f^96s^2$ 158.9	66 Dy 镝 $4f^{10}6s^2$ 162.5	67 Ho 钬 $4f^{11}6s^2$ 164.9	68 Er 铒 $4f^{12}6s^2$ 167.3	69 Tm 铥 $4f^{13}6s^2$ 168.9	70 Yb 镱 $4f^{14}6s^2$ 173.0	71 Lu 镥 $4f^{14}5d^16s^2$ 175.0
锕系	89 Ac 锕 $6d^17s^2$ [227]	90 Th 钍 $6d^27s^2$ 232.0	91 Pa 镤 $5f^26d^17s^2$ 231.0	92 U 铀 $5f^36d^17s^2$ 238.0	93 Np 镎 $5f^46d^17s^2$ [237]	94 Pu 钚 $5f^67s^2$ [244]	95 Am 镅* $5f^77s^2$ [243]	96 Cm 锔* $5f^76d^17s^2$ [247]	97 Bk 锫* $5f^97s^2$ [247]	98 Cf 锎* $5f^{10}7s^2$ [251]	99 Es 锿* $5f^{11}7s^2$ [252]	100 Fm 镄* $5f^{12}7s^2$ [257]	101 Md 钔* ($5f^{13}7s^2$) [258]	102 No 锘* ($5f^{14}7s^2$) [259]	103 Lr 铹* ($5f^{14}6d^17s^2$) [262]